YOKENDO

よくわかる機械工学

4力学の演習

熱力学・流体力学・材料力学・機械力学

電気書院

執筆分担

数学：（第1章～第4章，第7章）中田　亮生，（第5章，第6章，第8章，第9章）西原　一嘉
熱力学：（第1章～第4章）添田　晴生，（第5章～第7章）森　幸治
流体力学：（第1章～第4章）高岡　大造，（第5章，第6章）井口　學，植田　芳昭
材料力学：（第1章～第3章，第8章，第9章）辻野　良二，（第4章～第7章）脇　裕之
機械力学：（第1章～第6章）西原　一嘉，（第7章～第11章）石井　徳章

まえがき

　現代社会では，種々の分野における学問は高度化，細分化しており，機械工学の分野においても同様である．しかしながら高度化，細分化した学問の理解には基礎的学問の知識が不可欠である．機械工学の分野では熱力学，流体力学，材料力学，機械力学がそれに当たるであろう．

　このようなことから，高専・短大・大学の多くの機械系の学科では熱力学，流体力学，材料力学，機械力学（本書ではこれらを総じて四力と呼ぶ）は必須科目あるいはそれに準じる重要科目として位置づけられている．しかし，最近，高校で選択される理科科目の減少や，授業時間の減少の影響により，四力の基礎が十分に理解できない学生が増えているように思われる．

　四力の個々の科目については，これまでに多くの教科書，問題集が出版されているが，最近の学生にとっては，その個々の科目の記述内容がわかりにくくなってきていること，またこれら四力の間で共通する学術用語はもちろん，問題の解き方についても全く別なものであると認識していること，さらにその根底には問題を解くための計算力が不足していることが考えられる．

　本書は，以上指摘した問題点を改善するために，"基礎数学に立脚し，体系的な観点から，四力の基礎から応用までの幅広い内容を一冊にまとめた参考書・問題集"となっており，その特徴は以下のようにまとめられる．

(1) 熱力学，流体力学，材料力学，機械力学における問題の解決法を主体として一冊の本に編集し，四力で共通するテーマを理解する学習能力を身につけられるようにした．

(2) 四力の基礎として，基礎数学，国際単位系の章を設けた．なお基本的に，計算値の有効数字を3桁とし，重力加速度を $9.81\ m/s^2$ に統一した．

(3) 各章の内容は，基礎から応用までを3ステップで学べるように，はじめに〈基本的な考え方〉を説明した後，〈基本問題〉，〈演習問題〉，〈発展問題〉へと問題レベルを段階的に高めて，対象とする内容を分かりやすく理解できるように心がけた．

(4) 四力の各章の範囲はベーシックからアドヴァンスドまで大変幅広い内容を取り入れた．例えば，熱力学においては従来の工業熱力学の他に熱機関，伝熱，空調までを，流体力学においては従来の水力学（流れ学）の他に理論流体力学までの幅広い内容を含ませた．

(5) 本問題集は機械工学系の学生を対象としたものであるが，医学系，臨床工学系などにおいて機械工学の内容を学ぶ学生や機械設計技術者試験，公務員試験などの各種資格試験の受験対策用の問題集としても役立つものと考えている．

　本書を学ぶ皆様が，機械工学の基盤科目である四力の基礎力，応用力を身につけ，あるいは機械工学系の各種資格を取得することにより，企業，社会において大いに活躍されることを期待して止まない．なお本書を出版するに当たり，『よくわかる機械工学の4力学の演習』執筆のお勧めをいただくとともに多大なご配慮をいただいた（株）電気書院の田中建三郎氏および近藤知之氏には厚く謝意を表する．

平成23年10月

編著者　記す

目次

数学
- 第1章 四則演算（分数，小数，べき乗，無理数） ... 2
- 第2章 図形の基礎（面積，体積，平行線と比例，円の性質など） ... 3
- 第3章 3平方の定理（ピタゴラスの定理） ... 5
- 第4章 関数のグラフ（1次関数，2次関数） ... 6
- 第5章 指数関数，対数関数（基礎，グラフ） ... 7
- 第6章 三角関数 ... 11
- 第7章 複素数，オイラーの式 ... 17
- 第8章 微分法 ... 18
- 第9章 積分法 ... 22

単位系について

熱力学
- 第1章 基礎的事項 ... 32
- 第2章 熱力学の第1法則 ... 35
  - 2.1 閉じた系のエネルギー式 ... 35
  - 2.2 開いた系（流動系）のエネルギー式 ... 38
- 第3章 理想気体 ... 41
- 第4章 熱力学の第2法則 ... 46
  - 4.1 熱機関と冷凍機・ヒートポンプ ... 46
  - 4.2 カルノーサイクルと逆カルノーサイクル ... 50
  - 4.3 エントロピー ... 55
- 第5章 ガスサイクル ... 60
  - 5.1 オットーサイクル ... 60
  - 5.2 ディーゼルサイクル ... 63
  - 5.3 サバテサイクル ... 67
  - 5.4 ブレイトンサイクル ... 70
- 第6章 蒸気の性質 ... 73
  - 6.1 蒸気の基礎的性質 ... 73
  - 6.2 蒸気の状態変化と熱力学的状態量 ... 77
  - 6.3 湿り空気 ... 80
- 第7章 蒸気サイクル ... 84
  - 7.1 ランキンサイクル ... 84

流体力学
- 第1章 流体の基本的性質 ... 94
  - 1.1 密度，比重，粘度，表面張力 ... 94
- 第2章 静止流体の力学 ... 98
  - 2.1 圧力（深さと圧力，圧力計測，パスカルの原理） ... 98
  - 2.2 静止流体中の壁面にはたらく力 ... 101
  - 2.3 浮力 ... 106
- 第3章 エネルギーの保存と運動量の法則 ... 110
  - 3.1 連続の式 ... 110
  - 3.2 ベルヌーイの定理 ... 113
  - 3.3 運動量の法則 ... 117
- 第4章 管路内の流れ ... 122
  - 4.1 流れの状態と速度分布（層流，乱流） ... 122

  4.2　圧力損失（諸損失，総損失） ……………………………………………………… 126
 第 5 章　完全流体の力学 ………………………………………………………………………… 133
  5.1　オイラーの運動方程式 …………………………………………………………………… 133
  5.2　流線と流れの関数 ………………………………………………………………………… 137
  5.3　速度ポテンシャル ………………………………………………………………………… 141
 第 6 章　次元解析と相似則 ……………………………………………………………………… 144
  6.1　次元解析 …………………………………………………………………………………… 144
  6.2　ナビエ・ストークスの運動方程式と流れの相似則 …………………………………… 147

材料力学

 第 1 章　垂直応力，ひずみ ……………………………………………………………………… 154
 第 2 章　引張，圧縮の少し複雑な問題 ………………………………………………………… 158
 第 3 章　熱応力 …………………………………………………………………………………… 164
 第 4 章　せん断 …………………………………………………………………………………… 168
 第 5 章　丸棒のねじり …………………………………………………………………………… 171
  5.1　静定問題 …………………………………………………………………………………… 171
  5.2　不静定問題 ………………………………………………………………………………… 177
 第 6 章　はりの曲げ応力 ………………………………………………………………………… 181
  6.1　断面 2 次モーメントと断面係数 ………………………………………………………… 181
  6.2　曲げモーメントと曲げ応力 ……………………………………………………………… 186
 第 7 章　はりのたわみ …………………………………………………………………………… 194
  7.1　静定なはりのたわみ ……………………………………………………………………… 194
  7.2　不静定はりのたわみ ……………………………………………………………………… 204
 第 8 章　長柱の座屈 ……………………………………………………………………………… 208
 第 9 章　組合せ応力 ……………………………………………………………………………… 214
  9.1　モールの応力円 …………………………………………………………………………… 214
  9.2　組合せ応力の具体例 ……………………………………………………………………… 220

機械力学

 第 1 章　力学の基礎 ……………………………………………………………………………… 228
 第 2 章　質点にはたらく力のつり合い ………………………………………………………… 237
 第 3 章　力のモーメント ………………………………………………………………………… 243
 第 4 章　剛体のつり合い ………………………………………………………………………… 248
 第 5 章　等速円運動，単振動 …………………………………………………………………… 253
 第 6 章　慣性モーメント ………………………………………………………………………… 256
 第 7 章　非減衰振動 ……………………………………………………………………………… 261
 第 8 章　減衰振動 ………………………………………………………………………………… 268
 第 9 章　強制振動 ………………………………………………………………………………… 274
 第 10 章　振動の危険速度 ……………………………………………………………………… 280
 第 11 章　振動の防止（防振） ………………………………………………………………… 287

発展問題　解答・解説

 数学 …………………………………………………………………………………………………… 295
 熱力学 ………………………………………………………………………………………………… 298
 流体力学 ……………………………………………………………………………………………… 315
 材料力学 ……………………………………………………………………………………………… 332
 機械力学 ……………………………………………………………………………………………… 347

著者紹介
  356

数　学

第1章　四則演算（分数，小数，べき乗，無理数）

基本的な考え方

- 数の体系

$$
\text{数（複素数）} \begin{cases} \text{実数} \begin{cases} \text{有理数} \begin{cases} \text{整数} \begin{cases} \text{正の整数（自然数）}\quad 1,\ 2,\ 3,\ldots \\ 0 \\ \text{負の整数}\quad\quad\quad\quad\quad -1,-2,-3,\cdots \end{cases} \\ \text{分数} \begin{cases} \dfrac{1}{2}=0.5 \quad\quad\text{（有限小数）} \\ \dfrac{1}{3}=0.3333\cdots \quad\text{（循環小数）} \end{cases} \end{cases} \\ \text{無理数}\quad \sqrt{2}=1.4142\cdots,\ \pi=3.1415\cdots \quad\text{（循環しない無限小数）} \end{cases} \\ \text{虚数}\quad 2i\cdots \end{cases}
$$

- 四則計算

    交換法則　$a+b=b+a,\quad ab=ba$

    結合法則　$(a+b)+c=a+(b+c),\quad (ab)c=a(bc)$

    分配法則　$a(b+c)=ab+bc,\quad (a+b)c=ac+bc$

- 計算の優先順位

    掛け算・割り算／足し算・引き算／（ ）／｛ ｝／［ ］の順

    $[\{2\times(3+4)+5\}\times 6+7]\div 11-(2-11)=\{(2\times 7+5)\times 6+7\}\div 11-(-9)=20$

- 通分

$$\frac{1}{2}+\frac{1}{3}=\frac{1\times 3}{2\times 3}+\frac{1\times 2}{3\times 2}=\frac{3}{6}+\frac{2}{6}=\frac{5}{6}$$

- 絶対値

    $a\geq 0$ のとき　$|a|=a$　　例 $|2|=2$

    $a<0$ のとき　$|a|=-a$　　$|-2|=2$

- 開平

    $\sqrt{a^2}=|a|$　　　　　例 $\sqrt{2^2}=2,\ \sqrt{(-2)^2}=2$

- 二重根号　$a>0, b>0$ のとき，

$$\sqrt{a+b+2\sqrt{ab}}=\sqrt{\left(\sqrt{a}+\sqrt{b}\right)^2}=\sqrt{a}+\sqrt{b} \qquad \text{（例）}\sqrt{5+2\sqrt{6}}=\sqrt{2}+\sqrt{3}$$

第2章 図形の基礎（面積，体積，平行線と比例，円の性質など）

基本的な考え方

【長さ】（図 2-1）
- 円周：$2\pi r$（r：半径）
- 円弧：$2\pi r \dfrac{a°}{360°}$（$a°$：中心角，r：半径）

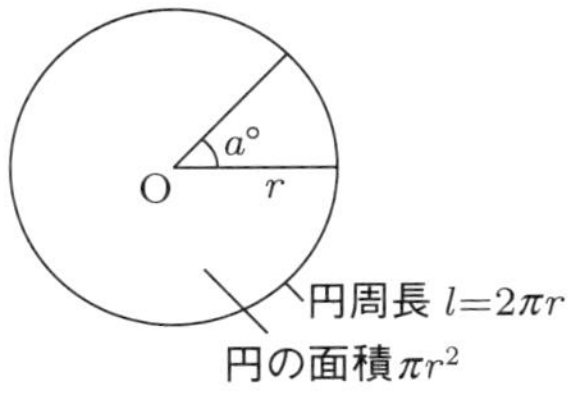

【面積】（図 2-1，図 2-2，図 2-3）
- 三角形：$\dfrac{1}{2}ah$（a：底辺，h：高さ）（図 2-2）
- 台形：$\dfrac{1}{2}(a+b)h$（a：上底，b：下底，h：高さ）（図 2-3）
- 円：πr^2（r：半径）
- 扇形：$\pi r^2 \dfrac{a°}{360°}$（$a°$：中心角，r：半径）
- 球：$4\pi r^2$（r：半径）

【体積】（図 2-4，図 2-5）
- 角柱・円柱：Sh（S：底面積，h：高さ）（図 2-4）
- 角すい・円すい：$\dfrac{1}{3}Sh$（S：底面積，h：高さ）（図 2-5）
- 球：$\dfrac{4}{3}\pi r^3$（r：半径）

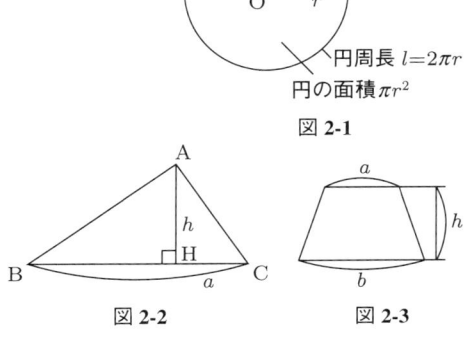

図 2-1

図 2-2　　図 2-3

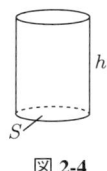　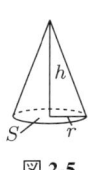

図 2-4　　図 2-5

【角度】
- $180° = \pi$ [rad]
- 正 n 角形の内角の和：$(180° \times n) - 360°$

【平行線の性質】（図 2-6，図 2-7，図 2-8）
- 2 本の平行線に 1 本の直線が交わるとき，同位角（図 2-6）と錯角（図 2-7）は等しい．

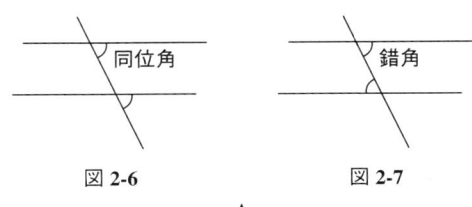

図 2-6　　図 2-7

- DE ∥ BC のとき

$$\dfrac{\mathrm{AD}}{\mathrm{AB}} = \dfrac{\mathrm{AE}}{\mathrm{AC}} = \dfrac{\mathrm{DE}}{\mathrm{BC}}$$

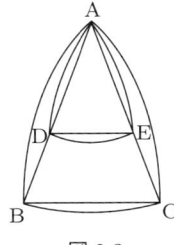

図 2-8

【三角形の合同条件】（図 2-9）

三辺相等
$$(a = a',\ b = b',\ c = c')$$

二辺夾角
$$(b = b', c = c', \angle A = \angle A')$$

二角夾辺
$$(\angle A = \angle A', \angle B = \angle B', c = c')$$

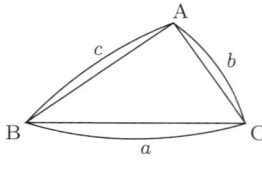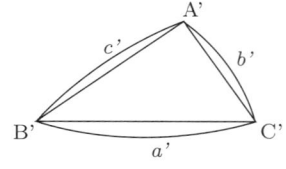

図 2-9

【三角形の相似条件】（図 2-10）

三辺の比が等しい．
$$\left(\frac{a}{a'} = \frac{b}{b'} = \frac{c}{c'}\right)$$

二辺の比と夾角が等しい．
$$\left(\frac{a}{a'} = \frac{b}{b'}, \angle C = \angle C'\right)$$

二角が等しい．
$$(\angle A = \angle A', \angle B = \angle B')$$

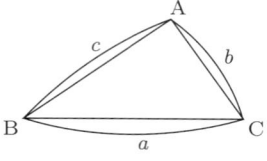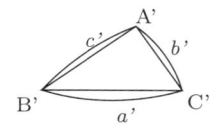

図 2-10

【円の性質】

- 円周角の定理：弧 AB の上に立つ円周角 ∠APB は常に一定の大きさを持ち，中心角 AOB の半分となる（図 2-11）．特に弦 AB が直径である場合は，弧 AB の上に立つ円周角は直角になる（図 2-12）．

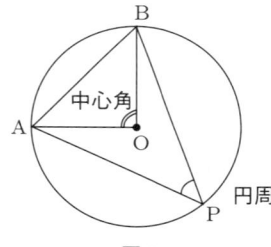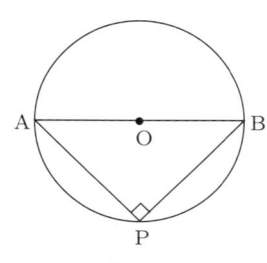

図 2-11　　　　図 2-12

- 円に内接する三角形と接線（図 2-13）

    $\angle CBT = \angle A$

- 円に接する四辺形について（図 2-14）

    $\angle A + \angle C = 180°$

    $\angle B + \angle D = 180°$

    $\angle DCE = \angle A$

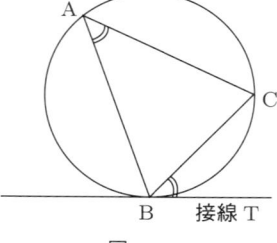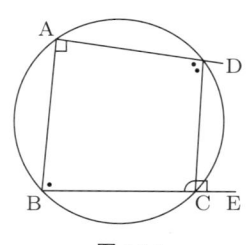

図 2-13　　　　図 2-14

第3章　3平方の定理（ピタゴラスの定理）

基本的な考え方

【3平方の定理】（図 3-1）
直角三角形 ABC について

$$AB^2 + AC^2 = BC^2$$
$$AB^2 = BH \cdot BC$$
$$AC^2 = CH \cdot CB$$

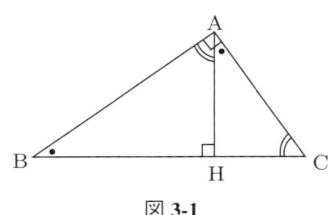

図 3-1

例①正方形の対角線の長さ　　②正三角形の中線の長さ　　③正三角形の外接円の半径

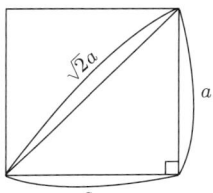 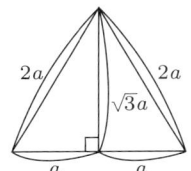 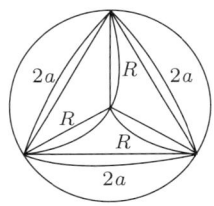

$$R = \sqrt{3}a \times \frac{2}{3} = \frac{2\sqrt{3}}{3}a$$

④立方体の対角線の長さ　　⑤正四面体の頂点から底面に下した垂線の長さ

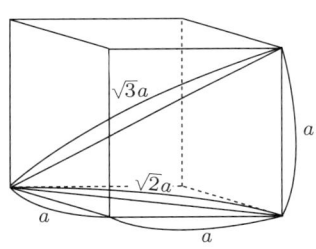 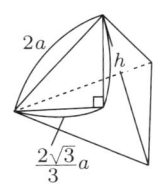

$$h^2 = (2a)^2 - \left(\frac{2\sqrt{3}}{3}a\right)^2 = 4a^2 - \frac{4}{3}a^2 = \frac{8}{3}a^2$$

$$h = \frac{2\sqrt{2}}{\sqrt{3}}a = \frac{2\sqrt{6}}{3}a$$

第 4 章　関数のグラフ（1 次関数，2 次関数）

基本的な考え方

1 次関数，2 次関数に関する問題を解くときには，グラフと対応させて考えることが，特に重要である．

【1 次関数】

- 直線の傾き（または匂配）：x の変化に対する y の変化の割合
- 直線の式

  原点を通り傾き a の直線（図 4-1）

  $$y = ax$$

  傾き a，y 切片 b の直線（図 4-2）

  $$y = ax + b$$

  点 (x_1, y_1) を通り，傾き a の直線（図 4-3）

  $$y - y_1 = a(x - x_1)$$

  2 点 (x_1, y_1)，(x_2, y_2) を通る直線（図 4-4）

  $$y - y_1 = \frac{y_1 - y_2}{x_1 - x_2}(x - x_1)$$

  x 切片 a，y 切片 b の直線（図 4-5）

  $$\frac{x}{a} + \frac{y}{b} = 1$$

【2 次関数】

- 放物線の式（図 4-6）

  $$y = ax^2$$

- 平行移動（図 4-7）

  $y = f(x)$ のグラフを x 軸方向に p，y 軸方向に q 平行移動したグラフは

  $$y - q = f(x - p)$$

  $y = ax^2$ の場合は $y - q = a(x - p)^2$

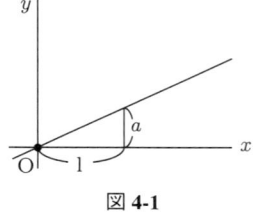
図 4-1

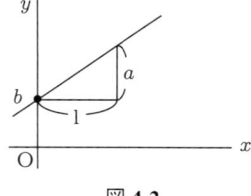
図 4-2

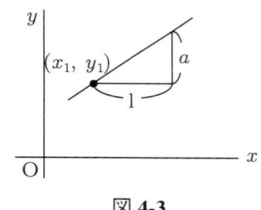
図 4-3

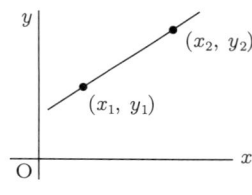
図 4-4

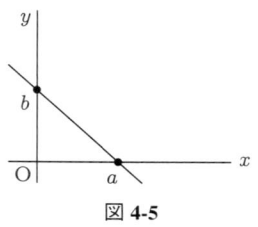
図 4-5

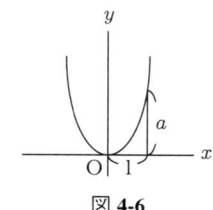
図 4-6

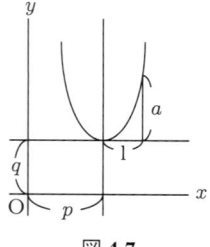
図 4-7

第5章 指数関数，対数関数（基礎，グラフ）

基本的な考え方

- 指数関数 $y = a^x$（a は指数関数の底といい，1 でない正の数）の逆関数 $x = a^y$ を $y = \log_a x$ と書いて，対数関数という．（a は底といい，1 でない正の数，x は真数といい，正の数）

- 指数法則
$$a^m \times a^n = a^{m+n}, \frac{a^m}{a^n} = a^{m-n}, (a^m)^n = a^{mn}$$
（ただし $a^{-n} = \frac{1}{a^n}, a^0 = 1, \sqrt[n]{a} = a^{\frac{1}{n}}$）

- 10 を底とする対数を常用対数といい，$\log_{10} x$ あるいは単に $\log x$ で表す．
  次の e を底とする対数を自然対数といい，$\log_e x$ あるいは $\ln x$ あるいは単に $\log x$ で表す．

- 極限値 $\lim_{h \to 0}(1+h)^{\frac{1}{h}}$ は一定値 $2.71828\cdots$ に収束する．これを e で表し，自然対数の底という．

- 対数法則
$$\log_a p^m = m \log_a p, \log_a 1 = 0$$
$$\log_a (p \times q) = \log_a p + \log_a q$$
$$\log_a \frac{p}{q} = \log_a p - \log_a q$$

- 底変換の公式
$$\log_p q = \frac{\log_r q}{\log_r p}$$

Step 1　基本問題

[1]
(1) 次の計算をせよ．
① $2^5 \times 2^3$　② $2^5 \div 2^3$　③ $2^3 \div 2^3$　④ $(2^2)^3$　⑤ $(2^{\frac{1}{2}})^2$
⑥ $\left(\sqrt[3]{2}\right)^6$　⑦ 2^{-2}　⑧ $2^5 \div 2^2 \times 2^6$

(2) $x = 10^y$ となる y を対数で表せ．

(3) $x = e^y$ となる y を対数で表せ．

解き方

(1) ① $2^5 \times 2^3 = 2^{5+3} = 2^8 = 256$　② $2^5 \div 2^3 = 2^{5-3} = 2^2 = 4$　③ $2^3 \div 2^3 = 2^0 = 1$
④ $(2^2)^3 = 2^{2 \times 3} = 2^6 = 64$　⑤ $(2^{\frac{1}{2}})^2 = 2^{\frac{1}{2} \times 2} = 2^1 = 2$
⑥ $\left(\sqrt[3]{2}\right)^6 = (2^{\frac{1}{3}})^6 = 2^{\frac{1}{3} \times 6} = 2^2 = 4$　⑦ $2^{-2} = \frac{1}{2^2} = \frac{1}{4}$
⑧ $2^5 \div 2^2 \times 2^6 = 2^{5-2+6} = 2^9 = 512$

(2) $y = \log_{10} x = \log x$ （常用対数）

(3) $y = \log_e x = \ln x$ （自然対数）

[2]
(1) 次の計算をせよ．

$\log_2 1,\ \log_2 2,\ \log_2 8,\ \log_2 \dfrac{1}{8}, \log_{10} 1,\ \log_{10} 100,\ \log_{10} 0.1,\ \log_{10} \dfrac{1}{100}$

(2) $\log_{10} 2 = 0.3010, \log_{10} 3 = 0.4771$ のとき，次の値を求めよ．

$\log_{10} 8,\ \log_{10} 6,\ \log_{10} \dfrac{3}{2},\ \log_{10} \dfrac{4}{9}, \log_2 3$

解き方

(1)
$\log_2 1 = 0,\ \log_2 2 = 1,\ \log_2 8 = \log_2 2^3 = 3,$
$\log_2 \dfrac{1}{8} = \log_2 2^{-3} = -3,\ \log_{10} 1 = 0,\ \log_{10} 100 = \log_{10} 10^2 = 2,$
$\log_{10} 0.1 = \log_{10} 10^{-1} = -1,\ \log_{10} \dfrac{1}{100} = \log_{10} 10^{-2} = -2$

(2)
$\log_{10} 8 = \log_{10} 2^3 = 3 \log_{10} 2 = 3 \times 0.3010 = 0.9030,$
$\log_{10} 6 = \log_{10}(2 \times 3) = \log_{10} 2 + \log_{10} 3 = 0.3010 + 0.4771 = 0.7781$
$\log_{10} \dfrac{3}{2} = \log_{10} 3 - \log_{10} 2 = 0.4771 - 0.3010 = 0.1761$
$\log_{10} \dfrac{4}{9} = \log_{10} \dfrac{2^2}{3^2} = \log_{10} 2^2 - \log_{10} 3^2 = 2 \log_{10} 2 - 2 \log_{10} 3$
$\qquad = 2 \times 0.3010 - 2 \times 0.4771 = 0.6020 - 0.9542 = -0.3522$

底変換の公式より
$\log_2 3 = \dfrac{\log_{10} 3}{\log_{10} 2} = \dfrac{0.4771}{0.3010} = 1.59$

Step 2　　演習問題

[1]
(1) $y = 2^x$ について，表を作成し，そのグラフを描け．
(2) $y = \left(\dfrac{1}{2}\right)^x = 2^{-x}$ について，表を作成し，そのグラフを描け．

ここに注意!!!

グラフを描くときは，先ず x と y の表を完成させることから始める必要がある．次にそれを実際に描いてみれば，グラフの特徴をよく理解することができる．

解き方

(1) $y = 2^x$

x	-3	-2	-1	0	1	2	3
y	$\frac{1}{8}$	$\frac{1}{4}$	$\frac{1}{2}$	1	2	4	8

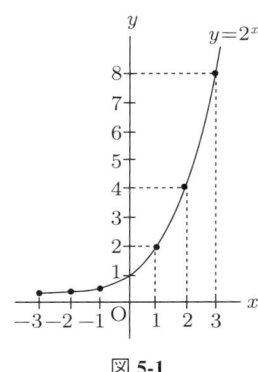

図 5-1

(2) $y = \left(\dfrac{1}{2}\right)^x = 2^{-x}$

x	-3	-2	-1	0	1	2	3
y	8	4	2	1	$\frac{1}{2}$	$\frac{1}{4}$	$\frac{1}{8}$

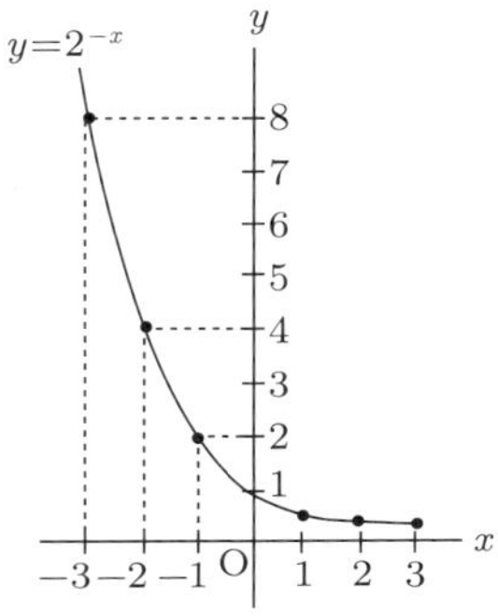

図 5-2

[2]
(1) $x = 2^y$ すなわち $y = \log_2 x$ について，表を作成し，そのグラフを描け．
(2) $x = \left(\dfrac{1}{2}\right)^y$ すなわち $y = \log_{\frac{1}{2}} x$ について，表を作成し，そのグラフを描け．

解き方

y	-3	-2	-1	0	1	2	3
x	$\frac{1}{8}$	$\frac{1}{4}$	$\frac{1}{2}$	1	2	4	8

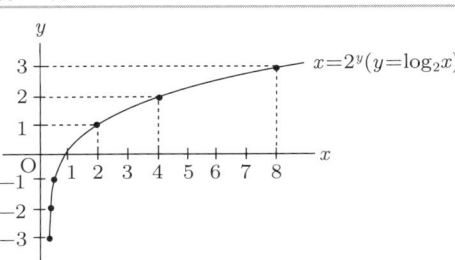

図 5-3

y	-3	-2	-1	0	1	2	3
x	8	4	2	1	$\frac{1}{2}$	$\frac{1}{4}$	$\frac{1}{8}$

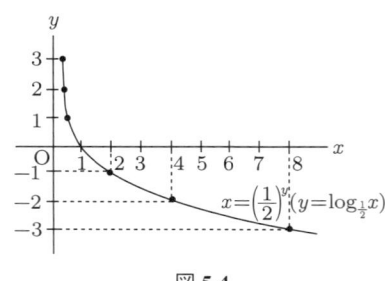

図 5-4

Step 3　発展問題

[1] 次の方程式を解け.
(1) $9^x - 2 \cdot 3^{x+1} - 27 = 0$
(2) $\log_4(2x^2 - 3x - 13) = \log_2(x+1)$

ここに注意!!!

指数 a^x は常に正である.
例. $2^x > 0,\ 2^{-x} > 0$

ここに注意!!!

対数の計算では底は 1 でない正の数, 真数は正であることをまず書く必要がある.

第6章　三角関数

基本的な考え方

- 円弧の長さ l と半径 r の比を弧度といい，$\theta = l/r$ [rad] で表す．（図 6-1）

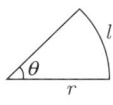

図 6-1

> **ここに注意!!!**
> 弧度は l と r の比 $\theta = \dfrac{l}{r}$ で定義される．

- 半径1の円を単位円という．原点を通る角度 θ の直線と単位円及び $x=1$ で単位円に接する直線との交点の座標により，$x = \cos\theta$（余弦），$y = \sin\theta$（正弦），$z = \tan\theta$（正接）が定義される（図 6-2）．

$$\sin^2\theta + \cos^2\theta = 1, \quad \tan\theta = \frac{\sin\theta}{\cos\theta}$$

逆数関係
$$\frac{1}{\sin\theta} = \operatorname{cosec}\theta (\text{コセカント } \theta)$$
$$\frac{1}{\cos\theta} = \sec\theta (\text{セカント } \theta)$$
$$\frac{1}{\tan\theta} = \cot\theta (\text{コタンジェント } \theta)$$

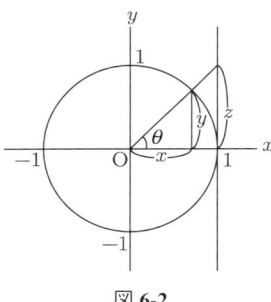

図 6-2

- 下図の作図の関係より加法定理が証明される（図 6-3）．

$$\sin(\alpha+\beta) = \sin\alpha\cos\beta + \cos\alpha\sin\beta$$
$$\cos(\alpha+\beta) = \cos\alpha\cos\beta - \sin\alpha\sin\beta$$
$$\tan(\alpha+\beta) = \frac{\tan\alpha + \tan\beta}{1 - \tan\alpha\tan\beta}$$

- 三角関数の逆数関係，乗除関係，平方関係は右図の Kashima Chart でまとめられる．

平方関係の証明

$$\sin^2\theta + \cos^2\theta = 1$$

両辺を $\cos^2\theta$ で割って

$$\tan^2\theta + 1 = \frac{1}{\cos^2\theta}$$

すなわち $\tan^2\theta + 1 = \sec^2\theta$
また，$\sin^2\theta$ で割って

$$1 + \frac{1}{\tan^2\theta} = \frac{1}{\sin^2\theta}$$

すなわち $1 + \cot^2\theta = \operatorname{cosec}^2\theta$
が導かれる．

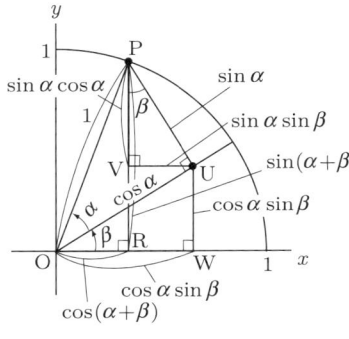

図 6-3

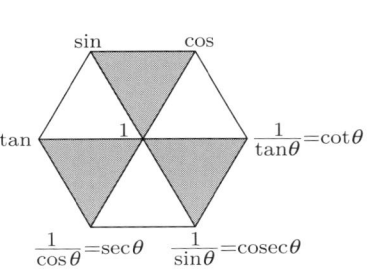

Kashima Chart（参考図）

- 2倍角の公式

  さらに上式で $\beta = \alpha$ とおくことにより 2 倍角の公式

  $$\sin 2\alpha = 2\sin\alpha\cos\beta$$
  $$\cos 2\alpha = \cos^2\alpha - \sin^2\alpha$$
  $$= 1 - 2\sin^2\alpha = 2\cos^2\alpha - 1$$

- 半角の公式
  $$\cos^2\frac{\alpha}{2} = \frac{1+\cos\alpha}{2}$$
  $$\sin^2\frac{\alpha}{2} = \frac{1-\cos\alpha}{2}$$

- 正弦定理

  さらに三角形 ABC の外接円の半径を R とすると，図 6-4 の関係より

  $$\frac{a}{\sin A} = \frac{b}{\sin B} = \frac{c}{\sin C} = 2R$$

- 余弦定理（図 6-4）

  $$a^2 = b^2 + c^2 - 2bc\cos A$$
  $$b^2 = c^2 + a^2 - 2ca\cos B$$
  $$c^2 = a^2 + b^2 - 2ab\cos C$$

  が導かれる．

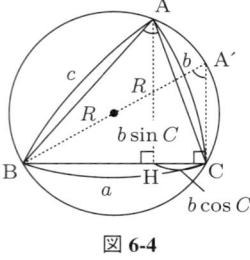

図 **6-4**

Step 1　基 本 問 題

[1] 次の問いに答えよ．

(1) 下図の直角三角形について，$\sin\theta$, $\cos\theta$, $\tan\theta$ を求めよ．

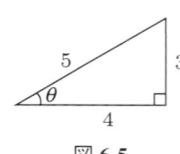

図 **6-5**

(2) 下図の単位円より，$\sin\theta$, $\cos\theta$, $\tan\theta$ を求めよ．

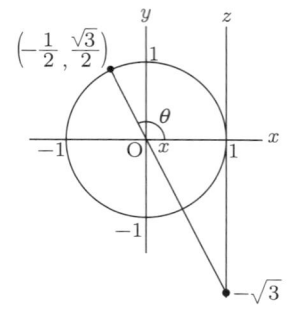

図 **6-6**

> **ここに注意!!!**
>
> $\tan\theta$ を求めるとき，θ が 2 象限または 3 象限にあるときは角度を表わす直線は逆に延長して，z 軸との交点を求める．

(3) 単位円を用いて，次の値を求めよ．

$\sin\dfrac{3}{4}\pi, \cos\dfrac{3}{4}\pi, \tan\dfrac{3}{4}\pi$

$\sin\dfrac{4}{3}\pi, \cos\dfrac{4}{3}\pi, \tan\dfrac{4}{3}\pi$

(4) 単位円を用いて，$\sin(\theta+90°)$, $\cos(\theta+90°)$, $\sin(\theta-90°)$, $\cos(\theta-90°)$ を $\sin\theta$, $\cos\theta$ で表せ．

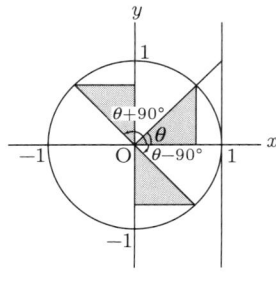

図 6-7

解き方

(1)
$$\sin\theta = \dfrac{対辺}{斜辺} = \dfrac{3}{5}$$
$$\cos\theta = \dfrac{隣辺}{斜辺} = \dfrac{4}{5}$$
$$\tan\theta = \dfrac{対辺}{隣辺} = \dfrac{3}{4}$$

(2)
$$\sin\theta = y\,座標 = \dfrac{\sqrt{3}}{2}$$
$$\cos\theta = x\,座標 = -\dfrac{1}{2}$$
$$\tan\theta = z\,座標 = -\sqrt{3}$$

(3) 図 6-8 より
$$\sin\dfrac{3}{4}\pi = \dfrac{\sqrt{2}}{2}$$
$$\cos\dfrac{3}{4}\pi = -\dfrac{\sqrt{2}}{2}$$
$$\tan\dfrac{3}{4}\pi = -1$$

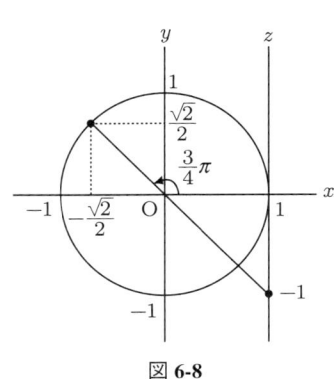

図 6-8

図 6-9 より
$$\sin \frac{4}{3}\pi = -\frac{\sqrt{3}}{2}$$
$$\cos \frac{4}{3}\pi = -\frac{1}{2}$$
$$\tan \frac{4}{3}\pi = \sqrt{3}$$

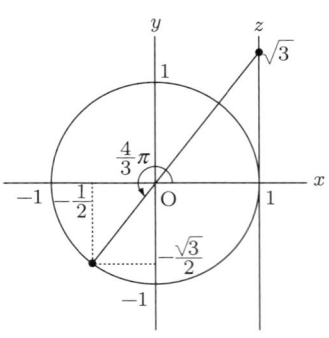

図 6-9

(4) 図 6-10 より
$$\sin(\theta + 90°) = \cos\theta$$
$$\cos(\theta + 90°) = -\sin\theta$$
$$\sin(\theta - 90°) = -\cos\theta$$
$$\cos(\theta - 90°) = \sin\theta$$

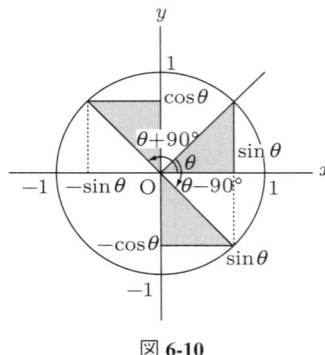

図 6-10

ここに注意!!!

単位円を描けばわかるように第 1 象限では x, y, z のすべてが正 すなわち $\sin\theta$, $\cos\theta$, $\tan\theta$ の符号はすべてが正
第 2 象限では y のみ正 すなわち $\sin\theta$ のみ正
第 3 象限では z のみ正 すなわち $\tan\theta$ のみ正
第 4 象限では x のみ正 すなわち $\cos\theta$ のみ正

[2] 次の問いに答えよ．
(1) $\sin\theta = 0.3$ のとき，$\cos\theta$，$\tan\theta$ を求めよ．
(2) $\tan\theta = 2$ のとき，$\sec\theta$，$\cos\theta$，$\sin\theta$ を求めよ．

解き方

(1) $\sin\theta = 0.3$ のとき（図 6-11），$\sin^2\theta + \cos^2\theta = 1$ より
$$\cos^2\theta = 1 - \sin^2\theta$$
$$= 1 - 0.3^2 = 1 - 0.09$$
$$= 0.91$$
$$\cos\theta = \pm\sqrt{0.91} = \pm 0.954$$
$$\tan\theta = \frac{\sin\theta}{\cos\theta} = \pm\frac{0.3}{0.954} = \pm 0.314$$

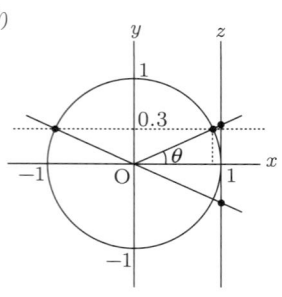

図 6-11

ここに注意!!!

三角関数の計算では単位円を利用すると大変わかりやすくなる．

(2) $\tan\theta = 2$ のとき（図 6-12），
$$\tan^2\theta + 1 = \sec^2\theta \text{ より}$$
$$\sec^2\theta = 5$$
$$\sec\theta = \pm\sqrt{5}$$
$$\cos\theta = \frac{1}{\sec\theta} = \pm\frac{1}{\sqrt{5}} = \pm\frac{\sqrt{5}}{5}$$
$$= \pm 0.447$$
$$\sin\theta = \cos\theta\tan\theta = \pm\frac{2}{5}\sqrt{5} = \pm 0.894$$

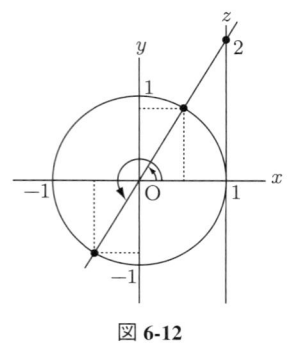

図 6-12

Step 2 演 習 問 題

[1] 加法定理を用いて，次の値を求めよ．（図 **6-13**, **6-14** 参照）
   $\sin 75°$, $\cos 75°$, $\tan 75°$

解き方

$\sin 75° = \sin(45° + 30°)$
$= \sin 45° \cos 30° + \cos 45° \sin 30°$
$= \dfrac{\sqrt{2}}{2} \times \dfrac{\sqrt{3}}{2} + \dfrac{\sqrt{2}}{2} \times \dfrac{1}{2} = \dfrac{\sqrt{6} + \sqrt{2}}{4}$

$\cos 75° = \cos(45° + 30°)$
$= \cos 45° \cos 30° - \sin 45° \sin 30°$
$= \dfrac{\sqrt{2}}{2} \times \dfrac{\sqrt{3}}{2} - \dfrac{\sqrt{2}}{2} \times \dfrac{1}{2}$
$= \dfrac{\sqrt{6} - \sqrt{2}}{4}$

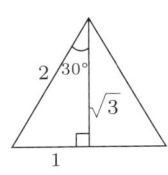

図 **6-13**

$\tan 75° = \tan(45° + 30°)$
$= \dfrac{\tan 45° + \tan 30°}{1 - \tan 45° \tan 30°}$
$= \dfrac{1 + \dfrac{1}{\sqrt{3}}}{1 - 1 \times \dfrac{1}{\sqrt{3}}} = \dfrac{\sqrt{3} + 1}{\sqrt{3} - 1}$

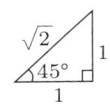

図 **6-14**

[2] 2 倍角の公式を用いて，次の値を求めよ．（図 **6-15** 参照）
   $\sin \theta = 0.60$ のときの $\sin 2\theta$, $\cos 2\theta$, $\tan 2\theta$

解き方

$\sin \theta = 0.60$, $\cos^2 \theta = 1 - \sin^2 \theta = 1 - 0.60^2 = 0.64$
$\cos \theta = \pm \sqrt{0.64} = \pm 0.80$, $\tan \theta = \dfrac{\sin \theta}{\cos \theta} = \pm \dfrac{0.60}{0.80} = \pm 0.75$

$\sin 2\theta = 2 \sin \theta \cos \theta$
$= \pm 2 \times 0.60 \times 0.80$
$= \pm 0.96$

$\cos 2\theta = \cos^2 \theta - \sin^2 \theta$
$= 2 \cos^2 \theta - 1$
$= 1 - 2 \sin^2 \theta$
$= 1 - 2 \times 0.60^2 = 0.28$

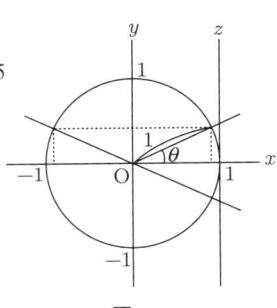

図 **6-15**

$\tan 2\theta = \dfrac{2 \tan \theta}{1 - \tan^2 \theta}$
$= \dfrac{\pm 2 \times 0.75}{1 - 0.75^2} = \pm \dfrac{1.50}{0.4375} = \pm 3.43$

Step 3 発展問題

[1] 図 6-16 の三角形 ABC で $a = 6$ [cm], $\angle A = 60°$, $\angle B = 45°$ のとき，b，c および外接円の半径 R を求めよ．

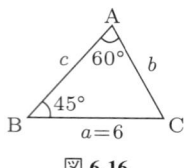

図 6-16

[2] 図 6-17 の三角形 ABC で $b = 5$ [cm], $c = 7$ [cm], $\angle A = 60°$ のとき，a の長さを求めよ．

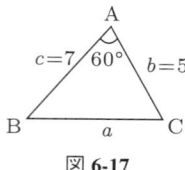

図 6-17

第7章　複素数，オイラーの式

基本的な考え方

- 2乗して正となる数を実数，2乗して負となる数を虚数，実数と虚数の和を複素数といい，$a+bi$ の形で表わす．ここで i は虚数単位で $i^2=-1$ である（電気回路学では i の代わりに j が用いられる）．例 $\sqrt{-1}=i$，$\sqrt{-4}=2i$
- 複素数の四則計算では，i を文字のように扱い，$i^2=-1$ とすればよい．例 STEP 1 [1] (1)
- 複素数 $z=x+iy$ は x を実軸，y を虚軸とする複素平面上では，点あるいは位置ベクトルで表される．
- a, b, c, d を実数としたとき，$a+bi=0$ ならば $a=b=0$ である．また $a+bi=c+di$ ならば $a=c, b=d$ である．
- オイラーの式 $e^{i\theta}=\cos\theta+i\sin\theta$ を用いると，複素数 $z=x+iy$ は極座標形式 $z=re^{i\theta}$ で表わすことができる．ここで r は z の絶対値 $|z|$，θ は z の偏角 $\angle z$ である．

$$z = x + iy = r\cos\theta + ir\sin\theta = r(\cos\theta + i\sin\theta) = re^{i\theta}$$
$$r = |z| = \sqrt{x^2 + y^2}$$
$$\theta = \angle z = \tan^{-1}\left(\frac{y}{x}\right)$$

- $e^{-i\theta}=\cos\theta-i\sin\theta$ を用いると

$$\cos\theta = \frac{e^{i\theta}+e^{-i\theta}}{2}$$
$$\sin\theta = \frac{e^{i\theta}-e^{-i\theta}}{2i}$$

と表すことができる．
オイラーの式 $e^{i\theta}=\cos\theta+i\sin\theta$ で $\theta=\pi$ とおくと

$$e^{i\pi} = -1$$

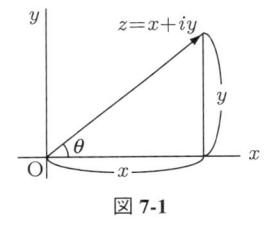

図 7-1

（この式は虚数単位 i，円周率 π，自然対数の底 e，自然数 1 をすべて含んだ関係式なので人類の至宝といわれる）

Step 1　基本問題

[1] 次の計算をして，結果を $a+bi$（a, b は実数）の形で表せ．
(1) $(2+i)^2$
(2) $\dfrac{3+2i}{1-5i} + \dfrac{1-2i}{1+5i}$

解き方

(1) $(2+i)^2 = 4+4i+i^2 = 4+4i-1 = 3+4i$

(2) $\dfrac{3+2i}{1-5i} + \dfrac{1-2i}{1+5i} = \dfrac{(3+2i)(1+5i)+(1-2i)(1-5i)}{(1-5i)(1+5i)}$

$= \dfrac{(3+17i+10i^2)+(1-7i+10i^2)}{1-25i^2}$

$= \dfrac{(-7+17i)+(-9-7i)}{1+25} = \dfrac{-16+10i}{26}$

$= -\dfrac{8}{13} + \dfrac{5}{13}i$

第8章 微分法

基本的な考え方

- 微分の定義：関数 $y = f(x)$ において，x の増分を Δx，y の増分を Δy としたとき，$\frac{\Delta y}{\Delta x}$ を平均変化率，$\Delta x \to 0$ としたときの $\frac{\Delta y}{\Delta x}$ を瞬間変化率といい，$\frac{dy}{dx}, y', f'$ などで表し，x における微分という．これは関数上の点 (x, y) における接線の傾きを表す（図 8-1）．

$$y' = \frac{dy}{dx} = \lim_{\Delta x \to 0} \frac{\Delta y}{\Delta x} = \lim_{\Delta x \to 0} \frac{f(x + \Delta x) - f(x)}{\Delta x}$$

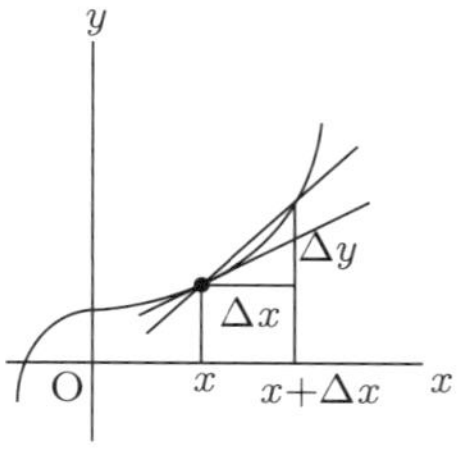

- 微分公式

  積の微分

  $$\{f(x)g(x)\}' = f'(x)g(x) + f(x)g'(x)$$

  商の微分

  $$\left\{\frac{f(x)}{g(x)}\right\}' = \frac{f'(x)g(x) - f(x)g'(x)}{\{g(x)\}^2}$$

  合成関数の微分

  $z = f(y), y = g(x)$ のとき $\frac{dz}{dx} = \frac{dz}{dy} \cdot \frac{dy}{dx}$

  逆関数の微分

  $y = f^{-1}(x)$ すなわち $x = f(y)$ のとき，$\frac{dy}{dx} = \frac{1}{\frac{dx}{dy}}$

- 偏微分

  2変数関数 $z = f(x, y)$ を x のみあるいは y のみを変数とする関数と考えたときの微分を x あるいは y の偏微分といい，z_x, z_y，あるいは $\frac{\partial f}{\partial x}, \frac{\partial f}{\partial y}$ などで表す．

図 8-1

Step 1　基本問題

[1] 次の関数を微分せよ．

(1) $y = x^n$，(2) $y = \frac{1}{x}$，(3) $y = \sqrt{x}$，(4) $y = \sin x$，(5) $y = \cos x$，(6) $y = \tan x$，

(7) $y = e^x$，(8) $y = \log_e x$，(9) $y = \sin^{-1} x$，(10) $y = \tan^{-1} x$

解き方

(1) $(x^n)' = nx^{n-1}$，(2) $\left(\frac{1}{x}\right)' = -\frac{1}{x^2}$，(3) $(\sqrt{x})' = \frac{1}{2\sqrt{x}}$，(4) $(\sin x)' = \cos x$，

(5) $(\cos x)' = -\sin x$，(6) $(\tan x)' = \sec^2 x$ （注1），(7) $(e^x)' = e^x$，(8) $(\log_e x)' = \frac{1}{x}$，

(9) $(\sin^{-1} x)' = \frac{1}{\sqrt{1 - x^2}}$ （注2），(10) $(\tan^{-1} x)' = \frac{1}{1 + x^2}$ （注3）

(注1)
$$(\tan x)' = \left(\frac{\sin x}{\cos x}\right)' = \frac{(\sin x)'\cos x - \sin x(\cos x)'}{\cos^2 x}$$
$$= \frac{\cos^2 x + \sin^2 x}{\cos^2 x} = \frac{1}{\cos^2 x} = \sec^2 x$$

(注2)
$y = \sin^{-1} x, \sin y = x$,　両辺を x で微分すると,　$\dfrac{d(\sin y)}{dx} = \dfrac{d(\sin y)}{dy}\dfrac{dy}{dx} = \cos y \dfrac{dy}{dx} = 1$,

よって $\dfrac{dy}{dx} = \dfrac{1}{\cos y} = \dfrac{1}{\sqrt{1 - \sin^2 y}} = \dfrac{1}{\sqrt{1 - x^2}}$

(注3)
$y = \tan^{-1} x, \tan y = x$,　両辺を x で微分すると,

$$\frac{d(\tan y)}{dx} = \frac{d(\tan y)}{dy} \cdot \frac{dy}{dx} = \sec^2 y \frac{dy}{dx} = 1$$

$$\therefore \frac{dy}{dx} = \frac{1}{\sec^2 y} = \frac{1}{1 + \tan^2 y} = \frac{1}{1 + x^2}$$

[2] 次の関数を微分せよ．ただし，a, b, c は定数である．

(1) $y = ax^2 + bx + c$,　(2) $y = a^x$,　(3) $y = \log_a x$,　(4) $y = \sin^{-1}\left(\dfrac{x}{a}\right)$,

(5) $y = \tan^{-1}\left(\dfrac{x}{a}\right)$,　(6) $y = e^x \sin x$,　(7) $y = x^2(x + 5)^7$,　(8) $y = \dfrac{x - 2}{x^2 + x + 1}$,

解き方

(1) $(ax^2 + bx + c)' = 2ax + b$,　(2) $(a^x)' = a^x \log_e a$　(注4),

(3) $(\log_a x)' = \dfrac{1}{x \log_e a}$　(注5),　(4) $\left\{\sin^{-1}\left(\dfrac{x}{a}\right)\right\}' = \dfrac{1}{\sqrt{a^2 - x^2}}$　(注6)

(5) $\left(\tan^{-1}\dfrac{x}{a}\right)' = \dfrac{a}{a^2 + x^2}$　(注7),

(6) $(e^x \sin x)' = e^x \sin x + e^x \cos x$
$\qquad = e^x(\sin x + \cos x)$

(7) $\{x^2(x + 5)^7\}' = 2x(x + 5)^7 + 7x^2(x + 5)^6 = x(x + 5)^6\{2(x + 5) + 7x\}$
$\qquad = x(9x + 10)(x + 5)^6$

(8) $\left(\dfrac{x - 2}{x^2 + x + 1}\right)' = \dfrac{1(x^2 + x + 1) - (x - 2)(2x + 1)}{(x^2 + x + 1)^2} = \dfrac{x^2 + x + 1 - (2x^2 - 3x - 2)}{(x^2 + x + 1)^2}$
$\qquad = -\dfrac{-x^2 + 4x + 3}{(x^2 + x + 1)^2} = \dfrac{x^2 - 4x - 3}{(x^2 + x + 1)^2}$

(注4)
$y = a^x$, e を底として両辺の対数を取ると，$\log_e y = x \log_e a$

両辺を x で微分すると $\dfrac{1}{y}\dfrac{dy}{dx} = \log_e a$,

$\qquad \therefore \dfrac{dy}{dx} = y \log_e a = a^x \log_e a$

ここに注意!!!

対数をとってから微分する方法を対数微分という

(注5)
底変換により,

$$(\log_a x)' = \left(\frac{\log_e x}{\log_e a}\right)' = \frac{1}{x \log_e a}$$

(注6)
$y = \sin^{-1}\frac{x}{a}$, $t = \frac{x}{a}$ とおくと, $y = \sin^{-1} t$, 両辺を x で微分すると,

$$\frac{dy}{dx} = \frac{dy}{dt} \cdot \frac{dt}{dx} = \frac{1}{\sqrt{1-t^2}} \cdot \frac{1}{a}$$

$$= \frac{1}{\sqrt{1-\left(\frac{x}{a}\right)^2}} \cdot \frac{1}{a} = \frac{1}{\sqrt{a^2-x^2}}$$

(注7)
$y = \tan^{-1}\frac{x}{a}$, $\frac{x}{a} = t$ とおくと, $y = \tan^{-1} t$, 両辺を x で微分すると,

$$\frac{dy}{dx} = \frac{dy}{dt} \cdot \frac{dt}{dx} = \frac{1}{1+t^2} \cdot \frac{1}{a}$$

$$= \frac{1}{a + \left(\frac{x}{a}\right)^2} \cdot \frac{1}{a} = \frac{a}{a^2 + x^2}$$

Step 2　　　　演 習 問 題

[1] 次の関数の極値を求め，そのグラフの概形を描け．
  (1) $y = x^3 - 6x^2 + 9x - 2$
  (2) $y = x^3 - 3x + 1$

解き方

(1)
$y = x^3 - 6x^2 + 9x - 2$
$y' = 3x^2 - 12x + 9$
$\quad = 3(x^2 - 4x + 3)$
$y' = 3(x-1)(x-3)$

表 8-1

x		1		3	
y'	+	0	−	0	+
y	↗	極大 2	↘	極小 −2	↗

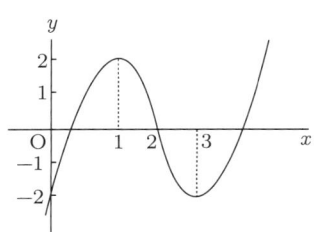

図 8-2

(2)
$y = x^3 - 3x + 1$
$y' = 3x^2 - 3 = 3(x+1)(x-1)$

表 8-2

x		−1		1	
y'	+	0	−	0	+
y	↗	極大 3	↘	極小 −1	↗

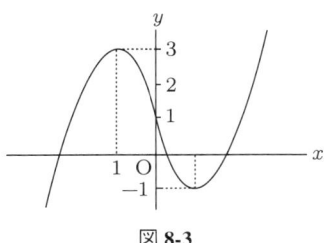

図 8-3

Step 3 発展問題

[1] 次の 2 変数関数の偏微分 $\dfrac{\partial f}{\partial x}, \dfrac{\partial f}{\partial y}$ を求めよ.
 (1) $z = x^2 + xy + y^2 - 4x - 2y$
 (2) $z = x^2 + y^2 - 2x - y + 3$

[2] 次の問いに答えよ.
 (1) 放物線 $y = 2x^2 - 4x + 3$ 上の点 $(2, 3)$ における接線の方程式を求めよ.
 (2) 点 $(3, 4)$ から放物線 $y = -x^2 + 4x - 3$ に引いた接線の方程式を求めよ.

第9章 積分法

基本的な考え方

- 定積分の定義（図 9-1）

  $y = f(x)$ の下の $x = a$ から b までの面積 $S = \sum \Delta S = \sum f(x)\Delta x$ の $\Delta x \to 0$ の極限値を $S = \int_a^b f(x)dx$ で表し，$f(x)$ の $a \sim b$ までの定積分という。

  このとき，

  $$\Delta S = f(x)\Delta x$$
  $$\frac{\Delta S}{\Delta x} = f(x)$$

  $\Delta x \to 0$ とすると，$\frac{dS}{dx} = f(x)$

  すなわち S は x で微分して $f(x)$ となる関数である．

- 不定積分の定義：$\frac{dF(x)}{dx} = f(x)$ のとき，$F(x) = \int f(x)dx + C$，（C は積分定数）で表す．これを不定積分という．

- $f(x)$ の不定積分の一つを $F(x)$ とするとき

  定積分：$\int_a^b f(x)dx = [F(x)]_a^b = F(b) - F(a)$ で求められる．

- 積分公式：置換積分

  $$\int f(x)dx = \int f\{g(t)\}g'(t)dt \ (x = g(t) \text{ とおく})$$

  部分積分

  $$\int f'(x)g(x)dx = f(x)g(x) - \int f(x)g'(x)dx$$

  または $\int f(x)g'(x)dx = f(x)g(x) - \int f'(x)g(x)dx$

- 回転体の体積（図 9-2）

  半径 y，高さ dx の微小部分の回転体の体積 dV とすると $dV = \pi y^2 dx$

  $x = a$，$x = b$ 間の全回転体の体積 V は $V = \pi \int_a^b y^2 dx$ で求められる．

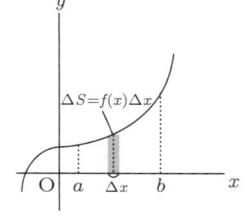

図 9-1

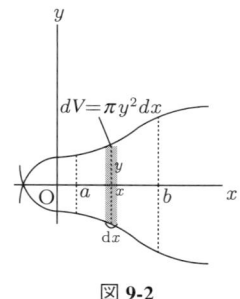

図 9-2

Step 1　基本問題

[1] 次の関数の不定積分を求めよ（簡単のため，積分定数 C は省略）

(1) $y = x^m (m \neq -1)$, (2) $y = \dfrac{1}{x}$, (3) $y = \sin x$, (4) $y = \cos x$, (5) $y = \tan x$,

(6) $y = e^x$, (7) $y = \dfrac{1}{\sqrt{1-x^2}}$, (8) $y = \dfrac{1}{1+x^2}$, (9) $y = \dfrac{1}{\sqrt{a^2-x^2}}$,

(10) $y = \dfrac{1}{a^2 + x^2}$

解き方

(1) $\displaystyle\int x^m dx = \dfrac{1}{m+1}x^{m+1}$, (2) $\displaystyle\int \dfrac{1}{x}dx = \log_e x$, (3) $\displaystyle\int \sin x dx = -\cos x$,

(4) $\displaystyle\int \cos x dx = \sin x$, (5) $\displaystyle\int \tan x dx = -\int \dfrac{\sin x}{\cos x}dx = \log_e(\cos x)$,

(6) $\displaystyle\int e^x dx = e^x$, (7) $\displaystyle\int \dfrac{1}{\sqrt{1-x^2}}dx = \sin^{-1} x$, (8) $\displaystyle\int \dfrac{1}{1+x^2}dx = \tan^{-1} x$,

(9) $\displaystyle\int \dfrac{1}{\sqrt{a^2 - x^2}}dx = \sin^{-1} \dfrac{x}{a}$, (10) $\displaystyle\int \dfrac{1}{a^2 + x^2}dx = \dfrac{1}{a}\tan^{-1} \dfrac{x}{a}$

[2] 次の関数の不定積分を求めよ．

(1) $y = \log_e x$, (2) $y = e^x \cos x$, (3) $y = \dfrac{1}{\sqrt{x^2+2}}$,

(4) $y = \dfrac{1}{x \log_e x}$, (5) $y = \dfrac{1}{e^x + 6e^{-x} + 5}$, (6) $y = x^2 e^x$, (7) $y = \sin^2 x$,

(8) $y = \dfrac{1}{1 + \cos x}$

解き方

(1) $f'(x) = 1$, $g(x) = \log_e x$ とおくと $f(x) = x$, $g'(x) = \dfrac{1}{x}$

部分積分の公式より

$$\int 1 \cdot \log_e x dx = x \log_e x - \int x \dfrac{1}{x}dx = x \log_e x - x$$

(2) $f'(x) = e^x$, $g(x) = \cos x$ とおくと $f(x) = e^x$, $g'(x) = -\sin x$

部分積分の公式より

$$I = \int e^x \cos x dx = e^x \cdot \cos x - \int e^x(-\sin x)dx$$

$$I = e^x \cos x + \int e^x \sin x dx$$

再度，部分積分の公式より

$$= e^x \cos x + e^x \sin x - \int e^x \cos x dx = e^x \cos x + e^x \sin x - I$$

$\therefore 2I = e^x(\sin x + \cos x)$

$\therefore I = \displaystyle\int e^x \cos x = \dfrac{1}{2}e^x(\sin x + \cos x)$

(3)
$$\int \dfrac{1}{\sqrt{x^2+2}}dx = \log_e\left(x + \sqrt{x^2+2}\right)$$

$\therefore \left\{\log_e\left(x + \sqrt{x^2+2}\right)\right\}' = \dfrac{1 + \dfrac{2x}{2\sqrt{x^2+2}}}{x + \sqrt{x^2+2}} = \dfrac{\sqrt{x^2+2} + x}{x + \sqrt{x^2+2}} \cdot \dfrac{1}{\sqrt{x^2+2}} = \dfrac{1}{\sqrt{x^2+2}}$

(4) $\log_e x = t$ とおくと $\dfrac{1}{x}dx = dt$

$$\int \dfrac{1}{x\log_e x}dx = \int \dfrac{dt}{t} = \log_e t = \log_e(\log_e x)$$

(5) $e^x = t$ とおくと, $e^x dx = dt$

$$\int \dfrac{1}{e^x + 6e^{-x} + 5}dx = \int \dfrac{1}{t + \dfrac{6}{t} + 5} \cdot \dfrac{dt}{t} = \int \dfrac{1}{t^2 + 5t + 6}dt$$

$$= \int \dfrac{1}{(t+2)(t+3)}dt = \int \left\{\dfrac{1}{t+2} - \dfrac{1}{t+3}\right\}dt$$

$$= \log_e(t+2) - \log_e(t+3) = \log_e \dfrac{t+2}{t+3}$$

(6) $f = x^2$, $g' = e^x$ とおくと $f' = 2x$, $g = e^x$ なので
部分積分の公式より

$$\int \overset{f}{x^2} \overset{g'}{e^x} dx = \overset{f}{x^2}\overset{g}{e^x} - \int \overset{f'}{2x}\overset{g}{e^x}dx$$

$$= x^2 e^x - 2\int \overset{u}{x}\overset{v'}{e^x}dx$$

再度，部分積分の公式より

$$= x^2 e^x - 2\left\{\overset{u}{x}\overset{v}{e^x} - \int \overset{u'}{1}\overset{v}{e^x}dx\right\}$$

$$= x^2 e^x - 2xe^x + 2e^x$$

$$= (x^2 - 2x + 2)e^x$$

(7) 半角公式を用いると

$$\int \sin^2 x dx = \int \dfrac{1 - \cos 2x}{2}dx = \int \left(\dfrac{1}{2} - \dfrac{1}{2}\cos 2x\right)dx$$

$$= \dfrac{1}{2}x - \dfrac{1}{4}\sin 2x$$

(8) 半角公式 $\cos^2 \dfrac{x}{2} = \dfrac{1 + \cos x}{2}$ より

$$I = \int \dfrac{1}{1 + \cos x}dx = \int \dfrac{1}{2\cos^2 \dfrac{x}{2}}dx = \int \sec^2 \dfrac{x}{2} \cdot \dfrac{dx}{2}$$

$\dfrac{x}{2} = t$ とおくと, $dx = 2dt$

$$\therefore I = \int \sec^2 t \cdot dt = \tan t = \tan \dfrac{x}{2}$$

Step 2　演習問題

[1]

(1) 曲線 $y = \sqrt{x}$ と x 軸および 2 直線 $x = 1$, $x = 4$ とで囲まれた部分の面積を求めよ．

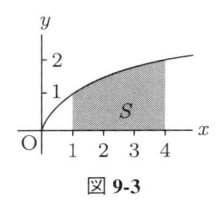

図 9-3

(2) 曲線 $y = \sin x$ $(0 \leqq x \leqq \pi)$ と x 軸で囲まれた部分の面積 S を求めよ．

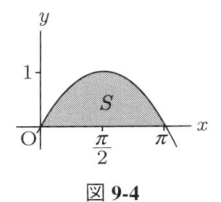

図 9-4

解き方

(1) $S = \int_1^4 \sqrt{x}\,dx = \int_1^4 x^{\frac{1}{2}}\,dx = \frac{2}{3}\left[x^{\frac{3}{2}}\right]_1^4 = \frac{2}{3}\{4^{\frac{3}{2}} - 1\} = \frac{2}{3} \times 7 = \frac{14}{3}$

(2) $S = \int_0^\pi \sin x\,dx = [-\cos x]_0^\pi = -\cos\pi + \cos 0 = 2$

[2] 曲線 $y = \sqrt{2-x}$ と x 軸，y 軸とで囲まれた図形を，x 軸のまわりに 1 回転してできる立体の体積 V を求めよ．

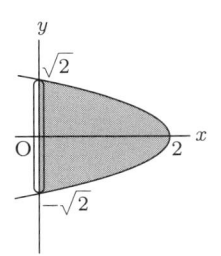

図 9-5

解き方

$V = \pi \int_0^2 y^2\,dx = \pi \int_0^2 \left(\sqrt{2-x}\right)^2 dx$

$\quad = \pi \left[2x - \frac{1}{2}x^2\right]_0^2 = 2\pi$

Step 3　発展問題

[1] $\dfrac{x^2}{a^2} + \dfrac{y^2}{b^2} = 1 \ (0 < b < a)$ の楕円について，次の問いに答えよ．

(1) 楕円で囲まれた部分の面積を求めよ．

(2) 楕円を x 軸のまわりに回転して出来る立体の体積を求めよ．

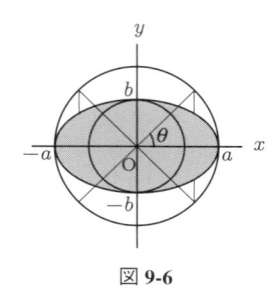

図 9-6

単位系について

単位系について

従来の単位系

・CGS 単位系：長さ [cm]，質量 [g]，時間 [s] を基本とする単位系
・MKSA 単位系：長さ [m]，質量 [kg]，時間 [s]，電流 [A（アンペア）] を基本とする単位系

現在の単位系

・国際単位系 (SI)：長さ [m]，質量 [kg]，時間 [s]，電流 [A]，温度 [K（ケルビン）]，物質量 [mol（モル）]，光度 [cd（カンデラ）] の 7 個を基本とする単位系

SI 基本単位のうち，質量 kg（それに付随して電流 [A]，温度 [K]，物質量 [mol]）の定義は 2019.5.20 に 130 年ぶりに大改定された．長さ [m]，時間 [s]，光度 [cd] の定義は変わらない．改定前後の定義を以下の注に記す．

注1）1 [m] は，1 [s] の 1/299792458 の時間に光が真空中に伝わる行程の長さ（定義変わらず）．

注2）1 [kg] は，国際キログラム原器の質量．⇒1 [kg] は，プランク定数 h を正確に $6.62607015 \times 10^{-34}$ [J s] と定めることによって設定される（新定義，2019.5.20 改定）．

注3）1 [s] は，セシウム 133 の原子の基底状態の二つの超微細準位の間の遷移に対応する放射の周期の 9192631770 倍の継続時間（定義変わらず）．

注4）1 [A] は，真空中に 1 メートルの間隔で平行に置かれた無限に小さい円形断面積を有する無限に長い 2 本の直線状導体のそれぞれを流れ，これらの導体の長さ 1 メートルごとに 2×10^{-7} ニュートンの力を及ぼし合う一定の電流．⇒1 [A] は，電気素量 e を正確に 1.602176634 [C] と定めることによって設定される（新定義，2019.5.20 改定）．

注5）1 [K] は，水の三重点の熱力学温度の 1/273.16．⇒1 [K] は，ボルツマン定数 k を正確に 1.380649×10^{-23} [J/K] と定めることによって設定される（新定義，2019.5.20 改定）．

注6）1 [mol] は，0.012 キログラムの炭素 12 の中に存在する原子の数と等しい数の構成要素粒子を含む系の物質量．⇒1 [mol] は，正確に $6.02214076 \times 10^{23}$ 個の要素粒子を含む（新定義，2019.5.20 改定）．

注7）1 [cd] は，周波数 540 テラヘルツの単色放射を放出し，所定の方向におけるその放射強度が 1/683 ワット毎ステラジアンである光源の，その方向における光度（定義変わらず）．

また，表 1-1 に示すように，SI 接頭語が 31 年ぶりに拡張され，新たに 10^{30} を表す「クエタ」，10^{27}「ロナ」，10^{-30}「クエクト」，10^{-27}「ロント」が加わった．

・SI 組立単位（固有名のものが 22 個ある）

人名からとった単位は大文字で表す．そのうちの力学量の単位を以下に記す．

周波数：ヘルツ，[Hz] で表す．

力：ニュートン，[N] で表す．

ニュートンの運動の法則 $f = ma$ より

$1 [N] = 1 [kg] \times 1 \left[\dfrac{m}{s^2}\right]$

→重力　$1 [kgf] = 1 [kg] \times 9.8 \left[\dfrac{m}{s^2}\right] = 9.8 [N]$

圧力，応力：パスカル，[Pa] で表す．

圧力の定義

圧力 $= \dfrac{力}{面積}$ より

$1 [Pa] = \dfrac{1 [N]}{1 [m^2]} = 1 \left[\dfrac{N}{m^2}\right]$

エネルギー，仕事，熱量：ジュール，[J] で表す．
　仕事 = 力 × 距離 より
　　1 [J] = 1 [N] × 1 [m] = 1 [N·m]
　ジュールの実験より
　　1 [cal（カロリー）] = 4.186 [J]
仕事率（動力，電力）：ワット，[W] で表す．
　仕事率 = $\dfrac{仕事}{時間}$ より
　　1 [W] = $\dfrac{1 \text{ [J]}}{1 \text{ [s]}}$ = 1 $\left[\dfrac{\text{J}}{\text{s}}\right]$

表 1-1　SI 単位の十進の倍量，分量（接頭語，24 個）その 1

10^{-30}	10^{-27}	10^{-24}	10^{-21}	10^{-18}	10^{-15}	10^{-12}	1	10^{12}	10^{15}	10^{18}	10^{21}	10^{24}	10^{27}	10^{30}
クエクト	ロント	ヨクト	ゼプト	アト	フェムト	ピコ		テラ	ペタ	エクサ	ゼタ	ヨタ	ロナ	クエタ
q	r	y	z	a	f	p		T	P	E	Z	Y	R	Q

表 1-2　SI 単位の十進の倍量，分量（接頭語，24 個）その 2

10^{-12}	10^{-9}	10^{-6}	10^{-3}	10^{-2}	10^{-1}	1	10	10^2	10^3	10^6	10^9	10^{12}
ピコ	ナノ	マイクロ	ミリ	センチ	デシ		デカ	ヘクト	キロ	メガ	ギガ	テラ
p	n	μ	m	c	d		da	h	k	M	G	T

● 単位系について

ギリシャ文字

文字		ラテン文字転写	ギリシャ名	通称*
A	α	alpha	アルファまたはアルパ	
B	β	bêta	ベータ	ビータ
Γ	γ	gamma	ガンマ	
Δ	δ	delta	デルタ	
E	ε	epsilon	エプシロン	イプシロン
Z	ζ	zêta	ゼータ	ジータ
H	η	êta	エータ	イータ
Θ	θ	thêta	テータ	シータ
I	ι	iôta	イオータ	アイオータ
K	κ	kappa	カッパ	
Λ	λ	lambda	ラムブダ	ラムダ
M	μ	mu	ミュー	ムー
N	ν	nu	ニュー	ヌー
Ξ	ξ	keisei, ksi	クセイまたはクシー	クサイ、グサイ、ザイ
O	o	o mikron	オミクロン	
Π	π	pei, pi	ペイまたはピー	パイ
P	ρ	rô	ロー	
Σ	$\sigma\varsigma$	sigma	シグマ	
Y	τ	tau	タウ	トー
Υ	υ	upsilon	ユプシロン	ウプシロン
Φ	$\phi\varphi$	phei, phi	フェイまたはフィー	ファイ
X	χ	khei, khi	ケイまたはキー	カイ、チャイ
Ψ	ψ	psei, psi	プセイまたはプシー	プサイ
Ω	ω	ô mega	オーメガ	オメガ

*通称というのは、主に英語風な読みかたのなまったものである。

熱力学

● 熱力学　第 1 章　基礎的事項

第 1 章　基礎的事項

基本的な考え方

長さ，時間，質量に関する **SI**（国際単位系）の基本単位は，それぞれ，**[m]**（メートル），**[s]**（秒），**[kg]**（キログラム）であり，計算の際には事前にこれらの単位に変換しておくことが望ましい．

また，熱量や仕事量などのエネルギーに関する SI の組立単位は，**[J]**（ジュール）= **[N·m]**，さらには単位時間あたりのエネルギー，すなわち，動力の組立単位は，**[W]**（ワット）= **[J/s]** であり，これらについてしっかりと理解を深める必要がある．

次に，熱量 Q と温度変化 ΔT の関係式は，熱力学の中でも非常に重要な式である．

$$Q = mc\Delta T \text{ [J]}$$

ここで，m は質量 [kg]，c は比熱 [J/(kg·K)]，ΔT は温度変化量 [K]，あるいは [°C] となる．ただし，温度変化量については，摂氏温度 [°C] を用いても問題はない．

Step 1　基本問題

[1] 質量 $m = 3$ [kg] の銅の温度を $t_1 = 20$ [°C] から $t_2 = 70$ [°C] まで上げるのに必要な熱量 Q [kJ] を求めよ．ただし，銅の比熱は $c = 400$ [J/(kg·K)] とする．

解き方

熱量の式
$Q = mc\Delta T$ において
$\Delta T = $ (変化後の温度 − 変化前の温度) より，

$$\begin{aligned} Q &= mc(t_2 - t_1) \\ &= 3 \times 400 \times (70 - 20) \\ &= 60000 \text{ [J]} = 60 \text{ [kJ]} \end{aligned}$$

となる．

> **ここに注意!!!**
>
> 本書では，絶対温度を T [K]，摂氏温度を t [°C] で表す．

Step 2　演習問題

[1] 温度 $t_1 = 20$ [°C]，質量 $m_1 = 10$ [kg] の水の中に，温度 $t_2 = 1500$ [°C]，質量 $m_2 = 500$ [g] の鉄を入れて，熱平衡の状態に達したとすると，そのときの温度 t [°C] はいくらか．ただし，水と鉄の比熱はそれぞれ $c_1 = 4.18$ [kJ/(kg·K)]，$c_2 = 450$ [J/(kg·K)] とする．

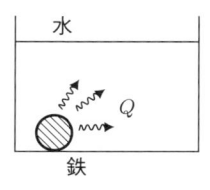

図 1-1

解き方

熱は温度が高い方から低い方へ移動するため，高温の鉄から低温の水へ熱が移動し，温度差がなくなるまで移動し続け，やがては，両物質の温度が等しくなり，熱の移動が止まる．この状態を「**熱平衡**」という．

鉄が失った熱量を水が受け取るために，次の方程式が成り立つ．

（鉄が失った熱量）＝（水が受け取った熱量）

$|Q_2| = |Q_1|$

$-m_2 c_2 \Delta T_2 = m_1 c_1 \Delta T_1$

$-m_2 c_2 (t - t_2) = m_1 c_1 (t - t_1)$

$-t(m_1 c_1 + m_2 c_2) = -(m_1 c_1 t_1 + m_2 c_2 t_2)$

$t = \dfrac{m_1 c_1 t_1 + m_2 c_2 t_2}{m_1 c_1 + m_2 c_2}$

$= \dfrac{10 \times 4.18 \times 10^3 \times 20 + 0.5 \times 450 \times 1500}{10 \times 4.18 \times 10^3 + 0.5 \times 450}$

$= \dfrac{1173500}{42025}$

$\doteqdot 27.9 \, [°C]$

> **ここに注意!!!**
> 鉄が失う熱量はマイナスであり，水が受ける熱量はプラスであるため，Q_2 にマイナスを掛けて，プラスにしておく．

> **ここに注意!!!**
> ΔT = 変化後の温度 − 変化前の温度である！

> **ここに注意!!!**
> 比熱の単位は [kJ/(kg·k)] あるいは [J/(kg·k)]，どちらかに統一しておく．

[2] **2 [kW]** のヒーターを **20 [°C]**，**30 [kg]** の水の中に入れて水を加熱するとき，**60 [°C]** の温水を得るまでには何分かかるか．ただし，水の比熱 **c = 4.18 [kJ/(kg·K)]** とする．

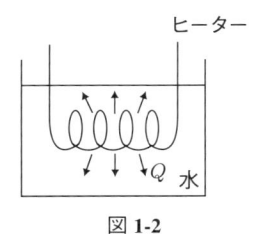

図 1-2

解き方

出力の単位は，[kW] = [kJ/s] であることから，
$P = 2$ [kW] のヒーターとは，「1 秒間に 2 [kJ] の熱量を発生する」ことを意味する．60 [°C] の温水を得るのに x 分かかるとすると，x 分間におけるヒーターの発熱量 Q_H は，

$$Q_H = P\left[\frac{kJ}{s}\right] \cdot 60x \text{ [s]}$$
$$= 60Px \text{ [kJ]}$$

となる．
　一方，ヒーターによって，水が加熱される熱量 Q は，

$$Q = mc\Delta T$$

と表され，これらは等しいため，次式が成り立ち，

$$Q_H = Q$$
$$60Px = mc\Delta T$$
$$x = \frac{mc\Delta T}{60P}$$
$$= \frac{30 \times 4.18 \times (60 - 20)}{60 \times 2}$$
$$= 41.8 \text{ 分}(42 \text{ 分})$$

が得られ，42 分かかることがわかる．

> **ここに注意!!!**
> P [kW]，c [kJ/(kg·k)] の単位の k（キロ）が同じであることを確認する．

Step 3　　　発 展 問 題

[1] **0.5 [kg]** の銅製容器に，**1 [kg]** の水を入れた熱量計があり，銅製容器の外側は断熱されているものとする．容器と水の温度が **20 [°C]** である状態で，水中へ，質量 **1 [kg]**，**100 [°C]** の黄銅*の塊を投げ入れ，熱平衡に達したときの水の温度を計測すると，**26.6 [°C]** であった．このとき，黄銅の比熱はいくらになるか．ただし，銅と水の比熱はそれぞれ $c_1 = 0.386$ **[kJ/(kg·K)]**，$c_2 = 4.18$ **[kJ/(kg·K)]** とする．

　＊黄銅は，真鍮（しんちゅう）ともいわれ，銅と亜鉛の合金である．

[2] 断熱された浴槽に温度 **15 [°C]**，**200 [L]**（リットル）の水が入っているものとする．この浴槽の水を **10** 分間で **40 [°C]** まで加熱したい．ただし，水の密度 $\rho = 1000$ **[kg/m³]**，比熱 $c = 4.18$ **[kJ/(kg·K)]** とする．

(1) 電気ヒーターによって水の加熱を行うとすると，必要な電気ヒーターの出力はいくらになるか．

(2) 灯油を燃焼させて水の加熱を行うとすると，灯油は何 **[L]**（リットル）必要か．ただし，灯油の単位質量あたりの発熱量を **42 [MJ/kg]**，比重を **0.8** とする．

第 2 章　熱力学の第 1 法則

2.1　閉じた系のエネルギー式

基本的な考え方

1. 熱力学の第一法則
「熱と仕事は本質的に同種のエネルギーであり，それらは互いに変換可能である．」これを，熱力学の第一法則という．

2. 閉じた系のエネルギー保存式
シリンダーとピストンで囲まれた空間内の気体のように，物質の出入りがない系を「閉じた系」という．物質が持つ熱エネルギー（内部エネルギーという）を U とする．系外から物質に熱量 Q が加えられ，系から外に仕事 W が取り出された結果，物質の内部エネルギーが U_1 から U_2 に変化したとすると，エネルギーの保存から，$Q - W = U_2 - U_1$

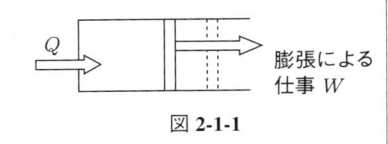

$$\therefore Q = (U_2 - U_1) + W \quad \text{あるいは} \quad Q = \Delta U + W$$

流体 1 kg あたりの量は小文字で示し，$q = \Delta u + w$　なお，u を比内部エネルギー [J/kg] と呼ぶ

> **ここに注意!!!**
> Q は系外から物質に熱が加えられる時に正，W は物質から系外に仕事が取り出される時に正

図 2-1-1　膨張による仕事 W

仕事 W は次式で表される．
$W = \int_{V_1}^{V_2} pdV$ （流体 1 kg あたりでは，$w = \int_{v_1}^{v_2} pdv$）
p: 圧力 [Pa]，V: 体積 [m^3]，v: 比体積 [m^3/kg]

Step 1　基本問題

[1] シリンダー内部に気体が入っており，ピストンにより封じ込められているとする．次の問いに答えよ．

(1) シリンダー外部から加熱量 $Q = 100$ [kJ] で加熱を行ったところ，気体の内部エネルギーが上昇し，内部エネルギーの変化量は $\Delta U = 40$ [kJ] であった．気体がピストンに対して行った仕事量 W はいくらになるか．

図 2-1-2

(2) ピストンによって気体を圧縮を行い，気体に対して $W = 100$ [kJ] の仕事を与えた．このとき，シリンダーを通して外部へ熱量 $Q = 60$ [kJ] の熱が逃げたと

すると，気体の内部エネルギーの変化量 ΔU はいくらになるか．また，気体の温度は上昇したか，減少したか．

図 2-1-3

解き方

(1) エネルギー式から，

$$Q = \Delta U + W$$
$$W = Q - \Delta U$$
$$= 100 - 40$$
$$= 60 \ [kJ]$$

(2) エネルギー式から，

$$Q = \Delta U + W$$
$$\Delta U = Q - W$$
$$= -60 - (-100)$$
$$= 40 \ [kJ]$$

内部エネルギーが増加するので，温度は上昇する．

> **ここに注意!!!**
> シリンダーから熱が逃げるということは Q がマイナス (−) を意味する．内部エネルギーの変化量 ΔU がプラス (+) であり，内部エネルギーは温度に依存するため，気体の温度は上昇する．

Step 2　演習問題

[1] 断面積 $A = 10 \ [cm^2]$ のシリンダーを鉛直に置き，内部に気体を入れて上からピストンで封じ込め，ピストンの上に質量 $m = 20 \ [kg]$ の物体を置いた．さらに，シリンダー下部から熱量 $Q = 0.1 \ [kJ]$ で加熱を行った結果，ピストンの位置は $20 \ [cm]$ 上昇した．次の問いに答えよ．

(1) 気体がピストンになした仕事量 W はいくらになるか．
(2) 気体の内部エネルギーの変化量 ΔU はいくらになるか．

解き方

(1) ピストンにかかる圧力 p は，

$$P = \frac{F}{A} = \frac{mg}{A}$$

と表され，気体のなす仕事量 W は圧力が一定なので，

$$W = \int_{V_1}^{V_2} P dV = P\Delta V$$

図 2-1-4

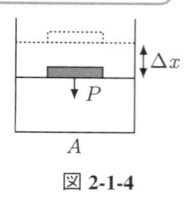

> **ここに注意!!!**
> Δx には [cm] ではなく，[m] の単位にして代入すると W の単位は，[J] となる．

$$\therefore W = \frac{mg}{A} \cdot A\Delta x = mg\Delta x$$
$$= 20 \times 9.81 \times 0.2$$
$$= 39.2 \text{ [J]}$$

となる．

(2) エネルギー式より，
$$Q = \Delta U + W$$
$$\Delta U = Q - W$$
$$= 0.1 \text{ [kJ]} - 39.2 \text{ [J]}$$
$$= 100 \text{ [J]} - 39.2 \text{ [J]}$$
$$= 60.8 \text{ [J]}$$

Step 3　発展問題

[1] シリンダー内部に気体を入れて圧力 $p_1 = 500$ [kPa], 体積 $V_1 = 200$ [cm^3] の状態でピストンによって気体を封じ込めている．次に，$V_2 = 400$ [cm^3] になるまで膨張させるものとする．次の問いに答えよ．

(1) 外部からピストンに対して力を加え，気体の圧力が一定の状態で膨張させた場合，気体がピストンに対して行った仕事量 W はいくらになるか．

(2) 外部からピストンに対して力を加えず，気体の圧力が $p_2 = 100$ [kPa] になるまで膨張させた．このときの気体がピストンに対して行った仕事量 W はいくらになるか．ただし，この膨張過程を pV 線図上に描くと直線になったとする．

(3) 外部からピストンに対して力を加えず，$pV =$ 一定の状態を保ちながら膨張させたとすると，気体がピストンに対して行った仕事量 W はいくらになるか．

● 熱力学　第2章　熱力学の第1法則

2.2 開いた系（流動系）のエネルギー式

基本的な考え方

水車やタービンのように，物質の出入りがある系を「開いた系」といい，開いた系で取り出される仕事を，**工業仕事**という．開いた系のエネルギー保存式

(1) 系に流入するエネルギー

　流体の内部エネルギー U_1，流体が系内に押し込まれる仕事 $p_1 V_1$，
　系外から加えられる熱量 Q，運動エネルギー $1/2 mc_1^2$，位置エネルギー mgz_1

(2) 系から流出するエネルギー

　流体の内部エネルギー U_2，流体を系外に押し出す仕事 $p_2 V_2$，系外に取り出される仕事 W_t，
　運動エネルギー $1/2 mc_2^2$，位置エネルギー mgz_2

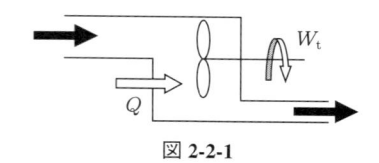

図 2-2-1

以上のエネルギーの保存から，$U_1 + p_1 V_1 + Q + 1/2 mc_1^2 + mgz_1 = U_2 + p_2 V_2 + 1/2 mc_2^2 + mgz_2 + W_t$
<u>$U + pV = H$ とおいてエンタルピーと呼ぶ</u>と，$H_1 + Q + 1/2 mc_1^2 + mgz_1 = H_2 + 1/2 mc_2^2 + mgz_2 + W_t$
一般に，位置エネルギーは他に比べて小さく無視できるので，$H_1 + Q + 1/2 mc_1^2 = H_2 + 1/2 mc_2^2 + W_t$
∴ $Q = (H_2 - H_1) + 1/2 m(c_2^2 - c_1^2) + W_t$ （流体 1 kg あたりは，$q = (h_2 - h_1) + 1/2(c_2^2 - c_1^2) + w_t$）
なお，h は流体 1 kg あたりのエンタルピーで**比エンタルピー**と呼ぶ．
系の出入口の速度差が小さい場合，右辺第 2 項は無視でき，

　　$Q = (H_2 - H_1) + W_t$　　あるいは　　$Q = \Delta H + W_t$

　（流体 1 kg あたりは，$q = (h_2 - h_1) + w_t$ あるいは $q = \Delta h + w_t$）

工業仕事 W_t は，次式で求められる．

　　$W_t = -\int_{p_1}^{p_2} V dp$ （流体 1 kg あたりでは，$w_t = -\int_{p_1}^{p_2} v dp$）

Step 1　基本問題

[1] 圧縮機を用いて，気体を圧縮することを考える．圧縮機入口での気体の比エンタルピー $h_1 = 100$ [kJ/kg] であり，圧縮機出口の気体の比エンタルピー $h_2 = 300$ [kJ/kg] であった．周囲への熱損失は考えないものとして，圧縮機によって気体に対して行った仕事量 w_t [kJ/kg] はいくらか．

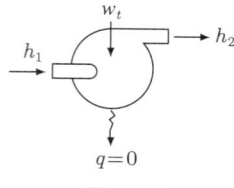

図 2-2-2

解き方

流動系のエネルギー式において，エネルギー収支を考えるときに，機械にエネルギーが入ってくる流入分と機械からエネルギーが出ていく流出分とに整理すると，わかりやすくなる．この場合，仕事量や熱量の出入りについて，符号は考えず，プラス(+)として扱う．

よって，エネルギー式は次のように表される．

$$h_1 + w_t = h_2 + q$$

（流入分）（流出分）

$$\begin{aligned} w_t &= h_2 - h_1 + q \\ &= 300 - 100 + 0 \\ &= 200 \text{ [kJ/kg]} \end{aligned}$$

Step 2　演習問題

[1] ある蒸気タービンにおいて，蒸気は比エンタルピー $h_1 = 3000$ [kJ/kg]，速度 $c_1 = 30$ [m/s] で，タービンに入り，タービンを回転させて仕事を行った後，$h_2 = 2000$ [kJ/kg]，$c_2 = 100$ [m/s] でタービンから出る．このとき，タービンでは $w_t = 600$ [kJ/kg] の仕事量が発生したとすると，タービンは周囲に対して，蒸気 1 [kg] あたりいくらの熱量 q を失ったか．

解き方

エネルギー式は，流入分と流出分でバランスさせると，

$$h_1 + \frac{c_1^2}{2} = h_2 + \frac{c_2^2}{2} + w_t + q$$

（流入分）＝（流出分）となる．

$$\begin{aligned} q &= h_1 - h_2 + \frac{1}{2}\left(c_1^2 - c_2^2\right) - w_t \\ q &= 3000 \times 10^3 - 2000 \times 10^3 + \frac{1}{2}(30^2 - 100^2) - 600 \times 10^3 \\ &= 1000 \times 10^3 - 4550 - 600 \times 10^3 \\ &= 395450 \text{ [J/kg]} \\ &= 395 \text{ [kJ/kg]} \end{aligned}$$

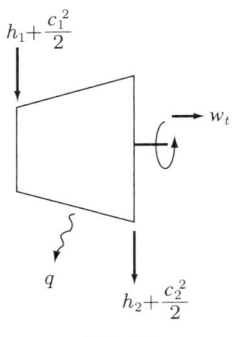

図 2-2-3

> **ここに注意!!!**
>
> 運動エネルギー $\frac{1}{2}c^2$ は，[J/kg] の単位であるため，比エンタルピー h，仕事量 w_t の単位も同じように [J/kg] にする必要がある．

[2] ポンプによって水を加圧給水しており，ポンプの入口，出口の圧力差は **200 [kPa]** であったとする．水の比体積 $v = 0.001$ [m³/kg] とし，加圧されても比体積は変わらないものとすると，単位質量当たりのポンプの仕事量はいくらになるか．また，質量流量 **100 [kg/s]** で給水した場合，ポンプの動力はいくらになるか．

解き方

開いた系（流動系）での仕事量 W_t（工業仕事）は，閉じた系の仕事量 W（絶対仕事）と異なり，流体の流出入による動的な仕事を意味し，$dW_t = -Vdp$ と表される．

これより，単位質量当たりの工業仕事は $dw_t = -vdp$ と表され，v が一定であることから以下のように式変形ができ，w_t が求められる．

$$w_t = \int_1^2 dw_t = \int_{p_1}^{p_2} -vdp = -v\int_{p_1}^{p_2} dp = -v(p_2 - p_1) = -0.001 \times 200 = -0.2 \ [\text{kJ/kg}]$$

w_t は系から外へする仕事に対して正なので，ポンプに加えられる仕事は $-w_t$ となり 0.2 [kJ/kg]．

また，ポンプの動力は，以下のように求められる．

$$\dot{W} = \dot{m} \cdot w_t = 100 \times 0.2 = 20 \ [\text{kW}]$$

ここに注意!!!

$[\text{Pa}] = [\text{N/m}^2]$ であることから，$[\text{m}^3/\text{kg}][\text{kPa}]$
$= [\text{m}^3/\text{kg}][\text{kN/m}^2]$
$= [\text{kN} \cdot \text{m/kg}] = [\text{kJ/kg}]$

Step 3　発展問題

[1] タービン入口の空気の比エンタルピーは **2000 [kJ/kg]**，速度 **40 [m/s]** であるとし，また，タービン出口の比エンタルピーは，**500 [kJ/kg]**，速度 **120 [m/s]** とする．また，空気は毎時 **6000 [kg]** で流れているものとし，タービンでの熱損失は **1.5 [kW]** であるとすると，タービンからの出力はいくらになるか．

第3章　理想気体

基本的な考え方

理想気体の状態変化は，エンジンサイクルを学ぶ上の基本になるので，確実に理解しよう．

1. 状態式

(1) ボイルシャルルの法則

状態 1 から状態 2 に変化するとき，$\dfrac{p_1 V_1}{T_1} = \dfrac{p_2 V_2}{T_2}$，$\left(\dfrac{p_1 v_1}{T_1} = \dfrac{p_2 v_2}{T_2}\right)$　　　　(3-1-1)

( ) 内は単位質量あたり，p: 圧力 [Pa]，T: 絶対温度 [K]，V: 体積 [m³]，v: 比体積 [m³/kg]

(2) 状態式

$pV = mRT$，$(pv = RT)$　(3-1-2)　　m: 気体の質量 [kg]，R: ガス定数 [J/kgK]

2. 比熱

理想気体の比熱は状態変化の方法によって異なる．

c_p: 定圧比熱 [J/kgK] …圧力を一定に保って加熱・冷却した場合

c_v: 定容比熱 [J/kgK] …容積（体積）を一定に保って加熱・冷却した場合

$c_p - c_v = R$　(3-1-3)，$\dfrac{c_p}{c_v} = k$（比熱比と呼ぶ）　(3-1-4)

内部エネルギー変化とエンタルピー変化は，c_p あるいは c_v を用いて以下に表される．

$\Delta U = m c_v \Delta T$ $(\Delta u = c_v \Delta T)$　(3-1-5)，　$\Delta H = m c_p \Delta T$ $(\Delta h = c_p \Delta T)$　(3-1-6)

3. 代表的な状態変化

	p, V, T の関係	受熱量 Q	外への仕事 W
(1) 等容変化	式 (3-1-1) と $V_1 = V_2$ から， $\dfrac{p_1}{T_1} = \dfrac{p_2}{T_2}$	$Q = mc\Delta T$ と $c = c_v$ から $Q = mc_v\Delta T = mc_v(T_2 - T_1)$	体積変化が無いので， $W = \displaystyle\int_{V_1}^{V_2} p\, dV = 0$
(2) 等圧変化	式 (3-1-1) と $p_1 = p_2$ から， $\dfrac{V_1}{T_1} = \dfrac{V_2}{T_2}$	$Q = mc\Delta T$ と $c = c_p$ から $Q = mc_p\Delta T = mc_p(T_2 - T_1)$	p が一定から， $W = \displaystyle\int_{V_1}^{V_2} p\, dV = p\int_{V_1}^{V_2} dV$ $= p(V_2 - V_1)$
(3) 等温変化 （非現実的）	式 (3-1-1) と $T_1 = T_2$ から， $p_1 V_1 = p_2 V_2$	$\Delta T = 0$ から $\Delta U = 0$．$\therefore Q = \Delta U + W = W$ $Q = W = \displaystyle\int_{V_1}^{V_2} p\, dV = \int_{V_1}^{V_2} \dfrac{mRT}{V} dV = mRT \int_{V_1}^{V_2} \dfrac{dV}{V} = mRT \ln\left(\dfrac{V_2}{V_1}\right)$	
(4) 断熱変化	断熱変化の専用式 $p_1 V_1^k = p_2 V_2^k, T_1 V_1^{k-1} = T_2 V_2^{k-1}$ $\dfrac{T_1}{p_1^{(k-1)/k}} = \dfrac{T_2}{p_2^{(k-1)/k}}$	断熱なので，$Q = 0$	$Q = \Delta U + W$ と $Q = 0$ から $W = -\Delta U = -mc_v\Delta T$ $= -mc_v(T_2 - T_1) = mc_v(T_1 - T_2)$
(5) ポリトロープ変化	ポリトロープ変化の専用式 $p_1 V_1^n = p_2 V_2^n, T_1 V_1^{n-1} = T_2 V_2^{n-1}$ $\dfrac{T_1}{p_1^{(n-1)/n}} = \dfrac{T_2}{p_2^{(n-1)/n}}$	$Q = mc(T_2 - T_1)$ ただし，$c = c_v \dfrac{n-k}{n-1}$	$W = mc_v \dfrac{k-1}{n-1}(T_1 - T_2)$ $= \dfrac{mR}{n-1}(T_1 - T_2)$

Step 1　基本問題

[1] ある容器に圧力 $p = 1$ [MPa]，温度 $t = 20$ [°C] の空気が質量 $m = 4$ [kg] 入って

いるとする．このとき，空気の体積 V はいくらになるか．ただし，空気のガス定数 $R = 287$ [J/(kg·K)] とせよ．

解き方

理想気体の状態式

$$pV = mRT$$

$$V = \frac{mRT}{p} = \frac{4 \times 287 \times (20 + 273)}{1 \times 10^6} = 0.336 \text{ [m}^3\text{]}$$

ここに注意!!!

理想気体の状態式や状態変化の式では温度は必ず，絶対温度 T [K] = 摂氏温度 t [°C] + 273 にすること．また，ガス定数 R の単位が [J/(kgk)] であるため，圧力 p の単位は [Pa] に直す必要がある．

[2] 体積一定のタンクにある気体が入っており，この気体に熱量 $Q = 1$ [MJ] を加えたとする．
(1) 内部エネルギーの変化量 ΔU と仕事量 W はそれぞれいくらになるか．
(2) 気体の質量 $m = 20$ [kg]，定容比熱 $c_v = 0.7$ [kJ/(kg·K)] とすると，気体の温度は何 [K] 上昇したか．

解き方

(1) 微小仕事量 $dW = PdV$ から
体積一定のため $dV = 0$（体積変化はなし）
よって $dW = 0$ から，$W = 0$ [J]
また，エネルギー式から

$$Q = \Delta U + W$$

$$Q = \Delta U = 1 \text{ [MJ]} となる．$$

すなわち，加えた熱量はすべて気体の内部エネルギーの上昇量（温度上昇）となる．

(2) 体積一定条件における熱量の式，あるいは，内部エネルギー変化量の式から，
$Q = \Delta U = mc_v \Delta T$

$$\Delta T = \frac{\Delta U}{mc_v} = \frac{1 \times 10^3}{20 \times 0.7} = 71.4 \text{ [K]}$$

これより，71.4 [K] 温度上昇したことになる．

ここに注意!!!

定容比熱 c_v は，[kJ/(kg·k)] の単位であるため，ΔU も [kJ] の単位に直す必要がある．

[3] シリンダーに気体が入っており，気体の容積 $V_1 = 2$ [m³]，温度 $T_1 = 300$ [K] であるとし，この状態からシリンダーに対して加熱を行い，圧力一定で気体が膨張してピストンを押し下げ，最終的に気体の容積は初めの容積の 3 倍になったとすると，気体の温度 T_2 はいくらになるか．また，気体がピストンに対して行った仕事量 W はいくらになるか．ただし，気体の質量 $m = 0.5$ [kg]，ガス定数 $R = 287$ [J/(kg·K)] とする．

解き方

ボイル・シャルルの法則から $\frac{p_1 V_1}{T_1} = \frac{p_2 V_2}{T_2}$，$p_1 = p_2$ から $\frac{V_1}{T_1} = \frac{V_2}{T_2}$

$$\therefore T_2 = T_1 \frac{V_2}{V_1}$$
$$= 300 \frac{3V_1}{V_1}$$
$$= 300 \times 3 = 900 \text{ [K] となる}.$$

次に気体のなす仕事は、圧力が一定なので
$$W = \int_1^2 dW = \int_{V_1}^{V_2} p dV = p[V]_{V_1}^{V_2} = p(V_2 - V_1)$$

ここで、p は気体の状態式 $pV = mRT$ から $p = \frac{mRT}{V}$ となるため、
$$W = \frac{mRT_1}{V_1}(V_2 - V_1)$$
$$= \frac{0.5 \times 287 \times 300}{2} \times (6 - 2)$$
$$= 86100 \text{ [J]}$$
$$= 86.1 \text{ [kJ] となる}.$$

(別解)
$$W = \int_1^2 dW = \int_1^2 p dV = \int_{T_1}^{T_2} mR dT = mR[T]_{T_1}^{T_2}$$
$$= mR(T_2 - T_1)$$
$$= 0.5 \times 287 \times (900 - 300)$$
$$= 86100 \text{ [J]}$$
$$= 86.1 \text{ [kJ]}$$

> **ここに注意!!!**
>
> 理想物体の状態式 $pV = mRT$ の両辺を微分すると、
> $$pdV + dp \cdot V = mRdT$$
> ここで、$dp = 0$（圧力一定のため）より、$pdV = mRdT$ の関係式が得られ、こちらの式に気づけば、先程の解答よりも計算量は減る。

Step 2　演習問題

[1] 一定体積 $V = 2.0 \text{ [m}^3\text{]}$ の容器に圧力 $p_1 = 0.5 \text{ [MPa]}$、温度 $t_1 = 20 \text{ [°C]}$ の空気が入っており、圧力を $p_2 = 1.0 \text{ [Mpa]}$ にまで上昇させたい。ただし、空気の定容比熱 $c_v = 0.7 \text{ [kJ/(kg·K)]}$、ガス定数 $R = 287 \text{ [J/(kg·K)]}$ とする。次の問いに答えよ。

(1) 空気の質量 m はいくらか。
(2) 空気の温度 T_2 は何 [K] になるか。
(3) このときに加えるべき熱量 Q はいくらか。

解き方

(1) 理想気体の状態式に①の初期状態を代入すると
$$p_1 V_1 = mRT_1$$
$$m = \frac{p_1 V_1}{RT_1} = \frac{0.5 \times 10^6 \times 2}{287 \times (20 + 273)}$$
$$= 11.9 \text{ [kg] となる}.$$

(2) ボイル・シャルルの法則から

$$\frac{p_1 V_1}{T_1} = \frac{p_2 V_2}{T_2}$$

$V_1 = V_2$ から

$$\frac{p_1}{T_1} = \frac{p_2}{T_2}$$

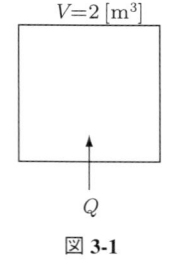

$$\therefore T_2 = T_1 \frac{p_2}{p_1} = 293 \frac{1}{0.5} = 586 \ [\text{K}] \ \text{となる}.$$

（別解）理想気体の状態式を使ってもよい.

$$p_2 V_2 = mRT_2$$

$$T_2 = \frac{P_2 V_2}{mR} = \frac{1 \times 10^6 \times 2}{11.89 \times 287} = 586 \ [\text{K}]$$

ただし，質量 m の値を用いるときに，誤差が出ないように最低でも1つケタを多くして用いた方がよい！

(3) 熱量の式 $Q = mc\Delta T$ から，ここでは体積一定条件下であるため $c = c_v$ として，

$Q = mc_v \Delta T$ となり，

$= mc_v (T_2 - T_1)$

$= 11.89 \times 0.7 \times (586 - 293)$

$= 2438 \ [\text{kJ}] \ (2.44 \ [\text{MJ}])$

図 3-1　$V = 2 \ [\text{m}^3]$　Q

[2] 次の問題に答えよ.
(1) 圧力が $p_1 = 500 \ [\text{kPa}]$ の空気が断熱膨張を行い，膨張後の容積は初めの容積の 2 倍になったとすると，膨張後の圧力 p_2 はいくらになるか. ただし，空気の比熱比 $\kappa = 1.4$ とする.
(2) 体積 $V_1 = 1 \ [\text{m}^3]$，温度 $T_1 = 300 \ [\text{K}]$ の空気を $V_2 = 0.2 \ [\text{m}^3]$ になるまで断熱圧縮する. 圧縮後の温度 T_2 はいくらになるか. ただし，空気の定圧比熱 $c_p = 1.2 \ [\text{kJ/(kg·K)}]$，定容比熱 $c_v = 0.8 \ [\text{kJ/(kg·K)}]$ とする.

解き方

(1) 断熱変化の関係式である
$pV^\kappa = $ 一定を用いる.

$$p_1 V_1^\kappa = p_2 V_2^\kappa$$

$$p_2 = p_1 \frac{V_1^\kappa}{V_2^\kappa} = p_1 \left(\frac{V_1}{V_2}\right)^\kappa$$

$$= p_1 \left(\frac{V_1}{2V_1}\right)^\kappa$$

$$= p_1 \left(\frac{1}{2}\right)^\kappa$$

$$= 500\left(\frac{1}{2}\right)^{1.4}$$
$$= 189 \text{ [kPa]}$$

(2) 断熱変化の関係式から
$$T_1 V_1^{\kappa-1} = T_2 V_2^{\kappa-1}$$
$$T_2 = T_1\left(\frac{V_1}{V_2}\right)^{\kappa-1}, \quad \text{ここで，比熱比} \kappa = \frac{c_p}{c_v} \text{より}$$
$$= T_1\left(\frac{V_1}{V_2}\right)^{\frac{c_p}{c_v}-1}$$
$$= 300 \times \left(\frac{1}{0.2}\right)^{\frac{1.2}{0.8}-1} = 300 \times 5^{0.5} = 671 \text{ [K]}$$

Step 3　　　　　発 展 問 題

[1] 5 [kg] の空気が圧力 1000 [kPa]，温度 500 [K] の状態であるとし，そこから圧力が 100 [kPa] になるまで膨張させたとする．ただし，空気の比熱比 $\kappa = 1.4$，ガス定数 $R = 287$ [J/(kg·K)] とする．

(1) 温度一定で膨張させたとすると，内部エネルギーの変化量，気体のなす仕事量，出入りした熱量はいくらになるか．

(2) 断熱状態で膨張させたとすると，膨張後の温度，内部エネルギーの変化量，気体のなす仕事量，出入りした熱量はいくらになるか．

(3) ポリトロープ変化 ($n = 1.3$) により膨張させたとすると，膨張後の温度，内部エネルギーの変化量，気体のなす仕事量，出入りした熱量はいくらになるか．

[2] 質量流量が 3 [kg/s] であり，100 [kPa]，300 [K] の空気が 40 [m/s] の速度で圧縮機に入り，700 [kPa] まで圧縮されて，100 [m/s] の速度で圧縮機から出る．圧縮は，$n = 1.3$ のポリトロープ変化で近似できるものとして，圧縮機の動力はいくらになるか．ただし，空気の定圧比熱 $c_p = 1.0$ [kJ/(kg·K)] とし，熱損失は考えなくてよいものとする．

第4章 熱力学の第2法則

4.1 熱機関と冷凍機・ヒートポンプ

基本的な考え方

熱機関とは，温度の高い高温熱源から熱を受けて仕事を取り出す機械のことで，一方，**冷凍機・ヒートポンプ**は，温度の低い低温熱源から温度の高い高温熱源へ熱をくみ上げる機械のことである．ちなみに，熱を奪う（冷凍，冷房する）ことを目的にするものは冷凍機と呼ばれ，熱を捨てる（加熱する）ことを目的にするものはヒートポンプと呼ばれている．

また，熱機関の**熱効率**は，

$$\eta_{th} = \frac{W}{Q_1} = \frac{Q_1 - Q_2}{Q_1} = 1 - \frac{Q_2}{Q_1}$$

と表され，一方，冷凍機の**成績係数** (Coefficient of Performance, COP) は，

$$\varepsilon_r = \frac{Q_2}{W} = \frac{Q_2}{Q_1 - Q_2}$$

また，ヒートポンプの**成績係数** (COP) は，

$$\varepsilon_h = \frac{Q_1}{W} = \frac{Q_1}{Q_1 - Q_2}$$

と表され，これらはいずれも割合の値となり，単位はない．

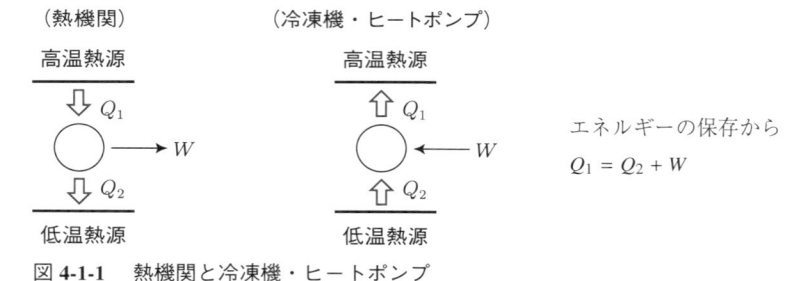

エネルギーの保存から
$Q_1 = Q_2 + W$

図 4-1-1　熱機関と冷凍機・ヒートポンプ

Step 1　基本問題

[1] ある熱機関では，高温熱源から $Q_1 = 1.2$ [kJ] の熱量が供給され，$W = 0.4$ [kJ] の仕事量を取り出すことができる．この熱機関の熱効率 η_{th} はいくらか．また，低温熱源へ捨てる熱量 Q_2 はいくらになるか．

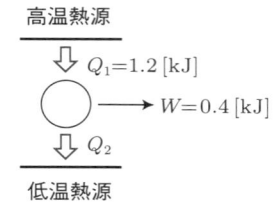

図 4-1-2

解き方

熱機関の熱効率 η_{th} の定義

$$\eta_{th} = \frac{W}{Q_1} \text{ から,}$$

$$\eta_{th} = \frac{0.4}{1.2} = \frac{1}{3} = 0.333$$

となる.

エネルギーの保存から

$Q_1 = W + Q_2$ が成り立つために

$$Q_2 = Q_1 - W$$
$$= 1.2 - 0.4$$
$$= 0.8 \text{ [kJ]}$$

となる.

ここに注意!!!
熱効率は割合であるため単位はない.

[2] ある冷凍機では,低温熱源から $Q_2 = 1.5$ [kJ] の熱量を吸収して,高温熱源へ $Q_1 = 2$ [kJ] の熱量を放出する.この冷凍機の成績係数 ε_r はいくらか.また,仕事量 W はいくらになるか.

高温熱源
⇧ $Q_1 = 2$ [kJ]
○ ← W
⇧ $Q_2 = 1.5$ [kJ]
低温熱源

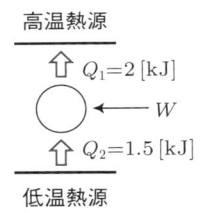

図 4-1-3

ここに注意!!!
冷凍機の熱量 Q と仕事量 W の流れの向きは,熱機関のそれと逆になる.

解き方

エネルギー保存から

$$Q_1 = W + Q_2$$
$$W = Q_1 - Q_2$$
$$= 2 - 1.5$$
$$= 0.5 \text{ [kJ]}$$

となる.
また,冷凍機の成績係数

$$\varepsilon_r = \frac{Q_2}{W}$$
$$= \frac{1.5}{0.5}$$
$$= 3$$

となる.

ここに注意!!!
冷凍機の成績係数の分子の熱量は,冷却熱量となるため,低温熱源から熱を奪っている Q_2 となる.また,これまで,熱が奪われることは,熱量の減少を意味し,マイナス (−) をつけていたが,ここは絶対値として扱う.

Step 2　演習問題

[1] ある熱機関では，高温熱源から **0.4 [kJ]** の熱量が供給され，そこからいくらか仕事を取り出し，低温熱源へ **0.3 [kJ]** の熱量を捨てるとする．このとき，熱効率 η_{th} はいくらになるか．また，この熱機関から取り出せる仕事量 W はいくらか．

解き方

熱機関の熱効率は，エネルギー保存から $Q_1 = W + Q_2$ を用いると次のようになる．

$$\eta_{th} = \frac{W}{Q_1} = \frac{Q_1 - Q_2}{Q_1} = 1 - \frac{Q_2}{Q_1}$$

$$= 1 - \frac{0.3}{0.4}$$

$$= \frac{1}{4} = 0.25$$

また，仕事量は

$$W = Q_1 - Q_2$$

$$= 0.4 - 0.3$$

$$= 0.1 \text{ [kJ]}$$

となる．

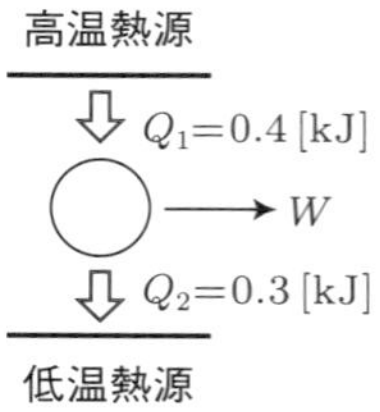

図 4-1-4

[2] あるヒートポンプを用いて暖房を行う．低温熱源から，**5 [kJ]** の熱量を奪い，高温熱源に対して，**7 [kJ]** の熱量を与えるものとする．このヒートポンプの成績係数 ε_h はいくらか．

解き方

ヒートポンプの成績係数は，エネルギー保存より $Q_1 = W + Q_2$ を用いると，次のように表される．

$$\varepsilon_h = \frac{Q_1}{W} = \frac{Q_1}{Q_1 - Q_2}$$

$$= \frac{7}{7 - 5}$$

$$= 3.5$$

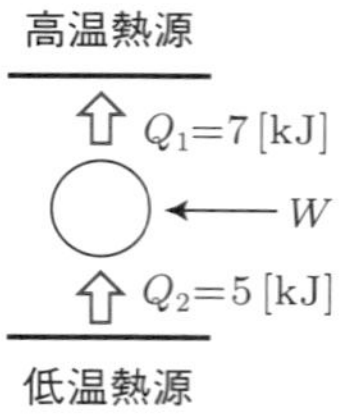

図 4-1-5

> **ここに注意!!!**
>
> ヒートポンプの成績係数の分子の熱量は，加熱量となるため，高温熱源にて熱を加えている Q_1 となる．

Step 3　発展問題

[1] 動力 **1.5 [kW]** のヒートポンプを用いて，お湯を沸かすことを考える．低温熱源は大気（空気）とし，高温熱源はお湯（水）である．低温熱源側の熱交換器入

口の空気温度は 10 [°C], 熱交換器出口の空気温度は 5 [°C] とし, 空気の密度 $\rho_L = 1.2$ [kg/m³], 比熱 $c_L = 1000$ [J/(kg·K)], 風量 $V_L = 50$ [m³/min] とする. 一方, 高温熱源側の熱交換器入口の水の温度は 15 [°C], 流量 $V_H = 3$ [L (リットル)/min] とする. ただし, 水の密度 $\rho_H = 1000$ [kg/m³], 比熱 $c_H = 4.18$ [kJ/(kg·K)] とする.

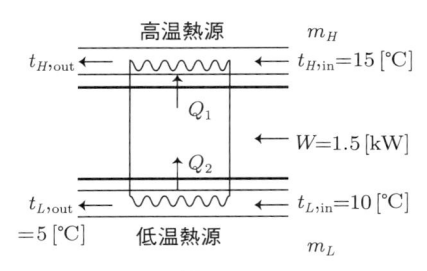

図 4-1-6

(1) 高温熱源に対する単位時間あたりの加熱量はいくらか.
(2) 熱交換機出口の水の温度はいくらになるか.
(3) ヒートポンプの成績係数はいくらか.

4.2 カルノーサイクルと逆カルノーサイクル

基本的な考え方

等温変化と断熱変化を組み合わせ，高温熱源から熱を受け取り低温熱源に熱を排出するサイクルを，**カルノーサイクル**と呼ぶ．このサイクルは受熱量を全て仕事に変換する理想的な状態変化である等温変化を用いていることから，熱機関の中で最も高い熱効率を有する．カルノーサイクルを逆向きに運転し，低温熱源から熱を吸い上げ，高温熱源に熱を放出するサイクルを，**逆カルノーサイクル**と呼ぶ．

これらのカルノーサイクルでは，受熱量 Q_1 と放熱量 Q_2 の比は，高温熱源の温度 T_H と低温熱源の温度 T_L の比に等しい．

$$\frac{Q_2}{Q_1} = \frac{T_L}{T_H}$$

熱機関であるカルノーサイクルの熱効率は，

$$\eta_{th} = 1 - \frac{Q_2}{Q_1} = 1 - \frac{T_L}{T_H}$$

と表され，一方，逆カルノーサイクル冷凍機の成績係数 (COP) は，

$$\varepsilon_r = \frac{Q_2}{Q_1 - Q_2} = \frac{T_L}{T_H - T_L}$$

また，逆カルノーサイクルヒートポンプの成績係数 (COP) は，

$$\varepsilon_h = \frac{Q_1}{Q_1 - Q_2} = \frac{T_H}{T_H - T_L}$$

と表される．

使用する温度は，いずれも高温熱源，低温熱源の絶対温度 T_H, T_L [K] であることに注意する必要がある．

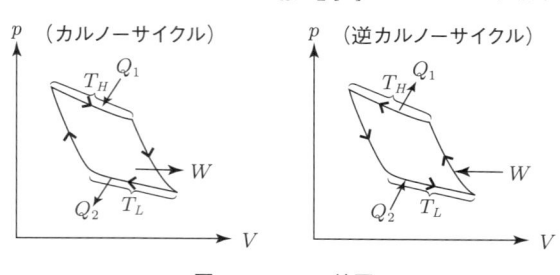

図 4-2-1　pV 線図

Step 1　基本問題

[1] $T_H = 700$ [K] の高温熱源と $T_L = 300$ [K] の低温熱源との間に働くカルノーサイクルがある．このカルノーサイクル 1 サイクルあたり $W = 20$ [kJ] の仕事を発生させたい．次の問いに答えよ．

(1) カルノーサイクルの熱効率 η_{th} はいくらになるか．
(2) 1 サイクルあたりの供給熱量 Q_1 はいくらになるか．

解き方

(1) 熱機関の熱効率 η_{th} は，エネルギー保存式 $Q_1 = W + Q_2$ から，次のように表わされる．

$$\eta_{th} = \frac{W}{Q_1} = \frac{Q_1 - Q_2}{Q_1} = 1 - \frac{Q_2}{Q_1}$$

ここで，カルノーサイクルの性質 $\frac{Q_2}{Q_1} = \frac{T_L}{T_H}$ から，熱効率 η_{th} は

$$\eta_{th} = 1 - \frac{T_L}{T_H} = 1 - \frac{300}{700} = 0.571$$

となる．

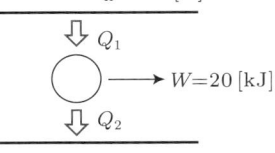

(2) 次に $\eta_{th} = \frac{W}{Q_1}$ より

$$Q_1 = \frac{W}{\eta_{th}} = \frac{20}{0.5714} = 35.0 \text{ [kJ]}$$

となる．

図 4-2-2

Step 2　演習問題

[1] 高温熱源の温度 $t_H = 600$ [°C] で毎時 **1.5 [GJ]** の熱量がカルノーサイクルに供給されて，仕事を取り出している．また，カルノーサイクルに温度 $t_L = 20$ [°C] の水を供給して熱を除去しているものとする．取り出せる仕事量は何 **[kW]** になるか．

解き方

カルノーサイクルの熱効率は

$$\eta_{th} = 1 - \frac{T_L}{T_H} = 1 - \frac{t_L + 273}{t_H + 273}$$

$$= 1 - \frac{20 + 273}{600 + 273}$$

$$= 0.6644$$

となる．

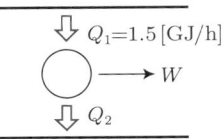

また

$$\dot{Q}_1 = 1.5 \text{ [GJ/h]} = 1.5 \text{ [GJ]}/3600 \text{ [s]} = 4.167 \times 10^{-4} \text{ [GJ/s]}$$

$$= 416.7 \text{ [kW]}$$

図 4-2-3

となり，熱効率の定義式から

$$\eta_{th} = \frac{\dot{W}}{\dot{Q}_1}$$

$$\therefore \dot{W} = \dot{Q}_1 \cdot \eta_{th}$$

$$= 416.7 \times 0.6644$$

$$= 277 \text{ [kW]}$$

となる．

[2] 室温が 25 [℃] である室内に冷蔵庫が設置されている．この冷蔵庫内を 2 [℃] に保つためには毎時 10 [MJ] の熱を除去しなければならない．ここで，逆カルノーサイクル冷凍機を用いるものとすると，成績係数はいくらになるか．また，必要な動力は何 [kW] になるか．

解き方

冷凍機の成績係数 ε_r は，エネルギー保存式 $Q_1 = W + Q_2$ より，

$$\varepsilon_r = \frac{Q_2}{W} = \frac{Q_2}{Q_1 - Q_2} \text{ と表される．}$$

高温熱源 $t_H = 25$ [℃]
↑ Q_1
○ ← W
↑ $Q_2 = 10$ [MJ/h]
低温熱源 $t_L = 2$ [℃]

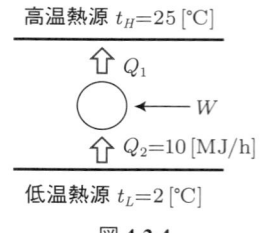

図 4-2-4

ここで，この冷凍機は逆カルノーサイクル冷凍機であるため，カルノーサイクルの性質 $\frac{Q_2}{Q_1} = \frac{T_L}{T_H}$ より，次のように変形され

$$\varepsilon_r = \frac{Q_2}{Q_1 - Q_2} = \frac{\frac{Q_2}{Q_1}}{1 - \frac{Q_2}{Q_1}} = \frac{\frac{T_L}{T_H}}{1 - \frac{T_L}{T_H}} = \frac{T_L}{T_H - T_L} = \frac{t_L + 273}{(t_H + 273) - (t_L + 273)} = \frac{t_L + 273}{t_H - t_L}$$

$$= \frac{2 + 273}{25 - 2} = 12.0$$

となる．また

$Q_2 = 10$ [MJ/h] $= 10$ [MJ/3600 s] $= 2.778 \times 10^{-3}$ [MJ/s]

$= 2.778$ [kW]

であり，成績係数の定義式から

$$\varepsilon_r = \frac{Q_2}{W}$$

$$W = \frac{Q_2}{\varepsilon_r} = \frac{2.778}{11.96} = 0.232 \text{ [kW]}$$

[3] 35 [℃] の大気と 20 [℃] の河川の両熱源の間で作動するカルノーサイクルの動力を用いて，変換効率 90% の発電機を運転して，18 [MW] の電力を得る．このとき，単位時間あたりに大気から吸収するべき熱量と河川への放熱量を求めよ．

解き方

カルノーサイクルによって得られた動力 W から変換効率 $\eta_E = 0.9\,(90\%)$ の発電機により，$E = 18\,[\mathrm{MW}]$ の電力が得られたことにより，次の関係式が得られ

$$E = \eta_E \cdot W$$
$$W = \frac{E}{\eta_E} = \frac{18}{0.9} = 20\,[\mathrm{MW}]$$

となる．
また，カルノーサイクルの熱効率 η_{th} は

$$\eta_{th} = 1 - \frac{T_L}{T_H} = 1 - \frac{t_L + 273}{t_H + 273} = 1 - \frac{20 + 273}{35 + 273} = 0.04870$$

となり

$$\eta_{th} = \frac{W}{Q_1}$$
$$Q_1 = \frac{W}{\eta_{th}} = \frac{20}{0.0487} = 411\,[\mathrm{MW}]$$

これだけ，大気から単位時間あたりに吸収する必要があり，エネルギー保存式より

$$Q_1 = W + Q_2$$
$$Q_2 = Q_1 - W = 411 - 20 = 391\,[\mathrm{MW}]$$

この分，河川へ放熱することになる．

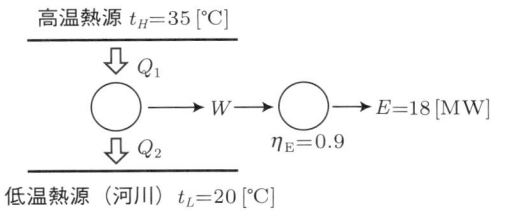

図 4-2-5

Step 3　発展問題

[1] 逆カルノーサイクル冷凍機によって部屋の冷房を行う．条件として，外気温度 **37 [°C]**，室内冷房設定温度 **27 [°C]** とする．また，室内へ入る熱は外気から壁を通過して伝わる熱のみとし，単位時間あたりの通過熱は，外気と室内の温度差，さらには壁の面積に比例し，壁の面積 $A = 150\,[\mathrm{m^2}]$，比例係数 $K = 5\,[\mathrm{W/(m^2 \cdot K)}]$ とする．

● 熱力学　第4章　熱力学の第2法則

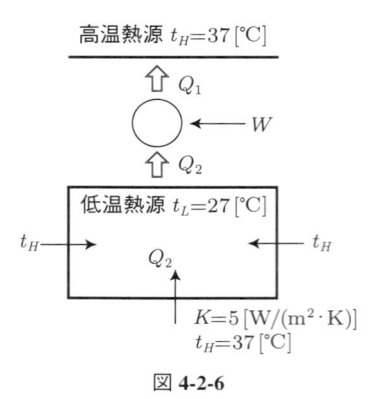

図 4-2-6

(1) この冷凍機の成績係数はいくらになるか.
(2) 外気から室内への単位時間あたりの通過熱はいくらになるか.
(3) この冷凍機の単位時間あたりの仕事量はいくらになるか.
(4) 外気へ捨てる単位時間あたりの熱量はいくらになるか.
(5) 室内冷房設定温度を 22 [°C] とした場合，冷凍機の単位時間あたりの仕事量はいくらになるか.

[2] 動作ガスである空気を 0.1 [kg] 用いて，700 [°C] と 100 [°C] の両熱源の間でカルノーサイクルを毎分 100 サイクル動かす熱機関がある．最高圧力 3 [MPa]，最低圧力 100 [kPa] のとき，このサイクルの出力は何 [kW] になるか．ただし，空気の比熱比 $\kappa = 1.4$，ガス定数 $R = 287$ [J/(kg·K)] とする.

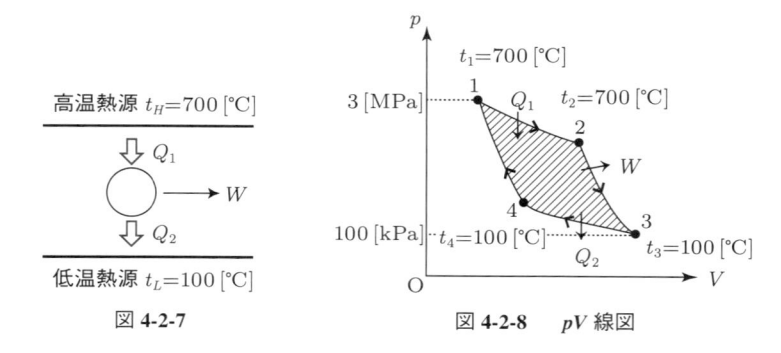

図 4-2-7

図 4-2-8　pV 線図

4.3 エントロピー

基本的な考え方

1. エントロピー

ある2つの状態間を可逆的に変化させたとき，その変化の経路に無関係に $\int \frac{dQ}{T}$ の値は一定となる．この値をエントロピーと呼び，S で表す．状態変化の経路に無関係であることから，エントロピーは状態のみで決まる量（状態量）である．いま，状態1から状態2まで変化したとき，エントロピーの変化量 $\Delta S = S_2 - S_1$ は，

$$\Delta S = \int_1^2 \frac{dQ}{T} \quad \text{（微分表現では，} dS = \frac{dQ}{T}\text{）}$$

また，エントロピーは不可逆変化を表す量でもあり，**不可逆変化**が生じると，エントロピーは増加する．

2. Ts 線図

温度 T とエントロピー s を両軸にとった線図を Ts 線図といい，pV 線図とともにサイクルの表示によく使用される．微小な熱量 dQ は，エントロピー変化を用いて表すと $dQ = Tds$．したがって，$Q = \int Tds$．すなわち，Ts 線図上に表された状態変化曲線と s 軸で囲まれた面積は熱量を表す．

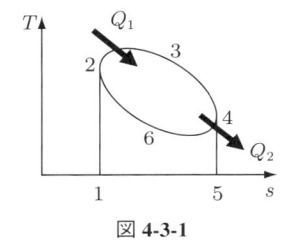

受熱量 Q_1 = 123451 の面積
放熱量 Q_2 = 126451 の面積
外へした仕事 $W = Q_1 - Q_2$ = 23462 の面積（閉曲線で囲まれた面積）
熱効率 $\eta = W/Q_1$ = 123451 の面積に対する閉曲線で囲まれた面積の割合

図 4-3-1

Step 1 基本問題

[1] 熱容量が無限大である2つの物体があり，物体①の温度 $t_1 = 500$ [°C]，物体②の温度 $t_2 = 30$ [°C] とする．物体①から物体②へ 100 [kJ] の熱量が伝わったとする．次の問いに答えよ．

(1) 物体①のエントロピーの変化量 ΔS_1 はいくらになるか．
(2) 物体②のエントロピーの変化量 ΔS_2 はいくらになるか．
(3) 両物体全体のエントロピーの変化量 ΔS はいくらになるか．

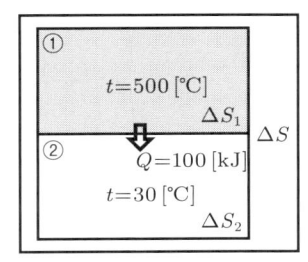

図 4-3-2

解き方

(1) 物体①では，熱量 $Q = 100$ [kJ] が失われるが，これだけでみると，可逆変化である

ため，エントロピーの微小変化量 $dS = \dfrac{dQ}{T}$ と表され，変化量 $\Delta S_1 = \int dS = \int \dfrac{dQ}{T}$ となり，ここで，物体①は熱容量が無限大であり，温度は変化しないので

$$\Delta S_1 = \dfrac{1}{T_1}\int dQ = \dfrac{Q}{T_1} = \dfrac{Q}{t_1+273} = \dfrac{-100}{500+273} = -0.129 \text{ [kJ/K]}$$

(2) 一方，物体②では，$Q = 100$ [kJ] の熱量を受けるため，先程と同様に，エントロピー変化量 ΔS_2 は

$$\Delta S_2 = \dfrac{Q}{T_1} = \dfrac{Q}{t_2+273} = \dfrac{100}{30+273} = 0.330 \text{[kJ/K]} \text{ となる．}$$

(3) したがって，物体①と物体②全体のエントロピー変化量は

$$\Delta S = \Delta S_1 + \Delta S_2 = -0.129 + 0.330 = 0.201 \text{ [kJ/K]}$$

となり，エントロピーは増加することになる．

これからも分かる通り，この物体①と物体②全体の現象（伝熱現象）は，不可逆現象である．

ここに注意!!!

エントロピーで扱う熱量は，プラス (+)，マイナス (−) をしっかり区別する．熱を失うことはマイナス (−) となる．

[2] カルノーサイクルを行う熱機関が動作流体に空気を用いており，高温熱源の温度 $t_H = 600$ [°C]，低温熱源の温度 $t_L = 30$ [°C] のとき，1 サイクルあたりの受熱量 $Q_1 = 150$ [kJ] とする．

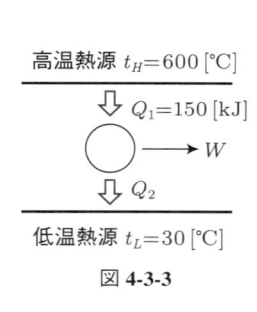

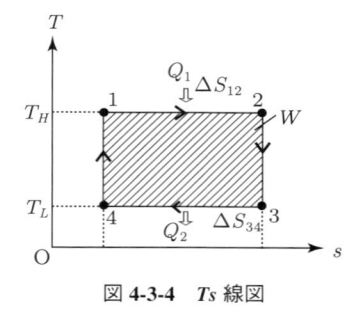

図 4-3-3　　　　　図 4-3-4　Ts 線図

(1) 1 サイクルになされた仕事量 W はいくらか．
(2) 動作流体である空気が高温熱源で受熱するときのエントロピーの変化量 ΔS_{12}，また低温熱源で熱を捨てるときのエントロピーの変化量 ΔS_{34}，および 1 サイクル全体におけるエントロピーの変化量 ΔS を求めよ．

解き方

(1) カルノーサイクルの熱効率 η_{th} は

$$\eta_{th} = \dfrac{W}{Q_1} = \dfrac{Q_1 - Q_2}{Q_1} = 1 - \dfrac{Q_2}{Q_1} = 1 - \dfrac{T_L}{T_H} = 1 - \dfrac{t_L+273}{t_H+273} = 1 - \dfrac{30+273}{600+273} = 0.6529$$

となり，仕事量 W は

$$\eta_{th} = \dfrac{W}{Q_1} \text{ から}$$

$$W = Q_1 \eta_{th} = 150 \times 0.6529 = 97.9 \text{ [kJ]}$$

となる．

(2) カルノーサイクルであることから，$1 \to 2$，$3 \to 4$ は可逆等温過程であり，熱の受け渡しをしている．

これより，$1 \to 2$ において，空気は高温熱源において，温度一定で熱量 Q_1 を受けるため，エントロピーの変化量 ΔS_{12} は

$$\Delta S_{12} = \int_1^2 ds = \int_1^2 \frac{dQ}{T} = \frac{1}{T}\int_1^2 dQ = \frac{Q_1}{T_H} = \frac{150}{600+273} = 0.172 \text{ [kJ/K]}$$

となる．

一方，$3 \to 4$ では，空気は低温熱源において，温度一定で熱量 $Q_2 (= Q_1 - W)$ を捨てるため

$$\Delta S_{34} = \frac{-Q_2}{T_L} = \frac{-(Q_1 - W)}{T_L} = \frac{-(150 - 97.94)}{30 + 273} = -0.172 \text{ [kJ/K]}$$

となる．

(3) $2 \to 3$，$4 \to 1$ の過程は可逆断熱過程であるため $Q = 0$ となり

$$\Delta S_{23} = \Delta S_{41} = 0$$

となる．

これから，1サイクル全体のエントロピー変化量

$$\Delta S = \Delta S_{12} + \Delta S_{23} + \Delta S_{34} + \Delta S_{41}$$
$$= 0.172 + 0 - 0.172 + 0 = 0 \text{ [kJ/K]}$$

となる．

ここに注意!!!

Q_2 にマイナスをつけることを忘れないように

Step 2 演習問題

[1] 温度が 300 [K] である低温熱源と高温熱源の間でカルノーサイクルを行う熱機関が，1サイクルで $W = 100$ [kJ] の仕事を取り出している．高温熱源から受熱するときに動作ガスのエントロピーが1サイクルで 0.5 [kJ/K] 増加するという．このとき，高温熱源の温度 T_H [K] と熱機関の効率 η_{th} を求めよ．

解き方

カルノーサイクルを Ts 線図に描くとわかりやすい．

カルノーサイクルの高温熱源，低温熱源では，温度一定で熱の受け渡しが行われるため，熱量は次のように表される．

$$\Delta S = \int dS = \int \frac{dQ}{T} = \frac{1}{T}\int dQ = \frac{Q}{T}$$

$$Q = T\Delta S$$

これから，低温熱源で捨てられる熱量 Q_2 は

$Q_2 = T_L \Delta S$ となり，これは図の 長方形の面積となっている．

カルノーサイクルでは，受熱時と放熱時の ΔS が等しいので，

$$Q_2 = 300 \times 0.5 = 150 \text{ [kJ]}$$

次にエネルギー保存より

$$Q_1 = Q_2 + W = 150 + 100 = 250 \text{ [kJ]}$$

となる．

これも図の ▨ (Q_2) と ▧ (W) の足し合わせた長方形の面積となっている．

また，高温熱源では $Q_1 = T_H \Delta S$ が成り立ち，これより高温熱源の温度は

$$T_H = \frac{Q_1}{\Delta S} = \frac{250}{0.5} = 500 \text{ [K]}$$

となる．

最後に熱効率 η_{th} は

$$\eta_{th} = \frac{W}{Q_1} = \frac{100}{250} = 0.4$$

となる．

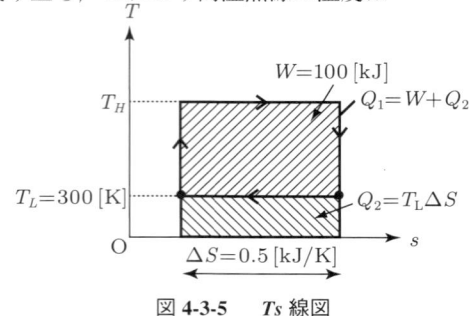

図 4-3-5 *Ts* 線図

[2] 動作ガスが空気である逆カルノーサイクルヒートポンプを用いて，**300 [K]** の低温熱源から **1 サイクルあたり 10 [kJ]** の熱を吸収して，**500 [K]** の高温熱源へ加熱するものとする．
(1) 空気が低温熱源から熱を吸収するときのエントロピー変化量 **ΔS** はいくらか．
(2) **1 サイクルあたりの高温熱源への加熱量**はいくらか．
(3) **逆カルノーヒートポンプサイクルの成績係数**はいくらか．

解き方

(1) 逆カルノーサイクルヒートポンプにおいても，カルノーサイクルと同様に，$Q = T\Delta S$ として表わすことができ，Ts 線図上の面積として考えることができる．

よって，空気が低温熱源から熱を吸収する熱量 Q_2 は，

$$Q_2 = T_L \Delta S$$

したがって

$$\Delta S = \frac{Q_2}{T_L} = \frac{10}{300} = 0.0333 \text{ [kJ/K]}$$

となる．

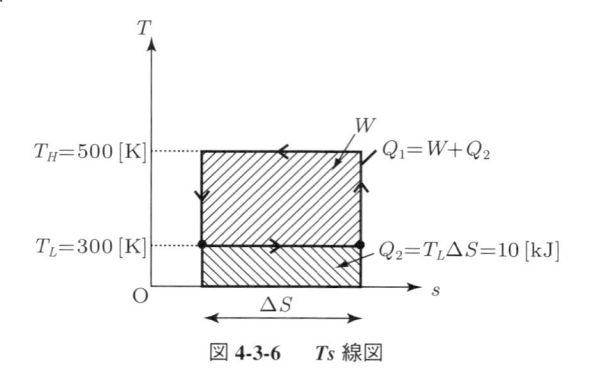

図 4-3-6 *Ts* 線図

(2) 高温熱源への加熱量 Q_1 は

$$Q_1 = T_H \Delta S$$
$$= 500 \times 0.0333$$
$$= 16.7 \text{ [kJ]}$$

となる.

(3) ヒートポンプの成績係数 ε_h は

$$\varepsilon_h = \frac{Q_1}{W} = \frac{Q_1}{Q_1 - Q_2} = \frac{16.67}{16.67 - 10} = 2.50$$

となる.

〈別解〉
逆カルノーサイクルヒートポンプであり,高温熱源,低温熱源の温度がわかっているため,次のように容易に求めることができる.

$$\varepsilon_h = \frac{Q_1}{W} = \frac{Q_1}{Q_1 - Q_2} = \frac{T_L}{T_H - T_L} = \frac{500}{500 - 300} = 2.5$$

> **ここに注意!!!**
> ΔS の符号について,空気が熱を吸収していることから,熱量は増えるため,プラス (+) となる.

Step 3　発展問題

[1] シリンダー,ピストン内に窒素が **1 [m³]** 入っており,窒素の温度 **300 [K]**,圧力 **100 [kPa]** とする.まず,ピストンを固定させて,窒素の温度が **800 [K]** になるまで窒素を加熱した.次に,温度一定の状態に保ちながら加熱を行い,体積が元の体積の **1.5 倍**になった.最後に,断熱状態を保ち,初めの圧力である **100 [kPa]** になるまで膨張させた.ここで,窒素の定容比熱 c_v = **0.74 [kJ/(kg·K)]**,ガス定数 R = **297 [J/(kg·K)]** とする.
(1) ピストンを固定して加熱したときの窒素の内部エネルギーの変化量とエントロピーの変化量はそれぞれいくらになるか.
(2) 温度一定の状態で加熱したときの窒素の内部エネルギーの変化量とエントロピーの変化量はそれぞれいくらになるか.
(3) 断熱膨張時における窒素の内部エネルギーの変化量とエントロピーの変化量はそれぞれいくらになるか.

[2] 温度 **1000 [K]**,質量 **2 [kg]** である物体 **A** と温度 **500 [K]**,質量 **10 [kg]** である物体 **B** があり,これらの物体を接触させて熱平衡状態にさせたとする.ただし,物体 **A** の比熱は,**0.5 [kJ/(kg·K)]**,物体 **B** の比熱は,**2.0 [kJ/(kg·K)]** とする.
(1) 接触させた後の熱平衡後の物体 **A**, **B** の温度はいくらになるか.
(2) 物体 **A** のエントロピー変化量 ΔS_A と物体 **B** のエントロピー変化量 ΔS_B,物体 **A**, **B** 全体のエントロピー変化量 ΔS はいくらになるか.

第5章　ガスサイクル

5.1　オットーサイクル

基本的な考え方

オットーサイクルは，ガソリンエンジンの基本サイクルで，最も身近なエンジンのサイクルである．このサイクルは定容変化と断熱変化で構成されている．

pv 線図において
w は 12341 の面積
Ts 線図において，
q_1 は a23ba の面積
q_2 は a14ba の面積
w は 12341 の面積

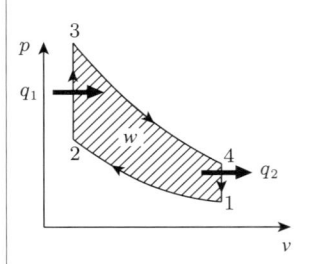

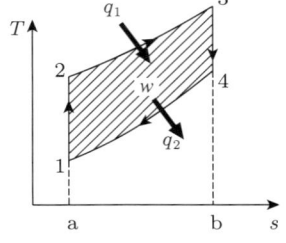

図 5-1-1　オットーサイクルの pv 線図と Ts 線図

熱の授受は等容過程で行われることから，気体単位質量あたりの受熱量 q_1 と放熱量 q_2 は次式で表される．

$$q_1 = c_v(T_3 - T_2) \quad (5\text{-}1\text{-}1), \qquad q_2 = c_v(T_4 - T_1) \quad (5\text{-}1\text{-}2)$$

また，圧縮および膨張過程は断熱変化であることから，

$$T_1 v_1^{\kappa-1} = T_2 v_2^{\kappa-1}, \; T_3 v_3^{\kappa-1} = T_4 v_4^{\kappa-1}$$

つまり，

$$T_2 = T_1 \left(\frac{v_1}{v_2}\right)^{\kappa-1} \quad (5\text{-}1\text{-}3), \qquad T_3 = T_4 \left(\frac{v_4}{v_3}\right)^{\kappa-1} \quad (5\text{-}1\text{-}4)$$

また，

$$\frac{v_1}{v_2} = \frac{v_4}{v_3} = \varepsilon$$

とおき，これを**圧縮比**と定義すると，式 (5-1-3) と式 (5-1-4) は，次式となる．

$$T_2 = T_1 \varepsilon^{\kappa-1} \quad (5\text{-}1\text{-}5), \qquad T_3 = T_4 \varepsilon^{\kappa-1} \quad (5\text{-}1\text{-}6)$$

式 (5-1-1), (5-1-2), (5-1-5) および (5-1-6) を用いて理論熱効率 η_{th} を求めると，

$$\eta_{th} = 1 - \frac{q_2}{q_1} = 1 - \frac{c_v(T_4 - T_1)}{c_v(T_3 - T_2)} = 1 - \frac{T_4 - T_1}{T_3 - T_2} = 1 - \frac{T_4 - T_1}{T_4 \varepsilon^{\kappa-1} - T_1 \varepsilon^{\kappa-1}} = 1 - \frac{T_4 - T_1}{\varepsilon^{\kappa-1}(T_4 - T_1)} = 1 - \frac{1}{\varepsilon^{\kappa-1}} \quad (5\text{-}1\text{-}7)$$

> **ここに注意!!!**
>
> 熱効率は圧縮比のみの関数であり，圧縮比が大きくなるほど熱効率は向上する．

Step 1 基本問題

[1] オットーサイクルにおいて，圧縮比が **9** および **11** の場合における理論熱効率を求めよ．ただし，気体の比熱比は **1.4** とする．

解き方

(1) $\varepsilon = 9$ の場合 $\eta_{th} = 1 - \dfrac{1}{9^{0.4}} = 0.585$

(2) $\varepsilon = 11$ の場合 $\eta_{th} = 1 - \dfrac{1}{11^{0.4}} = 0.617$

すなわち，圧縮比が大きくなると，熱効率は向上することがわかる．

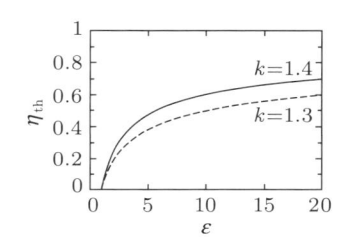

図 5-1-2　熱効率と圧縮比の関係

図 5-1-2 は，圧縮比を大きく変更した場合における圧縮比と熱効率の関係を，比熱比が 1.3 と 1.4 の場合に対して示している．比熱比が小さくなると，熱効率も低下することが分かる．

Step 2 演習問題

[1] 圧縮比が **9** のオットーサイクルにおいて，断熱圧縮前の圧力と温度をそれぞれ **0.1 [MPa], 300 [K]** とする．断熱膨張後の温度が **700 [K]** として，(**1**) 理論熱効率，(**2**) サイクル中の最高温度，(**3**) サイクル中の最高圧力を求めよ．ただし，比熱比を **1.4** とする．

解き方

図 5-1-1 において，$T_1 = 300$ [K]，$p_1 = 0.1$ [MPa]，$T_4 = 700$ [K]

さらに $\varepsilon = \dfrac{v_1}{v_2} = \dfrac{v_4}{v_3} = 9$

(1) $\varepsilon = 9$ なので，$\eta_{th} = 1 - \dfrac{1}{\varepsilon^{\kappa-1}} = 1 - \dfrac{1}{9^{0.4}} = 0.585$

(2) 最高温度になるのは状態 3 なので，T_3 を求めればよい．状態 3 → 状態 4 間は断熱変化なので，$T_3 v_3^{\kappa-1} = T_4 v_4^{\kappa-1}$ から，$T_3 = T_4 \left(\dfrac{v_4}{v_3}\right)^{\kappa-1} = T_4 \varepsilon^{\kappa-1} = 700 \times 9^{0.4} = 1686$ [K]

(3) 最高圧力は状態 3 であるから，p_3 を求める．ただし，直接 p_3 を求められないので，まず p_4 を求めてから，p_3 を求める．ボイルシャルルの法則から

$\dfrac{p_4 v_4}{T_4} = \dfrac{p_1 v_1}{T_1}$

状態 4 → 状態 1 間は等容変化 ($v_4 = v_1$) なので，$\dfrac{p_4}{T_4} = \dfrac{p_1}{T_1}$

$\therefore p_4 = p_1 \dfrac{T_4}{T_1} = 0.1 \dfrac{700}{300} = 0.233$ [MPa]

状態 3 → 状態 4 間は断熱変化なので，$p_3 v_3^\kappa = p_4 v_4^\kappa$,

$p_3 = p_4 \left(\dfrac{v_4}{v_3} \right)^\kappa = p_4 \varepsilon^\kappa = 0.233 \times 9^{1.4} = 5.05$ [MPa]

Step 3 発 展 問 題

[1] オットーサイクルにおいて，圧縮始めの圧力と温度をそれぞれ **0.1 [MPa]** と **300 [K]**，最高温度を **2200 [K]** とする．等容加熱によって比エントロピーが **1.0 [kJ/kgK]** 上昇するとして，このサイクルの理論熱効率と単位質量あたりの仕事量を求めよ．ただし，気体の定容比熱と比熱比を **0.717 [kJ/kgK]** と **1.4** とする．

5.2 ディーゼルサイクル

基本的な考え方

ディーゼルサイクルはバス，トラック，船などの動力源として広く使用されているディーゼルエンジンのサイクルである．ディーゼルサイクルは受熱過程が等圧変化であることがオットーサイクルとの相違点であることに注意しよう．

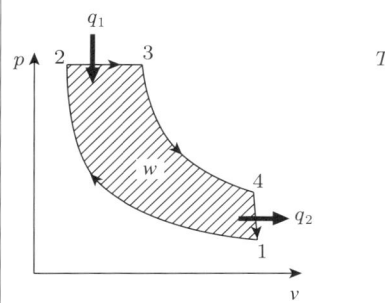

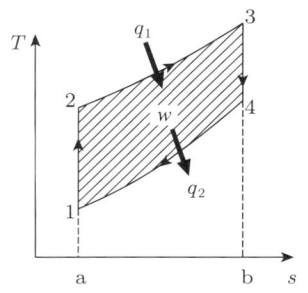

pv 線図において
w は 12341 の面積
Ts 線図において，
q_1 は a23ba の面積
q_2 は a14ba の面積
w は 12341 の面積

図 5-2-1 ディーゼルサイクルの pv 線図と Ts 線図

受熱は等圧過程，放熱は等容過程で行われることから，q_1 と q_2 は次式で表される．

$$q_1 = c_p(T_3 - T_2) \quad (5\text{-}2\text{-}1), \qquad q_2 = c_v(T_4 - T_1) \quad (5\text{-}2\text{-}2)$$

ここで，圧縮比 ε と等圧膨張比（締切比）σ を以下のように定義する．

$$\frac{v_1}{v_2} = \varepsilon \quad (5\text{-}2\text{-}3), \qquad \frac{v_3}{v_2} = \sigma \quad (5\text{-}2\text{-}4)$$

圧縮過程は断熱変化であることから，

$$T_1 v_1^{\kappa-1} = T_2 v_2^{\kappa-1} \text{ すなわち，} T_2 = T_1 \left(\frac{v_1}{v_2}\right)^{\kappa-1} = T_1 \varepsilon^{\kappa-1} \quad (5\text{-}2\text{-}5)$$

受熱過程は等圧であることから，ボイル・シャルルの法則より

$$\frac{v_2}{T_2} = \frac{v_3}{T_3} \text{ すなわち，} T_3 = T_2 \frac{v_3}{v_2} = T_2 \sigma \quad \text{式 (5-2-5) を代入すると，} T_3 = T_1 \varepsilon^{\kappa-1} \sigma \quad (5\text{-}2\text{-}6)$$

膨張過程は断熱変化であることから，

$$T_3 v_3^{\kappa-1} = T_4 v_4^{\kappa-1} \text{ すなわち，} T_4 = T_3 \left(\frac{v_3}{v_4}\right)^{\kappa-1} \quad v_4 = v_1 \text{ と，式 (5-2-3)，(5-2-4) および (5-2-6) から，}$$

$$T_4 = T_3 \left(\frac{v_3}{v_1}\right)^{\kappa-1} = T_3 \left(\frac{v_3}{v_2} \frac{v_2}{v_1}\right)^{\kappa-1} = T_3 \left(\frac{\sigma}{\varepsilon}\right)^{\kappa-1} = T_1 \varepsilon^{\kappa-1} \sigma \left(\frac{\sigma}{\varepsilon}\right)^{\kappa-1} = T_1 \sigma^{\kappa} \quad (5\text{-}2\text{-}7)$$

式 (5-2-1), (5-2-2), (5-2-5), (5-2-6) および (5-2-7) を用いて理論熱効率 η_{th} を求めると，

$$\eta_{th} = 1 - \frac{q_2}{q_1} = 1 - \frac{c_v(T_4 - T_1)}{c_p(T_3 - T_2)} = 1 - \frac{1}{k}\frac{T_4 - T_1}{T_3 - T_2} = 1 - \frac{1}{k}\frac{T_1 \sigma^{\kappa} - T_1}{T_1 \varepsilon^{\kappa-1} \sigma - T_1 \varepsilon^{\kappa-1}} = 1 - \frac{1}{k}\frac{\sigma^{\kappa} - 1}{\varepsilon^{\kappa-1}(\sigma - 1)}$$

$$= 1 - \frac{1}{\varepsilon^{\kappa-1}}\frac{\sigma^{\kappa} - 1}{k(\sigma - 1)} \quad (5\text{-}2\text{-}8)$$

Step 1 基本問題

[1] 圧縮比が **20**，等圧膨張比（締切比）が **2.2** のディーゼルサイクルの理論熱効率を求めよ．なお，気体の比熱比を **1.4** とする．

解き方

$$\eta = 1 - \frac{1}{\varepsilon^{\kappa-1}} \frac{\sigma^\kappa - 1}{k(\sigma - 1)} = 1 - \frac{1}{20^{0.4}} \frac{2.2^{1.4} - 1}{1.4(2.2 - 1)} = 0.638$$

[2] オットーサイクルとディーゼルサイクルに関して，理論熱効率と圧縮比の関係をグラフに表し，両サイクルの熱効率の大小関係を明らかにせよ．なお，気体の比熱比を **1.4** とする．

解き方

式 (5-1-7) と式 (5-2-8) を図に示したものが，図 5-2-2 である．図から，両サイクル共に圧縮比の増加によって熱効率も増加しているが，同じ圧縮比であれば，熱効率はオットーサイクルの方が大きい．

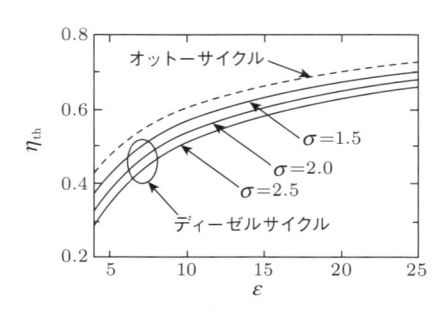

図 5-2-2 熱効率と圧縮比の関係

ここに注意!!!

実際のエンジンにおいて，オットーサイクル（ガソリンエンジン）の圧縮比は約 10，ディーゼルサイクル（ディーゼルエンジン）は約 20 であることから，熱効率はディーゼルサイクルの方が高い場合が多い．

Step 2　演習問題

[1] 圧縮比 **20**，等圧膨張比（締切比）**2** のディーゼルサイクルにおいて，圧縮前の圧力と温度がそれぞれ **0.1 [MPa]** と **300 [K]** とする．（1）理論熱効率，（2）サイクル中の最高圧力，（3）サイクル中の最高温度を求めよ．ただし，定圧比熱を **1.0 [kJ/kgK]**，比熱比を **1.4** とする．

解き方

図 5-2-1 において，$T_1 = 300$ [K], $p_1 = 0.1$ [MPa], $\varepsilon = \dfrac{v_1}{v_2} = 20$, $\sigma = \dfrac{v_3}{v_2} = 2$

（1）理論熱効率

$$\eta_{th} = 1 - \frac{1}{\varepsilon^{\kappa-1}} \frac{\sigma^\kappa - 1}{k(\sigma - 1)} = 1 - \frac{1}{20^{0.4}} \frac{2^{1.4} - 1}{1.4(2 - 1)} = 0.647$$

（2）サイクル中の最高圧力

最高圧力は p_2, p_3 であるから，p_2 を求める．

状態 1 → 状態 2 間は断熱変化なので，$p_1 v_1^\kappa = p_2 v_2^\kappa$ ∴ $p_2 = p_1 \left(\dfrac{v_1}{v_2}\right)^\kappa = p_1 \varepsilon^\kappa = 0.1 \times 20^{1.4} = 6.63$ [MPa]

(3) サイクル中の最高温度

最高温度は T_3 であるが，直接求めることができないので，まず T_2 を求める．

状態 1 → 状態 2 間は断熱変化なので，$T_1 v_1^{\kappa-1} = T_2 v_2^{\kappa-1}$ ∴ $T_2 = T_1 \left(\dfrac{v_1}{v_2}\right)^{\kappa-1} = T_1 \varepsilon^{\kappa-1} = 300 \times 20^{0.4} = 994$ [K]

状態 2 → 状態 3 間は等圧変化なので，ボイルシャルルの法則から $\dfrac{v_2}{T_2} = \dfrac{v_3}{T_3}$ ∴ $T_3 = T_2 \dfrac{v_3}{v_2} = T_2 \sigma = 994 \times 2 = 1988$ [K]

[2] 圧縮比が **20** のディーゼルサイクルにおいて，断熱圧縮前の圧力と温度をそれぞれ **0.1 [MPa], 300 [K]**，単位質量あたりの加熱量 q_1 を **1100 [kJ/kg]** とする．(**1**) サイクル中の最高圧力，(**2**) サイクル中の最高温度，(**3**) 理論熱効率を求めよ．ただし，定圧比熱を **1.00 [kJ/kgK]**，比熱比を **1.4** とする．

解き方

図 5-2-1 において，$T_1 = 300$ [K], $p_1 = 0.1$ [MPa], $q_1 = 1100$ [kJ/kg], $\varepsilon = 20$

(1) 最高圧力

最高圧力は p_2, p_3 である

状態 1 → 状態 2 間は断熱変化なので，$p_1 v_1^\kappa = p_2 v_2^\kappa$ ∴ $p_2 = p_1 \left(\dfrac{v_1}{v_2}\right)^\kappa = p_1 \varepsilon^\kappa = 0.1 \times 20^{1.4} = 6.63$ [MPa]

(2) サイクル中の最高温度

最高温度は T_3 であるが，直接求めることができないので，先ず T_2 を求める

状態 1 → 状態 2 間は断熱変化なので，$T_1 v_1^{\kappa-1} = T_2 v_2^{\kappa-1}$ ∴ $T_2 = T_1 \left(\dfrac{v_1}{v_2}\right)^{\kappa-1} = T_1 \varepsilon^{\kappa-1} = 300 \times 20^{0.4} = 994$ [K]

$q_1 = c_p(T_3 - T_2)$ から，$1100 = 1.00(T_3 - 994)$ ∴ $T_3 = 2094$ [K]

(3) 理論熱効率

熱効率を求めるためには，等圧膨張比（締切比）が必要である．すなわち，$\sigma = \dfrac{v_3}{v_2}$

状態 2 → 状態 3 間にボイルシャルルの法則を適用すると $\dfrac{p_2 v_2}{T_2} = \dfrac{p_3 v_3}{T_3}$

等圧変化なので $p_2 = p_3$ から $\dfrac{v_2}{T_2} = \dfrac{v_3}{T_3}$ つまり，$\dfrac{v_3}{v_2} = \dfrac{T_3}{T_2}$ ∴ $\sigma = \dfrac{v_3}{v_2} = \dfrac{T_3}{T_2} = \dfrac{2094}{994} = 2.11$

以上から，$\eta_{th} = 1 - \dfrac{1}{\varepsilon^{\kappa-1}} \dfrac{\sigma^\kappa - 1}{k(\sigma-1)} = 1 - \dfrac{1}{20^{0.4}} \dfrac{2.11^{1.4} - 1}{1.4(2.11-1)} = 0.642$

※式 (5-2-8) を使わなくても，T_4, q_2 を順に求め $\eta_{th} = 1 - \dfrac{q_2}{q_1}$ から η_{th} を求めても良い．

Step 3　発展問題

[1] ディーゼルサイクルにおいて，最高温度が 2000 [K]，最低温度と圧力がそれぞれ 300 [K] と 0.1 [MPa]，圧縮比が 20 のとき，等圧膨張比（締切比），理論熱効率および各状態点における温度，圧力，比体積を求めよ．ただし，気体はガス定数 287 [J/kgK]，比熱比 1.4 とする．

5.3 サバテサイクル

基本的な考え方

サバテサイクルは，高速回転で使用される小型ディーゼルエンジンの基本的なサイクルであり，受熱過程が等容変化（下図 23 間）と等圧変化（下図 34 間）で組み合わされていることが特徴である．

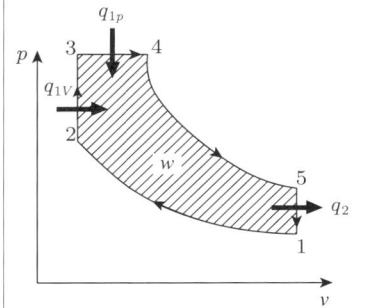

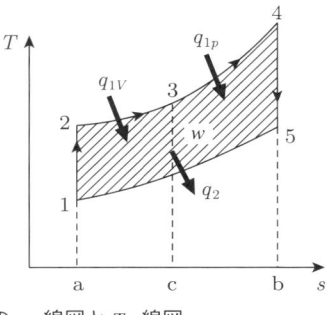

図 5-3-1 サバテサイクルの pv 線図と Ts 線図

pv 線図において
w は 123451 の面積
Ts 線図において
w は 123451 の面積
q_{1v} は a23ca の面積
q_{1p} は c34bc の面積
q_2 は a15ba の面積

受熱は等容過程と等圧過程，放熱は等容過程であるから

$$q_{1v} = c_v(T_3 - T_2) \quad (5\text{-}3\text{-}1), \qquad q_{1p} = c_p(T_4 - T_3) \quad (5\text{-}3\text{-}2), \qquad q_2 = c_v(T_5 - T_1) \quad (5\text{-}3\text{-}3)$$

圧縮比 ε，等圧膨張比（締切比）σ および圧力比 α を以下のように定義する．

$$\frac{v_1}{v_2} = \varepsilon, \quad \frac{v_4}{v_3} = \sigma, \quad \frac{p_3}{p_2} = \alpha$$

圧縮過程は断熱であるから，$T_1 v_1^{\kappa-1} = T_2 v_2^{\kappa-1}$ すなわち，$T_2 = T_1 \left(\dfrac{v_1}{v_2}\right)^{\kappa-1} = T_1 \varepsilon^{\kappa-1}$ (5-3-4)

等容受熱過程では，$\dfrac{p_2}{T_2} = \dfrac{p_3}{T_3}$ から，$T_3 = T_2 \left(\dfrac{p_3}{p_2}\right) = T_2 \alpha$　式 (5-3-4) から，$T_3 = T_1 \varepsilon^{\kappa-1} \alpha$ (5-3-5)

等圧受熱過程では，$\dfrac{v_3}{T_3} = \dfrac{v_4}{T_4}$ から，$T_4 = T_3 \left(\dfrac{v_4}{v_3}\right) = T_3 \sigma$　式 (5-3-5) から，$T_4 = T_1 \varepsilon^{\kappa-1} \alpha \sigma$ (5-3-6)

膨張過程は断熱であるから，$T_4 v_4^{\kappa-1} = T_5 v_5^{\kappa-1}$　すなわち，$T_5 = T_4 \left(\dfrac{v_4}{v_5}\right)^{\kappa-1} = T_4 \left(\dfrac{v_4}{v_3} \dfrac{v_3}{v_5}\right)^{\kappa-1}$

$v_3 = v_2, v_5 = v_1$ から $T_5 = T_4 \left(\dfrac{v_4}{v_3} \dfrac{v_2}{v_1}\right)^{\kappa-1} = T_4 \left(\dfrac{\sigma}{\varepsilon}\right)^{\kappa-1}$ 式 (5-3-6) から $T_5 = T_1 \varepsilon^{\kappa-1} \alpha \sigma \left(\dfrac{\sigma}{\varepsilon}\right)^{\kappa-1} = T_1 \alpha \sigma^{\kappa}$ (5-3-7)

式 (5-3-1)～(5-3-7) を用いて理論熱効率 η_{th} を求めると，

$$\eta_{th} = 1 - \frac{q_2}{q_1} = 1 - \frac{q_2}{q_{1v} + q_{1p}} = 1 - \frac{c_v(T_5 - T_1)}{c_v(T_3 - T_2) + c_p(T_4 - T_3)} = 1 - \frac{T_5 - T_1}{T_3 - T_2 + k(T_4 - T_3)}$$

$$= 1 - \frac{T_1 \alpha \sigma^{\kappa} - T_1}{T_1 \varepsilon^{\kappa-1} \alpha - T_1 \varepsilon^{\kappa-1} + k(T_1 \varepsilon^{\kappa-1} \alpha \sigma - T_1 \varepsilon^{\kappa-1} \alpha)} = 1 - \frac{\alpha \sigma^{\kappa} - 1}{\varepsilon^{\kappa-1} \alpha - \varepsilon^{\kappa-1} + k(\varepsilon^{\kappa-1} \alpha \sigma - \varepsilon^{\kappa-1} \alpha)}$$

$$= 1 - \frac{1}{\varepsilon^{\kappa-1}} \frac{\alpha \sigma^{\kappa} - 1}{\alpha - 1 + \alpha k(\sigma - 1)} \quad (5\text{-}3\text{-}8)$$

Step 1　基本問題

[1] 圧縮比 **17**，等圧膨張比 **2.0**，圧力比 **1.6** として，サバテサイクルの熱効率を求めよ．また，圧縮比 **17**，等圧膨張比 **2.0** のディーゼルサイクルにおいても理論熱効率を求め，両者を比較せよ．気体の比熱比は **1.4** とする．

解き方

サバテサイクルでは,

$$\eta_{th} = 1 - \frac{1}{\varepsilon^{\kappa-1}} \frac{\alpha\sigma^\kappa - 1}{\alpha - 1 + \alpha k(\sigma - 1)} = 1 - \frac{1}{17^{0.4}} \frac{1.6 \times 2^{1.4} - 1}{1.6 - 1 + 1.6 \times 1.4(2 - 1)} = 0.635$$

ディーゼルサイクルでは

$$\eta_{th} = 1 - \frac{1}{\varepsilon^{\kappa-1}} \frac{\sigma^\kappa - 1}{k(\sigma - 1)} = 1 - \frac{1}{17^{0.4}} \frac{2^{1.4} - 1}{1.4(2 - 1)} = 0.623$$

以上から,同じ圧縮比と等圧膨張比であればサバテサイクルの方が熱効率は高いが,両者の熱効率の差は小さい

Step 2　演習問題

[1] 圧縮比が **18** のサバテサイクルにおいて,断熱圧縮前の圧力と温度がそれぞれ **0.1 [MPa], 300 [K]**,等容過程における単位質量あたりの受熱量が **180 [kJ/kg]**,等圧過程での受熱量が **100 [kJ/kg]** である.サイクル中の最高圧力,サイクル中の最高温度,理論熱効率を求めよ.ただし,定圧比熱を **1.00 [kJ/kgK]**,定容比熱を **0.717 [kJ/kgK]**,比熱比を **1.4** とする.

解き方

図 5-3-1 において,$\varepsilon = v_1/v_2 = 18$, $T_1 = 300$ [K], $p_1 = 0.1$ [MPa], $q_{1v} = 180$ [kJ/kg], $q_{1p} = 100$ [kJ/kg]

(1) 最高圧力 p_3

　　図 5-3-1 から,最高温度は T_4,最高圧力は $p_3 (= p_4)$

　　状態 1 → 状態 2 は断熱圧縮であるから,$T_1 v_1^{\kappa-1} = T_2 v_2^{\kappa-1}$, $p_1 v_1^\kappa = p_2 v_2^\kappa$

$$T_2 = T_1 \left(\frac{v_1}{v_2}\right)^{\kappa-1} = T_1 \varepsilon^{\kappa-1} = 300 \times 18^{0.4} = 953 \text{ [K]},$$

$$p_2 = p_1 \left(\frac{v_1}{v_2}\right)^{1.4} = 0.1 \times 18^{1.4} = 5.72 \text{ [MPa]}$$

　　状態 2 → 状態 3 は等容受熱であるから,$q_{1v} = c_v(T_3 - T_2)$

$$T_3 = \frac{q_{1v}}{c_v} + T_2 = \frac{180}{0.717} + 953 = 1204 \text{ [K]}$$

　　状態 2 → 状態 3 にボイルシャルルの法則を適用すると,$\frac{p_2 v_2}{T_2} = \frac{p_3 v_3}{T_3}$

　　等容変化 $(v_2 = v_3)$ から $\frac{p_2}{T_2} = \frac{p_3}{T_3}$

$$\therefore p_3 = p_2 \left(\frac{T_3}{T_2}\right) = 5.72 \left(\frac{1204}{953}\right) = 7.23 \text{ MPa}$$

(2) 最高温度 T_4

　　状態 3 → 状態 4 は等圧受熱であるから,$q_{1p} = c_p(T_4 - T_3)$

$$T_4 = \frac{q_{1p}}{c_p} + T_3 = \frac{100}{1.00} + 1204 = 1304 \text{ [K]}$$

(3) 理論熱効率

サバテサイクルの熱効率を求めるためには，圧縮比 ε，等圧膨張比（締切比）σ および圧力比 α が必要であり，ε は既知であるから，σ と α を求める．

$$\alpha = \frac{p_3}{p_2} = \frac{7.23}{5.72} = 1.26$$

$\sigma = \dfrac{v_4}{v_3}$ なので，ボイルシャルルの法則から σ を求める．状態 3 → 状態 4 は等圧変化なので，ボイルシャルルの法則から $\dfrac{v_3}{T_3} = \dfrac{v_4}{T_4}$ したがって，$\dfrac{v_4}{v_3} = \dfrac{T_4}{T_3} = \dfrac{1304}{1204} = 1.08 = \sigma$

以上から，理論熱効率 η_{th} は，

$$\eta_{th} = 1 - \frac{1}{\varepsilon^{\kappa-1}} \frac{\alpha\sigma^\kappa - 1}{\alpha - 1 + \alpha k(\sigma - 1)} = 1 - \frac{1}{18^{0.4}} \frac{1.26 \times 1.08^{1.4} - 1}{1.26 - 1 + 1.26 \times 1.4(1.08 - 1)} = 0.684$$

※式 (3-5-8) を使わなくても，T_5, q_2 の順に求め，q_1 は既知であることから $\eta_{th} = 1 - \dfrac{q_2}{q_1}$ で η_{th} を求めてもよい．

Step 3　発展問題

[1] 圧縮比が **17** であり，等容過程での受熱量が全受熱量の **30%** で最高温度が **2100 [K]** であるサバテサイクルがある．圧縮始めの温度は **300 [K]** とし，ガスの比熱比は **1.4**，ガス定数は **0.287 [kJ/kgK]** とする．
(1) 単位質量あたりの受熱量 q_1 を求めよ．
(2) 同じ供給熱量，最高温度および圧縮始めの温度で動くオットーサイクルの理論熱効率と圧縮比を求めよ

5.4 ブレイトンサイクル

基本的な考え方

ブレイトンサイクルは，ガスタービンやジェットエンジンの基本的なサイクルである．受熱と放熱が等圧で行われることに注意しよう．

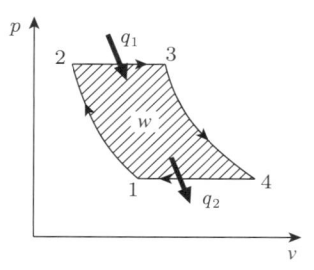

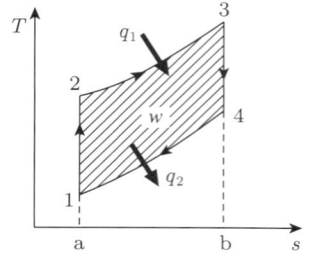

pv 線図において
w は 12341 の面積
Ts 線図において，
w は 12341 の面積
q_1 は a23ba の面積
q_2 は a14ba の面積

図 5-4-1 ブレイトンサイクルの pv 線図と Ts 線図

熱の授受は等圧過程であることから，q_1 と q_2 は次式で表される．

$$q_1 = c_p(T_3 - T_2) \quad (5\text{-}4\text{-}1), \qquad q_2 = c_p(T_4 - T_1) \quad (5\text{-}4\text{-}2)$$

圧力比 α を以下のように定義する．

$$\frac{p_2}{p_1} = \frac{p_3}{p_4} = \alpha \quad (5\text{-}4\text{-}3)$$

圧縮および膨張過程は断熱変化であることから，

$$\frac{T_1}{p_1^{\frac{k-1}{k}}} = \frac{T_2}{p_2^{\frac{k-1}{k}}}, \quad \frac{T_3}{p_3^{\frac{k-1}{k}}} = \frac{T_4}{p_4^{\frac{k-1}{k}}}$$

式 (5-4-3) を用いて変形すると，

$$T_1 = T_2\left(\frac{p_1}{p_2}\right)^{\frac{k-1}{k}} = T_2\left(\frac{1}{\alpha}\right)^{\frac{k-1}{k}} \quad (5\text{-}4\text{-}4), \qquad T_4 = T_3\left(\frac{p_4}{p_3}\right)^{\frac{k-1}{k}} = T_3\left(\frac{1}{\alpha}\right)^{\frac{k-1}{k}} \quad (5\text{-}4\text{-}5)$$

式 (5-4-1), (5-4-2), (5-4-4), (5-4-5) から，理論熱効率 η_{th} は，

$$\eta_{th} = 1 - \frac{q_2}{q_1} = 1 - \frac{c_p(T_4 - T_1)}{c_p(T_3 - T_2)} = 1 - \frac{T_4 - T_1}{T_3 - T_2} = 1 - \frac{T_3\left(\frac{1}{\alpha}\right)^{\frac{k-1}{k}} - T_2\left(\frac{1}{\alpha}\right)^{\frac{k-1}{k}}}{T_3 - T_2} = 1 - \left(\frac{1}{\alpha}\right)^{\frac{k-1}{k}} \frac{T_3 - T_2}{T_3 - T_2}$$

$$= 1 - \left(\frac{1}{\alpha}\right)^{\frac{k-1}{k}} \quad (5\text{-}4\text{-}6)$$

Step 1 基本問題

[1] 圧力比が 15 のブレイトンサイクルにおける理論熱効率を求めよ．なお，比熱比を 1.4 とする．

解き方

$$\eta_{th} = 1 - \left(\frac{1}{\alpha}\right)^{\frac{k-1}{k}} = 1 - \left(\frac{1}{15}\right)^{\frac{0.4}{1.4}} = 0.539$$

Step 2 演習問題

[1] ブレイトンサイクルにおいて,圧縮機入口の気体の圧力と温度がそれぞれ **0.1 [MPa]**, **300 [K]**,断熱膨張後の温度が **650 [K]** であった.圧力比を **12** として,サイクル中の最高温度,気体が受け取る単位質量あたりの熱量を求めよ.なお,比熱比を **1.4**,定圧比熱を **1.00 [kJ/kgK]** とする.

解き方

図 5-4-1 において,$T_1 = 300$ [K], $p_1 = 0.1$ [MPa], $T_4 = 650$ [K], $\alpha \left(= \frac{p_2}{p_1} = \frac{p_3}{p_4}\right) = 12$

(1) サイクル中の最高温度

最高温度は図 5-4-1 から T_3　状態 3 → 状態 4 は断熱膨張なので,$\frac{T_3}{p_3^{\frac{k-1}{k}}} = \frac{T_4}{p_4^{\frac{k-1}{k}}}$

$$T_3 = T_4 \left(\frac{p_3}{p_4}\right)^{\frac{k-1}{k}} = T_4 \alpha^{\frac{k-1}{k}} = 650 \times 12^{\frac{0.4}{1.4}} = 1322 \text{ K}$$

(2) 気体が受け取る単位質量あたりの熱量

状態 2 → 状態 3 は等圧受熱なので,$q_1 = c_p(T_3 - T_2)$ したがって,T_2 を求めれば,q_1 が求められる.

状態 1 → 状態 2 は断熱圧縮なので,$\frac{T_1}{p_1^{\frac{k-1}{k}}} = \frac{T_2}{p_2^{\frac{k-1}{k}}}$

$$T_2 = T_1 \left(\frac{p_2}{p_1}\right)^{\frac{k-1}{k}} = T_1 \alpha^{\frac{k-1}{k}} = 300 \times 12^{\frac{0.4}{1.4}} = 610 \text{ [K]}$$

したがって,$q_1 = c_p(T_3 - T_2) = 1.00(1322 - 610) = 712$ [kJ/kg]

[2] ブレイトンサイクルが,圧力比 **6**,気体流量 **12 [kg/min]** で運転されている.圧縮始めの温度は **300 [K]**,最高温度は **1500 [K]** であった.このサイクルの理論熱効率と出力を求めよ.なお,気体の比熱比を **1.4**,定圧比熱を **1.00 [kJ/kgK]** とする.

解き方

図 5-4-1 において,$T_1 = 300$ [K], $T_3 = 1500$ [K], $\alpha \left(= \frac{p_2}{p_1} = \frac{p_3}{p_4}\right) = 6$

圧力比が分かっているので,理論熱効率は容易に求められる.

$$\eta_{th} = 1 - \left(\frac{1}{\alpha}\right)^{\frac{k-1}{k}} = 1 - \left(\frac{1}{6}\right)^{\frac{0.4}{1.4}} = 0.401$$

気体単位質量あたりの出力 w は，$q_1\eta_{th}$ で求められることから，q_1 を求める．

状態 1 → 状態 2 は断熱圧縮なので，$\dfrac{T_1}{p_1^{\frac{k-1}{k}}} = \dfrac{T_2}{p_2^{\frac{k-1}{k}}}$

$$T_2 = T_1\left(\dfrac{p_2}{p_1}\right)^{\frac{k-1}{k}} = T_1\alpha^{\frac{k-1}{k}} = 300 \times 6^{\frac{0.4}{1.4}} = 500\ [\text{K}]$$

$$q_1 = c_p(T_3 - T_2) = 1.00(1500 - 500) = 1000\ [\text{kJ/kg}]$$

$$\therefore w = q_1\eta_{th} = 1000 \times 0.401 = 401\ [\text{kJ/kg}]$$

気体の流量 G は 12 [kg/min] = 0.2 [kg/s] なので，ブレイトンサイクルの出力 W は，

$$W = Gw = 0.2 \times 401 = 80.2\ [\text{kJ/s}] = 80.2\ [\text{kW}]$$

Step 3　発展問題

ブレイトンサイクルの効率を向上させる方法として，再生を行う方法がある．これは，タービンから排出される高温ガスを圧縮機出口のガスの予熱に使用するもので，熱効率の向上を目的としている．

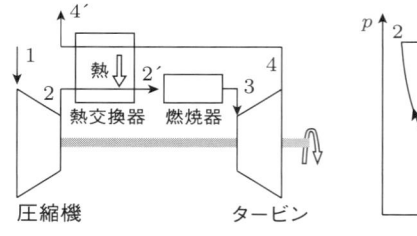

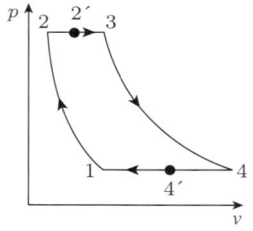

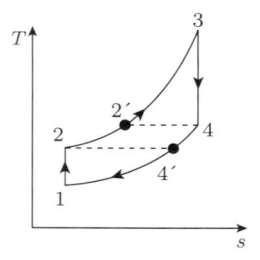

図 5-4-2 再生を行うブレイトンサイクルの概要

熱交換器の性能が十分高く $T_2 = T_{4'}$，$T_4 = T_{2'}$ と考えられる場合，再生サイクルの理論熱効率 η_{th} は

$$\eta_{th} = 1 - \dfrac{T_1}{T_3}\alpha^{\frac{k-1}{k}} \quad (5\text{-}4\text{-}7)$$

[1] 再生を行わないブレイトンサイクルと，再生を行うブレイトンサイクルの理論熱効率を，圧力比が 5 と 15 の場合で比較せよ．ただし，圧縮機入口温度は 300 [K]，タービン入口の温度を 1300 [K] とする．

第6章 蒸気の性質

6.1 蒸気の基礎的性質

基本的な考え方

1. 水の状態変化
水が大気圧状態で加熱されると，
 (1) 水の温度が上昇
100 [°C] になると，
 (2) 蒸気発生開始（水 100%）
 (3) 蒸気と水の混合物
 (4) 水が完全に蒸発（蒸気 100%）
 (5) 蒸気の温度が上昇

水と蒸気が共存する状態（飽和状態）では，
温度……飽和温度，圧力……飽和圧力
飽和温度の水……飽和液（飽和水）
飽和温度の蒸気……乾き飽和蒸気
水と蒸気の混合物……湿り蒸気
飽和温度未満の水……圧縮液（圧縮水）
飽和温度を越える蒸気……過熱蒸気

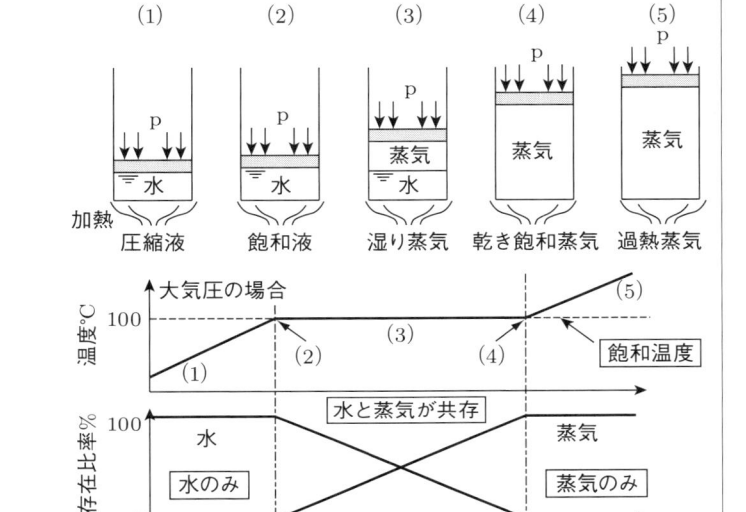

図 6-1-1 水の蒸発過程における温度と各相の存在比率

2. 飽和温度，飽和圧力
 (1) 圧力が決まれば，飽和温度 Ts が唯一が決まる．（図 6-1-2）
流体の温度が飽和温度未満 → 圧縮水
流体の温度が飽和温度を越える → 過熱蒸気
 (2) 圧力の増加によって，飽和温度 Ts も上昇する．

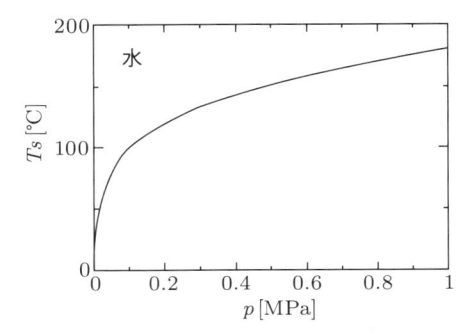

図 6-1-2 水の飽和温度と圧力の関係

3. 相の状態を表す線図
三重点……固体（氷），液体（水），気体（蒸気）が共存する状態
　　　　水では，圧力 610.7 [Pa]，温度 0.01 [°C]
臨界点……飽和液線と飽和蒸気線の交点．これより高圧，高温では，液と蒸気の区別が明確でなくなる．
　　　　水では，圧力 22.1 [MPa]，温度 374.1 [°C]

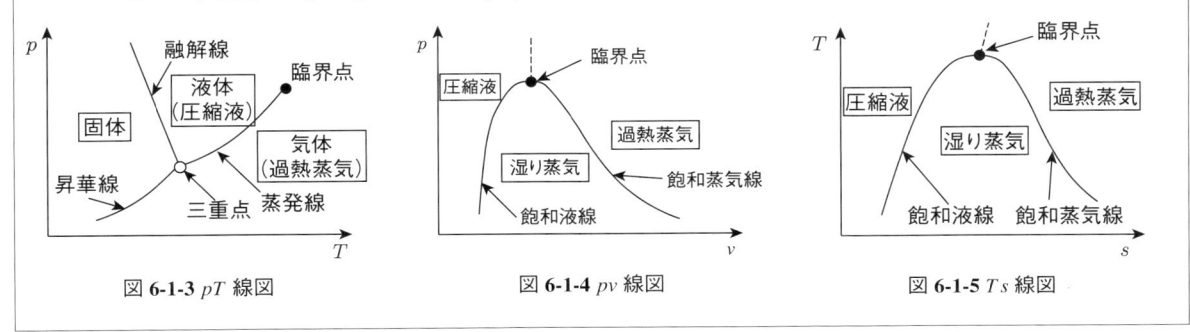

図 6-1-3 pT 線図　　　図 6-1-4 pv 線図　　　図 6-1-5 Ts 線図

● 熱力学　第6章　蒸気の性質

Step 1　　　　基本問題

[1] 以下の（　）内に適切な言葉を入れよ．

　大気圧下で水（液体）を冷却すると氷（固体）になり，加熱すると蒸気（気体）になることはよく知られている．一般に固体（例えば氷）が液体（例えば水）になることを（①）といい，逆に液体が固体になることを（②）という．また，液体（例えば水）が気体（例えば蒸気）になることを（③）といい，逆に気体が液体になることを（④）という．

　一方，防虫剤などでは，常温で固体が蒸発して気体になる場合がある．このように，固体から直接気体になる，あるいはその逆に気体から直接固体になる現象を（⑤）という．

　固体から液体，液体から気体，および固体から気体に変化するためには，熱（潜熱）を加える必要がある．固体から液体への変化に必要な熱を（⑥），液体から気体への変化に必要な熱を（⑦），固体から気体への変化に必要な熱を（⑧）という．

　水の場合，ある状態において，固体（氷），液体（水）および気体（蒸気）の状態が共存する．この状態を（⑨）といい．温度が 273.16 [K] (0.01 [°C])，圧力が 610.7 [Pa] である．

　次に，圧力一定の状態で水を加熱して蒸気を作る場合を考える．水を加熱するとある温度から蒸気が発生し始める．この温度を（⑩）という．この状態でさらに熱を加えると，加えた熱は全て水の蒸発に使用され（潜熱），水が全て蒸発し終えるまで，水と蒸気の温度は（⑩）に保たれる．水が全て蒸発し終えると，蒸発する物質がなくなるため，加えた熱は蒸気の温度上昇に使用され，蒸気の温度が上昇する．（⑩）は一般に圧力によって変化し，圧力の増加によって上昇する．

　温度が（⑩）未満の水を（⑪），温度が（⑩）に等しい水を（⑫）という．また，水と蒸気が共存した流体を（⑬）という．温度が（⑩）に等しい蒸気を（⑭）といい，温度が（⑩）より高い蒸気を（⑮）という．

解き方

①～⑧は，下図を参考にしよう．
①融解，②凝固，③蒸発，④凝縮，⑤昇華，⑥融解熱，⑦蒸発熱，⑧昇華熱
⑨以降は，基本的な考え方を理解，記憶しておけば，容易な問題である．
⑨三重点，⑩飽和温度，⑪圧縮液（圧縮水），⑫飽和液（飽和水）
⑬湿り蒸気，⑭乾き飽和蒸気，⑮過熱蒸気

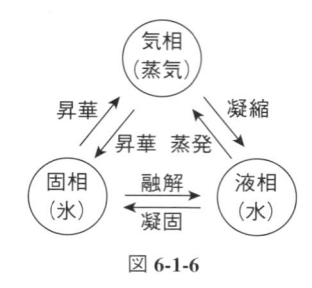

図 6-1-6

Step 2 演習問題

[1] 流体は水あるいは水蒸気として，以下の小問に答えよ．ただし，圧力と飽和温度の関係および温度と飽和圧力の関係は，表の通りである．

(1) 以下の状態は，圧縮水，湿り蒸気（蒸気と水の混合物），過熱蒸気のいずれか．
① 圧力 0.5 [MPa]，温度 150 [°C]
② 圧力 1.0 [MPa]，温度 210 [°C]
③ 容器内に水滴がついている

(2) 温度が 120 [°C] の湿り水蒸気がある．圧力はいくらか．

(3) 圧力 1 [MPa] 一定で過熱蒸気を冷却したところ，水滴が発生し始めた．このときの温度を求めよ．

(4) 圧力 1 [MPa]，温度 160 [°C] の熱湯を，温度を一定に保ったまま圧力を下げると，蒸気が発生した．この時の圧力はいくらか．

表 6-1-1

圧力 MPa	飽和温度 °C
0.1013	100
0.2	120
0.5	152
1.0	180

表 6-1-2

温度 °C	飽和圧力 MPa
100	0.1013
120	0.2
180	1.0

解き方

(1) 圧力と飽和温度の関係を利用する．
① 圧力 0.5 [MPa] の飽和温度は 152 [°C]．150 [°C] は飽和温度未満なので，圧縮水
② 圧力 1 [MPa] の飽和温度は 180 [°C]．210 [°C] は飽和温度より高いので，過熱蒸気
③ 水滴は水であるから，水と蒸気が混在している．したがって，湿り蒸気

(2) 温度と飽和圧力の関係から，120 [°C] の飽和圧力は 0.2 [MPa]．したがって，圧力は 0.2 [MPa]

(3) 水滴が発生したことから，湿り蒸気になったことが分かる．したがって，温度は飽和温度になっているはずであるから，圧力と飽和温度の関係から 180 [°C]

(4) 蒸気が発生したことから，水と蒸気が混在する湿り蒸気になった．すなわち飽和状態になったことがわかる．温度は 160 [°C] であるから，この時の圧力は飽和圧力になるが，温度と飽和圧力の関係に 160 [°C] に値が示されていない．この場合，160 [°C] に近い条件から内挿する．
160 [°C] における飽和圧力を p とする．152 [°C] で 0.5 [MPa]，180 [°C] で 1 [MPa] であるから，

$$(160 - 152) : (p - 0.5) = (180 - 152) : (1 - 0.5)$$

これから，$p = 0.643$ [MPa]

● 熱力学　第6章　蒸気の性質

Step 3　　発展問題

[1] 図 6-1-7 に示す圧力一定のまま加熱して圧縮液から過熱蒸気に至る状態変化の過程を，pT 線図，pv 線図および Ts 線図上に示せ．

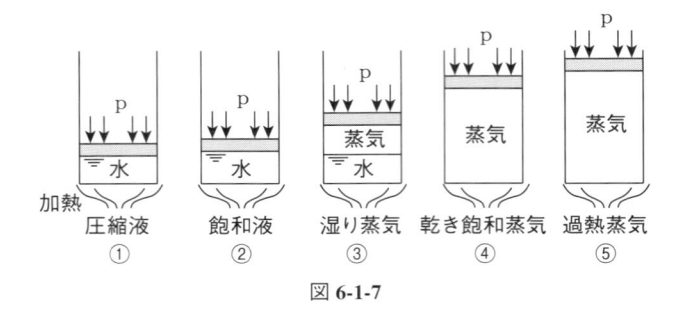

　　　　加熱　圧縮液　　飽和液　　湿り蒸気　乾き飽和蒸気　過熱蒸気
　　　　　　　①　　　　②　　　　③　　　　　④　　　　　　⑤

図 6-1-7

6.2 蒸気の状態変化と熱力学的状態量

基本的な考え方

水と蒸気の重要な状態量は，温度，圧力，比体積，比エンタルピーおよび比エントロピーである．湿り蒸気の状態量は，飽和液と飽和蒸気におけるそれぞれの状態量を，蒸気の割合である**乾き度**を用いて比例配分することによって得られる．また，水と（水）蒸気の状態量は，**蒸気表**に示されており，それを利用すると湿り蒸気の状態量を求めることができる．

1. 蒸気表（巻末に添付）

水と（水）蒸気の比体積 v，比エンタルピー h および比エントロピー s は蒸気表にまとめられている．蒸気表には（1）飽和蒸気表と（2）圧縮水と過熱蒸気の表の2種類がある．なお，飽和蒸気表には，温度基準と圧力基準の表あり，温度が既知の場合と圧力が既知の場合で使い分ける．

  (1) 飽和蒸気表……飽和水と乾き飽和蒸気の v, h および s
  (2) 圧縮水と過熱蒸気の表……圧縮水あるいは過熱蒸気の v, h および s
  （圧力と温度によって，流体が圧縮水あるいは過熱蒸気のいずれかになるため）

2. 湿り蒸気の状態量と乾き度

  (1) 乾き度 x……湿り蒸気中に含まれる乾き飽和蒸気の質量割合
      つまり，飽和液 $x = 0$，乾き飽和蒸気 $x = 1$
  (2) 湿り蒸気の状態量 = 液の質量割合 × 液の状態量 + 蒸気の質量割合 × 蒸気の状態量 なので，湿り蒸気の比体積，比エンタルピーおよび比エントロピーは，以下で表される

  比体積　　　　　$v = (1 - x)v' + xv'' = v' + x(v'' - v')$ 　　　　　　　　　　　　　　　(6-2-1)

  比エンタルピー　$h = (1 - x)h' + xh'' = h' + x(h'' - h') = h' + xr$　r は蒸発熱であり，$r = h'' - h'$ 　(6-2-2)

  比エントロピー　$s = (1 - x)s' + xs'' = s' + x(s'' - s')$ 　　　　　　　　　　　　　　　(6-2-3)

ただし，$'$ は液，$''$ は蒸気を表している．

Step 1　基本問題

[1] 蒸気表を用いて、温度 **180 [°C]**, 乾き度 **0.9** の湿り蒸気の圧力，比体積，比エンタルピーおよび比エントロピーを求めよ．

解き方

式 (6-2-1)～(6-2-3) を用いて計算する．温度基準の蒸気表から，180 [°C] における p_s（飽和圧力）は 1.00 [MPa]，$v' = 0.00113$ [m³/kg]，$v'' = 0.194$ [m³/kg]，$h' = 763$ [kJ/kg]，$h'' = 2776$ [kJ/kg]，$s' = 2.14$ [kJ/K]，$s'' = 6.58$ [kJ/K]

$$v = (1 - x)v' + xv'' = v' + x(v'' - v') = 0.00113 + 0.9(0.194 - 0.00113) = 0.174 \ [\text{m}^3/\text{kg}]$$

$$h = (1 - x)h' + xh'' = h' + x(h'' - h') = 763 + 0.9(2776 - 763) = 2575 \ [\text{kJ/kg}]$$

$$s = (1 - x)s' + xs'' = s' + x(s'' - s') = 2.14 + 0.9(6.58 - 2.14) = 6.14 \ [\text{kJ/K}]$$

[2] 体積 **0.5 [m³]** の密閉容器に，圧力 **1 [MPa]** の湿り蒸気が入っており，水が容器の体積の **1/100** を占めているものとする．なお，圧力 **1 [MPa]** において，$v' = $ **0.00113 [m³/kg]**，$v'' = $ **0.194 [m³/kg]** とする．

(1) 容器内の蒸気と水の質量をそれぞれ求めよ
(2) 湿り蒸気の乾き度を求めよ

解き方

(1) 水の体積 $V' = 0.5 \times 1/100 = 0.005$ [m³],蒸気の体積 $V'' = 0.5 \times 99/100 = 0.495$ [m³]

$V = mv$ から $m = \dfrac{V}{v}$ したがって,

$$m' = \frac{V'}{v'} = \frac{0.005}{0.00113} = 4.42 \text{ [kg]}, \quad m'' = \frac{V''}{v''} = \frac{0.495}{0.194} = 2.55 \text{ [kg]}$$

(2) 乾き度は,湿り蒸気中に占める乾き飽和蒸気の質量割合なので,

$$x = \frac{m''}{m' + m''} = \frac{2.55}{4.42 + 2.55} = 0.366$$

Step 2　演習問題

[1] 60 [°C], 0.5 [MPa] の水を圧力一定のままで 400 [°C] の過熱蒸気にするとき,必要な熱量を蒸気表を用いて求めよ.

解き方

熱力学の第1法則から,$dq = dh - vdp$
等圧変化なので $dp = 0$ から,$dq = dh$ ∴ $q = \Delta h$
すなわち,加えた熱量は 400 [°C] の過熱蒸気と 20 [°C] の水のエンタルピー差である.
0.5 [MPa] において,60 [°C] の圧縮水は $h = 252$ [kJ/kg],400 [°C] の過熱蒸気は $h = 3272$ [kJ/kg] なので,

$$q = \Delta h = 3272 - 252 = 3020 \text{ [kJ/kg]}$$

[2] 1 [MPa], 300 [°C] の過熱蒸気を 0.1 [MPa] まで等エントロピーで膨張させたとき,膨張後の乾き度を蒸気表を用いて求めよ.

解き方

1 [MPa], 300 [°C] の過熱蒸気では $s = 7.13$ [kJ/kgK]
0.1 [MPa] では $s' = 1.30$ [kJ/kgK], $s'' = 7.36$ [kJ/kgK]
膨張前の比エントロピー＝膨張後の比エントロピーなので,

$$7.13 = 1.30 + x(7.36 - 1.30) \quad x = 0.962$$

Step 3　発展問題

[1] **20 [MPa], 500 [°C]** の過熱蒸気 **1 [kg]** に同一圧力の飽和水を加えて，蒸気温度を **400 [°C]** まで下げたい．蒸気表を用いて，加えるべき飽和水量を求めよ．

[2] 密閉容器に封入されている **1 [MPa]**，乾き度 **0.95** の蒸気を冷却したところ，圧力が **0.3 [MPa]** になった．蒸気表を用いて冷却後における蒸気の乾き度を求めよ．

6.3 湿り空気

基本的な考え方

私達の生活の場における快適性は，温度と湿度によって決まる．ここでは空気調和に必須の知識である湿り空気の性質について学ぶ．

1. 絶対湿度と相対湿度

(1) 絶対湿度 x……乾き空気 1 kg 中に存在する水蒸気の質量
(2) 相対湿度 φ……空気中の水蒸気の分圧 p_w と水蒸気の飽和圧力 p_s の比 $\varphi = \dfrac{p_w}{p_s}$

（相対湿度は最小 0，最大 1 である）

$$x = \frac{m_w}{m_a} = 0.622\frac{p_w}{p - p_w} = 0.622\frac{\varphi p_s}{p - \varphi p_s} \quad (6\text{-}3\text{-}1), \qquad \varphi = \frac{p_w}{p_s} = \frac{xp}{p_s(0.622 + x)} \quad (6\text{-}3\text{-}2)$$

飽和空気……空気中に存在できる最大の水蒸気が存在している空気
露点温度……相対湿度 φ が 1 になる温度 → 空気中の水蒸気圧力が飽和圧力と等しくなる温度

> **ここに注意!!!**
> ①絶対湿度は，乾き空気 1 [kg] あたり
> ②絶対湿度は，空気中の水蒸気が凝縮しない限り，空気の温度が変化しても変わらない．

2. 湿り空気の状態式

$$\text{比体積} \quad v = 462(0.622 + x)\frac{T}{p} \quad [\text{m}^3/\text{kg}] \tag{6-3-3}$$

$$\text{比エンタルピー} \quad h = 1005(T - 273) + \{2.50 \times 10^6 + 1858(T - 273)\}x \quad [\text{J/kg}] \tag{6-3-4}$$

摂氏温度 t [°C] を用いて kJ/kg で表すと，

$$h = 1.005t + (2500 + 1.858t)x \quad [\text{kJ/kg}] \tag{6-3-5}$$

3. 湿り空気線図（巻末に添付）

標準大気圧 (101.3 [kPa]) における乾球温度，湿球温度，相対湿度，絶対湿度，比体積，比エンタルピーを 1 枚の図に示したもの．これらのうち，2 つがわかれば，他の全てが求められる．

Step 1 基本問題

[1] 以下の（ ）内に適切な言葉を入れよ．

水蒸気を含む空気を（ ① ）といい，水分を含まない空気を（ ② ）という．m_a [kg] の乾き空気中に m_v [kg] の水蒸気を含む場合，これらの比 $x = m_v/m_a$ を（ ③ ）と呼ぶ．空気中の水蒸気量を増加させていくと，それ以上空気中に水蒸気が存在できない状態になる．この状態の空気を，（ ④ ）という．

空気中の水蒸気分圧を p_w，飽和蒸気圧力を p_s とすると，これらの比 $\varphi = p_w/p_s$ を（ ⑤ ）と呼ぶ．（ ④ ）になると $\varphi = 1$ となる．この状態の湿り空気の温度を（ ⑥ ）と呼ぶ．一般に空気中に存在できる水蒸気量は温度の低下と共に減少

するため，湿り空気の温度を低下させて（ ⑥ ）になると空気中の水蒸気が凝縮して水滴が発生する．

解き方

「基本的な考え方」を参考にして，解答しよう．
①湿り空気，②乾き空気，③絶対湿度，④飽和空気，⑤相対湿度，⑥露点温度．

[2] 標準大気圧，30 [°C] において飽和空気と相対湿度 60% の湿り空気の絶対湿度を求めよ．ただし，30 [°C] の飽和蒸気圧は，**0.00424 [MPa]** とする．

解き方

30 [°C] の飽和蒸気圧が 0.00424 [MPa] なので，$p_w = 0.00424$ [MPa] として

$$x = 0.622 \frac{p_w}{p - p_w} = 0.622 \frac{0.00424}{0.101 - 0.00424} = 0.0273 \text{ [kg/kg']}$$

（kg' は乾き空気 1 [kg] あたりを意味する）

相対湿度 60% の湿り空気では

$$x = 0.622 \frac{P_w}{P - P_w} = 0.622 \frac{\varphi p_s}{P - \varphi p_s} = 0.622 \frac{0.6 \times 0.00424}{0.101 - 0.6 \times 0.00424} = 0.0161 \text{ [kg/kg']}$$

Step 2　演習問題

[1] 標準大気圧，**20 [°C]**，相対湿度 **60%** の空気を加熱して **35 [°C]** にした．相対湿度を計算と湿り空気線図から求めよ．

解き方

(1) 計算

蒸気表から，20 [°C] と 35 [°C] における水蒸気の飽和圧力は，0.00234 [MPa] と 0.00563 [MPa]（35 [°C] の飽和圧力は，34 [°C] と 36 [°C] の値から内挿）．絶対湿度は温度が変化しても変わらないことを利用して解く．
20 [°C]，相対湿度 60% における絶対湿度は，

$$x = 0.622 \frac{\varphi p_s}{p - \varphi p_s} = 0.622 \frac{0.6 \times 0.00234}{0.101 - 0.6 \times 0.00234} = 0.00877 \text{ [kg/kg']}$$

35 [°C] においても絶対湿度は 0.00877 [kg/kg'] であるから，相対湿度は

$$\varphi = \frac{xp}{p_s(0.622 + x)} = \frac{0.00877 \times 0.101}{0.00563(0.622 + 0.00877)} = 0.249 \quad 24.9\%$$

(2) 湿り空気線図

20 [°C]，相対湿度 60% の状態を A とする．加熱しても絶対湿度は変化しないので，A から水平方向に移動し，温度が 35 [°C] の B に至る．B における相対湿度を線図から求めると，約 25 %

● 熱力学 第6章 蒸気の性質

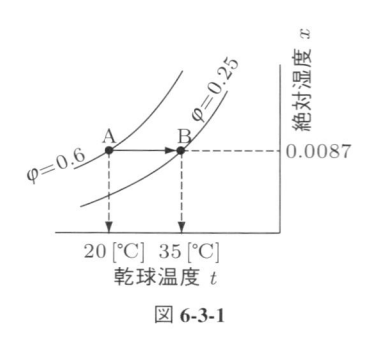

図 6-3-1

[2] 標準大気圧，34 [°C] の空気の露点温度が 28 [°C] であったとすれば，空気の絶対湿度と相対湿度を求めよ．

解き方

蒸気表から水蒸気の飽和圧力は，28 [°C] で 0.00378 [MPa]，34 [°C] では 0.00532 [MPa]
露点温度が 28 [°C] ということは，28 [°C] になると $\varphi = 1$ となって飽和空気になること意味する．
したがって，式 (6-3-1) に，$p_w = p_s = 0.00378$ [MPa] を代入し

$$x = 0.622 \frac{p_w}{p - p_w} = 0.622 \frac{0.00378}{0.101 - 0.00378} = 0.0242 \text{ [kg/kg']}$$

絶対湿度は温度が変化しても変わらないから，34 [°C] における相対湿度は，

$$\varphi = \frac{p_w}{p_s} = \frac{xp}{p_s(0.622 + x)} = \frac{0.0242 \times 0.101}{0.00532(0.622 + 0.0242)} = 0.711$$

湿り空気線図において，28 [°C] で $\varphi = 1.0$ となる絶対温度は 0.0242 [kg/kg']
34 [°C] でも同じ絶対湿度なので，$x = 0.0242$ と温度が 34 [°C] の交点の φ を求めると，$\varphi ≒ 0.71$

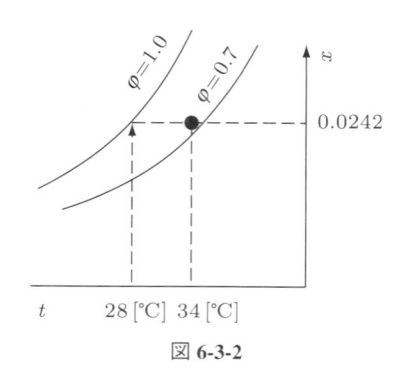

図 6-3-2

Step 3　　　　発 展 問 題

[1] 標準大気圧，30 [°C]，相対湿度 80％ の空気を 20 [°C] まで冷却したところ，空気中の水分が凝縮して水滴が発生した．冷却後の相対湿度，絶対湿度および冷却

によって発生する空気 1 [kg] あたりの凝縮水分量を，計算と湿り空気線図から求めよ．なお，30 [°C] と 20 [°C] における水蒸気圧は巻末の蒸気表から求めよ．

[2] 標準大気圧下にある温度 30 [°C]，相対湿度 60% の湿り空気 100 [kg] と，温度 10 [°C]，相対湿度 80% の湿り空気 50 [kg] を混合する．混合後の空気の比エンタルピー，絶対湿度および相対湿度を求めよ．なお，空気の比エンタルピー h は，式 (6-3-5) を用いよ．

第7章 蒸気サイクル

7.1 ランキンサイクル

基本的な考え方

ランキンサイクルは，蒸気原動所（火力，原子力発電所）の基本サイクルである．このサイクルは，水の相変化を利用するところがガスサイクルと大きく異なるところである．

1. サイクルの概要

図 7-1-1 において，復水器から出た飽和液（状態 1）はポンプによって加圧されて圧縮液（状態 2）になり，ボイラに流入する．ボイラでは圧縮液が圧力一定のまま加熱され，ボイラ出口では過熱蒸気（状態 3）になる．過熱蒸気はタービンで等エントロピー膨張しながら仕事を放出し，タービン出口で乾き度の高い湿り蒸気（状態 4）になる．復水器では湿り蒸気が外部から供給される冷却水によって冷却され，飽和液に戻る．

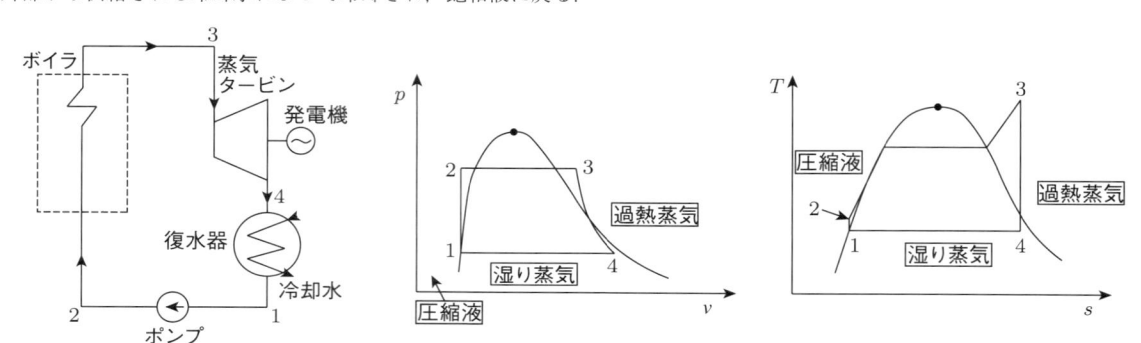

図 7-1-1 ランキンサイクルの概略と pv, Ts 線図

2. サイクルの熱効率

ランキンサイクルは開いた系（流動系）であるから，エネルギー保存式は $q = \Delta h + w_t$（q は流体の受熱時に正，w_t は流体が仕事を放出するとき正）

ボイラと復水器では $w_t = 0$ なので $q = \Delta h$，タービンとポンプは $q = 0$ なので $w_t = -\Delta h$

(1) ボイラにおける流体 1 [kg] あたりの受熱量 $q_1 = \Delta h = h_3 - h_2$ (7-1-1)

(2) 蒸気タービンで流体から取り出される流体 1 [kg] あたりの仕事量 $w_T = w_t = -\Delta h = h_3 - h_4$ (7-1-2)

（エンタルピー差を**熱落差**ともいう）

(3) 復水器において放出される流体 1 [kg] あたりの放熱量（放熱は $q < 0$）$q_2 = -q = -\Delta h = h_4 - h_1$ (7-1-3)

(4) ポンプから液体に加えられる流体 1 [kg] あたりの仕事量 $w_P = -w_t = \Delta h = h_2 - h_1$ (7-1-4)

> **ここに注意!!!**
>
> ポンプの仕事を直接求める場合がある．2-2 で学んだ開いた系の工業仕事 $-w_t = \int v dp$　ポンプで加圧するのは液体（非圧縮性）なので，比体積 v は一定（定数）から，$-w_t = v\Delta p \therefore w_p = v\Delta p$ (7-1-4')

式 (7-1-1)〜(7-1-4) から，理論熱効率 η_{th} は，$\eta_{th} = \dfrac{w}{q_1} = \dfrac{w_T - w_P}{q_1} = \dfrac{(h_3 - h_4) - (h_2 - h_1)}{h_3 - h_2}$ (7-1-5),

タービン仕事に比べてポンプ仕事が十分小さい場合，$w_p = 0$，$h_2 = h_1$ と考えられるので，$\therefore \eta = \dfrac{h_3 - h_4}{h_3 - h_1}$ (7-1-6)

Step 1　基本問題

[1] 以下の (1) ～ (5) に答えよ．なお，ボイラの入口は圧力 5 [MPa]，温度 60 [°C] であり，タービン入口は温度 500 [°C]，タービン出口は圧力 10 [kPa] で乾き飽和蒸気とする．なお必要な数値は蒸気表から求めよ．
(1) ボイラにおける 1 [kg] あたりの加熱量
(2) タービンにおいて流体 1 [kg] から放出される仕事
(3) 復水器において流体 1 [kg] から放出される熱量
(4) ポンプで流体に加えられる 1 [kg] あたりの仕事
(5) ランキンサイクルの理論熱効率を求めよ

解き方

(1) ボイラの入口（図 7-1-1 中の状態 2）は 5 [MPa]，60 [°C] の圧縮液，出口（状態 3）は 5 [MPa]，500 [°C] の過熱蒸気である．圧縮液及び過熱蒸気表から，$h_3 = 3434$ [kJ/kg]，$h_2 = 255$ [kJ/kg] なので

$$q_1 = h_3 - h_2 = 3434 - 255 = 3179 \text{ [kJ/kg]}$$

(2) タービンは入口（状態 3）が 5 [MPa] で 500 [°C] の過熱蒸気，出口（状態 4）が 10 [kPa] の乾き飽和蒸気なので，蒸気表から，$h_4 = 2585$ [kJ/kg]．したがって流体 1 [kg] から放出される仕事 w_T は，

$$w_T = h_3 - h_4 = 3434 - 2585 = 849 \text{ [kJ/kg]}$$

(3) 復水器の入口（状態 4）は 10 [kPa] の乾き飽和蒸気，出口（状態 1）が 10 [kPa] の飽和液なので，蒸気表から $h_1 = 192$ [kJ/kg]．

$$q_2 = h_4 - h_1 = 2585 - 192 = 2393 \text{ [kJ/kg]}$$

(4) ポンプの仕事は

$$w_P = h_2 - h_1 = 255 - 192 = 63 \text{ [kJ/kg]}$$

(5) 理論熱効率は，

$$\eta_{th} = \frac{w}{q_1} = \frac{w_T - w_P}{q_1} = \frac{849 - 63}{3179} = 0.247$$

Step 2　演習問題

[1] ボイラで圧力 10 [MPa]，温度 600 [°C] の過熱蒸気を発生しているランキンサイクルがある．タービン出口の圧力を 5 [kPa]，蒸気流量を毎分 40 [kg] として，以下の問に答えよ．なお，タービン内では，等エントロピー膨張が行われているとする．
(1) タービン出口の乾き度を求めよ．
(2) タービン出口の比エンタルピーを求めよ．

(3) 復水器出口の比エンタルピーを求めよ．
(4) ポンプ出口（ボイラ入口）の比エンタルピーを求めよ．
(5) (1) 〜 (4) の結果に基づき，①ボイラの加熱量，②蒸気タービンから取り出される仕事，③復水器で放出される熱量，④給水ポンプの仕事，⑤熱効率を求めよ

解き方

題意から，タービン入口は圧力 10 [MPa]，温度 600 [°C] の過熱蒸気，タービン出口は圧力 5 [kPa] の湿り蒸気である．したがって，図 7-1-1 において，蒸気表から
$h_3 = 3623$ [kJ/kg], $s_3 = 6.90$ [kJ/kgK]
$h'_4 = 138$ [kJ/kg], $h''_4 = 2562$ [kJ/kg], $s'_4 = 0.476$ [kJ/kgK], $s''_4 = 8.40$ [kJ/kgK]

(1) $s_3 = s_4$ なので，タービン出口の乾き度を x とすると，

$$s_3 = s'_4 + x(s''_4 - s'_4) \text{ つまり，} 6.90 = 0.476 + x(8.40 - 0.476) \quad x = 0.811$$

(2) タービン出口は湿り蒸気なので，比エンタルピー h_4 は

$$h_4 = h'_4 + x(h''_4 - h'_4) = 138 + 0.811(2562 - 138) = 2104 \text{ [kJ/kg]}$$

(3) 復水器出口は飽和液になるので，h_1 は 5 [kPa] における飽和液の比エンタルピーに等しい．すなわち，

$$h_1 = 138 \text{ [kJ/kg]}$$

(4) h_2 は，h_1 と w_p から求める．
ポンプでは，$w_P = -w_t = h_2 - h_1$ したがって，$h_2 = h_1 - w_t$
開いた系における工業仕事 w_t は，

$$w_t = -\int_{p_1}^{p_2} v\,dp$$

加圧されるのは液体なので比体積 v は圧力によらず一定である．5 [kPa] における飽和液の比体積 v' は

$$v' = 0.00101 \text{ [m}^3\text{/kg]}$$

したがって，

$$w_t = -\int_{p_1}^{p_2} v\,dp = -v(p_2 - p_1) = -0.00101(10 \times 10^6 - 5 \times 10^3)$$
$$= -10095 \text{ [J/kg]} = -10.1 \text{ [kJ/kg]}$$

$$\therefore h_2 = h_1 - w_t = 138 - (-10.1) = 148 \text{ [kJ/kg]}$$

(5) ①ボイラにおける流体 1 [kg] あたりの加熱量 $q_1 = h_3 - h_2 = 3623 - 148 = 3475$ [kJ/kg]
蒸気流量は，毎分 40 [kg] = 毎秒 (40/60) [kg] なので，$Q_1 = 3475 \times (40/60) = 2317$ [kJ/S] = 2317 [kW]
②タービンにおいて流体 1 [kg] あたりの出力（流体がする仕事）$w_T = h_3 - h_4 = 3623 - 2104 = 1519$ [kJ/kg]

$$W = 1519 \times (40/60) = 1013 \text{ [kJ/s]} = 1013 \text{ [kW]}$$

> **ここに注意!!!**
> タービン内は等エントロピー膨張なので，タービン入口と出口の比エントロピーは等しいことを利用して，タービン出口の乾き度を求める．

③復水器で放出される流体 1 [kg] あたりの熱量 $q_2 = h_4 - h_1 = 2104 - 138 = 1966$ [kJ/kg]
したがって，$Q_2 = 1966 \times (40/60) = 1311$ [kW]
④流体 1 [kg] あたりの給水ポンプの仕事は，(4) から 10.1 [kJ/kg]
したがって，$W_p = 10.1 \times (40/60) = 6.73$ [kW]
⑤熱効率 $\eta_{th} = \dfrac{w_T - w_p}{q_1} = \dfrac{1519 - 10.1}{3475} = 0.434$

Step 3　発展問題

　カルノーサイクルの熱効率からわかるように，熱効率を向上させるには，受熱温度を上昇させるか放熱温度を低下させればよい．しかし，放熱温度は大気あるいは冷却水の温度で制限されるため，これ以上低下させるのは容易でない．そこで，一般のランキンサイクルでは，受熱温度を増加させるために，再生および再熱を行う方法が採用されている．

1. 再生サイクル

　図 7-1-2 に概要を示す．蒸気タービンの途中で一部の蒸気 (***m* [kg]**) を抽気し，その熱で復水器から送られてきた液 **(1 − *m*) [kg]** を加熱する．この方法によって，ボイラの加熱開始状態は，状態 **2** から状態 **4** に移動し，平均の加熱温度を増加させることができる．

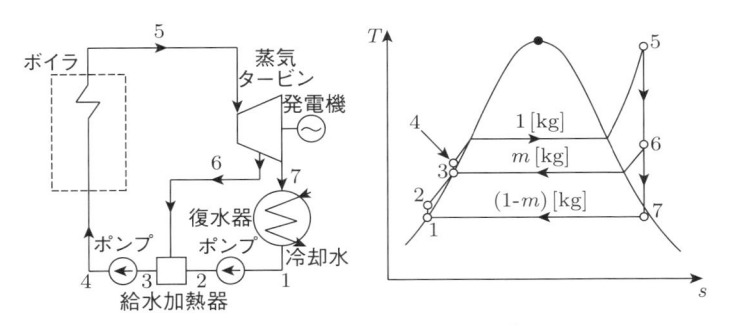

図 7-1-2 一段再生サイクルの概略

(1) ボイラでの受熱量 $q_1 = h_5 - h_4$
(2) タービンで取り出される仕事 $w = h_5 - h_6 + (1 - m)(h_6 - h_7)$
(3) 復水器での放熱量 $q_2 = (1 - m)(h_7 - h_1)$
　　ポンプ仕事を無視 ($w_p = 0$) すると，$h_4 = h_3, h_2 = h_1$ であるから
　　理論熱効率 η_{th} は，$\eta_{th} = \dfrac{w}{q_1} = \dfrac{h_5 - h_6 + (1 - m)(h_6 - h_7)}{h_5 - h_3}$
　　あるいは $\eta_{th} = \dfrac{w}{q_1} = 1 - \dfrac{q_2}{q_1} = 1 - \dfrac{(1 - m)(h_7 - h_1)}{h_5 - h_3}$

2. 再熱サイクル

タービンを高圧と低圧に別け，高圧タービンから排出された蒸気を再び過熱器に入れて加熱し，それを低圧タービンに導入する方法である．

このような再熱を行うことによって高温での加熱量を多くするとともに，再熱によってエントロピーが増加するので，膨張後の乾き度を上げることも可能になる．

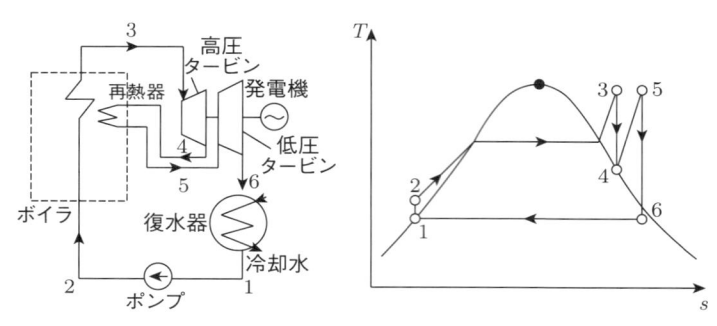

図 7-1-3 再熱サイクルの概略

(1) ボイラでの受熱量 $q_1 = (h_3 - h_2) + (h_5 - h_4)$
(2) タービンで取り出される仕事 $w = (h_3 - h_4) + (h_5 - h_6)$
(3) 復水器での放熱量 $q_2 = h_6 - h_1$
　　ポンプの仕事が無視できる場合は $h_1 = h_2$ なので，

$$\eta_{th} = \frac{w}{q_1} = \frac{(h_3 - h_4) + (h_5 - h_6)}{(h_3 - h_1) + (h_5 - h_4)}$$

あるいは $\eta_{th} = \dfrac{w}{q_1} = 1 - \dfrac{q_2}{q_1} = 1 - \dfrac{h_6 - h_1}{(h_3 - h_1) + (h_5 - h_4)}$

[1] ボイラ出口で圧力 **10 [MPa]**，温度 **600 [℃]** であり，復水器の圧力が **5 [kPa]** である一段再生サイクルがある．抽気圧力を **1.0 [MPa]** として，以下の問いに答えよ．なお，ポンプの仕事は無視する．
(1) 抽気割合
(2) 理論熱効率

[2] **20 [MPa], 600 [℃]** の蒸気が高圧タービンに流入して **2 [MPa]** で流出し，さらにこれを過熱器で再び **600 [℃]** まで加熱して低圧タービンに流入させ，**5 [kPa]** まで膨張仕事を取り出す再熱サイクルがある．ポンプ仕事を無視し，理論熱効率を求めよ．

参考文献

1) 平田哲夫,田中誠,熊野寛之:例題でわかる工業熱力学,森北出版
2) 斉藤孟:工業熱力学の基礎,サイエンス社

● 熱力学 付録

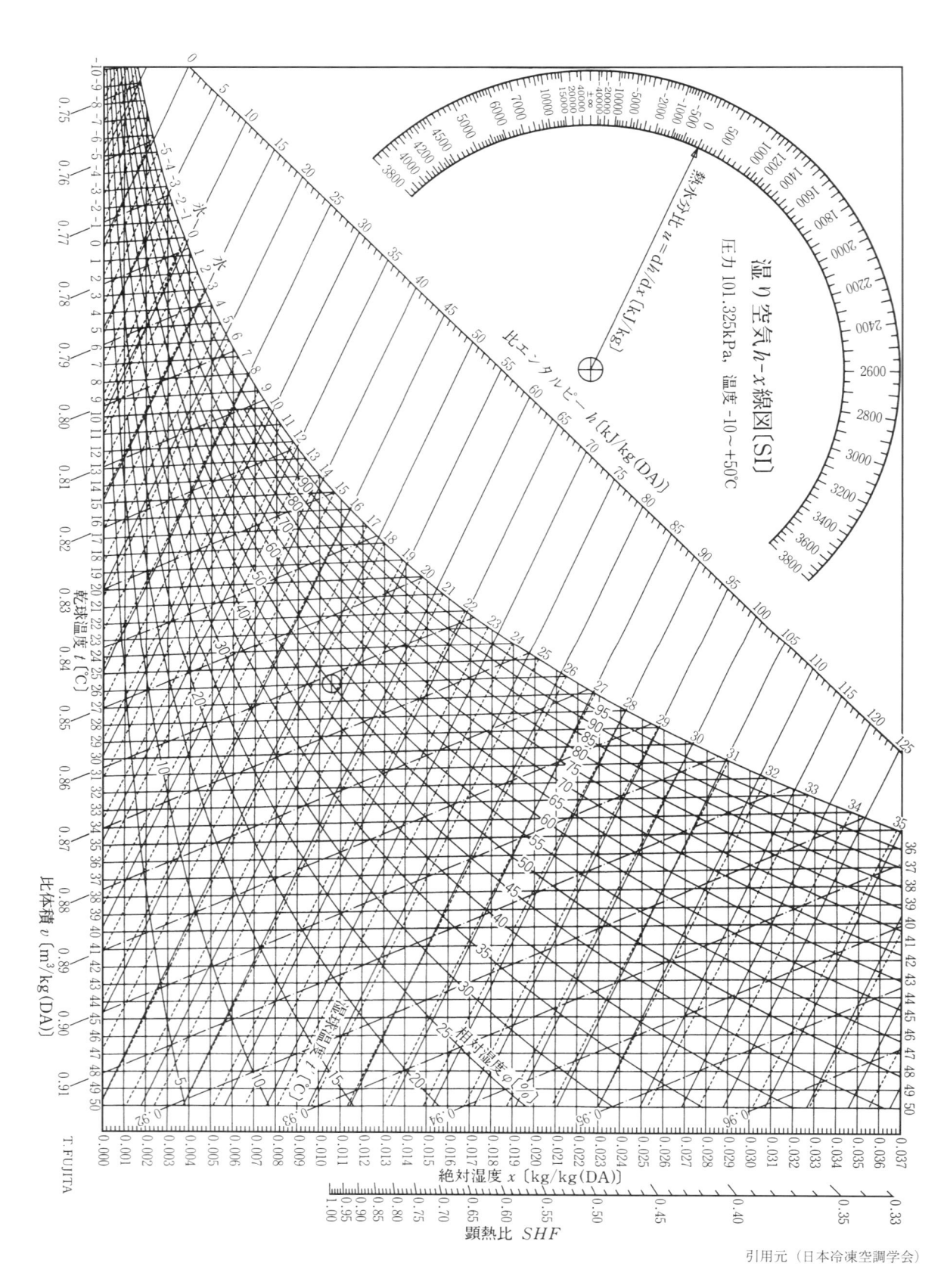

湿り空気 h-x 線図 [SI]
圧力 101.325kPa，温度 -10〜+50℃

引用元（日本冷凍空調学会）

付表1 水の温度基準飽和蒸気表（蒸気表（1980 SI）日本機械学会より抜粋）

温度 (°C)	飽和圧力 (kPa)	比体積 (m³/kg) $v' \times 10^{-3}$	v''	比エンタルピー (kJ/kg) h'	h''	$r = h''-h'$	比エントロピー (kJ/kgK) s'	s''
0.01	0.6112	1.0002	206.163	0.001	2501.6	2501.6	0.00000	9.15746
2	0.6566	1.00009	179.923	8.387	2505.2	2496.8	0.03059	9.10467
4	0.8129	1.00003	157.272	16.803	2508.9	2492.1	0.06106	9.05258
6	0.9345	1.00004	137.779	25.208	2512.6	2487.4	0.09128	9.00145
8	1.0720	1.00012	120.966	33.605	2516.2	2482.6	0.12126	8.95125
10	1.2270	1.00025	106.430	41.994	2519.9	2477.9	0.15099	8.90196
12	1.4014	1.00044	93.8354	50.377	2523.6	2473.2	0.18049	8.85355
14	1.5973	1.00069	82.8957	58.754	2527.2	2468.5	0.20976	8.80602
16	1.8168	1.00099	73.3842	67.127	2530.9	2463.8	0.23882	8.75933
18	2.0624	1.00133	65.0873	75.496	2534.5	2459.0	0.26766	8.71346
20	2.3366	1.00172	57.8333	83.862	2538.2	2454.3	0.29630	8.66840
22	2.6422	1.00216	51.4923	92.225	2541.8	2449.6	0.32473	8.62413
24	2.9821	1.00264	45.9260	100.587	2545.5	2444.9	0.35296	8.58062
26	3.3597	1.00316	41.0343	108.947	2549.1	2440.2	0.38100	8.53787
28	3.7782	1.00371	36.7264	117.305	2552.7	2435.4	0.40885	8.49586
30	4.2415	1.00431	32.9289	125.664	2556.4	2430.7	0.43651	8.45456
32	4.7534	1.00494	29.5724	134.021	2560.0	2425.9	0.46399	8.41396
34	5.3180	1.00561	26.6013	142.379	2563.6	2421.2	0.49128	8.37405
36	5.9400	1.00631	23.9671	150.736	2567.2	2416.4	0.51840	8.33480
38	6.6240	1.00704	21.6275	159.094	2570.8	2411.7	0.54535	8.29621
40	7.3750	1.00781	19.5461	167.452	2574.4	2406.9	0.57212	8.25826
45	9.5820	1.00987	15.2762	188.351	2583.3	2394.9	0.63832	8.16607
50	12.335	1.01211	12.0457	209.256	2592.2	2382.9	0.70351	8.07757
55	15.7587	1.01454	9.57887	230.168	2601.0	2370.8	0.76772	7.99255
60	19.920	1.01714	7.67853	251.091	2609.7	2358.6	0.83099	7.91081
65	25.009	1.01991	6.20228	272.025	2618.4	2346.3	0.89334	7.83217
70	31.162	1.02285	5.04627	292.972	2626.9	2334.0	0.95482	7.75647
75	38.549	1.02594	4.13410	313.936	2635.4	2321.5	1.01544	7.68353
80	47.360	1.02919	3.40909	334.916	2643.8	2308.8	1.07525	7.61322
85	57.803	1.03259	2.82881	355.917	2652.0	2296.1	1.13427	7.54537
90	70.109	1.03615	2.36130	376.939	2660.1	2283.2	1.19253	7.47987
95	84.526	1.03985	1.98222	397.988	2668.1	2270.2	1.25005	7.41658
100	101.32	1.04371	1.67300	419.064	2676.0	2256.9	1.30687	7.35538
110	143.27	1.05187	1.20994	461.315	2691.3	2230.0	1.41849	7.23880
120	198.54	1.06063	0.891524	503.719	2706.0	2202.2	1.52759	7.12928
130	270.13	1.07002	0.668136	546.305	2719.9	2173.6	1.63436	7.02606
140	361.38	1.08006	0.508493	589.104	2733.1	2144.0	1.73899	6.92844
150	476.00	1.09078	0.392447	632.149	2745.4	2113.2	1.84164	6.83578
160	618.06	1.10223	0.306756	675.474	2756.7	2081.3	1.94247	6.74749
170	792.02	1.11446	0.242553	719.116	2767.1	2047.9	2.04164	6.66303
180	1002.7	1.12752	0.193800	763.116	2776.3	2013.1	2.13929	6.58189
190	1255.1	1.14151	0.156501	807.517	2784.3	1976.7	2.23558	6.50361
200	1554.9	1.15650	0.127160	852.371	2790.9	1938.6	2.33066	6.42776
210	1907.7	1.17260	0.104239	897.734	2796.2	1898.5	2.42467	6.35393
220	2319.8	1.18996	0.0860378	943.673	2799.9	1856.2	2.51779	6.28172
230	2795.7	1.20867	0.0713402	989.27	2802.0	1811.8	2.60003	6.21041
240	3347.8	1.22908	0.0596544	1037.60	2802.2	1764.6	2.70200	6.14159
250	3973.0	1.25099	0.0496493	1085.36	2800.4	1715.0	2.79338	6.07306
260	4694.3	1.27563	0.0421338	1134.94	2796.4	1661.5	2.88485	6.00097
270	5503.0	1.30321	0.0357043	1185.24	2789.8	1604.6	2.97566	5.92990
280	6420.2	1.33239	0.0301260	1236.84	2780.4	1543.6	3.06830	5.85863
290	7446.1	1.36500	0.0257975	1289.95	2766.2	1476.3	3.16188	5.78362
300	8592.7	1.40406	0.0216487	1345.05	2751.0	1406.0	3.25517	5.70812
350	16530.5	1.74112	0.0087901	1671.94	2567.7	895.7	3.78004	5.21766
374.15	22120	3.1700	0.0031700	2107.4	2107.4	0.0	4.44286	4.44286

付表2 水の圧力基準飽和蒸気表（蒸気表（1980 SI）日本機械学会より抜粋）

圧力	飽和温度 (°C)	比体積 (m³/kg) $v' \times 10^{-3}$	v''	比エンタルピー (kJ/kg) h'	h''	$r = h''-h'$	比エントロピー (kJ/kgK) s'	s''
1 kPa	6.983	1.00007	129.209	29.335	2514.4	2485.0	0.10604	8.97667
2	17.513	1.00124	67.0061	73.457	2533.6	2460.2	0.26065	8.72456
4	28.983	1.00400	34.8022	121.412	2554.5	2433.1	0.42246	8.47548
5	32.90	1.00523	28.1944	137.772	2561.6	2423.8	0.47626	8.39596
6	36.18	1.00637	23.7410	151.502	2567.5	2416.0	0.52088	8.33124
8	41.53	1.00842	18.1046	173.865	2577.1	2403.2	0.59255	8.22956
10	45.83	1.01023	14.6746	191.832	2584.8	2392.9	0.64925	8.15108
20	60.09	1.01719	7.64977	251.453	2609.9	2358.4	0.83207	7.90943
30	69.12	1.02233	5.22930	289.302	2625.4	2336.1	0.94411	7.76953
40	75.89	1.02651	3.99342	317.650	2636.9	2319.2	1.02610	7.67089
50	81.35	1.03009	3.24022	340.564	2646.0	2305.4	1.09121	7.59472
60	85.95	1.03326	2.73175	359.925	2653.6	2293.6	1.14544	7.53270
80	93.51	1.03874	2.08696	391.722	2665.8	2274.0	1.23301	7.43519
100	99.63	1.04342	1.69373	417.510	2675.4	2257.9	1.30271	7.35982
101.325	100.00	1.04371	1.67300	419.064	2676.0	2256.9	1.30687	7.35538
150	111.37	1.05303	1.15904	467.125	2693.4	2226.2	1.43361	7.22337
200	120.23	1.06084	0.885441	504.700	2706.3	2201.6	1.53008	7.12863
300	133.54	1.07350	0.605562	561.429	2724.7	2163.2	1.67164	6.99090
400	143.62	1.08387	0.462224	604.670	2737.6	2133.0	1.77640	6.89433
500	151.84	1.09284	0.374676	640.115	2747.5	2107.4	1.86036	6.81919
600	158.84	1.10086	0.315474	670.422	2755.5	2085.0	1.93083	6.75754
800	170.41	1.11498	0.240257	720.935	2767.5	2046.5	2.04572	6.65960
1.0 MPa	179.88	1.12737	0.194293	762.605	2776.2	2013.6	2.13817	6.58281
1.2	187.96	1.13858	0.163260	798.430	2782.7	1984.3	2.21606	6.51936
1.4	195.04	1.14893	0.140721	830.073	2787.8	1957.7	2.28366	6.46509
1.6	201.37	1.15864	0.123686	858.561	2791.7	1933.2	2.34361	6.41753
1.8	207.11	1.16783	0.110317	884.573	2794.8	1910.3	2.39762	6.37507
2.0	212.37	1.17661	0.0995361	908.588	2797.2	1888.6	2.44686	6.33665
2.2	217.24	1.18504	0.0906516	930.953	2799.1	1868.1	2.49221	6.30148
2.4	221.78	1.19320	0.0831994	951.929	2800.4	1848.5	2.53430	6.26899
2.6	226.04	1.20111	0.0768560	971.719	2801.4	1829.6	2.57364	6.23874
2.8	230.05	1.20881	0.0713887	990.484	2802.0	1811.5	2.61060	6.21041
3.0	233.84	1.21634	0.0666261	1008.35	2802.3	1793.9	2.64550	6.18372
3.5	242.54	1.23454	0.0570255	1049.76	2802.0	1752.2	2.72527	6.12285
4.0	250.33	1.25206	0.0497493	1087.40	2800.3	1712.9	2.79652	6.06851
4.5	257.41	1.26911	0.0440371	1122.11	2797.7	1675.6	2.86119	6.01909
5.0	263.91	1.28582	0.0394285	1154.47	2794.2	1639.7	2.92060	5.97349
6.0	275.55	1.31868	0.0324378	1213.69	2785.0	1571.3	3.02730	5.89079
7.0	285.79	1.35132	0.0273733	1267.41	2773.5	1506.0	3.12189	5.81616
8.0	294.97	1.38424	0.0235253	1317.10	2759.9	1442.8	3.20762	5.74710
9.0	303.31	1.41786	0.0204405	1363.73	2744.6	1380.9	3.28666	5.68201
10	310.96	1.45256	0.0180413	1408.04	2727.7	1319.7	3.36055	5.61980
11	318.05	1.48872	0.0160662	1450.57	2709.3	1258.7	3.43042	5.55953
12	324.65	1.52676	0.0142830	1491.77	2689.2	1197.4	3.49718	5.50022
13	330.83	1.56719	0.0127970	1532.01	2667.0	1135.0	3.56157	5.44080
14	336.64	1.61063	0.0114950	1571.64	2642.4	1070.7	3.62424	5.38026
15	342.13	1.65761	0.0103402	1611.01	2615.0	1004.0	3.68585	5.31782
16	347.33	1.71031	0.0093075	1650.54	2584.9	934.3	3.74710	5.25314
18	356.96	1.8399	0.0074977	1734.8	2513.9	779.1	3.87654	5.11277
20	365.70	2.0370	0.0058765	1826.5	2418.3	591.9	4.01487	4.94120
22.12	374.15	3.1700	0.0031700	2107.4	2107.4	0.0	4.44286	4.44286

付表 3 水の圧縮液・過熱蒸気表(蒸気表(1980 SI)日本機械学会より抜粋)

t (°C)	$p = 0.5$ MPa v (m³/kg)	h (kJ/kg)	s (kJ/kgK)	$p = 1$ MPa v (m³/kg)	h (kJ/kg)	s (kJ/kgK)	$p = 2$ MPa v (m³/kg)	h (kJ/kg)	s (kJ/kgK)	$p = 5$ MPa v (m³/kg)	h (kJ/kg)	s (kJ/kgK)	$p = 10$ MPa v (m³/kg)	h (kJ/kg)	s (kJ/kgK)	$p = 20$ MPa v (m³/kg)	h (kJ/kg)	s (kJ/kgK)
20	0.0010015	84.3	0.2962	0.0010013	84.8	0.2961	0.0010008	85.7	0.2959	0.0009995	88.6	0.2952	0.0009972	93.2	0.2942	0.0009929	102.5	0.2919
30	0.0010041	126.1	0.4364	0.0010039	126.6	0.4362	0.0010034	127.5	0.4359	0.0010021	130.2	0.4350	0.0009999	134.7	0.4334	0.0009956	143.8	0.4303
40	0.0010076	167.9	0.5719	0.0010074	168.3	0.5717	0.0010069	169.2	0.5713	0.0010056	171.9	0.5702	0.0010034	176.3	0.5682	0.0009992	185.1	0.5643
50	0.0010119	209.7	0.7033	0.0010117	210.1	0.7030	0.0010112	211.0	0.7026	0.0010099	213.5	0.7012	0.0010077	217.8	0.6989	0.0010034	226.4	0.6943
60	0.0010169	251.5	0.8307	0.0010167	251.9	0.8305	0.0010162	252.7	0.8299	0.0010149	255.3	0.8283	0.0010127	259.4	0.8257	0.0010083	267.8	0.8204
70	0.0010226	293.4	0.9545	0.0010224	293.8	0.9542	0.0010219	294.6	0.9536	0.0010205	297.0	0.9518	0.0010183	301.1	0.9489	0.0010138	309.3	0.9430
80	0.0010290	335.3	1.0750	0.0010287	335.7	1.0746	0.0010282	336.5	1.0740	0.0010268	338.8	1.0720	0.0010245	342.8	1.0687	0.0010199	350.8	1.0623
90	0.0010359	377.3	1.1922	0.0010357	377.7	1.1919	0.0010352	378.4	1.1911	0.0010337	380.7	1.1890	0.0010312	384.6	1.1854	0.0010265	392.4	1.1784
100	0.0010435	419.4	1.3066	0.0010432	419.7	1.3062	0.0010427	420.5	1.3054	0.0010412	422.7	1.3030	0.0010386	426.5	1.2992	0.0010337	434.0	1.2916
110	0.0010517	461.6	1.4182	0.0010514	461.9	1.4178	0.0010508	462.7	1.4169	0.0010492	464.9	1.4144	0.0010465	468.5	1.4103	0.0010414	475.8	1.4022
120	0.0010605	503.9	1.5273	0.0010602	504.3	1.5269	0.0010596	505.0	1.5260	0.0010579	507.1	1.5233	0.0010551	510.6	1.5188	0.0010497	517.7	1.5101
130	0.0010699	546.5	1.6341	0.0010696	546.8	1.6337	0.0010690	547.5	1.6327	0.0010671	549.5	1.6298	0.0010642	552.9	1.6250	0.0010585	559.8	1.6158
140	0.0010800	589.2	1.7388	0.0010796	589.5	1.7383	0.0010790	590.2	1.7373	0.0010771	592.1	1.7342	0.0010739	595.4	1.7291	0.0010679	602.0	1.7192
150	0.0010908	632.2	1.8416	0.0010904	632.5	1.8410	0.0010897	633.1	1.8399	0.0010877	635.0	1.8366	0.0010843	638.1	1.8312	0.0010779	644.5	1.8207
160	0.3835	2766.4	6.8631	0.0011019	675.7	1.9420	0.0011012	676.3	1.9408	0.0010990	678.1	1.9373	0.0010954	681.0	1.9315	0.0010886	687.1	1.9203
170	0.3941	2789.1	6.9149	0.0011143	719.2	2.0414	0.0011135	719.8	2.0401	0.0011111	721.4	2.0363	0.0011073	724.2	2.0301	0.0010999	730.0	2.0181
180	0.4045	2811.4	6.9647	0.1944	2776.5	6.5835	0.0011267	763.6	2.1379	0.0011241	765.2	2.1339	0.0011199	767.8	2.1272	0.0011120	773.1	2.1145
190	0.4148	2833.4	7.0127	0.2002	2802.0	6.6392	0.0011408	807.9	2.2345	0.0011380	809.3	2.2235	0.0011335	811.6	2.2230	0.0011249	816.6	2.2093
200	0.4250	2855.1	7.0592	0.2059	2826.8	6.6922	0.0011560	852.6	2.3300	0.0011530	853.8	2.3253	0.0011480	855.9	2.3176	0.0011387	860.4	2.3030
210	0.4350	2876.6	7.1042	0.2115	2851.0	6.7427	0.0011725	897.8	2.4245	0.0011691	898.8	2.4194	0.0011636	900.7	2.4112	0.0011534	904.6	2.3954
220	0.4450	2898.0	7.1478	0.2169	2874.6	6.7911	0.1021	2819.9	6.3829	0.0011866	944.4	2.5129	0.0011805	945.9	2.5039	0.0011693	949.3	2.4870
230	0.4549	2919.1	7.1903	0.2223	2897.8	6.8377	0.1053	2848.4	6.4403	0.0012056	990.7	2.6057	0.0011988	991.8	2.5960	0.0011863	994.5	2.5776
240	0.4647	2940.1	7.2317	0.2276	2920.6	6.8825	0.1084	2875.9	6.4943	0.0012264	1037.8	2.6984	0.0012188	1038.4	2.6877	0.0012047	1040.3	2.6677
250	0.4744	2961.1	7.2721	0.2327	2943.0	6.9259	0.1114	2902.4	6.5454	0.0012494	1085.8	2.7910	0.0012406	1085.8	2.7792	0.0012247	1086.7	2.7574
260	0.4841	2981.9	7.3115	0.2379	2965.2	6.9680	0.1144	2928.1	6.5941	0.0012750	1134.5	2.8840	0.0012648	1134.2	2.8709	0.0012466	1134.0	2.8468
270	0.4938	3002.7	7.3501	0.2430	2987.2	7.0088	0.1172	2953.1	6.6406	0.04053	2818.9	6.0192	0.0012917	1183.9	2.9631	0.0012706	1182.1	2.9363
280	0.5034	3023.4	7.3879	0.2480	3009.0	7.0485	0.1200	2977.5	6.6852	0.04222	2856.9	6.0886	0.0013221	1235.0	3.0563	0.0012971	1231.4	3.0262
290	0.5130	3044.1	7.4250	0.2530	3030.6	7.0873	0.1228	3001.5	6.7281	0.04380	2892.2	6.1519	0.0013570	1287.9	3.1512	0.0013269	1282.0	3.1169
300	0.5226	3064.8	7.4614	0.2580	3052.1	7.1251	0.1255	3025.0	6.7696	0.04530	2925.5	6.2105	0.0013979	1343.4	3.2488	0.0013606	1334.3	3.2088
310	0.5321	3085.4	7.4971	0.2629	3073.5	7.1622	0.1282	3048.2	6.8097	0.04673	2957.0	6.2651	0.0014472	1402.2	3.3505	0.0013994	1388.6	3.3028
320	0.5416	3106.1	7.5322	0.2678	3094.9	7.1984	0.1308	3071.2	6.8487	0.04810	2987.2	6.3163	0.01926	2783.5	5.7145	0.0014451	1445.6	3.3998
330	0.5511	3126.7	7.5668	0.2727	3116.1	7.2340	0.1334	3093.8	6.8866	0.04942	3016.1	6.3647	0.02042	2836.5	5.8032	0.0015004	1506.4	3.5013
340	0.5606	3147.4	7.6008	0.2776	3137.3	7.2689	0.1360	3116.3	6.9235	0.05070	3044.1	6.4106	0.02147	2883.4	5.8803	0.0015704	1572.5	3.6100
350	0.5701	3168.1	7.6343	0.2824	3158.5	7.3031	0.1386	3138.6	6.9596	0.05194	3071.2	6.4545	0.02242	2925.8	5.9489	0.0001666	1647.2	3.7308
360	0.5795	3188.8	7.6673	0.2873	3179.7	7.3368	0.1411	3160.8	6.9950	0.05316	3097.6	6.4966	0.02331	2964.8	6.0110	0.0001827	1742.9	3.8835
370	0.5889	3209.6	7.6998	0.2921	3200.9	7.3700	0.1436	3182.9	7.0296	0.05435	3123.4	6.5371	0.02414	3001.3	6.0682	0.006908	2527.6	5.1117
380	0.5984	3230.4	7.7319	0.2969	3222.0	7.4027	0.1461	3204.9	7.0635	0.05551	3148.8	6.5762	0.02493	3035.7	6.1213	0.008246	2660.2	5.3165
390	0.6078	3251.2	7.7635	0.3017	3243.2	7.4348	0.1486	3226.8	7.0968	0.05666	3173.7	6.6140	0.02568	3068.5	6.1711	0.009181	2749.3	5.4520
400	0.6172	3272.1	7.7948	0.3065	3264.4	7.4665	0.1511	3248.5	7.1295	0.05779	3198.3	6.6508	0.02641	3099.9	6.2182	0.009947	2820.5	5.5585
420	0.6359	3314.0	7.8561	0.3160	3306.9	7.5287	0.1561	3292.4	7.1935	0.06001	3246.5	6.7215	0.02779	3159.7	6.3056	0.01120	2932.9	5.7232
440	0.6547	3356.1	7.9160	0.3256	3349.5	7.5893	0.1610	3336.0	7.2558	0.06218	3294.0	6.7890	0.02911	3216.2	6.3861	0.01224	3023.7	5.8523
460	0.6734	3398.4	7.9745	0.3350	3392.2	7.6484	0.1659	3379.7	7.3159	0.06431	3340.9	6.8538	0.03036	3270.5	6.4612	0.01315	3102.6	5.9616
480	0.6921	3441.0	8.0318	0.3445	3435.1	7.7062	0.1707	3423.4	7.3748	0.06642	3387.4	6.9164	0.03158	3323.2	6.5321	0.01399	3174.4	6.0581
500	0.7108	3483.8	8.0879	0.3540	3478.3	7.7627	0.1756	3467.3	7.4323	0.06849	3433.7	6.9770	0.03276	3374.6	6.5994	0.01477	3241.1	6.1456
550	0.7574	3591.8	8.2233	0.3775	3587.1	7.8991	0.1876	3577.6	7.5706	0.07360	3549.0	7.1215	0.03560	3499.8	6.7564	0.01655	3394.1	6.3374
600	0.8039	3701.5	8.3526	0.4010	3697.4	8.0292	0.1995	3689.2	7.7022	0.07862	3664.5	7.2578	0.03832	3622.7	6.9013	0.01816	3535.5	6.5043
650	0.8504	3812.8	8.4766	0.4244	3809.3	8.1537	0.2114	3802.1	7.8279	0.08356	3780.7	7.3872	0.04096	3744.7	7.0373	0.01967	3671.1	6.6554
700	0.8968	3925.8	8.5957	0.4477	3922.7	8.2734	0.2232	3916.5	7.9485	0.08845	3897.9	7.5108	0.04355	3866.8	7.1660	0.02111	3803.8	6.7953
750	0.9432	4040.3	8.7105	0.4710	4037.6	8.3885	0.2349	4032.2	8.0645	0.09329	4016.1	7.6292	0.04608	3989.1	7.2886	0.02250	3935.0	6.9267
800	0.9896	4156.4	8.8213	0.4943	4154.1	8.4997	0.2467	4149.4	8.1763	0.09809	4135.3	7.7431	0.04858	4112.0	7.4058	0.02385	4065.3	7.0511

(注:網掛けは圧縮水を示す)

流体力学

第1章　流体の基本的性質

1.1　密度，比重，粘度，表面張力

基本的な考え方

流体は気体と液体の総称であり，変形が自由であるという特性を持っている．流体の代表的なものとして空気と水がある．人間は空気に包まれた空間を歩き，川や海にある水に触れて生活している．また，人間の創造物である飛行機が空を飛び，ポンプが水を運んでいるのは，身近な空気や水の性質を利用したものである．これらの現象を頭で描きながら，流体の基本的性質（密度，比重，粘度，表面張力）を理解しよう．例えば，通常，空気の中を歩くとき，空気の抵抗をあまり意識しないが，水の中を泳いだり歩いたりすると前に進むことに対する抵抗を感じる．これは，水と空気の基本的性質の1つである密度が異なることが大きな要因である．このように，流体の種類によって，基本的性質が異なり，このことが流体の現象に重要な役割を果たしていることを理解しよう．

Step 1　基本問題

[1]　次の空欄に適当な語句を記入せよ．

(1) 一般に，流体は [①] と [②] に分類される．単位体積あたりの質量を [③] といい，ρ [kg/m³] で表す．密度の逆数 $\dfrac{1}{\rho}$ を [④] といい，v [m³/kg] で表す．ある物質に対する相対密度を [⑤] と呼び s で表し，一般的には，4 [°C] における純水の密度 ρ_w (= 1000 [kg/m³]) に対する比

$$s = \frac{\rho}{\rho_w} \tag{1-1}$$

として求められる．

解答
(1)
①液体
②気体
③密度
④比体積
⑤比重

(2) 実在の流体は [①] を持っている．[①] は有限の速さで流体を変形させるとき，これに逆らう作用のことをいう．図 **1-1-1** のような流速分布を持つ流れを考える．流れの中の微小要素の上下の面に作用するせん断応力 τ は，

$$\tau = \mu \lim_{\Delta y \to 0} \frac{\Delta u}{\Delta y} = \mu \frac{du}{dy} \tag{1-2}$$

で表される．μ を [②] と呼ぶ．これを流体の [③] ρ で割った，

$$\nu_f = \frac{\mu}{\rho} \tag{1-3}$$

を [④] と呼んでいる．式 **(1-2)** をニュートンの [⑤] という．また，せん断応力 τ が式 **(1-2)** で表される流体を [⑥] といい，水，空気，油などは [⑥] である．一方，式 **(1-2)** に従わない流体は [⑦] と呼ばれる．

解答
(2)
①粘性
②粘性係数（粘度）
③密度
④動粘性係数（動粘度）
⑤粘性法則
⑥ニュートン流体
⑦非ニュートン流体

図 1-1-1

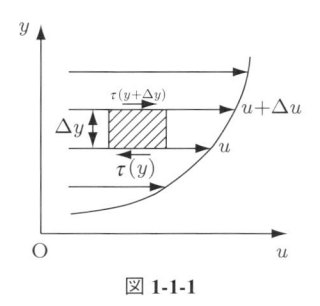

(3) 液体は，自由表面では液面をできるだけ小さくしようとする性質をもっている．このため，自由表面上に張力の作用する一種の膜が形成される．この膜にかかる張力が [①] σ である．この [①] σ は，液面上の曲面の一部を Δs として，液表面に沿って，この Δs 部分に垂直に作用する力を ΔF とすると，

$$\sigma = \lim_{\Delta s \to 0} \frac{\Delta F}{\Delta s} = \frac{dF}{ds} \tag{1-4}$$

で表される．液体の自由表面に細管を立てると，細管の液面は [①] のために自由表面よりわずかに上昇（または下降）する．このような現象を [②] という．

解答
(3)
①表面張力
②毛管現象

Step 2　演習問題

[1] 体積が $2\ [\text{m}^3]$ の液体の重量を測定したところ $18\ [\text{kN}]$ であった．この液体の質量 m と密度 ρ，比重 s を求めよ．ただし，$4\ [°\text{C}]$ における純水の密度 ρ_w は $\rho_w = 1000\ [\text{kg/m}^3]$ とする．

解き方

重量 $W = mg = 18\ [\text{kN}]$ より，$m = (18 \times 10^3)/9.81 = 1.83 \times 10^3\ [\text{kg}]$.

$\rho = \dfrac{m}{V} = 1.83 \times 10^3/2 = 915\ [\text{kg/m}^3]$

$s = \dfrac{\rho}{\rho_w} = \dfrac{915}{1000} = 0.915$

[2] 図 1-1-2 において，上の板の移動速度が $U = 2.5\ [\text{m/s}]$，板の間隔が $h = 75\ [\text{mm}]$，2 枚の板の間に満たされた流体の粘度が $\mu = 0.850\ [\text{mPa·s}]$，比重が $s = 0.876$ のとき，その流体のせん断応力 τ を求めよ．

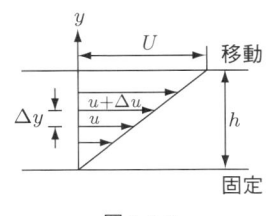

図 1-1-2

解き方

式 (1-2) より,

$$\tau = \mu \frac{du}{dy} = \mu \frac{U}{h} = \frac{0.850 \times 10^{-3} \times 2.5}{75 \times 10^{-3}} = 0.0283 \text{ [Pa]}$$

[3] 図 1-1-3 のように，液体中に立てた細管内を液面が上昇する高さ h を，表面張力を σ とし，図中の記号を使って，力のつりあいから求めよ．図中の ρ および ρ' はそれぞれ液体の密度と液体に接する気体の密度，θ は接触角である．

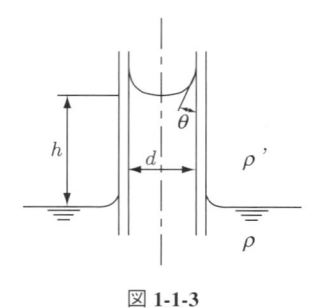

図 1-1-3

解き方

表面張力 σ によって液面を上昇させる力は，$\sigma \pi d \cos\theta$ である．一方，液中にはたらく重力による下向きの力は，$(\rho - \rho')g(\pi d^2/4)h$．これを等しいとして整理すると,

$$h = \frac{4\sigma \cos\theta}{(\rho - \rho')gd}$$

Step 3　　発 展 問 題

[1] 図 1-1-4 のように，$v = 5$ [m/s] の速度でピストンが動いている．ピストンとシリンダの間は油膜で覆われており，その速度分布は直線的であると仮定する．油の粘度は $\mu = 0.95$ [Pa·s] である．ピストンのシリンダに対する接触面に作用する粘性による力を求めよ．ただし，ピストンとシリンダの接触は，シリンダの周上で図において $\phi 124.8$ [mm] のところで起こる．

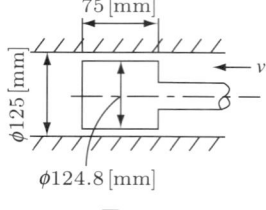

図 1-1-4

[2] 図 1-1-5 のような同心二重円管が，密度 ρ の液中に垂直に立てられている．半径をそれぞれ r_1, r_2，接触角を θ，表面張力を σ としたときの液の上昇高さ h を求めよ．ただし，液体に接する流体は空気とし，密度は液体の密度に比べて小さいものとして省略する．

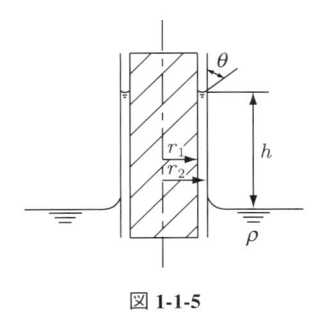

図 1-1-5

● 流体力学 第2章 静止流体の力学

第2章 静止流体の力学

2.1 圧力（深さと圧力，圧力計測，パスカルの原理）

基本的な考え方

静止状態の流体にはせん断力がはたらかないため，最も重要な力は面に垂直にかかる圧力である．静止流体の中で，仮想のある面を考え，その面の面積を ΔA として，ΔA に作用する垂直力を ΔF とすると，圧力 p は，

$$p = \lim_{\Delta A \to 0} \frac{\Delta F}{\Delta A} = \frac{dF}{dA}$$

で表される．この項では，上記の圧力について，大気圧との関係，深さとの関係，計測方法を理解しよう．

Step 1　基本問題

[1] 次の空欄に適当な語句を記入せよ．

大気圧を基準とした圧力を [①] といい，絶対真空を基準とした圧力を [②] と呼ぶ．したがって，両者は [②] ＝大気圧＋[①] の関係にある．

水中の任意の一点に作用する圧力を静水圧といい，面に対して [③] にはたらく．またすべての方向に対して等しい．これを圧力の [④] という．

静水圧の大きさは [⑤] に比例する．

密閉した容器内に非圧縮性流体を満たしているとき任意の点の圧力を増加させると，流体内のすべての点に同じ大きさの圧力増加が現れる．これを [⑥] の原理という．

解答
①ゲージ圧 ②絶対圧
③垂直 ④等方性
⑤水深 ⑥パスカル

[2] 水面下 **8 [m]** の点におけるゲージ圧と絶対圧を求めよ．ただし，水の密度 ρ は $\rho = 1000\,[\text{kg/m}^3]$，水面の圧力が標準気圧 **101.3 [kPa]** とする．

解き方

ゲージ圧：$p_g = \rho g h = 1000 \times 9.81 \times 8 = 78480\,[\text{N/m}^2] = 78.5\,[\text{kPa}]$

絶対圧：$p_a = 78.5 + 101.3 = 179.8\,[\text{kPa}]$

ここに注意!!!

以下を理解しておこう
・静水圧は水深 h に比例
・大気圧とゲージ圧，絶対圧の関係

Step 2　演習問題

[1] 図 2-1-1 のように，容器に油（比重 $s_{oil} = 0.8$），水，水銀（$s_{Hg} = 13.6$）が入っている．それらの高さは，それぞれ $h_1 = 2\,[\text{m}]$, $h_2 = 1.5\,[\text{m}]$, $h_3 = 0.5\,[\text{m}]$ である．図中の点 **A, B, C** のゲージ圧を求めよ．ただし，油の上には大気圧が作用しているものとする．また，水の密度は $\rho_w = 1000\,[\text{kg/m}^3]$ として，重力加速度を $g = 9.81\,[\text{m/s}^2]$ とする．

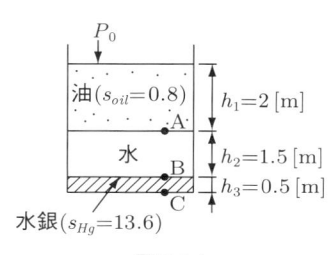

図 2-1-1

解き方

A 点のゲージ圧は油の密度 ρ_{oil} とすると以下のようになる．

$$p_A = \rho_{oil}gh_1 = s_{oil}\rho_w gh_1 = 0.8 \times 1000 \times 9.81 \times 2 = 15696 \text{ [Pa]} = 15.7 \text{ [kPa]}$$

B 点のゲージ圧は以下で表される．

$$p_B = p_A + \rho_w gh_2 = 15.7 + 1000 \times 9.81 \times 1.5/1000 = 30.4 \text{ [kPa]}$$

C 点のゲージ圧は以下で表される．

$$p_C = p_B + s_{Hg}\rho_w gh_3 = 30.4 + 13.6 \times 1000 \times 9.81 \times 0.5/1000 = 97.1 \text{ [kPa]}$$

ここに注意!!!
・液体のそれぞれの層で液柱の重さが異なる．
・A 点，B 点，C 点と圧力は加算されていく．

[2] 図 2-1-2 のようなタンク内に，下面より高さ $h = 5$ [m] の水が入っている．水の上は空気で満たされている．この空気の圧力を水銀マノメータで測ったところ，大気圧との水銀柱での差 Δh が，$\Delta h = 300$ [mm] であった．タンク下面での絶対圧 p_a とゲージ圧 p_g を求めよ．ただし，大気圧 $p_0 = 101.3$ [kPa]，水の密度 $\rho_w = 1000$ [kg/m^3]，水銀の密度 $\rho_{hg} = 13600$ [kg/m^3] とし，重力加速度 $g = 9.81$ [m/s^2] する．また空気の密度 ρ_{air} は小さく無視できるとする．

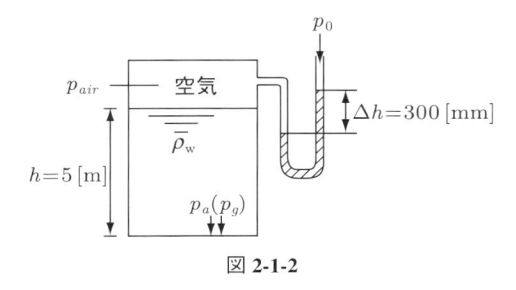

図 2-1-2

ここに注意!!!
・マノメータの問題はどこを基準にしてつり合いを取るかが問題．
・本問の「解き方」では，Δh の高さの差がついた下端を基準としている．

解き方

タンク内の空気の圧力を p_{air} とすると，タンク下面の圧力 p_a は $p_a = \rho_w gh + p_{air}$．一方，空気の密度 ρ_{air} は小さいことを考慮してマノメータのつり合いは，$p_{air} = \rho_{Hg}g\Delta h + p_0$ である．

上記二式から，

$$p_a = p_0 + g(\rho_{Hg}\Delta h + \rho_w h) = 101.3 \times 10^3 + 9.81 \times (13600 \times 0.3 + 1000 \times 5)$$

$$= 190.4 \times 10^3 \text{ [Pa]} = 190.4 \text{ [kPa]}$$

また，ゲージ圧については，$p_g = 190.4 - 101.3 = 89.1$ [kPa]

Step 3　発展問題

[1] 図 2-1-3 に示すような傾斜マノメータで圧力を測定したところ，測定値は $l = 50$ [mm] であった．傾斜マノメータのタンクの方は圧力 p_1 の空間に，ガラス管の方は圧力 p_2 の空間につながっている．このときの p_1 と p_2 の圧力差 Δp および拡大率 $\dfrac{1}{n} = \dfrac{l + \Delta l}{h + \Delta h}$ を求めよ．ここで，大きいほうのタンクの直径 $d_T = 15$ [cm]，小さいガラス管の直径 $d_G = 0.7$ [cm]，タンク内には密度 $\rho_{al} = 850$ [kg/m³] の液体が入っており，ガラス管の傾斜角度は $\theta = 30°$ とする．ただし毛管現象は生じていないものとする．また図中の O–O 断面は測定前の $p_1 = p_2$ の時点における液柱の高さである．

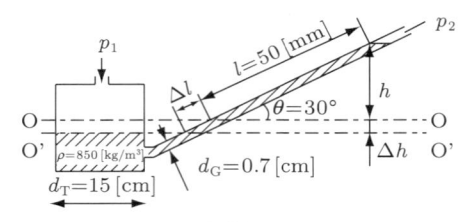

図 2-1-3　傾斜マノメーター

[2] 図 2-1-4 において，油圧ジャッキ内は油で満たされている．図の左の直径 30 [mm] のピストンの上部に 1000 [kg] の物体を支えるために，ハンドルの A 点に加えなければならない力の大きさ F を求めよ．ただし，寸法は図に示すとおりである．また，ピストンの重量および摩擦抵抗は無視できるものとする．

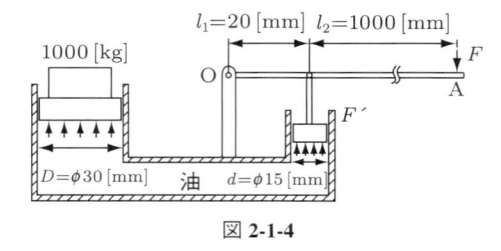

図 2-1-4

2.2　静止流体中の壁面にはたらく力

基本的な考え方

静止流体の圧力は水深 h に比例する．この圧力が，静止流体中で深さ方向にも長さがある壁面に対して，力としてどのようにはたらくかを，微小面積上にはたらく力の総和から導く．これをもとに堰（せき）やゲート（水門）にはたらく力が求められる．

Step 1　基本問題

[1]　次の空欄に適当な語句・数式を記入せよ．

図 **2-2-1** のように，静止液体中で水平面に対して θ 傾いている任意形状の平板があるとする．図の平板に微小面積 ΔA をとり，ΔA までの水深を h とする．

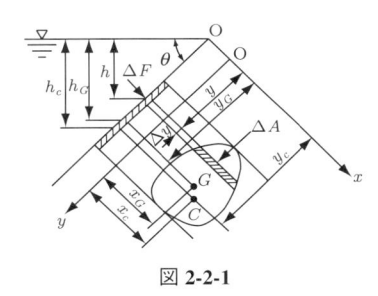

図 2-2-1

ΔA に作用する圧力 p は，液体の密度を ρ とすると $p=[\ ①\ ]$ であり，ΔA を考えるときには，水深 h は一定であるので，ΔA に作用する力 ΔF は，

$$\Delta F = p\Delta A = [\ ②\ ] \tag{2-2-1}$$

となる．平板全体を考えたときの力 F は，上式を面積 A について積分すると得られる．今，y 軸を図に示すようにとると，$h=[\ ③\ ]$ の関係であるから，

$$F = \int_A [\ ④\ ] = \int_A \rho g[\ ③\ ]dA = \rho g \sin\theta \int_A y\,dA \tag{2-2-2}$$

となる．Ox 軸から y 方向の重心までの距離を y_G とすると，重心の定義から，

$$\int_A y\,dA = [\ ⑤\ ] \tag{2-2-3}$$

であるので，この式を式 (2-2-2) に代入すると，

$$F = \rho g y_G A \sin\theta \tag{2-2-4}$$

となり，さらに $y_G \sin\theta = h_G$ を代入すると，

$$F = [\ ⑥\ ] \tag{2-2-5}$$

を得る．

解答
① ρgh，② $\rho g h \Delta A$
③ $y\sin\theta$，④ $\rho g h\,dA$
⑤ $y_G A$，⑥ $\rho g h_G A$

[2] 図 2-2-2 のような鉛直方向に立った堰堤の単位幅にかかる力 F と，圧力中心の位置（水面からの距離 z_c）を求めよ．ただし，水深を $h = 20$ [m]，水の密度を $\rho = 1000$ [kg/m^3]，重力加速度を $g = 9.81$ [m/s^2] とする．

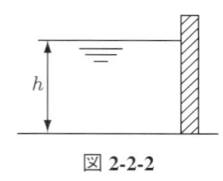

図 2-2-2

解き方

深さ z におけるゲージ圧力は，$p = \rho g z$ だから，水深 h の平均圧力は $\dfrac{\rho g h}{2}$ である．また，単位幅あたりの面積は，$A = h \times 1 = h$ である．したがって，図の堰堤に作用する力 F は，

$$F = \frac{\rho g h \cdot A}{2} = \frac{1000 \times 9.81 \times 20 \times 20}{2} = 1.962 \times 10^6 \text{ [N]} = 1.96 \text{ [MN]}$$

自由表面から重心までの距離を z_G，重心を通り紙面を貫通する方向回りの断面 2 次モーメントを I_G とすると，圧力中心 z_c は，

$$z_c = z_G + \frac{I_G}{A \cdot z_G} = 10 + \frac{20^2}{12 \times 10} = 13.3 \text{ [m]}$$

Step 2　演習問題

[1] 図 2-2-3 のように，静止液体中で水平面に対して θ 傾いている任意形状の平板があるとする．このときの圧力中心を求める以下の文章の空欄に，適当な語句・数式を記入せよ．なお，必要な場合は，STEP 1 基本問題 [1]（以下の文章では，「前問」と記述する）の解答を援用せよ．

図 2-2-3

解答
① $y \Delta F$
② $\int_A y \Delta F = F \cdot y_C$
③ $\dfrac{\int_A y^2 dA}{y_G A}$
④ 断面 2 次モーメント
⑤ $\dfrac{I_x}{y_G A}$
⑥ $y_G + \dfrac{I_{xG}}{y_G A}$

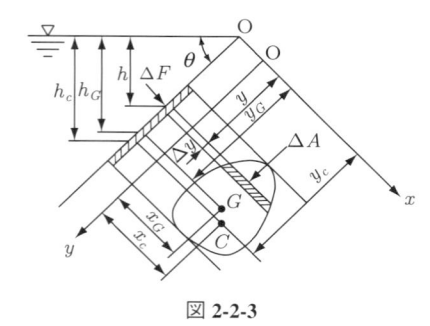

図において，Ox 軸から y の距離にある微小面積 ΔA に作用する力 ΔF の Ox 軸まわりのモーメント [①] の総和と，平板全体にはたらく力 F が圧力中心に集中して作用するときの Ox 軸まわりのモーメントは等しいから，圧力中心の y 座標を y_C とすると，

[②]

である．また，圧力中心までの水深を h_G とすると，前問から，

$$\Delta F = \rho g h \Delta A = \rho g (y \sin\theta) \Delta A$$

$$F = (\rho g \sin\theta) y_G A = \rho g h_G A$$

を得ているので，これらを上式に代入すると，

$$\rho g \sin\theta \int_A y^2 dA = (\rho g \sin\theta)(y_G A) y_C$$

$$\therefore \int_A y^2 dA = y_G A \cdot y_C$$

となる．したがって，

$$y_C = [③] \tag{2-2-6}$$

となる．式 (2-2-6) の中で，$\int_A y^2 dA$ は，平板 A の Ox 軸まわりの [④] で，$\int_A y^2 dA = I_x$ と表すとすれば，y 座標の圧力中心 y_C は式 (2-2-6) から，

$$y_C = [③] = [⑤] \tag{2-2-7}$$

を得る．
また，図形の重心 G を通り Ox 軸に平行な軸まわりの断面 2 次モーメントを I_{xG} とすると，平行軸の定理により，$I_x = y_G^2 A + I_{xG}$ であるから，式 (2-2-7) は，

$$y_C = \frac{y_G^2 A + I_{xG}}{y_G A} = [⑥] \tag{2-2-8}$$

となる．すなわち，圧力中心の y 座標 y_C は，つねに図形の重心 G より下方にあり，その値は式 (2-2-8) に示すとおりである．
同様に，圧力中心の x 座標を x_C として，Oy 軸まわりの力のモーメントを考えると，

$$\int_A x dF = F \cdot x_C$$

となる．前述した前問の dF と F の式を上式に代入すると，

$$\rho g \sin\theta \int_A xy dA = (\rho g \sin\theta)(y_G A) x_C \tag{2-2-9}$$

となる．式 (2-2-9) において，[⑦] は平板 A の Ox 軸に関する断面相乗モーメント I_{xy} である．したがって，式 (2-2-9) から，x_C は

$$x_C = \frac{\int_A xy dA}{y_G A} = \frac{I_{xy}}{y_G A} \tag{2-2-10}$$

となる．
平板の重心周りの断面相乗モーメントを I_{xyG} とすると，平行軸の定理から，$I_{xy} = x_G y_G A + I_{xyG}$ であるので，式 (2-2-10) は，

$$x_C = \frac{I_{xy}}{y_G A} = x_G + \frac{I_{xyG}}{y_G A} \tag{2-2-11}$$

> **ここに注意!!!**
>
> ・断面 2 次モーメントは，ある軸に対する値であり，軸を変更する場合がしばしば必要となる．
> ・したがって，平行軸の定理とセットだと考えるとよい．

式 (2-2-11) から，平板 A が，円や長方形のように Ox 軸に垂直な対称軸をもっている場合，Oy 軸を対称軸に取れば，$I_{xy} = [\ ⑧\ ]$ であるから，$x_C = [\ ⑨\ ]$ となって，圧力中心の座標は $(0, y_C)$ となり，$[\ ⑩\ ]$ を通る Oy 軸上にあることがわかる．

解答
⑦ $\int_A xy\, dA$
⑧ 0
⑨ 0
⑩ 重心 G

[2] 図のような正方形 (2×2 [m]) のゲートが，水面と 60° の角度で取り付けられている．このゲートの上縁が図中の Oy 軸上で $y = 3$ [m] にあるとき，このゲートにかかる力 F と圧力中心までの水深 h_C を求めよ．ただし，水の密度は 1000 [kg/m³]，一辺 a の正方形の断面 2 次モーメントは，$I_{xG} = \dfrac{a^4}{12}$ である．

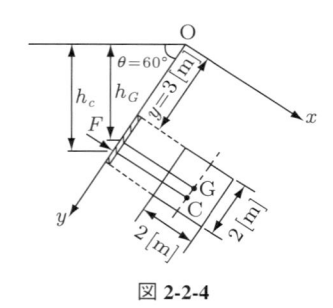

図 2-2-4

解き方

重心までの水深は，$h_G = y_G \sin\theta$ であるから，力 F は，

$$F = \rho g h_G A = \rho g A y_G \sin\theta$$

ここで，$\rho = 1000$ [kg/m³]，$g = 9.81$ [m/s²]，$A = 2 \times 2$ [m²]，$\theta = 60°$ である．また，ゲートの上縁が図中の Oy 軸上で，$y = 3$ [m] であるから，Oy 軸上での重心の座標は，$y_G = 3 + \left\{2 \times \dfrac{1}{2}\right\} = 4$ [m] である．これらの値を上式に代入すると，

$$F = 1{,}000 \times 9.81 \times (2 \times 2) \times 4 \times \sin 60° = 136 \times 10^3\ [\text{N}] = 136\ [\text{kN}]$$

つぎに，圧力中心の Oy 軸上の座標を y_C とすると，前問の式 (2-2-8) から

$$y_C = y_G + \dfrac{I_{xG}}{y_G A}$$

であり，$I_{xG} = 2^4/12$ とその他題意の値を代入すると，

$$y_C = 4 + \dfrac{2^4/12}{4 \times 4} = 4.08\ [\text{m}]$$

したがって，

$$h_C = y_C \sin\theta = 4.08 \times \sin 60° = 3.53\ [\text{m}]$$

となる．

Step 3　発展問題

[1] 図のように液体中の曲面 MN 全体に作用する水平方向（y 方向）の力 F_y および鉛直下向き（z 方向）の力 F_z がそれぞれ，次式で表されることを証明せよ．

$$F_y = \rho g z'_G A_y, \quad F_z = \rho g V$$

ただし，式中，ρ は液体の密度，g は重力加速度，A_y は曲面 MN を F_y に垂直な鉛直面上に投影した面積，z'_G は図中 AB 面（液面）から A_y の重心 G' までの距離，V は曲面 MN の上方にある液体の体積である．

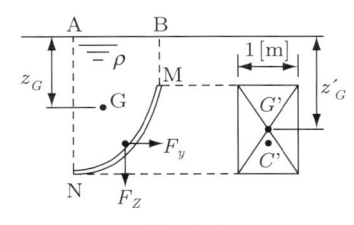

図 2-2-5

[2] 図のような半径 5 [m]，奥行き 1 [m] のテンダーゲート（ラジアルゲート）に作用する水圧による全圧力とその全圧力が水平面とのなす角 α を求めよ．

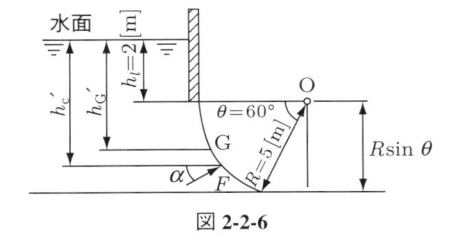

図 2-2-6

● 流体力学　第2章　静止流体の力学

2.3　浮力

基本的な考え方

体積 V の物体が密度 ρ の静止した液体中にあるとき，その物体にはたらく力，すなわち**浮力**について理解するとともに，浮力が作用したときの浮体の安定性について理解を深めよう．

Step 1　基本問題

[1] 次の空欄に適当な語句・数式を記入せよ．

(1) 図 2-3-1 のように，体積 V の物体が密度 ρ の静止した液体中にあるとき，物体は鉛直上向きの力，すなわち [①] F を受ける．重力加速度を g とすると，この力 F は，

$$F = [\ ②\ ]$$

である．上式から，[①] は物体が排除した体積の液体の重量に等しいことがわかる．すなわち，静止液体中の物体は，[①] の分だけ軽くなる．これを [③] の原理という．

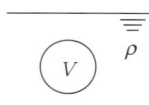

図 2-3-1

解答
(1)
①浮力
②$\rho g V$
③アルキメデス

(2) 図 2-3-2 のように，[①] によって液体中に浮かんでいる物体を [④] という．このとき，物体の重さ W と [①] F は等しい．物体の体積 V のうち，液中にある体積を V'，すなわち，[④] である物体が排除した液体の体積 V' を [⑤] という．物体の重さ W と [①] F および [⑤] V' の間には，

$$W = F = [\ ⑥\ ]$$

の関係がある．図 2-3-2 において，重心 G と [①] F の作用点 C を結ぶ鉛直線を浮揚軸，液面による浮揚体の切断面を浮揚面という．また，浮揚面から物体の最下部までの深さ z_d を [⑦] という．

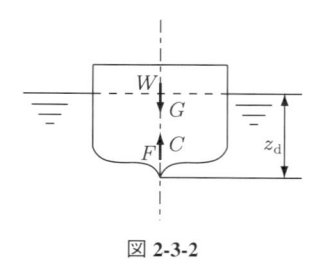

図 2-3-2

解答
(2)
①浮力
④浮揚体
⑤排水量
⑥$\rho g V'$
⑦喫水

(3) 図 2-3-3 のように，[④] がつり合いの状態から角度 θ だけ傾斜すると，浮力の作用点は C から C' に移動し，これにより [①] F と物体の重さ W

によるモーメントがはたらく．この場合，新しい浮力の作用線と浮揚軸が交わる点 M を［　⑧　］，重心 G と［　⑧　］M の距離を［　⑧　］の高さという．図からわかるように，［　⑧　］M が重心 G より高い位置にあるときには，元のつり合い状態に戻ろうとする復元偶力が生じ，浮揚体は［　⑨　］である．

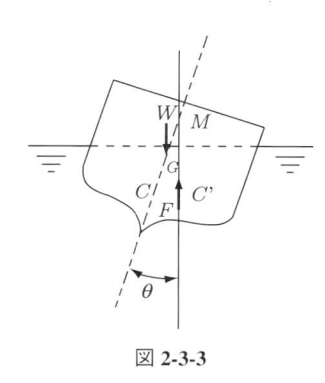

解答
（3）
①浮力
④浮揚体
⑧メタセンタ
⑨安定

図 2-3-3

Step 2　演習問題

[1] 空気中での重さが **500 [N]** であった物体を水中で測定すると **300 [N]** であった．物体の体積と比重を求めよ．なお，重力加速度 $g = 9.81$ [m/s²]，水の密度 $\rho = 1000$ [kg/m³] とする．

解き方

浮力：$F = 500 - 300 = 200$ [N]
物体の体積：$V = F/(\rho g) = 200/(1000 \times 9.81) = 0.0204$ [m³]
比重：$s = \dfrac{500/9.81}{200/9.81} = 2.50$

ここに注意!!!
問題に図がないときも，図を書いて考えよう．

[2] 図 **2-3-4** はボーメの比重計で，浮力の原理を用いて液体の比重を測定するものである．液中に浮かんだときに安定するように，胴部内部に鉛などによる錘が入れてある．この比重計の重さは $W = 20.05 \times 10^{-3}$ [N]，目盛り部の直径は $d = 4$ [mm] である．比重 **1.0** の水に浮かべたときと，未知の液体に浮かべたときの目盛り部の差が $h = 25$ [mm] であった．未知の液体の比重を求めよ．ただし，重力加速度 $g = 9.81$ [m/s²]，水の密度 $\rho_w = 1000$ [kg/m³] とする．

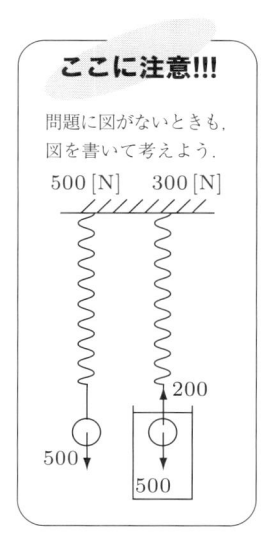

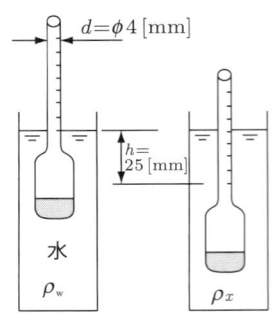

図 2-3-4

解き方

水の場合，比重計が排除した水の体積を V [m³] とし，密度を $\rho_w = 1000$ [kg/m³] とすると，比重計は浮いているので，重さ W と浮力 F はつり合っている．すなわち，$W = F = \rho_w gV$．この式に問題の値を代入すると，$20.05 \times 10^{-3} = 1000 \times 9.81 \times V$ となる．ゆえに，

$$V = \frac{20.05 \times 10^{-3}}{1000 \times 9.81} = 2.04 \times 10^{-6} \text{ [m}^3\text{]}$$

次に，目盛り部の断面積を $a = \pi \cdot d^2/4$ [m²]，未知の液体の密度を ρ_x [kg/m³] とすると，比重計が排除した液体の体積は $(V+ah)$ [m³] であるから，浮力 F は，$F = \rho_x g(V+ah)$ となる．この場合も，比重計は浮いているので，重さ W と浮力 F はつり合っている．したがって，

$$20.05 \times 10^{-3} = \rho_x \times 9.81 \times (V + ah)$$

を得る．これにより ρ_x は，

$$\rho_x = \frac{20.05 \times 10^{-3}}{9.81(V + ah)} = \frac{20.05 \times 10^{-3}}{9.81\{(2.04 \times 10^{-6}) + \frac{\pi}{4}(4 \times 10^{-3})^2 \times 25 \times 10^{-3}\}}$$

$$= \frac{20.05 \times 10^{-3}}{9.81\{(2.04 \times 10^{-6}) + 3.142 \times 10^{-7}\}} = 868 \text{ [kg/m}^3\text{]}$$

したがって，比重は，

$$s = \frac{868}{1000} = 0.868$$

ここに注意!!!

物体が液面上に出て，浮いているときの浮力は，液中の物体の体積当りの重量

Step 3 発 展 問 題

[1] アルキメデスの原理（静止液体中に置かれた物体に作用する浮力は，その物体が排除した液体の重量に等しい）を，図 2-3-5 を使って証明せよ．

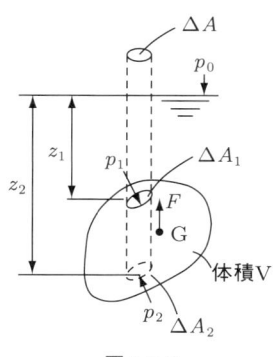

図 2-3-5

[2] 図 2-3-6 のように水深 h の水タンクの底に直径 $d = 10$ [mm] の穴が開いている．その穴に直径 $D = 25$ [mm] のピンポン玉がはまって，液体の圧力で取れなくなった．このピンポン玉を浮き上がらせることによって取り出すために，タンクの下のコックを開けて水深 h だけ下げることを考えた．ピンポン玉が浮き上がるときの水深 h を求めよ．ただし，ピンポン玉は軽く，その重量は無視できるものとする．

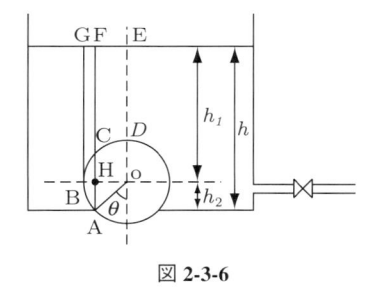

図 2-3-6

[3] 図 2-3-7 のような形状の比重 $s = 0.85$ の直方体が水の上に浮かんでいる．この浮揚体の安定を調べよ．また，長さ方向の中心線のまわりに $5°$ 傾けたときの復元偶力を求めよ．

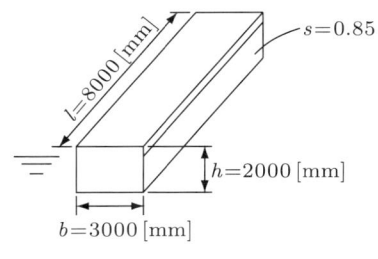

図 2-3-7

● 流体力学　第3章　エネルギーの保存と運動量の法則

第3章　エネルギーの保存と運動量の法則

基本的な考え方

流体は一般に3次元的な動きをするが，1次元的に考えるだけで，すなわち流れの方向のみを考えるだけで，流れの状況を十分に把握できることがある．ここでは，定常流の**連続の式**（質量保存），**ベルヌーイの定理**（エネルギー保存）および**運動量の法則**を使って平均速度や圧力の変化を求めよう．

3.1　連続の式

基本的な考え方

定常流であれば，単位時間内に流れのある領域に入ってくる流体の質量と出て行く質量は等しい．（**質量保存則**）

Step 1　基本問題

[1] 次の空欄に適当な語句・数式を記入せよ．
(1) 流れの中の任意の点での速度や圧力などの流れの状態が，時間的に変化しない流れを [①] といい，時間的に変化する流れを [②] という．
(2) 流れに沿って一つの曲線を考え，その接線方向が速度ベクトルの方向と一致するような曲線を [③] という．したがって，[③] 上の速度ベクトルには直角方向の成分はない．すなわち，[③] を横切る流れはない．
(3) 流体中に任意の閉曲線を考え，その閉曲線上の各点を通る [③] で仮想される流体の管を [④] という．
(4) 断面積 A が場所によって変化する図 **3-1-1** のような [④] を考える．ある断面を単位時間に流れる体積 $Q\mathrm{[m^3/s]}$ を [⑤] といい，単位時間当たりに流れる質量 $m\mathrm{[kg/s]}$ を [⑥] という．[④] には，途中に漏れや吸込みはないから，面 A_1 と A_2 の間に [⑦] が成立し，流体の密度を $\rho\mathrm{[kg/m^3]}$ とすれば，

$$m = (\rho Q)_1 = (\rho Q)_2 = \text{一定} \tag{3-1-1}$$

であり，非圧縮性流体であれば，$\rho = $ 一定であるので，

$$Q = v_1 A_1 = v_2 A_2 = \text{一定} \tag{3-1-2}$$

となる．上記式 **(3-1-1)** および式 **(3-1-2)** を [⑧] という．

解答
① 定常流
② 非定常流
③ 流線
④ 流管
⑤ 流量
⑥ 質量流量
⑦ 質量保存則
⑧ 連続の式

図 3-1-1

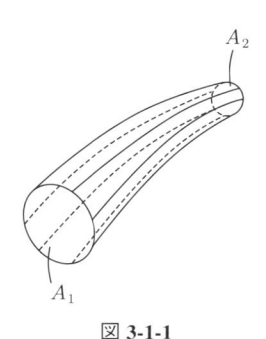

[2] 直径が **180 [mm]** の円管を流れる流体の流量が **2.5 [m³/min]** であるとき，流体の平均流速を求めよ．ただし，流れは定常流で流体は非圧縮性流体とする．

解き方

問題を図で表すと図 3-1-2 のようになる．

流量 Q は $Q = Av$ （A は円管の断面積，v は平均流速）であるので，

$$v = \frac{Q}{A} = \frac{4 \times (2.5/60)}{\pi \times (0.18)^2} = 1.637 \text{ [m/s]}$$

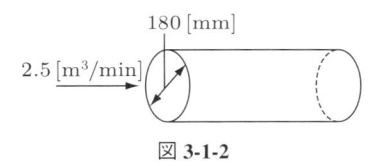

図 3-1-2

ここに注意!!!

・連続の式を使うときは，図を使って，境界面（検査面）を明らかにするようにしよう．
・流量 Q は流管の断面①（断面積 A）が単位時間当たりに移動して（移動距離は流速 v）断面②を形成した時の間にある流体の体積と考えればよい．

Step 2　演習問題

[1] 図 **3-1-3** のような拡大管を水が流量 $Q = 1200 \text{ [cm}^3\text{/s]}$ で流れている．検査面 1 と検査面 2 での管の径は，それぞれ $d_1 = 40 \text{ [mm]}, d_2 = 80 \text{ [mm]}$ のときの面 1 と面 2 での流速 v_1, v_2 を求めよ．

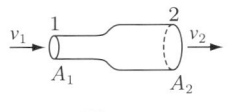

図 3-1-3

解き方

流量 Q および管径 d_1, d_2 を SI 単位系の基本単位で表す．すなわち，

$Q = 1200 \text{ [cm}^3\text{/s]} = 1.2 \times 10^3 \times 10^{-6} \text{ [m}^3\text{/s]} = 1.2 \times 10^{-3} \text{ [m}^3\text{/s]}$,

$d_1 = 0.04 \text{ [m]}, d_2 = 0.08 \text{ [m]}$

連続の式 $Q = A_1 \cdot v_1 = A_2 \cdot v_2$ から,

$$v_1 = \frac{Q}{A_1} = \frac{1.2 \times 10^{-3}}{(\pi/4) \times 0.04^2} = \frac{1.2 \times 10^{-3}}{1.26 \times 10^{-3}} = 0.952 \,[\text{m/s}]$$

$$v_2 = \frac{Q}{A_2} = \frac{1.2 \times 10^{-3}}{(\pi/4) \times 0.08^2} = \frac{1.2 \times 10^{-3}}{5.03 \times 10^{-3}} = 0.239 \,[\text{m/s}]$$

Step 3　発 展 問 題

[1]　図 3-1-4 のように, 内径 $d_0 = 400\,[\text{mm}]$ の管が, 内径 $d_1 = 250\,[\text{mm}]$, $d_2 = 200\,[\text{mm}]$ の管 1 と管 2 の 2 つの管に分岐している. 分岐前の流量が $Q_0 = 9.0\,[\text{m}^3/\text{min}]$, 分岐後管 1 の流量が $Q_1 = 6.8\,[\text{m}^3/\text{min}]$ のとき, 管 2 の流量と流速を求めよ.

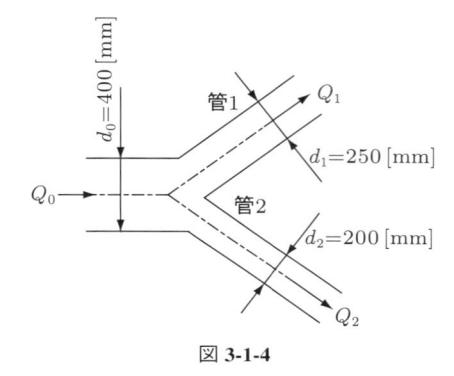

図 3-1-4

3.2 ベルヌーイの定理

基本的な考え方

単位時間内に，流体では圧力が仕事をすることにより圧力エネルギーが加わる．

Step 1　基本問題

[1] 次の空欄に適当な語句・数式を記入せよ．

連続の式を導いた質量保存則と同様に一般性のある法則として，[①] がある．

粘性や摩擦がなく，圧縮を考慮しない [②] の定常流で，外力として重力だけが作用する場合に流線に沿って成り立つ [①] が [③] である．

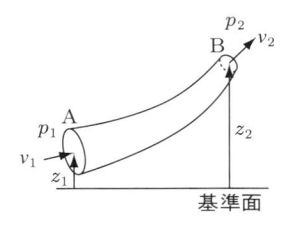

図 3-2-1

図 **3-2-1** のような流管を考えるとき，$\dot{m}$ を流体の質量流量 [kg/s] とすると，[③] は次式のように表される．

$$\dot{m}gz_1+\dot{m}\frac{p_1}{\rho}+\frac{1}{2}\dot{m}v_1^2 = \dot{m}gz_2+\dot{m}\frac{p_2}{\rho}+\frac{1}{2}\dot{m}v_2^2 = \dot{m}gz+\dot{m}\frac{p}{\rho}+\frac{1}{2}\dot{m}v^2 = 一定 \quad (3\text{-}2\text{-}1)$$

ここで，添え字 **1** は図の **A** 点での値，添え字 **2** は **B** 点での値を示す．また，z は高さ，v は流体の速度，p は流体の圧力，ρ は流体の密度，g は重力加速度である．

式 **(3-2-1)** の各辺第 1 項は [④]，第 2 項は [⑤]（押込み仕事），第 3 項は [⑥] を表している．

式 **(3-2-1)** の各辺を $\dot{m}g$ で割ると，

$$z+\frac{p}{\rho g}+\frac{v^2}{2g} = 一定 \quad (3\text{-}2\text{-}2)$$

を得る．式 **(3-2-2)** において，z を [⑦]，$\frac{p}{\rho g}$ を [⑧]，$\frac{v^2}{2g}$ を [⑨] と呼び，その総和が全水頭（トータルヘッド）である．式 **(3-2-1)**, 式 **(3-2-2)** 共に [③] である．

解答
① エネルギー保存則
② 理想流体（完全流体）
③ ベルヌーイの定理
④ 位置エネルギー
⑤ 圧力エネルギー
⑥ 運動エネルギー
⑦ 位置水頭（位置ヘッド）
⑧ 圧力水頭（圧力ヘッド）
⑨ 速度水頭（速度ヘッド）

Step 2　演習問題

[1] 図のような傾斜のついた拡大管を水が流量 $Q = 1200$ [cm³/s] で流れている．点1と点2での管の径は，それぞれ $d_1 = 50$ [mm], $d_2 = 75$ [mm]，基準面からの高さは点1が $z_1 = 25$ [cm]，点2が $z_2 = 40$ [cm] である．流れる水の密度 $\rho = 1000$ [kg/m³]，重力加速度 $g = 9.81$ [m/s²] として，以下の問いに答えよ．

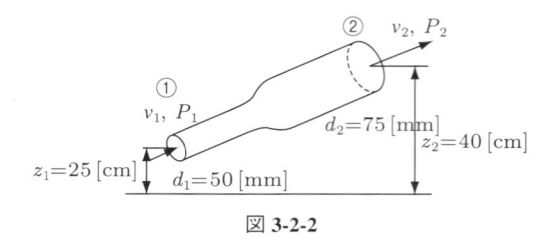

図 3-2-2

(1) 検査面①および②の流速 v_1, v_2 を求めよ
(2) 検査面①での圧力 p_1 を $p_1 = 5,000$ [Pa] として，検査面②での圧力 p_2 を求めよ．

解き方

(1) 検査面①と検査面②で質量は保存され，非圧縮性流体では密度は一定であるので，連続の式から

$$Q = A_1 v_1 = A_2 v_2 = 1200 \text{ [cm}^3\text{/s]} = 1.2 \times 10^{-3} \text{ [m}^3\text{/s]} \tag{3-2-3}$$

断面積 A_1, A_2 は，問題の数値を使って，

$$A_1 = \frac{\pi d_1^2}{4} = \frac{\pi (5.0 \times 10^{-2})^2}{4} = 1.96 \times 10^{-3} [\text{m}^2] \tag{3-2-4}$$

$$A_2 = \frac{\pi d_2^2}{4} = \frac{\pi (7.5 \times 10^{-2})^2}{4} = 4.42 \times 10^{-3} [\text{m}^2] \tag{3-2-5}$$

式 (3-2-3), (3-2-4), (3-2-5) から，

$$v_1 = \frac{1.2 \times 10^{-3}}{1.96 \times 10^{-3}} = 0.612 \text{ [m/s]}, \quad v_2 = \frac{1.2 \times 10^{-3}}{4.42 \times 10^{-3}} = 0.271 \text{ [m/s]}$$

(2) 検査面①と検査面②の間で，ベルヌーイの式を立てると，

$$z_1 + \frac{p_1}{\rho g} + \frac{v_1^2}{2g} = z_2 + \frac{p_2}{\rho g} + \frac{v_2^2}{2g}$$

ここで，$z_1 = 0.25$ [m], $z_2 = 0.40$ [m], $p_1 = 5,000$ [Pa] ([N/m²] もしくは [kg·m/s²/m²])．そして，$\rho = 1000$ [kg/m³], $g = 9.81$ [m/s²] である．また，前問より，$v_1 = 0.612$ [m/s], $v_2 = 0.271$ [m/s] である．これらの値を上式に代入すると，

$$0.25 + \frac{5000}{1000 \times 9.81} + \frac{(0.612)^2}{2 \times 9.81} = 0.40 + \frac{p_2}{1000 \times 9.81} + \frac{(0.271)^2}{2 \times 9.81}$$

が得られ，移項すると，

ここに注意!!!

ベルヌーイの式を使うときも，連続の式を使うときと同様に，境界面（検査面）を明らかにするようにしよう．

$$\frac{p_2}{1000 \times 9.81} = \frac{5000}{1000 \times 9.81} + 0.25 - 0.40 + \frac{(0.612)^2}{2 \times 9.81} - \frac{(0.271)^2}{2 \times 9.81}$$

$$\therefore p_2 = 5000 - 0.15 \times 1000 \times 9.81 + \{(0.612)^2 - (0.271)^2\} \times 500$$

$$= 5000 - 1470 + 150$$

$$= 3680 \text{ [Pa]}$$

Step 3　発 展 問 題

[1] 図 3-2-3 のように水で満たされたタンクにおいて，水面から下方 h の位置に小孔が空いており，この小孔から水が流出している．以下の問いに答えよ．

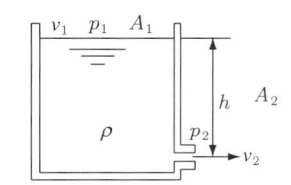

図 3-2-3　側壁からの流出を伴う流れ場

(1) タンクの断面積を A_1，小孔の断面積を A_2，水面での圧力を p_1，小孔の位置での圧力を p_2，水の密度を ρ，重力加速度を g としたとき，小孔から流出する水の理論流速 v_2 は，

$$v_2 = \frac{1}{\sqrt{1 - (A_2/A_1)^2}} \sqrt{2g\left(h + \frac{p_1 - p_2}{\rho g}\right)}$$

で表されることを示せ．

(2) 上記において，$h = 100$ [cm]，水の密度 $\rho = 1000$ [kg/m³]，水面および小孔の位置での圧力 p_1，p_2 が共に大気圧としたときの水の小孔からの流出速度 v_2 を求めよ．ただし水面の位置は一定に保たれ，水面の降下速度は $v_1 = 0$ [m/s] とする．

[2] 図 3-2-4 のように，空気の流速 v_1 を，水平面から $\theta = 30°$ 傾いたガラス管径の異なる傾斜マノメータを使って測定した．太いガラス管径は $D = 20$ [mm]，細いガラス管径は $d = 6$ [mm] であった．図中 O-O は，差圧がゼロの状態でマノメータの液面が平衡しているときの断面である．マノメータには，管径 d の細いガラス管に，断面 O-O からガラス管に沿う距離が目盛りとして打たれている．マノメータに使用した液体は水で，密度 $\rho_w = 1000$ [kg/m³]，空気の密度を $\rho_{air} = 1.22$ [kg/m³]，重力加速度を $g = 9.81$ [m/s²] して以下の問に答えよ．

(1) 測定を行うと，よどみ点の圧力 p_2 によって，太いガラス管（$D = 20$ [mm]）の液面が，長さ h だけ下がった．このとき，傾斜マノメータの差圧を表す距離が $l = 15$ [mm]，であった．このときの空気の流速 v_1 を求めよ．

(2) 差圧を小数点以下 2 桁までを有効として測定するために，太いガラス管を直径 D' の円筒タンクに変えて，円筒タンクの液面の下降距離 h を無視して，傾

斜マノメータの差圧を表す距離 l のみで差圧を測定したい．円筒タンクの直径 D' をいくらにすればよいか求めよ．

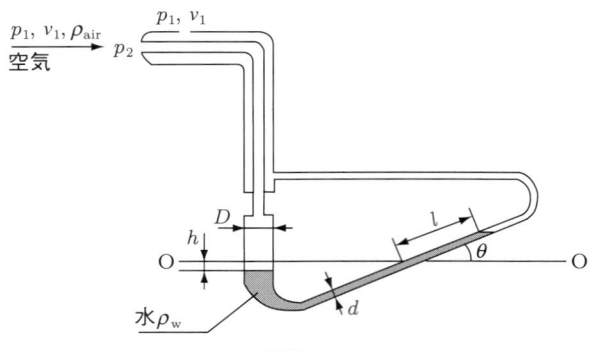

図 3-2-4 傾斜マノメーター

[3] スロート部の内径が，$d_2 = 40$ [mm] のベンチュリー管を水が流れる内径 $d_1 = 100$ [mm] の管路に挿入し，水銀マノメータで圧力差を測定したところ $h = 85$ [mm] であった．このときの管路の水の流速 v_1 と流量 Q を求めよ．ただし，水銀の密度 $\rho_{Hg} = 13600$ [kg/m³]，重力加速度 $g = 9.81$ [m/s²] とする．

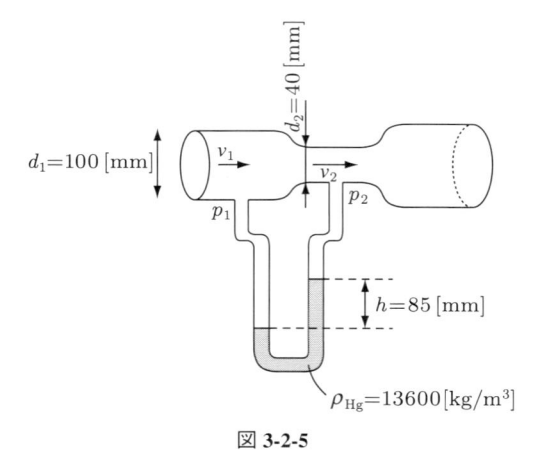

図 3-2-5

3.3　運動量の法則

基本的な考え方

流体における運動量は流体が流れることによって生成され，ニュートンの第2法則により導かれる。

Step 1　基本問題

[1] 次の空欄に適当な語句・数式を記入せよ．

質量の保存法則，エネルギーの保存法則と同様に力学として一般性のある法則として，[①] の法則がある．この法則を流体に適用すると，流れの局所の圧力や速度などが不明であっても，境界面の状態のみによって流体の運動を記述できる．ここで，流体の持つ運動量は，質量流量を $\dot{m}$，流体の流速を v，流量 Q，密度 ρ としたとき，[②] の値を持つ．

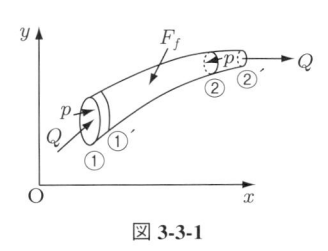

解答

① 運動量

② $\dot{m}v = \rho Q v$

③ $\rho Q_1 = \rho Q_2 = \rho Q$

④ $\dot{m}(v_2 - v_1) = \rho Q(v_2 - v_1)$

図 3-3-1

流体の定常流を考え，図に示す流管の一部分を検査面①と②で切り取った間の検査体積 (Control Volume) に [①] の法則を適用する．流体は検査面①から検査体積に流入し，検査面②から流出する．時刻 t に①と②の間の検査体積を満たしていた流体は，時刻 $t + \Delta t$ には，①′と②′の間を満たすように移動する．この間に流管①′〜②を満たしている流体部分は共通である．時間 Δt の間に②〜②′の流体部分が消失し，①〜①′の流体部分が検査体積に加わることになる．時間 Δt に流入する単位時間当たりの質量は，検査面①における断面積を A_1，流体の速度を v_1，流量を Q_1，密度を ρ とすれば，$\rho A_1 v_1 = \rho Q_1$ である．一方，時間 Δt に消失する単位時間当たりの質量は②〜②′の流体部分であるから，$\rho A_2 v_2 = \rho Q_2$ となる．これらの2つの量は連続の式から等しく，質量流量 $\dot{m} =$ [③] である．

これらの値を使用すると，検査面①において加わる運動量および，②において消失する運動量はそれぞれ，[②] の v にそれぞれの検査面を表す添え字 **1, 2** を付けたものとなる．したがって，Δt 時間当たりの運動量の変化は [④] で与えられ，この値は流管に外部からはたらく力の総和 F に等しい．すなわち，

$$F = [④] \tag{3-3-1}$$

である．上記式 (3-3-1) を，[①] の法則と呼ぶ．式 (3-3-1) の F は，

$$F = F_p + F_f + F_\tau \tag{3-3-2}$$

である．式 (3-3-2) において，F_p は検査面上に作用する圧力による力，F_f は検査体積を通過する流体が外部から受ける力，F_τ は検査面上にはたらく粘性力である．理

想流体においては，$F_\tau = 0$ であるので，

$$F = F_p + F_f = [\quad ④ \quad]$$

となる．

Step 2 演習問題

[1] 図 3-3-2 のように直径 **40 [mm]**，速度 **35 [m/s]** の水の噴流を平板に衝突させたとする．以下の問いに答えよ．ただし，水の密度は $\rho = 1000 \text{ [kg/m}^3\text{]}$ とする．
(1) 平板が静止している場合，平板が受ける衝撃力を求めよ．
(2) 噴流と同じ方向に速度 **7 [m/s]** で平板が移動する場合，平板が受ける衝撃力を求めよ．

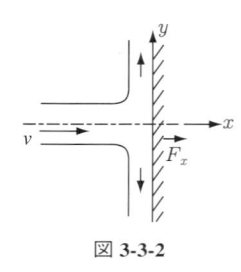

図 3-3-2

ここに注意!!!

・定常流れにおいて，境界面（検査面）での力を求める問題は，運動量保存則を使うと考えてよいだろう．
・運動量保存則を使うときも，連続の式，ベルヌーイの定理を使うときと同様に境界面（検査面）を明らかにしよう．

解き方

(1) 噴流の進行方向を正として，運動量の法則を適用すると

$$x \text{ 方向}: -F_x = 0 - \rho Q v = -\rho A v^2 = -\rho \cdot \frac{\pi}{4} d^2 \cdot v^2$$

$$= -1000 \times \frac{\pi}{4} \times (40 \times 10^{-3})^2 \times 35^2 = -\frac{\pi \times 1600 \times 1225 \times 10^{-3}}{4}$$

$$= -1540 \text{ [N]} \quad \therefore F_x = 1540 \text{ [N]}$$

y 方向：相殺されるので，力の発生はない．

(2) 平板に対する噴流の相対速度を v'，平板の速度を V とすると，

$$v' = v - V = 35 - 7 = 28 \text{ [m/s]}$$

であるので，運動量の法則から，

$$-F_x = -\rho A v'^2$$

$$= -1000 \times \frac{4}{\pi} \times (40 \times 10^{-3})^2 \times 28^2 = -985 \text{ [N]}$$

$$\therefore F_x = 985 \text{ [N]}$$

[2] 図 3-3-3 のように **45°** の曲管が水平に設置され，流量 $Q = 5 \text{ [m}^3\text{/min]}$ の水が流れている．断面①においては，圧力 **300 [kPa]**，内径 **200 [mm]** であり，断面②では内径 **100 [mm]** であった．水が曲管に及ぼす力とその方向を求めよ．ただし，

水の密度は 1000 [kg/m³] とし，重力の影響や曲管内の摩擦による損失はないものとする．

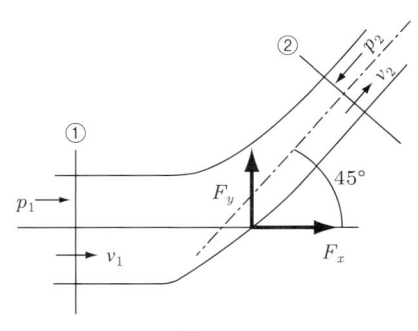

図 3-3-3

解き方

断面①および②の断面積をそれぞれ，A_1, A_2 としたとき，

$$A_1 = \frac{\pi \cdot d_1^2}{4} = \frac{\pi \times 0.2^2}{4} = 0.0314 \text{ [m}^2\text{]}, \quad A_2 = \frac{\pi \cdot d_2^2}{4} = \frac{\pi \times 0.1^2}{4} = 0.00785 \text{ [m}^2\text{]}$$

断面①及び②での平均流速 v_1, v_2 は，連続の式 $Q = A_1 v_1 = A_2 v_2 = (5/60) = 0.0833 \text{ [m}^3\text{/s]}$ から，

$$v_1 = \frac{Q}{A_1} = \frac{0.0833}{0.0314} = 2.65 \text{ [m/s]}, \quad v_2 = \frac{Q}{A_2} = \frac{0.0833}{0.00785} = 10.6 \text{ [m/s]}$$

ベルヌーイの定理を断面①と②に適用すると

$$p_1 + \frac{1}{2}\rho v_1^2 = p_2 + \frac{1}{2}\rho v_2^2$$

$$\therefore p_2 = p_1 + \frac{\rho(v_1^2 - v_2^2)}{2} = 300 \times 10^3 + \frac{10^3 \times \{(2.65)^2 - (10.6)^2\}}{2} = 10^3 \times (300 - 52.7)$$

$$= 247 \times 10^3 \text{ [Pa]}$$

運動量の法則を適用すると，

x 方向：$\rho Q v_2 \cos 45° - \rho Q v_1 = p_1 A_1 - p_2 A_2 \cos 45° - F_x$

y 方向：$\rho Q v_2 \sin 45° = -p_2 A_2 \sin 45° - F_y$

ここで F_x と F_y は流体にはたらく力である．上記二式を F_x, F_y について解くと以下のようになる．

$$F_x = p_1 A_1 - p_2 A_2 \cos 45° + \rho Q(v_1 - v_2 \cos 45°)$$

$$= 300 \times 10^3 \times 0.0314 - 247 \times 10^3 \times 0.00785 \times 0.707$$

$$\quad + 10^3 \times 0.0833 \times (2.65 - 10.6 \times 0.707)$$

$$= 9420 - 1370 + 10^3 \times 0.0833 \times (-4.84) = 7.65 \times 10^3 \text{ [N]}$$

$$F_y = -(p_2 A_2 + \rho Q v_2) \sin 45°$$

$$= -(247 \times 10^3 \times 0.00785 + 10^3 \times 0.0833 \times 10.6) \times 0.707$$

$$= -2.00 \times 10^3 \text{ [N]}$$

したがって，

力の大きさ：$F = \sqrt{F_x^2 + F_y^2} = \sqrt{7650^2 + (-2000)^2} = 7.91 \times 10^3$ [N]

力の方向：$\theta = \tan^{-1}\left(\dfrac{F_y}{F_x}\right) = \tan^{-1}(-0.261) = -14.6°$

Step 3　　発展問題

[1] 図 3-3-4 のように直径 50 [mm]，速度 40 [m/s] の水の噴流を曲面板に沿って水平方向に流入し，入射方向から 135° 方向を変えて流出しているとする．以下の問に答えよ．ただし，曲面板に沿っての摩擦損失は無視でき，水の密度は $\rho = 1000$ [kg/m³] とする．

 (1) 曲面板が固定されている場合の，曲面板に与える力および力の方向を求めよ．
 (2) 曲面板が噴流の入射する方向に速度 $u = 3$ [m/s] で移動している場合の，曲面板に与える力および力の方向を求めよ．

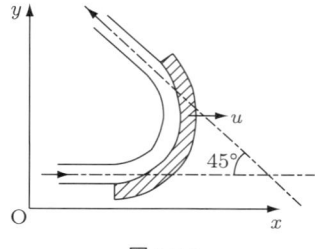

図 3-3-4

[2] 図 3-3-5 のようなターボジェットエンジンを搭載したジェット機が質量流量 $\dot{m} = 2.5$ [kg/s] の空気を取り入れながら，$v_0 = 150$ [m/s] の速度で飛行している．排気ガスの相対速度を $w_e = 750$ [m/s] としたときのジェットの推力 F およびエンジンの動力 L を求めよ．

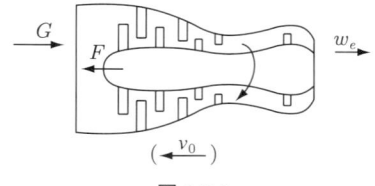

図 3-3-5

[3] 図 3-3-6 のように，直径 D の大きなタンクがある．水深 $h = 1.5$ [m] のところにタンクの互いに反対側の位置に直径 $d_1 = 15$ [mm] と $d_2 = 30$ [mm] のノズルが取り付けられている（$D \gg d_1, d_2$）とき，タンクが水平方向に受ける力 F を求めよ．ただし，水の密度は $\rho = 1000$ [kg/m³] で，ノズルでの損失はないとする．

図 3-3-6

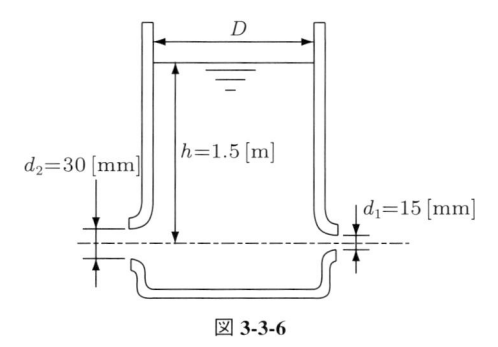

第4章　管路内の流れ

4.1　流れの状態と速度分布（層流，乱流）

基本的な考え方

管路を流れる**層流**と**乱流**はレイノルズ数でおおよその区別ができる．流れの速度分布は，層流の場合，ニュートンの粘性法則 $\tau = \mu \dfrac{du}{dy}$ から導くことができる．

Step 1　基本問題

[1] 次の空欄に適当な語句・数式を記入せよ．

実在する流体，すなわち粘性流体の流れは，大別すると［①］と［②］がある．ガラスの円管内に水を流し，その中に細い管から色素を注入すると，流速の遅い場合には，図 (a) のような管軸に平行な一筋の線となる．このような流れを［①］という．

一方，流速が速い場合には，図 (b) のような渦が発生し，不規則な流れとなる．このような流れを［②］という．

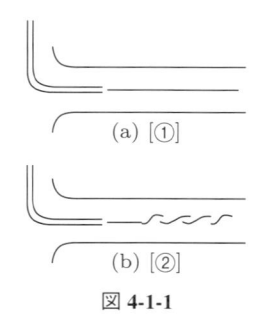

(a) ［①］

(b) ［②］

図 4-1-1

［①］と［②］の中間的な状態を遷移状態といい，［①］から［②］になるときの速度を［③］という．この［①］と［②］を区別するために，次の無次元数である［④］数が用いられる．

$$Re = \frac{vd}{\nu_f}$$

上式において，v は管内平均流速 [m/s]，d は管内径 [m]，ν_f は流体の動粘度 [m²/s] である．［①］から［②］に遷移するときの［④］数を，［⑤］数 Re_C といい，おおよそ **2300** である．

間隔 h の平行に置かれた 2 枚の静止した平板間を非圧縮性粘性流体が［①］の状態で流れているとき，壁に沿って流れる方法に x 軸をとり，これに垂直に y 軸をとると，速度分布は，

$$u = -\frac{1}{2\mu}\frac{dp}{dx}(hy - y^2)$$

解答
① 層流
② 乱流
③ 臨界速度
④ レイノルズ
⑤ 臨界レイノルズ
⑥ ポアズイユ
⑦ ハーゲン・ポアズイユ

で表される．式中，μ は流体の粘度，p は圧力である．この流れを 2 次元 [⑥] 流れという．

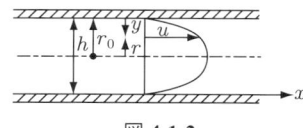

図 4-1-2

次に，図 4-1-2 に示すように半径 r_0 のまっすぐな円管内を非圧縮性粘性流体が [①] の状態で流れている場合に，流れの方向を x 軸とした円筒座標系をとったときの速度分布は，上式（p.122 の最下段の式）と同様に，μ は流体の粘度，p は圧力として，

$$u = -\frac{1}{4\mu}\frac{dp}{dx}(r_0^2 - r^2)$$

となる．この流れを [⑦] 流れという．

[2] 次の条件で管内を水が流れている．このときのレイノルズ数を求めよ．また，その流れが層流になるか乱流になるかを答えよ．ただし，水の動粘度 $\nu_f = 1 \times 10^{-6}$ [m²/s]，臨界レイノルズ数 $Re_C = 2300$ である．
(1) 直径 10 [mm] の管を平均流速 $v = 70$ [mm/s] で水が流れている．
(2) 直径 30 [mm] の管を平均流速 $v = 2$ [m/s] で水が流れている．

解き方

(1) $Re = \dfrac{vd}{\nu_f} = \dfrac{70 \times 10^{-3} \times 10 \times 10^{-3}}{1 \times 10^{-6}} = 700 \leq 2300 \quad \Rightarrow 層流$

(2) $Re = \dfrac{vd}{\nu_f} = \dfrac{2 \times 30 \times 10^{-3}}{1 \times 10^{-6}} = 60 \times 10^3 = 60,000 \geq 2300 \quad \Rightarrow 乱流$

Step 2　　演習問題

[1] 2 枚の平行平板の間を非圧縮性粘性流体が定常な層流状態で x 方向に流れている．距離 h 離れて固定されている場合，x 方向の流れの速度 u が

$$u = -\frac{1}{2\mu}\frac{dp}{dx}(hy - y^2)$$

で表されること，また，下の平板は固定され，上の平板が x 方向に U の速度で動いている場合は，x 方向の流れの速度 u が

$$u = \frac{U}{h}y - \frac{1}{2\mu}\frac{dp}{dx}(hy - y^2)$$

で表されることを証明せよ．式中，μ は流体の粘度，p は圧力である．

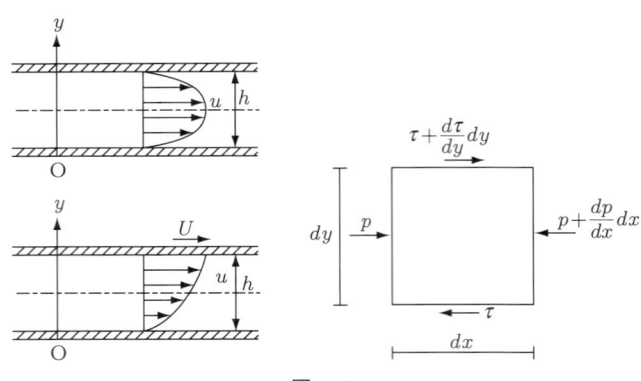

図 4-1-3

解き方

2 枚の平板間に体積が $dx \times dy \times 1$ の微小流体要素を考えると，各面に，圧力による力と粘性による摩擦力がはたらく．本題の流れは x 方向にのみ流れているので，y 方向には圧力およびせん断力は変化しない．したがって，x 方向にはたらく力を考える．

$$\text{圧力による力}: pdy - \left(p + \frac{dp}{dx}dx\right)dy = -\frac{dp}{dx}dxdy \tag{4-1-1}$$

$$\text{せん断応力による力}: -\tau \cdot dx + \left(\tau + \frac{d\tau}{dy}dy\right)dx = \frac{d\tau}{dy}dxdy \tag{4-1-2}$$

式 (4-1-1) と式 (4-1-2) の力のつり合いより，(4-1-1) + (4-1-2) = 0 であるから，

$$-\frac{dp}{dx}dxdy + \frac{d\tau}{dy}dxdy = 0$$

となり，したがって

$$\frac{d\tau}{dy} = \frac{dp}{dx} \tag{4-1-3}$$

を得る．本題の流れは層流であるから，ニュートンの粘性法則よりせん断応力は，

$$\tau = \mu \frac{du}{dy} \tag{4-1-4}$$

であり，この式 (4-1-4) を式 (4-1-3) に代入すると，

$$\frac{d^2 u}{dy^2} = \frac{1}{\mu}\frac{dp}{dx} \tag{4-1-5}$$

を得る．圧力勾配 $\frac{dp}{dx}$ は y の関数ではないので，式 (4-1-5) を 2 回積分して，

$$u = \frac{1}{2\mu}\frac{dp}{dx}y^2 + C_1 y + C_2 \tag{4-1-6}$$

を得ることができる．ここで，C_1, C_2 は積分定数である．

> **ここに注意!!!**
>
> 流れが定常ということは外部から力が加わっていないので，力がつり合っている．

まず，2つの平板が固定されている場合，すなわち，境界条件，$y = 0$ で $u = 0$ と $y = h$ で $u = 0$ を式 (4-1-6) に入れると，

$$u = -\frac{1}{2\mu}\frac{dp}{dx}(hy - y^2) \tag{4-1-7}$$

を得る．

続いて，上面が x 方向に速度 U で動いている場合，すなわち，境界条件，$y = 0$ で $u = 0$ と $y = h$ で $u = U$ を式 (4-1-6) に入れると，

$$u = \frac{U}{h}y - \frac{1}{2\mu}\frac{dp}{dx}(hy - y^2) \tag{4-1-8}$$

を得る．

Step 3　　発展問題

[1] 半径 r_0（直径 d）のまっすぐな円管内を非圧縮性粘性流体が層流の状態で流れている場合，流れの方向を x 軸とした円筒座標系 (r, θ, x) をとったときの x 方向速度 u と流量 Q は，

$$u = -\frac{1}{4\mu}\frac{dp}{dx}(r_0^2 - r^2)$$

$$Q = -\frac{1}{8\mu}\frac{dp}{dx}\pi \cdot r_0^4 = \frac{\pi \cdot d^4}{128\mu}\frac{\Delta p}{l}$$

で表されることを示せ．式中，μ は流体の粘性係数，p は圧力である．また，Δp はこの流体が長さ l の管を流れたときの圧力降下である．

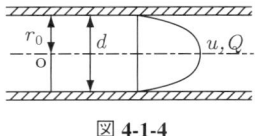

図 4-1-4

[2] 内径 $d = 50$ [mm]，長さ $l = 450$ [m] の水平管内を，比重 $s = 0.85$ の原油が流量 $Q = 0.10$ [m³/min] で送られている．管路における圧力降下が $\Delta p = 200$ [kPa] のとき，この油の粘性係数 μ を求めよ．

4.2 圧力損失（諸損失，総損失）

基本的な考え方
実際の流れでは，流体の粘性による摩擦や，管形状の変化に伴う損失に打ち勝つ必要がある．このために，上流側の圧力が下流側より大きくなる．この差圧を**圧力損失**という．

Step 1 　基本問題

[1] 次の空欄に適当な語句・数式を記入せよ．

内径 d のまっすぐな円管内を密度 ρ の非圧縮性流体が平均流速 v で定常的に流れ，管軸長さ l だけ離れた 2 点の圧力を p_1, p_2 とした場合，[①] h は，摩擦による圧力損失 $\Delta p = p_1 - p_2$ などを用いて，

$$h = \frac{p_1 - p_2}{\rho g} = \frac{\Delta p}{\rho g} = \lambda \frac{l}{d} \frac{v^2}{2g} \tag{4-2-1}$$

で表され，式 (4-2-1) を [②] の式という．式 (4-2-1) 中，g は重力加速度，λ は [③] と呼ばれる無次元数で，流れや管の内面の状態によって変化する．

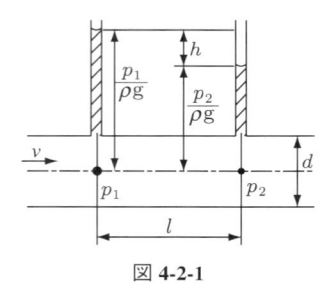

図 4-2-1

円管内の流れが層流の場合には，2 点間の距離 l における圧力損失 Δp は次のハーゲン・ポアズイユの式，

$$\Delta p = \frac{128 \mu \cdot l \cdot Q}{\pi \cdot d^4} = \frac{32 \mu \cdot l \cdot v}{d^2} \tag{4-2-2}$$

で表される．上式において，μ：粘性係数，Q：流量，d：円管の内径，v：流体の平均流速である．式 (4-2-1) と式 (4-2-2) から，[③] λ は，

$$\lambda = \frac{64 \mu}{\rho v d} = \frac{64 \nu_f}{v d} = \frac{64}{Re} \tag{4-2-3}$$

となる．式 (4-2-3) から，層流の場合の [③] λ は，[④] 数 Re のみの関数であることになる．また，層流の場合は管内壁の粗さの影響がみられないことも知られており，[③] λ は，管内壁の状態に関わらず，式 (4-2-3) が成り立つ．

乱流における圧力損失のメカニズムが十分に解明されていないために，乱流の [③] λ には，[④] 数 Re によって異なる実験式や半理論式が用いられる．

乱流の場合，管内壁の状態によっても [③] λ は影響され，[④] 数 Re および相対粗さ $\dfrac{\varepsilon}{d}$ の関数となり，$\dfrac{\varepsilon}{d}$ が大きいほど λ は大きくなる．ここで ε は管円径の粗さ要

解答
① 損失ヘッド
② ダルシー・ワイズバッハ
③ 管摩擦係数
④ レイノルズ
⑤ ムーディ
⑥ 損失係数

ここに注意!!!

管摩擦による損失ヘッドを h_f とし，形状変化などによる損失ヘッドを h_s として比較すると，
$$h_f = \lambda \frac{l}{d} \frac{v^2}{2g}$$
$$h_s = \zeta \frac{v^2}{2g}$$
である．
h_f は管の長さに比例し，直径に反比例することは，日常の現象から経験的にわかる．
一方，h_s はそのような法則がないので，大括りに，ζ で表していると考えると理解が進むだろう．

素の高さを表す．[④] 数が十分に大きい場合は，[③] λ は [④] 数 Re に無関係に相対粗さ $\frac{\varepsilon}{d}$ のみの関数となる．以上のような状況の中で，管内面の状態に対して数種の実験式が提案されているが，実用的には提案された実験式をもとに作成された [⑤] 線図を用いて [③] λ が求められる場合が多い．

管路内の流れでは，上述の管摩擦損失のほかに，流路断面積の大きさの変化，流れの方向の変化，弁などによる種々のエネルギー損失が生じる．このような損失では，その前後で平均流速が変化する．このとき [①] h は [⑥] ζ を用いて，

$$h = \zeta \frac{v^2}{2g}$$

で表される．v は流体の平均流速であるが，損失が生じた前後で速度が大きいほうの値が一般的に用いられる．

[2] 直径 $d = 20$ [cm]，長さ $l = 320$ [m] の直管に，流量 $Q = 4.7$ [m³/min] の水が流れている．損失ヘッド h を求めよ．ただし，管摩擦係数 $\lambda = 0.028$ とする．

解き方

単位を合わせて，ダルシー・ワイスバッハの式 (4-2-1) に代入する．

$$h = \lambda \frac{l}{d} \frac{v^2}{2g} = \lambda \frac{l}{d} \frac{(Q/A)^2}{2g}$$

$$= 0.028 \times \frac{320}{0.2} \times \frac{1}{2 \times 9.81} \times \left(\frac{4.7}{60} \times \frac{4}{\pi \times 0.2^2} \right)^2$$

$$= 0.028 \times 1600 \times 0.0510 \times 6.22 = 14.2 \text{ [m]}$$

Step 2 演習問題

[1] 動粘性係数（動粘度）$\nu_f = 2.0 \times 10^{-5}$ [m²/s]，密度 $\rho = 0.88 \times 10^3$ [kg/m³] の油を内径 $d = 350$ [mm]，長さ $L = 100$ [m] の円管内を $Q = 10$ [l/s] の流量で送油している．以下の問いに答えよ．

(1) 管内の平均流速 v を求めよ．
(2) 管内の流れは層流か乱流かを答えよ．ただし，臨界レイノルズ数 $Re_c = 2300$ とする．
(3) 管摩擦係数 λ を求めよ．ただし，管摩擦係数はレイノルズ数に依存し，次のように与えられるものとする．

・$Re \leqq 2300$（層流）のとき，$\lambda = \dfrac{64}{Re}$

・$2300 \leqq Re \leqq 10^5$ のとき，$\lambda = \dfrac{0.3164}{Re^{0.25}}$（ブラジウスの式）

・$Re \geqq 10^5$ のとき，$\lambda = 0.0032 + \dfrac{0.221}{Re^{0.237}}$（ニクラーゼの式）

(4) 管摩擦による摩擦損失ヘッド h と圧力損失 Δp を求めよ．

> **ここに注意!!!**
>
> 管摩擦係数 λ は，
> ・層流の場合は，ハーゲン・ポアズイユの式から導かれる．$\lambda = \dfrac{64}{Re}$
> ・乱流の場合は，現状では理論的には導出できず，Re の値によって異なる実験式で与えられている．

解き方

(1) 円管を流れる流体の流量 Q と平均流速 v の関係は，円管の断面積を A，内径を d として，

$$Q = A \cdot v = \frac{\pi}{4}d^2 \cdot v$$

で表されるから，

$$v = \frac{Q \times 4}{\pi \times d^2} = \frac{10 \times 10^{-3} \times 4}{\pi \times (350 \times 10^{-3})^2} = 0.104 \text{ [m/s]}$$

(2) $Re = \dfrac{vd}{\nu_f} = \dfrac{0.104 \times 350 \times 10^{-3}}{2.0 \times 10^{-5}} = 1820 < 2300$．したがって，流れは層流となる．

(3) 流れが層流であるから，$\lambda = \dfrac{64}{Re} = \dfrac{64}{1820} = 0.0352$

(4) 管摩擦による摩擦損失ヘッドはダルシー・ワイズバッハの式を使って，

$$h = \lambda \cdot \frac{L}{d}\frac{v^2}{2g} = 0.0352 \times \frac{100}{0.350} \times \frac{0.104^2}{2 \times 9.81} = 5.54 \times 10^{-3} \text{ [m]}$$

また，圧力損失は $\Delta p = \rho g h = 0.88 \times 10^3 \times 9.81 \times 5.54 \times 10^{-3} = 47.8$ [Pa]

[2] 図 4-2-2 のように大きな水槽に直径 **120 [mm]** の管を付けて排水している．水槽の水面①から管出口②までの流動損失ヘッドが **7 [m]** のとき，管内の平均流速と排水流量を求めよ．ただし，水面①と管出口②の高さの差は **15 [m]**，水面①と管出口②の圧力は大気圧とする．また水面①の流速 $v_1 = 0$ とする．

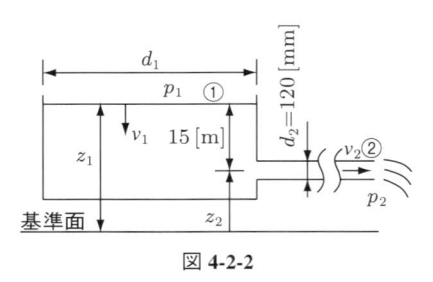

図 4-2-2

解き方

①と②の間に損失を考慮したベルヌーイの式を適用すると，

$$\frac{p_1}{\rho g} + \frac{v_1^2}{2g} + z_1 = \frac{p_2}{\rho g} + \frac{v_2^2}{2g} + z_2 + h_l$$

ここで，p は圧力，v は流速，z は基準面からの高さ，h_l は①と②の間の流動損失ヘッド，ρ は密度，g は重力加速度である．また，添え字 1 および 2 はそれぞれ図の①と②における値を示している．

ここに注意!!!

損失がある場合，上流側のヘッドが大きくないと流れが起こらない．したがって，損失のある流れにベルヌーイの定理を適用したとき，下流側に損失項を付加することを理解しておこう．

題意より，$z_1 - z_2 = 15$ [m]，$p_1 = p_2 =$ 大気圧，$v_1 = 0$ であり，これらの値を上式に代入して整理すると，

$$\frac{v_2^2}{2g} = z_1 - z_2 - h_l = 15 - 7 = 8 \text{ [m]}$$

$$v_2 = \sqrt{2 \times 9.81 \times 8} = 12.5 \text{ [m/s]}$$

$$Q = A_2 v_2 = \frac{\pi}{4} d_2^2 v_2 = \frac{\pi \times (120 \times 10^{-3})^2 \times 12.5}{4} = 0.141 \text{ [m}^3\text{/s]}$$

[3] 図 4-2-3 のように，非圧縮性の流体が断面①（断面積 A_1）から断面②（断面積 A_2）に急拡大する円管内を流れるときの損失ヘッド h_s が，

$$h_s = \left(1 - \frac{A_1}{A_2}\right)^2 \frac{v_1^2}{2g}$$

で与えられることを証明せよ．図中 v と p はそれぞれ平均流速と圧力であり，その添え字 **1, 2** は断面①，②を表す．ただし，v_1 は断面①における平均流速である．

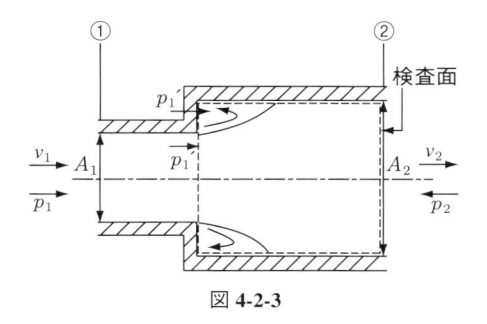

図 4-2-3

解き方

断面①および②において，圧力は p_1, p_2，平均流速は v_1, v_2 である．
図の検査面に対して，圧力差による力は，流れ方向に対して，

$$p_1 A_1 + p_1'(A_2 - A_1) - p_2 A_2$$

である．ここで，p_1' は管の急拡大部の円管上の端面に作用する圧力である．この p_1' は実験的に $p_1' = p_1$ であることが示されているので，上式から，

$$p_1 A_1 + p_1(A_2 - A_1) - p_2 A_2 = (p_1 - p_2) A_2$$

を得る．この力と，単位時間あたりの運動量の変化量 $\rho A_1 v_1 (v_2 - v_1)$ が等しいとおくと，

$$\rho A_1 v_1 (v_2 - v_1) = (p_1 - p_2) A_2 \tag{4-2-4}$$

を得る．また，連続の式

$$A_1 v_1 = A_2 v_2 \tag{4-2-5}$$

から，

$$A_2 = \frac{v_1}{v_2} A_1$$

である．上式を式 (4-2-4) に代入して整理すると，

$$\frac{p_1 - p_2}{\rho} = v_2(v_2 - v_1) \tag{4-2-6}$$

となる．断面の急拡大による損失ヘッド h_s を考慮し，また管路が水平であるとしてベルヌーイの定理を適用すると，

$$\frac{p_1}{\rho g} + \frac{v_1^2}{2g} = \frac{p_2}{\rho g} + \frac{v_2^2}{2g} + h_s$$

$$h_s = \frac{p_1 - p_2}{\rho g} + \frac{v_1^2 - v_2^2}{2g} \tag{4-2-7}$$

となる．式 (4-2-6) を式 (4-2-7) に代入すると，

$$h_s = \frac{v_2(v_2 - v_1)}{g} + \frac{v_1^2 - v_2^2}{2g}$$

$$\therefore h_s = \frac{v_1^2 - 2v_1 v_2 + v_2^2}{2g} = \frac{(v_1 - v_2)^2}{2g} = \left(1 - \frac{v_2}{v_1}\right)^2 \frac{v_1^2}{2g}$$

となり，上式に連続の式 (4-2-5) を変形して代入すると，

$$h_s = \left(1 - \frac{A_1}{A_2}\right)^2 \frac{v_1^2}{2g} \tag{4-2-8}$$

となる．すなわち，損失係数 ς が，

$$\varsigma = \left(1 - \frac{A_1}{A_2}\right)^2$$

で表されることになる．

Step 3　　　発 展 問 題

[1] 図 4-2-4 のように河川からポンプで水を貯水池まで汲み上げている．河川からポンプ，ポンプから貯水池までの配管は，内径 d [m]，管摩擦係数 λ の鋼管が用いられている．配管の途中には，図のように仕切り弁とエルボが装着されている．損失係数は，仕切り弁が ς_v，エルボが ς_e，貯水池への出口が ς_o である．高さ z_1 の河川からの汲み上げ部での損失および，ポンプでの損失はないとする．また，貯水池は大きく，その水面の高さ z_2 は一定とする．以下の問に答えよ．

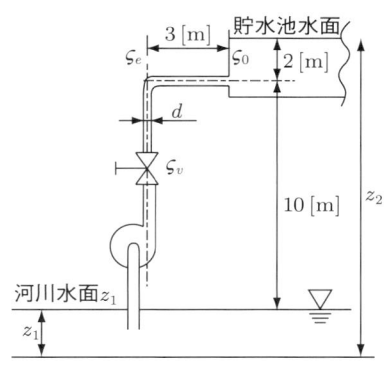

図 4-2-4

(1) ポンプが水に与えるエネルギーをヘッド H_p で表すと，河川の水面と貯水池の水面の間の損失を含めたベルヌーイの定理を記述せよ．

(2) 流量 $Q = 0.5 \text{ [m}^3\text{/min]}$，配管内径 $d = 0.1 \text{ [m]}$ である．水の流速 $v \text{ [m/s]}$ を求めよ．

(3) 管摩擦係数 $\lambda = 0.02$，損失係数は，仕切り弁が $\varsigma_v = 0.2$，エルボが $\varsigma_e = 1.1$，貯水池への出口が $\varsigma_o = 1.0$ である．河川からの汲み上げ部，ポンプでの損失はないとする．また，貯水池および河川の水面での圧力は共に大気圧とする．このときのポンプが水に与えるエネルギーであるヘッド H_p を求めよ．

(4) ポンプが単位体積の水を汲み上げる単位時間あたりの仕事量（水動力）L_w を求めよ．また，ポンプの効率が 70% ($\eta = 70\%$) であったときの，軸動力 L_s を求めよ．

[2] 図 4-2-5 のように基準面から水面までの高さが $z_A = 100 \text{ [m]}, z_B = 70 \text{ [m]}$ の A, B 2 つの貯水池から，地点 C で水を合流させ出口 D で放流する管路がある．地点 C と出口 D 間の配管に仕切り弁が付けられている．管摩擦損失係数がいずれの配管においても $\lambda = 0.025$，管の長さは，AC 間 $l_1 = 85 \text{ [m]}$，BC 間 $l_2 = 45 \text{ [m]}$，CD 間 $l_3 = 100 \text{ [m]}$，管径は，AC 間 $d_1 = 0.4 \text{ [m]}$，BC 間 $d_2 = 0.3 \text{ [m]}$，CD 間 $d_3 = 0.5 \text{ [m]}$ である．仕切り弁が全開のとき，その損失はゼロ，その他合流部や入口および出口の損失もゼロとする．以下の条件での出口 D での流出量を求めよ．

(1) 仕切り弁が全開のとき
(2) 仕切り弁を徐々に閉じていき，BC 間で水が流れなくなったとき

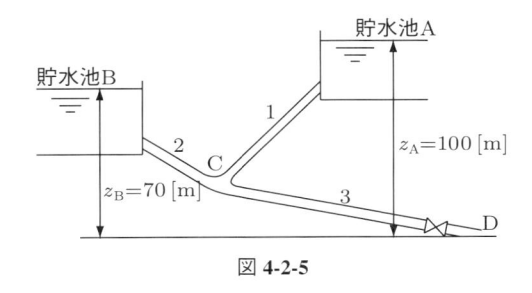

図 4-2-5

[3] 図 4-2-6 のように，管の直径が $d_1 = 50 \text{ [cm]}$ から $d_2 = 30 \text{ [cm]}$ に急激に縮小し

た管路内を水が流れている．管径の急変前後の圧力差 $p_1 - p_2$ を水銀マノメーターで測定したところ，液面差が $h = 60$ [mm] であった．このときの流量を求めよ．ただし，水銀の比重は $s = 13.6$ とする．また，損失係数 ς_s と収縮係数 C_c は，収縮前の断面積を A_1，収縮後の管断面積を A_2 としたときに，次表で与えられたものとする．

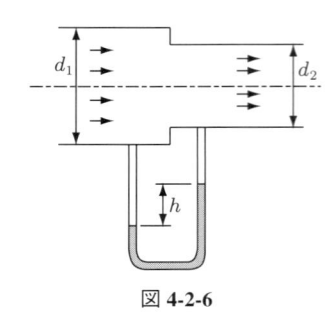

図 4-2-6

表 4-2-1

A_2/A_1	0.1	0.2	0.3	0.4	0.5	0.6	0.7	0.8	0.9	1.0
C_c	0.61	0.62	0.63	0.65	0.67	0.70	0.73	0.77	0.84	1.00

第5章 完全流体の力学

5.1 オイラーの運動方程式

基本的な考え方

粘性の無い完全流体の運動は連続の式とオイラー（Euler）の運動方程式によって支配される．
流体の運動を記述するためには，流体粒子がある瞬間において，どのような物理量（流速，圧力，密度等）を持つのかが分かればよい．そのためには，ラグランジュ（Lagrange）の方法とオイラーの方法の 2 通りの記述方法がある．**ラグランジュの方法**では，流体は無数の粒子群からなっていると考え，各粒子の運動を時間的に調べる．それに対し，**オイラーの方法**は，ある時刻において空間の各点での流速，圧力，密度等がどのような値を持つのかが分かれば，流れの様子が分かるという記述方法である．ラグランジュの方法が，いわゆる粒子的な立場をとるのに対して，オイラーの方法は場の立場をとる．

Step 1　基本問題

オイラー式の記述では，流体の速度ベクトル u は位置ベクトル x と時間 t の関数 $u = u(x; t)$ として与えられる．一方，ラグランジュ式の記述では，流体粒子の速度 u は $u(x_0; t)$ である（ただし，$t = 0$ における流体粒子の位置 x を $x = x_0$ とする）．その際，ラグランジュ微分（物質微分ともいう）$\dfrac{Du}{Dt}$ をオイラー式の記述と結びつけよ．

解き方

例えば，3 次元空間の場合，x の各成分を (x, y, z) とすると，

$$\frac{D}{Dt} u(x; t) = \frac{D}{Dt} u(x, y, z; t) \tag{5-1-1}$$

となる．ここで，ラグランジュ式の記述では，x は初期位置 x_0 と時間 t の関数であるので，速度 $u(x_0; t)$ と加速度 $\alpha(x_0; t)$ は

$$\frac{d}{dt} x(x_0; t) = u(x_0; t), \qquad \frac{d^2}{dt^2} x(x_0; t) = \alpha(x_0; t) \tag{5-1-2}$$

として求められる．一方，オイラー式の記述では式 (5-1-1) の右辺に多変数の合成関数の微分を用いると，

$$\frac{D}{Dt} u(x, y, z; t) = \frac{\partial u}{\partial t} + \frac{\partial u}{\partial x} \underbrace{\frac{dx}{dt}}_{=u} + \frac{\partial u}{\partial y} \underbrace{\frac{dy}{dt}}_{=v} + \frac{\partial u}{\partial z} \underbrace{\frac{dz}{dt}}_{=w} \tag{5-1-3}$$

となる．ただし，速度 u の各成分はそれぞれ (u, v, w) である．このようにして得られた式 (5-1-3) の右辺第 2, 3, 4 項は**対流項**（非線形慣性項）と呼ばれ，同じ流体粒子を追いかけるために現れた加速度である．

Step 2　演習問題

[1] 半無限に広い 2 枚の板の間を流れる流体の運動を考える．ただし，流れの方向を x 軸にとり，2 枚の板の間隙は $h(x) = 1/(x^2 + 1)$，流れは各断面で一定とする．このとき，$t = 0$ で原点にあった流体粒子の運動 $x(0; t)$ と加速度を求め，ラグランジュ式による加速度がオイラー式によって得られる加速度と等しくなることを確認せよ．

解き方

質量保存則から，位置 x での流速は $u(x)h(x) = u(0)h(0) = u(0)$ であることから，

$$\frac{dx}{dt} = u(x) = \frac{u(0)}{h(x)} = u(0)(1 + x^2) \tag{5-1-4}$$

であり，この微分方程式から次式が得られる．

$$\int_0^x \frac{dx}{1 + x^2} = \int_0^t u(0)dt \tag{5-1-5}$$

式 (5-1-5) は簡単に解くことができ，時刻 t における流体粒子の位置 $x(0; t)$ は次のように求められる．

$$x(0; t) = \tan(u(0)t) \tag{5-1-6}$$

次に，加速度は du/dt で求められるので，ラグランジュ式による加速度は

$$\begin{aligned}\frac{du}{dt} &= u(0)\frac{d}{dt}\left(\frac{1}{\cos^2(u(0)t)}\right) = u(0) \cdot \frac{2u(0)}{\cos^3(u(0)t)} \cdot \sin(u(0)t) \\ &= 2u(0)\tan(u(0)t) \cdot u(0)\left[1 + \tan^2(u(0)t)\right] = 2xu(0)u\end{aligned} \tag{5-1-7}$$

となる．
一方，オイラー式では加速度は式 (5-1-3) で求められ，

$$\frac{D}{Dt}u(x) = u\frac{du}{dx} = 2xu(0)u \tag{5-1-8}$$

となり，ラグランジュ式と同じになることが確認できる．

[2] 図 5-1-1 のような，密度 ρ の流体が流れ方向にとった断面積 A の微小要素（長さ Δs）に速度 u で流入する際の質量保存則を考え，連続の式を導出せよ．ただし，速度は断面で一定とする．

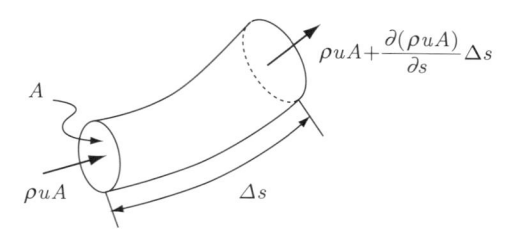

図 5-1-1　微小な流管に流入・流出する流体の質量流量の保存

解き方

時間 Δt の間に微小要素に流入する際の質量流量は $\rho u A \Delta t$ である．その流体が微小要素から流出する際の質量流量は，テイラー（Taylor）展開を利用して

$$\left\{\rho u A + \frac{\partial(\rho u A)}{\partial s}\Delta s\right\}\Delta t \tag{5-1-9}$$

である．一方，時間 Δt の間における微小要素内での質量の変化分は

$$\frac{\partial(\rho A \Delta s)}{\partial t}\Delta t \tag{5-1-10}$$

となる．したがって，時間 Δt の間における微小要素内での質量保存則は，

$$\underbrace{\frac{\partial(\rho A \Delta s)}{\partial t}\Delta t}_{\text{微小要素内の変化量}} = \underbrace{\rho u A \Delta t - \left\{\rho u A + \frac{\partial(\rho u A)}{\partial s}\Delta s\right\}\Delta t}_{\text{微小要素内に溜まる量}} \tag{5-1-11}$$

となる．つまり，1次元の**連続の式**は次式のようになる．

$$\frac{\partial(\rho A)}{\partial t} + \frac{\partial(\rho u A)}{\partial s} = 0 \tag{5-1-12}$$

特に，質量流量が時間的に変化の無い定常な場合（$\partial/\partial t = 0$），連続の式は次式のように表される．

$$\rho u A = \text{流れの方向に沿って一定} \tag{5-1-13}$$

[3] 図 **5-1-2** のような，密度 ρ の流体が流れ方向にとった断面積 A の微小要素（長さ Δs）に速度 u で流入する際の運動量保存則を考え，オイラーの運動方程式を導出せよ．ただし，微小要素が鉛直方向（z 方向）とのなす角は θ であり，圧力 $p + \dfrac{1}{2}\dfrac{\partial p}{\partial s}\Delta S$ を受けるものとする．

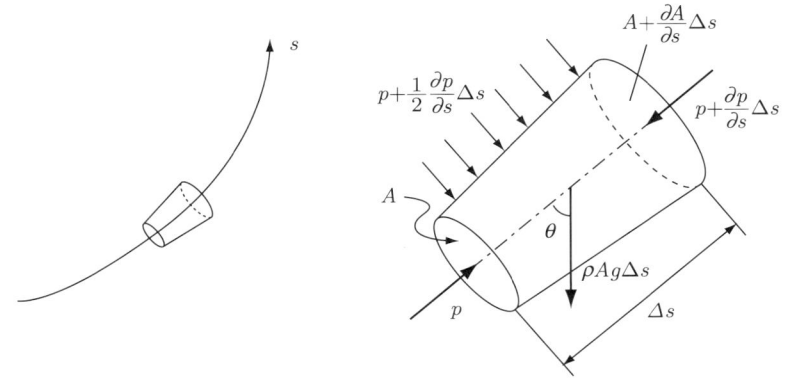

図 **5-1-2** 微小な流管に働く圧力と自重

解き方

まず，図 5-1-3 に示されるような s 軸方向の微小要素に作用する圧力について考える．この微小要素には，左側側面から pA の力が作用する．次に，これまでと同様にテイラー展開から，長さが Δs である微小要素の右側側面の断面積は $A + (\partial A/\partial s)\Delta s$，作用する圧力は $p + (\partial p/\partial s)\Delta s$ となる．微小要素の上下側面（s 軸となす角 α，側面積 ΔS）からは，平均して $p + (1/2)(dp/ds)\Delta s$ の圧力がかかっていると考えると，圧力による s 軸方向の力は

$$pA - \left(p + \frac{\partial p}{\partial s}\Delta s\right)\left(A + \frac{\partial A}{\partial s}\Delta s\right) + \left(p + \frac{1}{2}\frac{\partial p}{\partial s}\Delta s\right)\Delta S \sin\alpha \tag{5-1-14}$$

となる．ここで，図 5-1-3 から，$\Delta S \sin\alpha = (\partial A/\partial s)\Delta s$ であることに注意し，2 次の微小項 $(\Delta s)^2$ を無視することにより，式 (5-1-14) は，次式のようになる．

$$\text{式 (5-1-14)} \approx pA - \left(pA + A\frac{\partial p}{\partial s}\Delta s + p\frac{\partial A}{\partial s}\Delta s\right) + p\frac{\partial A}{\partial s}\Delta s \approx -A\frac{\partial p}{\partial s}\Delta s \tag{5-1-15}$$

したがって，流れ方向（s 方向）の運動方程式（質量 m，加速度 α，力 F としたとき，$m\alpha = F$）は次のように記述される．

$$\underbrace{\rho A \Delta s}_{=m} \underbrace{\frac{Du}{Dt}}_{=\alpha} = \underbrace{-\rho A g \Delta s \cos\theta}_{\text{自重}} - \underbrace{A\frac{\partial p}{\partial s}\Delta s}_{\text{圧力による力}} \tag{5-1-16}$$

$$_{=F}$$

上と同様に，$\Delta s \cos\theta = \Delta z$ を考慮し，式 (5-1-3) の 1 次元成分を利用すると，式 (5-1-16) は次式のようになる．

$$\frac{\partial u}{\partial t} + u\frac{\partial u}{\partial s} = -g\frac{\partial z}{\partial s} - \frac{1}{\rho}\frac{\partial p}{\partial s} \tag{5-1-17}$$

この式は粘性の無い流れに対する**オイラーの運動方程式**と呼ばれ，左辺の第 2 項に非線形項が現れる．

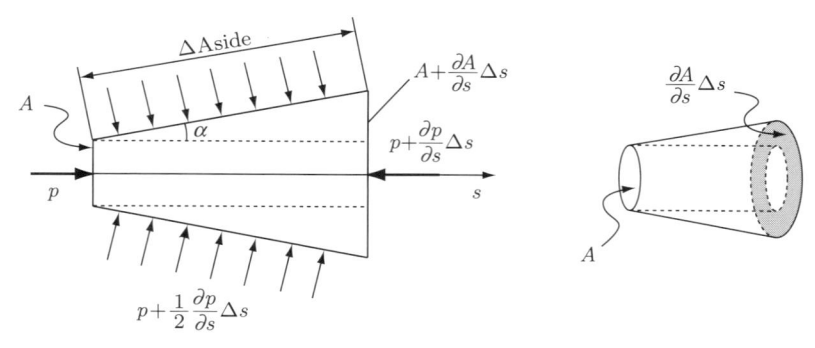

図 5-1-3　微小な流管に働く圧力（右は鳥瞰図）

Step 3 発展問題

[1] 演習問題 3 で導出したオイラーの運動方程式を積分し，ベルヌーイ（Bernoulli）の定理を導出せよ．ただし，流れ場は密度一定で，時間的に定常とする．

5.2 流線と流れの関数

基本的な考え方

流れの場を幾何学的に表現する手法として，流線，流跡線，流脈線という概念がある．**流線**は，時間 t をある時刻に固定し，その時刻において，速度ベクトルが接線ベクトルとなる曲線のことである．つまり，図 5-2-1 のもとで，流線はその定義から，$\boldsymbol{u} \parallel \mathrm{d}\boldsymbol{x}$，すなわち，

$$\frac{\mathrm{d}x}{u} = \frac{\mathrm{d}y}{v} = \frac{\mathrm{d}z}{w} \tag{5-2-1}$$

でなければならない．

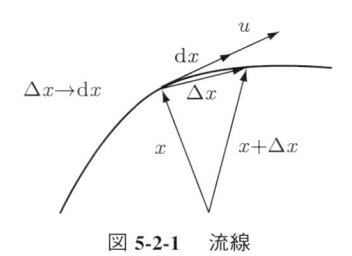

図 5-2-1　流線

この流線が交差するとき，その交点では流体は速度零もしくは無限大をとる．速度が零となるとき，その交点を**よどみ点**といい，無限大のとき**特異点**という．この特異点の代表的なものとして，後述する湧き出しが挙げられる．なお，この流線によって作られる曲面を**流管**という（図 5-2-2 参照）．

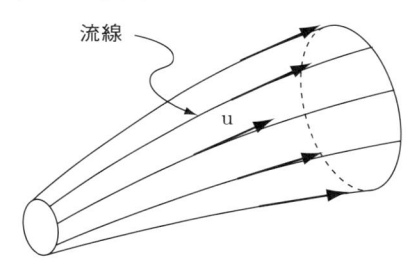

図 5-2-2　流管

流跡線は，流体粒子を時間と共にラグランジュ的に追跡したときに描かれる軌跡を示す概念であり，$\mathrm{d}\boldsymbol{x} = \boldsymbol{u}\mathrm{d}t$ である．**流脈線**は色付き流線とも呼ばれ，空間のある固定点を通過した流体のすべての粒子が，任意の瞬間に存在する点を結んだ線であり，タバコの煙をある瞬間に撮ったものはその一例である．

2 次元の場合，非圧縮流（$\rho = $ 一定）に対する連続の式は

$$\frac{\partial u}{\partial x} + \frac{\partial v}{\partial y} = 0 \tag{5-2-2}$$

となる．この式は，任意のスカラー関数 $\Psi(x, y; t)$ を用いて，

$$u = \frac{\partial \Psi}{\partial y}, \qquad v = -\frac{\partial \Psi}{\partial x} \tag{5-2-3}$$

とおくとき，自動的に満たされる．この関数 Ψ を**流れの関数**と呼び，流線は $\Psi = $ 一定 となる線群として描かれる．

Step 1　基本問題

[1] 流れの関数 $\Psi =$ 一定 であれば，流線となることを示せ．

解き方

流線を表す方程式 (5-2-1) に式 (5-2-3) を代入して，

$$0 = u\mathrm{d}y - v\mathrm{d}x = \frac{\partial \Psi}{\partial y}\mathrm{d}y + \frac{\partial \Psi}{\partial x}\mathrm{d}x = \mathrm{d}\Psi \tag{5-2-4}$$

となる．従って，流線は $\Psi =$ 一定 である（上式から逆もいえる）．

[2] 速度場が $u = (U\cos\Omega t, U\sin\Omega t, 0)$ として与えられるとき，その流れ場の流線を求める．さらに，流跡線と原点を通る流脈線を求めよ．

解き方

流線の定義から，

$$\frac{\mathrm{d}x}{U\cos\Omega t} = \frac{\mathrm{d}y}{U\sin\Omega t} \tag{5-2-5}$$

である．つまり，

$$\frac{\mathrm{d}y}{\mathrm{d}x} = \tan\Omega t \tag{5-2-6}$$

となるので，流線は次式のように求められる．

$$y = \tan\Omega t \cdot x + \mathrm{const.} \tag{5-2-7}$$

一方，流跡線は定義から，

$$\frac{\mathrm{d}x}{\mathrm{d}t} = U\cos\Omega t, \quad \frac{\mathrm{d}y}{\mathrm{d}t} = U\sin\Omega t \tag{5-2-8}$$

であるので，この微分方程式を解いて，

$$x = \frac{U}{\Omega}\sin\Omega t + x_0, \quad y = -\frac{U}{\Omega}(\cos\Omega t - 1) + y_0 \tag{5-2-9}$$

のように得られる．ここで，(x_0, y_0) は $t = 0$ で流体粒子が通った位置である．もし，$x_0 = y_0 = 0$ ならば，流跡線は $x^2 + \left(y - \frac{U}{\Omega}\right)^2 = \left(\frac{U}{\Omega}\right)^2$ となる．

式 (5-2-9) の流脈線は，時刻 $t = t_0$ のとき原点を通るとすると，

$$x = \frac{U}{\Omega}(\sin\Omega t - \sin\Omega t_0), \quad y = -\frac{U}{\Omega}(\cos\Omega t - \cos\Omega t_0) \tag{5-2-10}$$

となる．この式から，時間 t を固定して，$t_0 = 0$ から $t_0 = t$ の間における (x, y) を描けば流脈線が得られる（図 5-2-3 参照）．

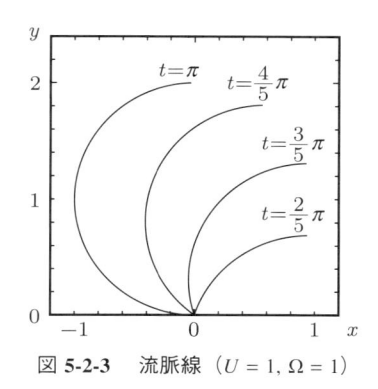

図 5-2-3　流脈線（$U = 1, \Omega = 1$）

Step 2　演習問題

[1] 点 A と点 B における流れの関数をそれぞれ Ψ_A, Ψ_B としたとき，Ψ_B と Ψ_A の差が，点 A, B を結ぶ任意の線を横切る流量に等しくなることを示せ．

解き方

図 5-2-4（左図）のように，点 A, B を結ぶ任意の線 s を横切る流量 Q は，その微小な線素 Δs を横切る法線方向速度 u_n を点 A から点 B まで積分したものである．

$$Q = \int_A^B u_n \mathrm{d}s \tag{5-2-11}$$

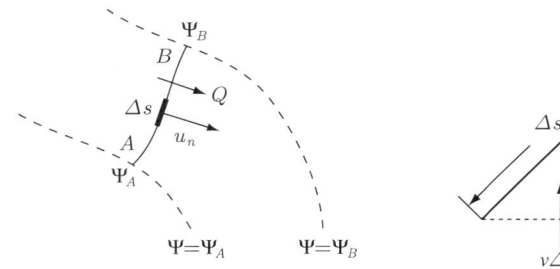

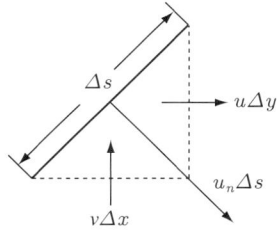

図 5-2-4　曲線を横切る流量（左図）とその成分（右図）

ここで，図 5-2-4（右図）から，微小な線素 Δs を通過する流量 $u_n \Delta s$ は，x 方向の流量 $u\Delta y$ から y 方向の流量 $v\Delta x$ を引いたものに等しい（流量保存）．つまり，

$$u_n \Delta s = u\Delta y - v\Delta x \tag{5-2-12}$$

である．ここで，流れの関数の定義式 (5-2-3) を用いて，式 (5-2-12) は

$$u_n \mathrm{d}s = \frac{\partial \Psi}{\partial y}\mathrm{d}y + \frac{\partial \Psi}{\partial x}\mathrm{d}x = \mathrm{d}\Psi \tag{5-2-13}$$

となる．式 (5-2-13) を式 (5-2-11) に代入して，

$$Q = \int_A^B \mathrm{d}\Psi = \Psi_B - \Psi_A \tag{5-2-14}$$

となる．すなわち，Ψ_B と Ψ_A の差は，点 A，B を結ぶ任意の線を横切る流量に等しい．また，$\Psi_B = \Psi_A$（つまり，$\Psi = $ 一定）の線は流れの方向を向いていることになり，流線であることがわかる．

Step 3 　　　　　　　　　発 展 問 題

[1] 図 **5-2-5** に示すように，流体中に任意の閉曲線 $\mathscr{C}$（なお，閉曲線は変数ではないため，C のフォントを花文字にして表記する）をとり，$\mathscr{C}$ の接線方向の速度成分を u_s で表すとき，$\mathscr{C}$ を一周する線積分

$$\Gamma = \oint_{\mathscr{C}} u_s \mathrm{d}s = \oint_{\mathscr{C}} \boldsymbol{u} \cdot \mathrm{d}\boldsymbol{s} \tag{5-2-15}$$

を閉曲線 $\mathscr{C}$ に沿う循環という．一方，渦度 ω は速度 $\boldsymbol{u}$ の回転成分として定義される．

$$\begin{aligned}\boldsymbol{\omega} &= \mathrm{rot}\,\boldsymbol{u} \\ &= \left(\frac{\partial v}{\partial x} - \frac{\partial u}{\partial y}\right)\boldsymbol{e}_z \quad (\text{2 次元のとき})\end{aligned} \tag{5-2-16}$$

この渦度 ω が零となる流れ場を渦なし流れ（ポテンシャル流れ）という．ここで，図 **5-2-6** に示されるストークス（**Stokes**）の定理を用いることにより，式 (5-2-15) の線積分は渦度に関する面積分に関係付けられる．

$$\Gamma = \oint_{\mathscr{C}} \boldsymbol{u} \cdot \mathrm{d}\boldsymbol{s} = \int_S \boldsymbol{\omega} \cdot \mathrm{d}\boldsymbol{S} = \int_S \omega_n \mathrm{d}S \tag{5-2-17}$$

この式 (5-2-17) を用いて，微小な流体要素が半径 ε の円周上を角速度 Ω で回転運動するときの渦度を求めよ．

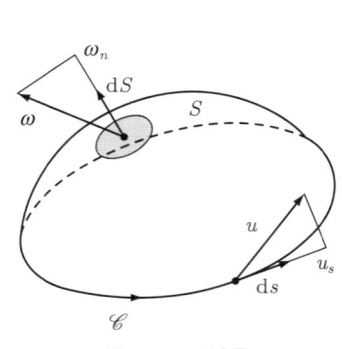

図 5-2-5　循環

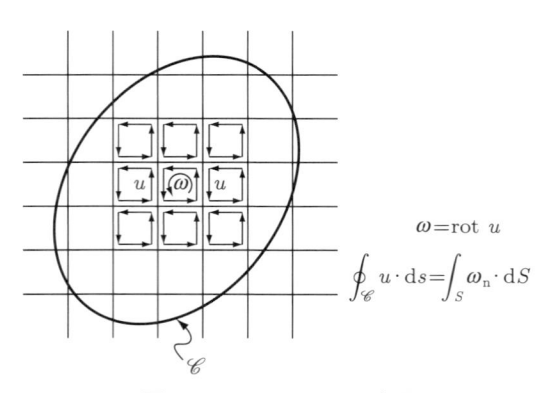

図 5-2-6　ストークスの定理

微小部分の共通辺に沿う積分は，互いに逆方向で打ち消しあうので，閉曲線 $\mathscr{C}$ 上の積分のみ残り，式 (5-2-17) が導かれる．

5.3 速度ポテンシャル

基本的な考え方

渦なし流れに対して，スカラー関数である**速度ポテンシャル** Φ が存在して，速度ベクトル $\boldsymbol{u}$ は $\boldsymbol{u} = \mathrm{grad}\Phi$ によって，Φ と結び付けられる．特に，1次元で考えた場合，流れ方向 s の速度 u_s は

$$u_s = \frac{\partial \Phi}{\partial s} \tag{5-3-1}$$

となる．非圧縮の渦なし流れにおいて，上式を連続の式と結び付けることによって流れ場を支配するラプラス（Laplace）方程式

$$\nabla^2 \Phi = \frac{\partial^2 \Phi}{\partial x^2} + \frac{\partial^2 \Phi}{\partial y^2} + \frac{\partial^2 \Phi}{\partial z^2} = 0 \tag{5-3-2}$$

が得られ，式 (5-3-2) を解くことによって流れ場を求めることができる．しかしながら，通常，ポテンシャル流れの問題では，流れ場の性質を捉えた代表的な速度ポテンシャル Φ は与えられており，式 (5-3-2) の方程式を直接解くことなく，それら Φ の一次結合から解を得ることができる．以下では，その代表的な速度ポテンシャルを示すと共に，一様流が球を過ぎるときの解を求める．

> **ここに注意!!!**
>
> 渦度 ω は $\boldsymbol{\omega} = \mathrm{rot}\boldsymbol{u}$ であるので，これに速度ポテンシャルの定義 $\boldsymbol{u} = \mathrm{grad}\Phi$ を代入すると，$\boldsymbol{\omega} = \mathrm{rot}(\mathrm{grad}\Phi) = 0$ となる．

Step 1　基本問題

[1] 外力がポテンシャルであれば，渦なし流れ（$\omega = 0$）はオイラー方程式の解であることを示せ．

解き方

2次元流れについて調べる．オイラー方程式の x 方向成分を y で偏微分したものから，オイラー方程式の y 方向成分を x で偏微分したものを差し引くと，圧力と外力の項が消えて，

$$\frac{\partial \omega}{\partial t} + u\frac{\partial \omega}{\partial x} + v\frac{\partial \omega}{\partial y} = 0 \tag{5-3-3}$$

となる．従って，渦なし流れ（$\omega = 0$）はオイラー方程式の解の一つであることが分かる．

[2] 一様流 $U_0 = (U_x, U_y, U_z)$ に対する速度ポテンシャル Φ を示せ.

解き方

$$\Phi = U_0 \cdot x = U_x x + U_y y + U_z z \tag{5-3-4}$$

[3] 3次元流れ場において,強さ m の湧き出しと吸い込みに対する速度ポテンシャル Φ は

$$\Phi = -\frac{m}{r} + C \tag{5-3-5}$$

で与えられる.ただし,C は任意定数である.このとき,r 方向の速度 u_r,および,湧き出し(吸い込み)を囲む閉曲面 S から流出(流入)する流量 Q を求めよ.

解き方

式 (5-3-5) を r で微分することにより,r 方向の速度 u_r は

$$u_r = \frac{\partial \Phi}{\partial r} = \frac{m}{r^2} \tag{5-3-6}$$

となる.$m > 0$ のとき,$u_r > 0$ となり,原点から外に向かって放射状に発散する流れとなり,**湧き出し**という.一方,$m < 0$ のとき,$u_r < 0$ となり,原点に収束する流れとなり,**吸い込み**という.この湧き出しを囲む閉曲面 S から流出する流量 Q は

$$Q = \int_S (u \cdot n) \mathrm{d}S = \int_S u_r \mathrm{d}S = \frac{m}{r^2} 4\pi r^2 = 4\pi m \tag{5-3-7}$$

となり,半径 r によらない.したがって,定数 m は,湧き出しまたは吸い込みから流出・流入する流量の大きさを表している.

ここに注意!!!

図 5-3-1 のように,速度ポテンシャルの値が Φ と $\Phi + \Delta\Phi$ となる等ポテンシャル線を考える.この線上にそれぞれ任意の点 A と B をとり,AB 間を Δs とする.領域 ABC の循環は零であるので,$u_x \Delta x + u_y \Delta y - u_s \Delta s = 0$ となる.したがって,$u_s = (\partial \Phi / \partial x)(\mathrm{d}x / \mathrm{d}s) + (\partial \Phi / \partial y)(\mathrm{d}y / \mathrm{d}s) = \partial \Phi / \partial s$ となる.

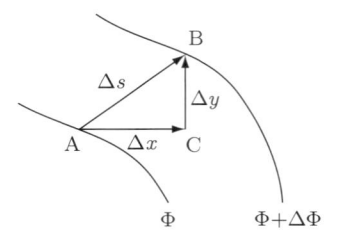

図 5-3-1 等速度ポテンシャル線

Step 2　　　演習問題

[1] 等しい強さ m の2重湧き出しに対する速度ポテンシャル Φ を示せ.

解き方

x 軸上の原点からそれぞれ ϵ だけ離れた位置に，湧き出しと吸い込みを置いたとき，速度ポテンシャル Φ は

$$\Phi = -\frac{m}{\sqrt{(x-\epsilon)^2 + y^2 + z^2}} + \frac{m}{\sqrt{(x+\epsilon)^2 + y^2 + z^2}} \tag{5-3-8}$$

のようになる．ここで，ϵ は微小量であることから，ϵ^2 の項を無視して，式 (5-3-8) は

$$\Phi \approx -\frac{m}{\sqrt{r^2 - 2\epsilon x}} + \frac{m}{\sqrt{r^2 + 2\epsilon x}}$$

$$\approx -\frac{m}{r}\left(1 - \frac{2\epsilon x}{r^2}\right)^{-\frac{1}{2}} + \frac{m}{r}\left(1 + \frac{2\epsilon x}{r^2}\right)^{-\frac{1}{2}} \tag{5-3-9}$$

となる．ただし，$r^2 = x^2 + y^2 + z^2$ である．ここで，ϵ は微小であることから，括弧内をテイラー展開して

$$\Phi \approx -\frac{m}{r}\left(1 + \frac{\epsilon x}{r^2}\right) + \frac{m}{r}\left(1 - \frac{\epsilon x}{r^2}\right)$$

$$\approx -2m\epsilon \frac{x}{r^3} = -\frac{\mu x}{r^3} \tag{5-3-10}$$

となる．ただし，$\mu \equiv 2m\epsilon$ であり，2 重湧き出しのモーメントと呼ばれる．一般には，式 (5-3-10) をベクトル表示して，

$$\Phi = -\frac{\boldsymbol{\mu} \cdot \boldsymbol{x}}{|\boldsymbol{x}|^3} \tag{5-3-11}$$

と表される．

Step 3　発 展 問 題

[1] 2 次元流れの場合，複素関数論が $\nabla^2 \Phi = 0$ に関する調和関数論に比べて非常に有力な手段となる．

複素速度ポテンシャル W は，速度ポテンシャル Φ と流れの関数 Ψ を用いて次式のように記述される．

$$W = \Phi + i\Psi \tag{5-3-12}$$

ただし，$z = x + iy$，$i = \sqrt{-1}$ である．複素速度ポテンシャル W を z で微分したものは複素速度といわれ，

$$\frac{dW}{dz} = w = u - iv \tag{5-3-13}$$

である．このとき，一様流，湧き出しと吸い込み，渦糸，2 重湧き出しによる複素速度ポテンシャルを記述せよ．

[2] 一様流，2 重湧き出し，渦糸による複素速度ポテンシャルを重ね合わせることにより，一様流が半径 a の回転円柱を過ぎるときの流れ場を求めよ．

[3] 発展問題 2 の円柱に作用する抵抗と揚力を求めよ．

ここに注意!!!

詳細は省略するが，2 次元の渦なし流れにおいて複素関数論が利用できる背景には，速度ポテンシャルと流れの関数がコーシー・リーマン (Cauchy–Riemann) の関係式

$$u = \frac{\partial \Phi}{\partial x} = \frac{\partial \Psi}{\partial y}$$

$$v = \frac{\partial \Phi}{\partial y} = -\frac{\partial \Psi}{\partial x}$$

を満足することが基礎となっている．

第6章　次元解析と相似則

6.1　次元解析

基本的な考え方

流体力学では多くの次元が現れる．次節で述べる相似則を利用する場合，どのような無次元量をとればよいのか決定する方法として，バッキンガム（Backingham）のΠ定理がある．

ある考えている物理現象を式で表すとき，この現象に関係する物理量が $A_1, A_2, \cdots, A_n$ の n 個あり，それに使用する基本量（例えば，質量 M，長さ L，時間 T など）が m 個あるとする．このような現象は，次のような $n-m$ 個の互いに独立な無次元量 $\Pi_1, \Pi_2, \cdots, \Pi_{n-m}$，

$$
\left.\begin{aligned}
\Pi_1 &= A_1^{\alpha_1} A_2^{\beta_1} \cdots A_m^{\kappa_1} A_{m+1} \\
\Pi_2 &= A_1^{\alpha_2} A_2^{\beta_2} \cdots A_m^{\kappa_2} A_{m+2} \\
&\cdots\cdots\cdots\cdots\cdots\cdots\cdots \\
\Pi_{n-m} &= A_1^{\alpha_{n-m}} A_2^{\beta_{n-m}} \cdots A_m^{\kappa_{n-m}} A_n
\end{aligned}\right\} \tag{6-1-1}
$$

を用いて，次のような方程式

$$\phi(\Pi_1, \Pi_2, \cdots, \Pi_{n-m}) = 0 \quad \text{または} \quad \Pi_1 = f(\Pi_2, \Pi_3, \cdots, \Pi_{n-m}) \tag{6-1-2}$$

で表すことができる．これをバッキンガムのΠ定理という．無次元量 $\Pi_1, \Pi_2, \cdots, \Pi_{n-m}$ を作るためには，n 個の物理量のうち m 個（$A_1, A_2, \cdots, A_m$）は全てのΠの中に含まれるようにし，残りの $n-m$ 個（$A_{m+1}, A_{m+2}, \cdots, A_n$）はそれぞれ1回だけどれかのΠの中に含まれるようにする．このようにすると，式(6-1-1)の左右の次元を等しくおくことによって指数 $\alpha_1, \alpha_2, \cdots, \beta_1, \beta_2, \cdots$ を決定でき，$\Pi_1, \Pi_2, \cdots, \Pi_{n-m}$ を定めることができる．

Step 1　基本問題

[1] 次に示される物理量の次元を示せ．
- 密度，慣性力，圧力，応力，粘性係数，動粘性係数，表面張力

解き方

密度（ρ）：

$$\rho \to [\text{kg/m}^3] \to [\text{ML}^{-3}] \tag{6-1-3}$$

慣性力（F）：

$$F = m\alpha \to [\text{kg} \cdot \text{m/s}^2] = [\text{N}] \to [\text{MLT}^{-2}] \tag{6-1-4}$$

圧力（p）：

$$p = F/A \to [\text{N/m}^2] = \left[\frac{\text{kg} \cdot \text{m}}{\text{s}^2} \frac{1}{\text{m}^2}\right] = [\text{Pa}] \to [\text{MT}^{-2}\text{L}^{-1}] \tag{6-1-5}$$

応力 (σ, τ)：

$$\sigma, \tau = F/A \to [\text{N/m}^2] = \left[\frac{\text{kg}\cdot\text{m}}{\text{s}^2}\frac{1}{\text{m}^2}\right] = [\text{Pa}] \to [\text{MT}^{-2}\text{L}^{-1}] \tag{6-1-6}$$

粘性係数 (μ)：

$$\mu = \tau(\Delta y/\Delta u) \to \left[\frac{(\text{N/m}^2)\text{m}}{\text{m/s}}\right] = \left[\frac{\text{N}}{\text{m}^2}\text{s}\right] = [\text{Pa}\cdot\text{s}] \to [\text{ML}^{-1}\text{T}^{-1}] \tag{6-1-7}$$

動粘性係数 (ν_f)：

$$\nu_f = \mu/\rho \to \left[\frac{\text{Pa}\cdot\text{s}}{\text{kg/m}^3}\right] = \left[\frac{\text{kg}\cdot\text{m}}{\text{s}^2}\frac{1}{\text{m}^2}\text{s}\frac{\text{m}^3}{\text{kg}}\right] = [\text{m}^2/\text{s}] \to [\text{L}^2\text{T}^{-1}] \tag{6-1-8}$$

表面張力 (γ)：

$$\sigma = F/l \to [\text{N/m}] \to [\text{MT}^{-2}] \tag{6-1-9}$$

Step 2 演習問題

[1] 壁面が滑らかな円管内の流れに対してバッキンガムのΠ定理を適用せよ．

解き方

この流れに関係する物理量は，圧力勾配 $\frac{\Delta p}{l}$，管の内径 d，流体の速度 U，流体の密度 ρ と粘性係数 μ の5個 ($n = 5$) である．また，基本量は質量M，長さL，時間Tの3個 ($m = 3$) でよい．したがって，$n - m = 2$ となるので，Π_1 と Π_2 をそれぞれ次のように選ぶことにする．

$$\Pi_1 = U^{\alpha_1} d^{\beta_1} \rho^{\gamma_1} (\Delta p/l), \quad \Pi_2 = U^{\alpha_2} d^{\beta_2} \rho^{\gamma_2} \mu \tag{6-1-10}$$

式 (6-1-10) において，左辺 Π_1, Π_2 は無次元である．一方，右辺の物理量の次元はそれぞれ $U = [\text{LT}^{-1}]$，$d = [\text{L}]$，$\rho = [\text{ML}^{-3}]$，$\frac{\Delta p}{l} = [\text{ML}^{-2}\text{T}^{-2}]$，$\mu = [\text{ML}^{-1}\text{T}^{-1}]$ である．従って，式 (6-1-10) の第1式より，

$$[\text{M}^0\text{L}^0\text{T}^0] = [\text{LT}^{-1}]^{\alpha_1}[\text{L}]^{\beta_1}[\text{ML}^{-3}]^{\gamma_1}[\text{ML}^{-2}\text{T}^{-2}] \tag{6-1-11}$$

となり，左右の次数が等しくなるためには

M: $\quad 0 = \gamma_1 + 1$

L: $\quad 0 = \alpha_1 + \beta_1 - 3\gamma_1 - 2$

T: $\quad 0 = -\alpha_1 - 2$

である必要がある．これらを連立して解けば，$\alpha_1 = -2$，$\beta_1 = 1$，$\gamma_1 = -1$ を得る．したがって，$\Pi_1 = (\Delta p/l)[d/(\rho U^2)]$ となる．Π_2 に対しても同様にして，各次数を求める

と，$\alpha_2 = \beta_2 = \gamma_2 = -1$ となり，$\Pi_2 = \dfrac{\mu}{Ud\rho} = \dfrac{1}{Re}$ を得る．ただし，Re はレイノルズ数といわれる無次元数で，次節で説明する．式 (6-1-2) の Π 定理より，

$$\frac{\Delta p}{l}\frac{d}{\rho U^2} = f(\Pi_2) = f\left(\frac{1}{Re}\right) \tag{6-1-12}$$

となる．ここで，$f = \dfrac{\lambda}{2}$ とおくと，よく知られた管摩擦による圧力損失を表すダルシー・ワイスバッハ式を得ることができる．

Step 3　発展問題

[1] 「基本的な考え方」では，次元解析の方法としてバッキンガムの Π 定理について述べたが，それとは別にロード・レイリー（**Lord Rayleigh**）による方法もある．この方法は，対象としている物理現象で必要と思われる物理量を選定し，無次元の比例定数を仮定してべき数による関係式を作る．次に，両辺における基本量の次数を等しくおくことにより各物理量の次数を求めれば，所望の関係式が得られる．ただし，ロード・レイリーの方法では，物理量の数が多いと関係式の次数が決まらないことがある点に注意を要する．

一例として，上の演習問題について，ロード・レイリーの方法を用いて関係式を求めてみよ．

6.2 ナビエ・ストークスの運動方程式と流れの相似則

基本的な考え方

粘性の無視できる完全流体に対するオイラーの運動方程式は第 5.1 節に示した．さらに，第 5.3 節の発展問題 [3] では，完全流体の力学の範疇ではダランベールのパラドックスと呼ばれる矛盾が生じることに言及した．この矛盾は，流体が持つ粘性の影響を考慮することで解決される．非圧縮性粘性流体における**ナビエ・ストークス（Navier–Stokes）方程式**は次式のように記述される．

$$\frac{\partial u}{\partial t} + u\frac{\partial u}{\partial x} + v\frac{\partial u}{\partial y} + w\frac{\partial u}{\partial z} = -\frac{1}{\rho}\frac{\partial p}{\partial x} + \frac{\mu}{\rho}\left(\frac{\partial^2 u}{\partial x^2} + \frac{\partial^2 u}{\partial y^2} + \frac{\partial^2 u}{\partial z^2}\right) \tag{6-2-1}$$

$$\frac{\partial v}{\partial t} + u\frac{\partial v}{\partial x} + v\frac{\partial v}{\partial y} + w\frac{\partial v}{\partial z} = -\frac{1}{\rho}\frac{\partial p}{\partial y} + \frac{\mu}{\rho}\left(\frac{\partial^2 v}{\partial x^2} + \frac{\partial^2 v}{\partial y^2} + \frac{\partial^2 v}{\partial z^2}\right) \tag{6-2-2}$$

$$\frac{\partial w}{\partial t} + u\frac{\partial w}{\partial x} + v\frac{\partial w}{\partial y} + w\frac{\partial w}{\partial z} = -\frac{1}{\rho}\frac{\partial p}{\partial z} + \frac{\mu}{\rho}\left(\frac{\partial^2 w}{\partial x^2} + \frac{\partial^2 w}{\partial y^2} + \frac{\partial^2 w}{\partial z^2}\right) \tag{6-2-3}$$

ただし，ρ は流体の密度，μ は流体の粘度である．この粘度を密度で除したものを動粘度（$\nu_f = \frac{\mu}{\rho}$）という．上式の右辺に現れる括弧は粘性項といわれる．

ナビエ・ストークス方程式は非線形の偏微分方程式の形をとっているため，通常，解析的に（重ね合わせの原理を用いて）解くことはできない．しかしながら，いくつかの典型的な流れに対しては，非線形項が消えてしまい，解析的に解くことが可能となる．

飛行機が飛行するときの流れを調べようとするとき，実際の機体を用いて実験することは殆ど不可能であろう．そういった場合，小さな模型を作成し，その模型を風洞の中に入れ実験を行う．それでは，風洞実験によって得られた結果から実機で起こる現象を推察するにはどのようにすればよいのであろうか？ 流体力学では，実験のスケールに依存しない結果を得るために通常単位を無くして（無次元化）扱われる．

保存力のもとでの非圧縮性粘性流体の運動において，幾何学的に 2 つの物体の囲りの流れを考えるとき，もし 2 つの状態が相似（運動学的相似）で，流体に作用する力も相似（力学的相似）であれば，流れ場全体が相似になる．これを**レイノルズ（Reynolds）の相似則**という．この相似則は，模型実験の結果を実機の現象と結びつける際に重要となる概念である．

Step 1 基本問題

[1] 次の無次元数を示し，その物理的意味を述べよ．
- レイノルズ数，フルード（**Froude**）数，ウェーバー（**Weber**）数，マッハ（**Mach**）数

解き方

レイノルズ数（Re）：

$$\frac{慣性力}{粘性力} = \frac{\rho U L}{\mu} = \frac{UL}{\nu_f} = Re \tag{6-2-4}$$

流体の圧縮性や表面張力による影響（自由表面）を考える必要のないときに重要となる無次元数で，実際の流れと模型による流れが力学的に相似になるためには，それぞれのレイノルズ数を等しくしなければならない．

フルード数（Fr）：

$$\frac{慣性力}{重力加速度による力} = \frac{U}{\sqrt{gL}} = Fr \tag{6-2-5}$$

船の進行によって生じる波（重力波）のように，重力の作用下で自由表面をもつ流体の運動を扱うときに重要となる無次元数で，船の造波抵抗の実験を行うときには，実際の船と模型船のフルード数を等しくしなければならない．

ウェーバー数（We）：

$$\frac{慣性力}{表面張力による力} = \frac{\rho U^2 L}{\sigma} = We \tag{6-2-6}$$

ウェーバー数は表面張力波や液滴，気泡の生成など，表面張力による影響が支配的な流れを扱うときに用いられる．

マッハ数（M）：

$$\frac{流速}{音速} = \frac{U}{a} = M \tag{6-2-7}$$

マッハ数は圧縮性の影響が強く現れる気体の高速流れにおいて重要な無次元数である．

[2] 内径 $d_r = 0.5$ [m] の円管に管断面平均流速 $u_m = 0.2$ [m/s] の水を流すときの速度分布を知るために，内径 $d_m = 0.1$ [m/s] の円管に水を流して実験を行う．そのとき，管断面平均流速 u_m はいくらに設定すべきであるか，レイノルズの相似則を用いて求めよ．ただし，水温は両方で同じであるとする．

解き方

それぞれの物理量に対して，実物と模型を表す下付き添え字として，r と m を用いる．レイノルズの相似則を用いるので，実物と模型のレイノルズ数を等しくおくと，$\frac{u_r d_r}{\nu_{fr}} = \frac{u_m d_m}{\nu_{fm}}$ である．ただし，代表長さとして円管の直径，代表速度として管断面平均流速を用いている．水温が同じであるので，$\nu_{fr} = \nu_{fm}$ である．つまり，モデル実験では，管断面平均流速は $u_m = \left(\frac{d_r}{d_m}\right) u_r = 1.0$ [m/s] に設定する必要がある．

[3] 空気中を浮遊する粉体は，気流との相対速度が小さいことから，レイノルズ数が小さい流れとして扱われる．そのとき，球形の粉体が気流から受ける抵抗係数は $C_D = \frac{24}{Re}$ として記述される．そのとき，密度 $\rho = 1.226$ [kg/m^3]，動粘性係数 $\nu_f = 10^{-6}$ [m^2/s] の空気中を粒径 $d = 10$ [μm] の粒子が，粒子との相対速度が $U = 0.1$ [m/s] である気流から受ける抵抗 D を求めよ．ただし，抵抗係数は $C_D = D / \left[\left(\frac{1}{2}\right)\rho U^2 A\right]$ で定義され，A は気流方向に対する粒子の投影面積である．

解き方

粒子の気流との相対速度 U に基づくレイノルズ数は $Re = \frac{Ud}{\nu_f}$ であるので，本問題では

$$Re = \frac{0.1 \cdot 10 \times 10^{-6}}{10^{-6}} = 1 \tag{6-2-8}$$

となり，低レイノルズ数であることが確認される．次に，粒子の投影面積は $A = \left(\frac{\pi}{4}\right)d^2 = 7.9 \times 10^{-9}$ であるので，抵抗係数の定義から，粒子が受ける抵抗は

$$D = \frac{1}{2}\rho U^2 A C_D = 0.5 \cdot 1.226 \cdot 10^{-2} \cdot 7.9 \times 10^{-9} \cdot 24.0 = 1.2 \times 10^{-9} \text{ [N]} \tag{6-2-9}$$

のように求められる．

Step 2　演習問題

[1] 次の無次元変数を用いて式 (6-2-1)–(6-2-3) に示されるナビエ・ストークス方程式を無次元化せよ．ただし，ダッシュをつけた量は無次元量を表し，大文字で示される量は代表量を表す．

$$x' = \frac{x}{L}, \qquad t' = \frac{t}{L/U}, \qquad u' = \frac{u}{U}, \qquad p' = \frac{p}{\rho U^2} \tag{6-2-10}$$

解き方

ナビエ・ストークス方程式の x 方向成分について考える．次の微分に注意して，

$$\left.\begin{array}{l} \dfrac{\partial}{\partial t} = \dfrac{\partial}{\partial t'}\dfrac{\partial t'}{\partial t} = \dfrac{U}{L}\dfrac{\partial}{\partial t'}, \qquad \dfrac{\partial}{\partial x} = \dfrac{\partial}{\partial x'}\dfrac{\partial x'}{\partial x} = \dfrac{1}{L}\dfrac{\partial}{\partial x'}, \\[2mm] \dfrac{\partial^2}{\partial x^2} = \dfrac{\partial}{\partial x}\left(\dfrac{1}{L}\dfrac{\partial}{\partial x'}\right) = \dfrac{1}{L}\dfrac{\partial}{\partial x'}\left(\dfrac{\partial}{\partial x'}\right)\dfrac{\partial x'}{\partial x} = \dfrac{1}{L^2}\dfrac{\partial^2}{\partial x'^2} \end{array}\right\} \tag{6-2-11}$$

式 (6-2-1) を無次元化すると，

$$\begin{aligned} &\frac{U}{L}\frac{\partial(Uu')}{\partial t'} + (Uu')\frac{1}{L}\frac{\partial(Uu')}{\partial x'} + (Uv')\frac{1}{L}\frac{\partial(Uu')}{\partial y'} + (Uw')\frac{1}{L}\frac{\partial(Uu')}{\partial z'} \\ &= -\frac{1}{\rho}(\rho U^2)\frac{1}{L}\frac{\partial p'}{\partial x'} + \frac{\mu}{\rho}\left(\frac{1}{L^2}\frac{\partial^2(Uu')}{\partial x'^2} + \frac{1}{L^2}\frac{\partial^2(Uu')}{\partial y'^2} + \frac{1}{L^2}\frac{\partial^2(Uu')}{\partial z'^2}\right) \end{aligned} \tag{6-2-12}$$

となる．これは，整理すると次式のようになり，右辺の粘性項にレイノルズ数が現れることがわかる．

$$\frac{\partial u'}{\partial t'} + u'\frac{\partial u'}{\partial x'} + v'\frac{\partial u'}{\partial y'} + w'\frac{\partial u'}{\partial z'} = -\frac{\partial p'}{\partial x'} + \underbrace{\frac{\mu}{\rho U L}}_{=(1/Re)}\left(\frac{\partial^2 u'}{\partial x'^2} + \frac{\partial^2 u'}{\partial y'^2} + \frac{\partial^2 u'}{\partial z'^2}\right) \tag{6-2-13}$$

式 (6-2-2)，式 (6-2-3) の y, z 方向成分についても同様である．各自で試されたい．
　また，ナビエ・ストークス方程式 (6-2-1)–(6-2-3) に現れる慣性力（左辺）と粘性力（右辺の括弧内）の比は，$\dfrac{D}{Dt} \sim \left[\dfrac{U}{L}\right]$, $\nabla^2 \sim \left[\dfrac{1}{L^2}\right]$ に注意して，

$$\frac{\text{慣性力}}{\text{粘性力}} = \frac{\dfrac{U}{L/U}}{\dfrac{\mu}{\rho}\dfrac{U}{L^2}} = \frac{\rho U L}{\mu} = Re \tag{6-2-14}$$

となることからも，レイノルズ数の物理的意味は理解される．したがって実機と模型について，慣性力と粘性力が支配的な流れでは Re 数が流れの相似条件となる．これをレイノルズの相似則という．

Step 3　　発　展　問　題

[1] 一様流が円柱を過ぎるとき，レイノルズ数の違いによって流れ場がどのように変化するか模式図を描け．

参考文献

1) 山本哲朗，朝位孝二，進士正人，鈴木素之：よくわかる三力「構造力学・土質力学・水理学」演習，電気書院（2008）
2) 井口学，西原一嘉，横谷眞一郎：演習流体工学，電気書院（2010）
3) 坂田光雄，坂本雅彦：流体の力学，コロナ社（2002）
4) 大橋秀雄：流体力学（1），コロナ社（1982）
5) 松岡祥浩，青山邑里，児島忠倫，應和靖浩，山本全男：流れの力学—基礎と演習—，コロナ社（2001）
6) 吉野章男，菊山功嗣，宮田勝文，山下新太郎：詳解流体工学演習，共立出版（1989）
7) 八田圭爾，鳥居平和，田口達夫：流体力学の基礎，日新出版（1991）
8) 神部勉：基礎演習シリーズ流体力学，第5版，裳華房（2003）
9) 有田正光：流れの科学，東京電機大学出版局（1998）
10) 森田泰司：流体の力学計算法，東京電気出版局（1996）
11) 井口学，松井剛一，武居昌宏：熱流体工学の基礎，朝倉書店（2008）
12) 今井功：流体力学（前編），裳華房（1973）
13) 巽友正：流体力学，培風館（1982）
14) 谷一郎：流れ学，岩波書店（1967）
15) 蔦原道久，杉山司郎，山本正明，木田輝彦：流体の力学，朝倉書店（2001）
16) 日本流体力学会編：流体力学ハンドブック，第2版，丸善（1998）
17) 日野幹雄：流体力学，朝倉書店（1992）
18) 宮井善弘，木田輝彦，仲谷仁志：水力学，森北出版（1983）
19) 吉澤徴：流体力学，東京大学出版会（2001）
20) Batchelor, G. K.: An Introduction to Fluid Dynamics, Cambridge University Press (1967)
21) Chorin, A. J. and Marsden, J. E.: Mathematical Introduction to Fluid Mechanics, Springer (1990).
22) Ladyzhenskaya, O. A.: The Mathematical Theory of Viscous Incompressible Flow, Gordon and Breach, New York (1963)
23) Lamb, H.: Hydrodynamics, 6th edition, Cambridge University Press (1932)
24) Landau, L. D. and Lifshitz, E. M.: Fluid Mechanics, 2nd edition, Butterworth-Heinemann (1987)
25) Lighthill, J.: An Informal Introduction to Theoretical Fluid Mechanics, Oxford University Press (1988)
26) Pozrikidis, C.: Introduction to Theoretical and Computational Fluid Dynamics, Oxford University Press (1997)
27) Saffman, P. G.: Vortex Dynamics, Cambridge University Press (1992)
28) Schlichting, H.: Boundary Layer Theory, 7th edition, McGraw-Hill (1979)

材料力学

第1章 垂直応力，ひずみ

基本的な考え方

荷重が材料の断面全体に働くとき，単位面積あたりの荷重を応力と呼び，次式で計算される．

$$\text{応力} = \frac{\text{荷重 [N]}}{\text{断面積 [m}^2\text{]}}$$

$\frac{N}{m^2}$ は Pa と表され，パスカルと呼ばれる．

応力には引張・圧縮，せん断がある．なお，荷重または応力が引張の場合 $\oplus$，圧縮の場合 $\ominus$ である．

材料の断面に垂直にかかる応力を垂直応力 σ という．垂直応力のうち，引張応力がかかると，材料が応力方向に λ だけ伸び，横方向に λ' だけ縮む．一方，圧縮応力がかかると応力方向に λ_c だけ縮み，横方向に λ'_c だけふくらむ．

応力方向のひずみを縦ひずみ ε といい，横方向のひずみを横ひずみ ε' という．

材料のもとの長さを l，横幅を d とすると

縦ひずみは $\varepsilon = \dfrac{\lambda}{l}$（引張），$\varepsilon = -\dfrac{\lambda_c}{l}$（圧縮）

横ひずみは $\varepsilon' = -\dfrac{\lambda'}{d}$（引張），$\varepsilon' = \dfrac{\lambda'_c}{d}$（圧縮）となる．

縦ひずみと横ひずみの関係 $\dfrac{-\varepsilon'}{\varepsilon} = \nu$ とし，ポアソン比という．

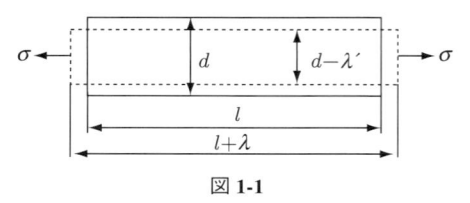

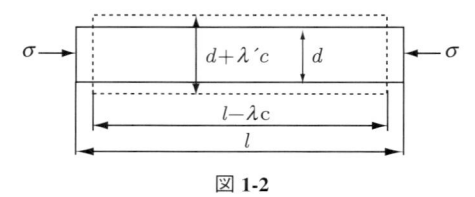

図 1-1

図 1-2

> **ここに注意!!!**
>
> ポアソン比は $-\dfrac{\varepsilon'}{\varepsilon}$ と"−"がついているが，引張または圧縮の場合，どちらも ε' と ε の正，負は逆になるので，ポアソン比そのものは正となる．
>
> また図 1-1，図 1-2 は棒の重心を固定して，棒の伸び，縮みを描いている．実際には各図の左端は壁と考え，棒の左端にはたらく力は壁からの反力であり，これは右端にはたらく力とつり合う力である．

引張または圧縮の応力 (σ) とひずみ (ε) との間には，次の関係がある．

$$\sigma = E\varepsilon$$

この比例定数 E を縦弾性係数，またはヤング率といい，材料の強度の指標の 1 つである．
σ と ε が比例関係にあることを，フックの法則が成り立つという．

Step 1　基本問題

[1] 図のように，直径 **5 [cm]**，長さ **100 [cm]** の軟鋼製丸棒を **0.02 [cm]** 伸ばすには，どれくらい引張荷重をかければよいか．ただし，ヤング率を **206 [GPa]** とする．

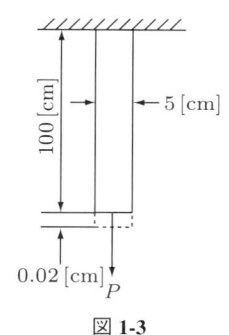

図 1-3

解き方

荷重 P，応力 σ，断面積 A，縦ひずみ ε，ヤング率 E，はじめの長さ l_O，伸び λ とすると，

$$\frac{P}{A} = \sigma = E\frac{\lambda}{l_O}$$

問題文より，A，E，l_O，λ は与えられているので

$$P = AE\frac{\lambda}{l_O} = \left(\frac{5}{2}\times 10^{-2}\right)^2 \pi \times 206 \times 10^9 \times \frac{0.2 \times 10^{-3}}{1}$$
$$= 8.09 \times 10^4 \text{ [N]}$$

となる．

[2] 長さ **2 [m]**，半径 **2 [cm]** の円柱に，**10 [kN]** の圧縮荷重をかけたとき，**1.0 [mm]** 縮んだ．円柱のひずみとヤング率を求めよ．なお座屈は起こらないものとする．

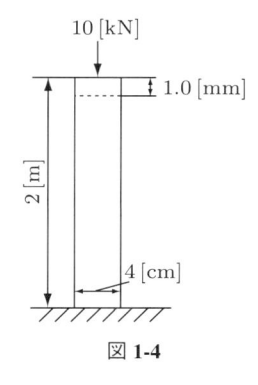

図 1-4

> **ここに注意!!!**
> 座屈とは柱の折れ曲がり

解き方

ひずみ $(\varepsilon) = \dfrac{縮んだ長さ}{もとの長さ} = -\dfrac{1 \times 10^{-3}}{2} = -5 \times 10^{-4}$

$\dfrac{圧縮荷重 P}{断面積 A} = $ ヤング率 $E \times $ ひずみ ε であるから

$$E = \dfrac{P}{A\varepsilon}$$

$$= \dfrac{-10 \times 10^3}{-(2 \times 10^{-2})^2 \pi \times 5 \times 10^{-4}} \text{ [Pa]}$$

$$= 15.9 \text{ [GPa]}$$

Step 2　演習問題

[1] 長さ 0.5 [m]，直径 20 [mm] の軟鋼丸棒に圧縮荷重が作用して，0.1 [mm] 縮んだ．この場合の圧縮荷重 P を求めよ．ただし，軟鋼のヤング率は 206 [GPa] とする．

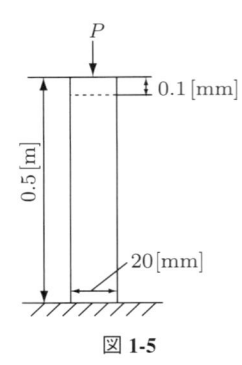

図 1-5

解き方

圧縮応力 $= \dfrac{圧縮荷重}{断面積} = $ ヤング率 $\times \dfrac{縮んだ長さ}{もとの長さ}$ であるから

　圧縮荷重 $=$ 断面積 $\times$ ヤング率 $\times \dfrac{縮んだ長さ}{もとの長さ}$

断面積 $= \left(\dfrac{20}{2} \times 10^{-3}\right)^2 \pi = 10^{-4} \pi$ であるから

　圧縮荷重 $P = 10^{-4} \pi \times 206 \times 10^9 \times \dfrac{(-0.1) \times 10^{-3}}{0.5}$

$$= -1.29 \times 10^4 \text{ [N]}$$

$$= -12.9 \text{ [kN]}$$

[2] 同一寸法の鋼の丸棒と銅の丸棒に同じ圧縮荷重をかけたところ，縮みが $1:2$ の比率となった．鋼のヤング率を $E_S = 206$ [GPa] として，銅のヤング率 E_C を求めよ．

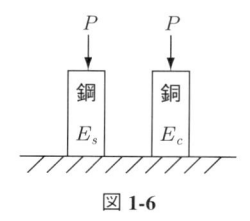

図 1-6

解き方

荷重 P，断面積 A，長さ l_0，縮み λ，ひずみ ε とすると，関係式は $\sigma = \dfrac{P}{A}$，$\sigma = E\varepsilon$，$\varepsilon = \dfrac{\lambda}{l_0}$ であるから

P, A, l_0 については鋼と銅で同じであるので

鋼について $\dfrac{P}{A} = E_S \dfrac{\lambda}{l_0}$ \hfill (1-1)

銅について $\dfrac{P}{A} = E_C \dfrac{2\lambda}{l_0}$ \hfill (1-2)

式 (1-1)，(1-2) より $\dfrac{E_S}{E_C} = 2$

$\therefore E_C = \dfrac{1}{2} \times 206 \times 10^9$ [Pa]

$= 103$ [GPa]

となる．

Step 3 発展問題

[1] 図のように鋼製の段付き丸棒に **100 [kN]** の引張荷重をかけたとき，棒の断面に生じる引張応力 σ と，棒の伸び λ_C を求めよ．ただし，鋼のヤング率は **206 [GPa]** とする．

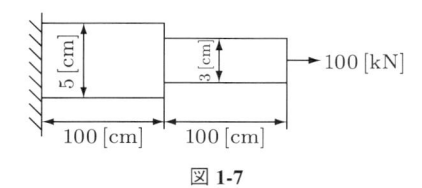

図 1-7

[2] 長さ **20 [cm]**，断面が 1 辺 **2 [cm]** の正方形の鋳鉄の角柱が，圧縮荷重を受けて，**0.01 [cm]** 縮んだ．このとき断面積はいくらになるか．ただし，鋳鉄のポアソン比を **0.3** とする．

第2章　引張，圧縮の少し複雑な問題

基本的な考え方

これまでは1つの材料について，または複数でも同一の材料について，引張または圧縮応力とひずみの問題を演習してきた．2章では，異なる2つの材料の組合せ構造物についての演習問題を行う．
異なる材料の組合せの場合，方程式の未知数が複数のため，力のつり合い式以外に変形の適合条件を考慮する必要がある．
このように，力のつり合い条件だけでは解を求められない問題を，**不静定問題**という．

Step 1　基本問題

[1] 図のように断面積 A_2，ヤング率 E_2 の円管と，断面積 A_1，ヤング率 E_1 の丸棒が溶接され，一体構造物となっており，堅い地面に置かれている．
この一体構造物の上方から，荷重 W で圧縮した．円管と丸棒が同じ鋼でできている場合 ($E_1 = E_2$) の，円管と丸棒に発生する応力 σ_2, σ_1 を求めよ．
ただし，円管の内径を 50 [cm]，外径を 70 [cm]，$W = 1000$ [kN]，鋼のヤング率を 206 [GPa] とする．

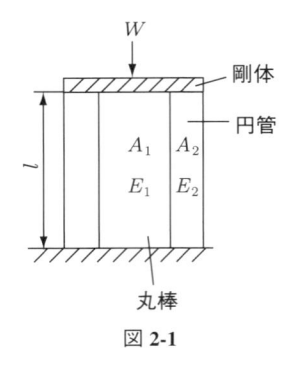

図 2-1

解き方

円管と丸棒が同じ材質の鋼の場合，一体構造物なので，外径 70 [cm] の鋼の円柱であると考えられる．
したがって全断面の応力

$$\sigma = \sigma_1 = \sigma_2 = \frac{W}{A_1 + A_2}$$

$$= \frac{-1000 \times 10^3}{\left(\dfrac{70}{2} \times 10^{-2}\right)^2 \pi}$$

$$= -2.60 \times 10^6 \text{ [N/m}^2\text{]}$$

$$= -2.60 \text{ [MPa]}$$

となる．

[2] [1]において，円管を銅，丸棒を鋼として，応力 σ_1, σ_2 を求めよ．
ただし，銅のヤング率は 147 [GPa] とし，他の条件は同一とする．

解き方

未知数が 2 つ (σ_1, σ_2) あるので，2 つの方程式が必要である．
一体構造物の任意の断面 $X-X$ で切断し，下側部分を切り出し，はたらく荷重を図 2-2 に表した．

ここに注意!!!

この不静定問題の場合，力のつり合い条件以外，「伸びが等しい」を条件として使った．問題によって異なるが，変形の適合条件を使えばよい．

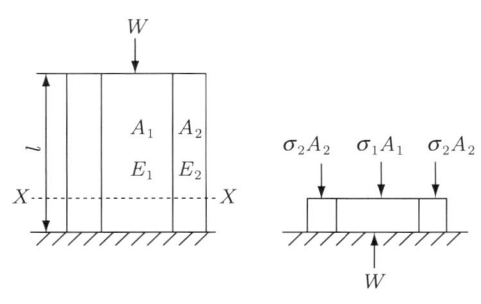

図 2-2

(1) この部分の力のつり合いを考える．上方向を $\oplus$ とすれば

$$-\sigma_1 A_1 - \sigma_2 A_2 + W = 0 \tag{2-1}$$

(2) 他の条件として何が考えられるだろうか．この問題の場合，一体構造物となっているので，円管と丸棒の伸び（ひずみ）が等しい．これを使う．したがって

$$\sigma_1 = E_1 \varepsilon_1$$
$$\sigma_2 = E_2 \varepsilon_2$$

$\varepsilon_1 = \varepsilon_2 = \varepsilon$ であるから

$$\therefore \frac{\sigma_1}{E_1} = \frac{\sigma_2}{E_2} \tag{2-2}$$

式 (2-1), (2-2) より

$$\sigma_1 = \frac{E_1 W}{A_1 E_1 + A_2 E_2} \tag{2-3}$$

$$\sigma_2 = \frac{E_2 W}{A_1 E_1 + A_2 E_2} \tag{2-4}$$

式 (2-3), (2-4) に

$$A_1 = \left(\frac{50}{2} \times 10^{-2}\right)^2 \pi = 0.196 \text{ [m}^2\text{]}$$

$$A_2 = \left(\frac{70}{2} \times 10^{-2}\right)^2 \pi - \left(\frac{50}{2} \times 10^{-2}\right)^2 \pi = 0.188 \text{ [m}^2\text{]}$$

$$E_1 = 206 \times 10^9 \text{ [Pa]}$$

$$E_2 = 147 \times 10^9 \text{ [Pa]}$$

$$W = -1000 \text{ [kN]} \quad \text{（圧縮力なので − をつけた）}$$

を代入すると

$$\sigma_1 = -3.02 \times 10^6 \text{ [N/m}^2] = -3.02 \text{ [MPa]}$$

$$\sigma_2 = -2.16 \times 10^6 \text{ [N/m}^2] = -2.16 \text{ [MPa]}$$

となる．
なお，式 (2-1), (2-2) から求める解法を以下に記す．
式 (2-2) より

$$\sigma_2 = \frac{E_2}{E_1} \sigma_1$$

これを式 (2-1) に代入すると

$$\sigma_1 A_1 + \frac{E_2}{E_1} \sigma_1 A_2 = W$$

$$\sigma_1 \left(A_1 + \frac{A_2 E_2}{E_1} \right) = \sigma_1 \left(\frac{A_1 E_1 + A_2 E_2}{E_1} \right) = W$$

$$\therefore \sigma_1 = \left(\frac{E_1 W}{A_1 E_1 + A_2 E_2} \right)$$

これを式 (2-2) に代入し

$$\sigma_2 = \left(\frac{E_2 W}{A_1 E_1 + A_2 E_2} \right)$$

Step 2　　演習問題

[1] 図のように，直径 3 [cm] の鋼の丸棒 2 本と，直径 10 [cm] のアルミニウムの丸棒 1 本が板に接合されており，天床からつり下げられている．この板を 100 [kN] の力で引張った．このときの鋼およびアルミニウムにかかる応力を求めよ．ただし，ヤング率を鋼：206 [GPa]，アルミニウム：62.0 [GPa] とする．

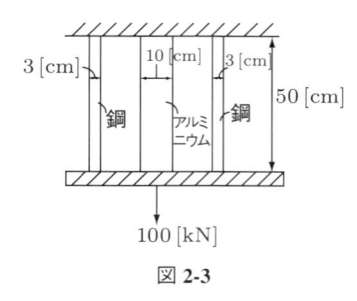

図 2-3

解き方

構造物を $X-X$ 断面で切断し，下側部分を取り，かかる力を図 2-4 に示した．鋼の断面積を A_2，アルミニウムの断面積を A_1 とする．

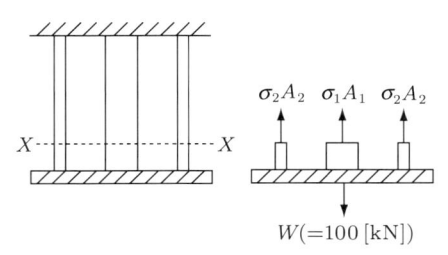

図 2-4

(1) 力のつり合いを考える．上方向を ⊕ として
$$\sigma_1 A_1 + 2\sigma_2 A_2 - W = 0 \tag{2-5}$$

(2) 変形の条件として，伸び（ひずみ）が等しいことを使う．
$$\sigma_1 = E_1 \varepsilon_1 = E_1 \varepsilon$$
$$\sigma_2 = E_2 \varepsilon_1 = E_2 \varepsilon$$
$$\therefore \frac{\sigma_1}{E_1} = \frac{\sigma_2}{E_2} \tag{2-6}$$

式 (2-5), (2-6) より σ_1, σ_2 を求める．
式 (2-6) より
$$\sigma_2 = \frac{E_2}{E_1}\sigma_1$$

これを式 (2-5) に代入して
$$\sigma_1 \left(A_1 + \frac{2A_2 E_2}{E_1} \right) = W$$
$$\therefore \sigma_1 = \frac{W E_1}{A_1 E_1 + 2A_2 E_2}$$
$$\sigma_2 = \frac{W E_2}{A_1 E_1 + 2A_2 E_2}$$
$$A_1 = \left(\frac{10}{2} \times 10^{-2} \right)^2 \pi = 7.85 \times 10^{-3} \text{ [m}^2\text{]}$$
$$A_2 = \left(\frac{3}{2} \times 10^{-2} \right)^2 \pi = 7.07 \times 10^{-4} \text{ [m}^2\text{]}$$
$$E_1 = 62 \times 10^9 \text{ [Pa]}$$
$$E_2 = 206 \times 10^9 \text{ [Pa]}$$

これより
$$A_1 E_1 + 2A_2 E_2 = 4.87 \times 10^8 + 2.91 \times 10^8 \text{ [N]}$$
$$= 7.78 \times 10^8 \text{ [N]}$$

これを代入すると
$$\sigma_1 = \frac{100 \times 10^3 \times 62 \times 10^9}{7.78 \times 10^8} = 7.97 \times 10^6 \text{ [N/m}^2\text{]} = 7.97 \text{ [MPa]}$$
$$\sigma_2 = \frac{100 \times 10^3 \times 206 \times 10^9}{7.78 \times 10^8} = 2.65 \times 10^7 \text{ [N/m}^2\text{]} = 26.5 \text{ [MPa]}$$

[2] 図のように，両端を固定された長さ 30 [cm] の鋼製の丸棒が，点 C において $P = 100$ [N] の力を受けた．このときに両壁が受ける反力を求めよ．

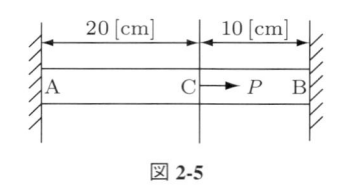

図 2-5

解き方

両壁が受ける反力を R_A, R_B とし，作用点 C の左側と右側にかかる力を表すと次の図のようになる．

図 2-6

(1) 各棒の力のつり合いから，右方向を ⊕ として

$$-R_A - R_B + P = 0 \tag{2-7}$$

(2) この問題の条件では、丸棒が壁に固定されているので左側の伸びと右側の縮みを加えると，0 になる．

断面積を A，ヤング率を E とし，右側の応力を σ_1，伸びを λ_1，もとの長さを l_1，左側を σ_2, λ_2, l_2 とすると

$$\sigma_1 = -\frac{R_B}{A} = E\frac{\lambda_1}{l_1} \quad \therefore \lambda_1 = -\frac{R_B l_1}{EA}$$

$$\sigma_2 = \frac{R_A}{A} = E\frac{\lambda_2}{l_2} \quad \therefore \lambda_2 = \frac{R_A l_2}{EA}$$

$$\lambda_1 + \lambda_2 = \frac{-R_B l_1 + R_A l_2}{EA} = 0$$

$$\therefore R_B l_1 = R_A l_2 \tag{2-8}$$

式 (2-7), (2-8) より

$$R_A = \frac{l_1 P}{l_1 + l_2} = \frac{10 \times 100}{30} = 33.3 \text{ [N]}$$

$$R_B = \frac{l_2 P}{l_1 + l_2} = \frac{20 \times 100}{30} = 66.7 \text{ [N]}$$

Step 3　　発展問題

[1] 図のように断面積が 1 : 2 の鋼製の丸棒を剛性板に溶接し，組合せ構造物を作ったが，真ん中の 1 本が短いため，長さ δ の剛性棒をはめ込んだ．

このとき，ⓐ，ⓑに発生する応力を求めよ．ただし，$l_1 = 5$ [cm]，$l_2 = 4.952$ [cm]，

$\delta = 0.05$ [cm] とする．（最初 $l_1 = 5$ [cm] であったが，棒をはめ込んだことにより長さは変化している）また，鋼のヤング率を 206 [GPa] とする．

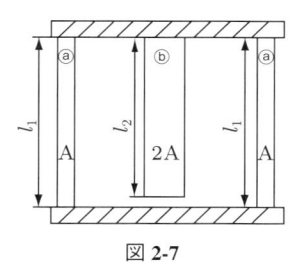

図 2-7

ここに注意!!!
上下の剛性棒は垂直方向に自由に動くことができ，応力はかかっていない．

[2] 図のように，断面積およびヤング率の異なる銅と鋼の段付き棒に，集中荷重 100 [kN] と 50 [kN] を同時に作用させた．このとき，両端に生じる反力と各部分に生じる応力を求めよ．ただし，断面積は鋼が $A_S = 100$ [cm^2]，銅が $A_{Cu} = 50$ [cm^2] とする．ヤング率は鋼が $E_S = 206$ [GPa]，銅が $E_{Cu} = 147$ [GPa] とする．

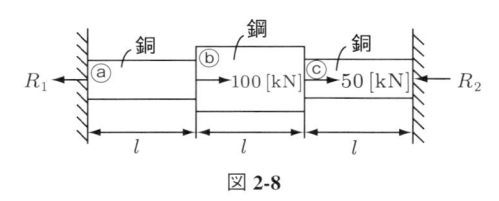

図 2-8

第3章 熱応力

基本的な考え方

物体は温度が上昇した場合膨張し，温度が低下した場合収縮する．物体の両端が固定されている場合，膨張，収縮ができないため，力が発生し応力が生じる．これを**熱応力**という．
この場合の熱応力は $\sigma_t = -\alpha t E$ で表される．α：線膨張係数 [1/°C]　t：温度変化分 [°C]　E：ヤング率 [Pa]

Step 1　基本問題

[1] 図のように鋼の丸棒（長さ 1 [m]）の両端が壁に固定されている．この丸棒の初めの温度は 20[°C] であったが，加熱したところ 100[°C] となった．このときの熱応力を求めよ．ただし，鋼の線膨張係数 α を 11.5×10^{-6} [1/°C]，ヤング率 E を 206 [GPa] とする．

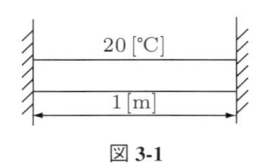

図 3-1

解き方

丸棒が加熱されて自由に膨張した場合（図 a）を壁からの反力によって長さ 1 m に圧縮した（図 b）と考える．

加熱による膨張長さ λ_t は

λ_t = 線膨張係数 α × 温度上昇 t × 棒の長さ l_0

$= 11.5 \times 10^{-6}$ [1/°C] $\times (100 - 20)$[°C] $\times 1$ [m]

$= 9.20 \times 10^{-4}$ [m]

熱応力 σ_t によって λ_t だけ縮んだと考えると ($l_0 = 1$)

ひずみ $\varepsilon = -\dfrac{\lambda_t}{l_0 + \lambda_t} \fallingdotseq -\dfrac{\lambda_t}{l_0}$ ($\because l_0 \gg \lambda_t$)

$\sigma_t = E\varepsilon = -\dfrac{E\lambda_t}{l_0} = \dfrac{-206 \times 10^9 \times 9.20 \times 10^{-4}}{1}$ [N/m²] $= -190$ [MPa]

自由膨張
100 [°C]

1 [m] λ_t

(a)

反力

1 [m]

(b)

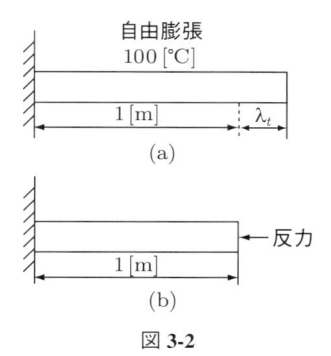

図 3-2

[2] [1] と同じ問題について，別の考え方で解け．

解き方

鋼の丸棒の伸び＝熱膨張による伸び＋熱応力による伸び（実質的には縮み）と考える．

この問題の場合，鋼の丸棒の伸びが0である．

熱膨張による伸び λ_t は

$$\lambda_t = \alpha t l_O$$

熱応力 (σ_t) による伸び λ は

$$\lambda = \frac{\sigma_t l_O}{E}$$

$$\lambda + \lambda_t = 0$$

ゆえ $\dfrac{\sigma_t l_O}{E} + \alpha t l_O = 0$

$$\therefore \sigma_t = -\alpha t E$$
$$= -11.5 \times 10^{-6} \, [1/°C] \times (100 - 20) \, [°C] \times 206 \times 10^9 \, [N/m^2]$$
$$= -190 \, [MPa]$$

Step 2　演習問題

[1] 両端が壁に固定された，直径 **20 [mm]** の銅の丸棒がある．温度が **10 [°C]** 上昇したとき，丸棒の端面が壁に及ぼす力を求めよ．ただし，銅の線膨張係数を **17.1 × 10⁻⁶ [1/°C]**，ヤング率を **103 [GPa]** とする．

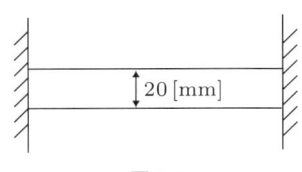

20 [mm]

図 3-3

解き方

丸棒の端面が壁に及ぼす力は，発生する熱応力×丸棒の断面積で求められる．
熱応力 $\sigma_t = -\alpha t E$

したがって，端面が壁に及ぼす力 W は，丸棒の断面積を A とすると，次のように立式できる．

$$W = \sigma_t \times A$$
$$= -\alpha t E A$$
$$= -17.1 \times 10^{-6} \, [1/°C] \times 10 \, [°C] \times 103 \times 10^9 \, [N/m^2] \times (0.01)^2 \pi \, [m^2]$$
$$= -5.53 \times 10^3 \, [N]$$

したがって，圧縮荷重が作用する．

[2] 直径 **3 [cm]** の鋼棒が天井からつるされている．気温が **30 [°C]** から **−10 [°C]** に低下したとき，棒の長さが短くならないように，何 **[N]** のおもりをつるせばよいか．ただし，鋼の線膨張係数 α を $1.2 \times 10^{-5} \, [1/°C]$，ヤング率 E を **206 [GPa]** とする．

解き方

図 3-4 のように，発生する熱収縮分（ひずみ）を，荷重 W により引張ることになるので，両端固定の熱応力と同じ考え方で解ける．

$$\sigma_t = -\alpha t E$$
$$= 1.2 \times 10^{-5} \, [1/°C] \times (-10 - 30) \, [°C] \times 206 \times 10^9 \, [N/m^2]$$
$$= 9.89 \times 10^7 \, [N/m^2]$$
$$W = \sigma_t \times A$$
$$= 9.89 \times 10^7 \times \left(\frac{0.03}{2}\right)^2 \pi$$
$$= 6.99 \times 10^4 \, [N]$$
$$= 69.9 \, [kN]$$

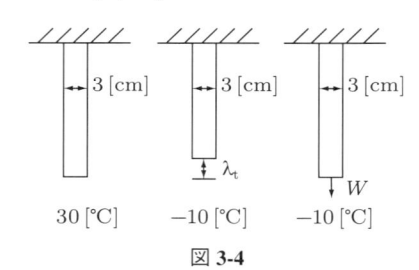

図 3-4

Step 3　　発 展 問 題

[1] 図のように鋼製の棒 (**A**) と銅製の棒 (**B**) を剛性材 (**C**) に溶接し，一体構造物とした．温度を **20 [°C]** から **100 [°C]** に昇温したとき，棒 (**A**), (**B**) に発生する熱応力を求めよ．ただし，断面積は棒 **A** は **10 [cm²]**，棒 **B** は **5 [cm²]**，線膨張係数は鋼 $\alpha_1 = 11.5 \times 10^{-6} \, [1/°C]$，銅 $\alpha_2 = 17.1 \times 10^{-6} \, [1/°C]$，ヤング率は鋼 $E_1 = 206 \, [GPa]$，銅 $E_2 = 103 \, [GPa]$ とする．

ここに注意!!!

左右の剛性棒は水平方向に自由に移動できる．

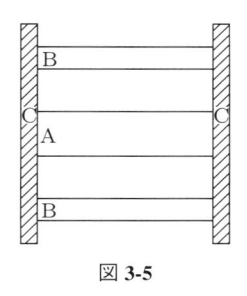

図 3-5

[2] 図のように，断面積と長さが異なる鋼棒ⓐと銅棒ⓑの段付き棒が，両壁に固定されている．温度を 50 [°C] 上昇させたときに発生する熱応力 σ_1, σ_2 を求めよ．ただし，$A_1 = 10$ [cm²], $A_2 = 5$ [cm²], $l_1 = 5$ [cm], $l_2 = 10$ [cm], 線膨張係数は鋼 $\alpha_1 = 11.5 \times 10^{-6}$, 銅 $\alpha_2 = 17.1 \times 10^{-6}$, ヤング率は鋼 $E_1 = 206$ [GPa], 銅 $E_2 = 103$ [GPa] とする．

図 3-6

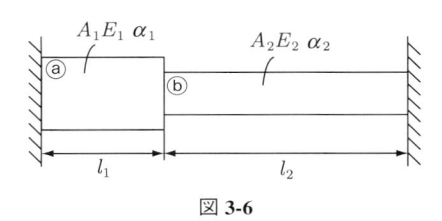

第4章 せん断

基本的な考え方

図のように断面に平行に作用する力 P をせん断力と呼ぶ．せん断応力 τ は単位面積あたりのせん断力として $\tau = \dfrac{P}{A}$ で与えられる．ここで A は横断面積を表す．

一方，せん断ひずみは図に示すように γ で定義され，$\gamma \equiv \tan\gamma = \dfrac{\delta}{l}$ と単位長さあたりのずれで表される．

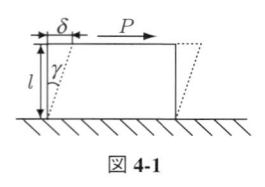

図 4-1

Step 1　基本問題

[1] 図のようにカッターで丸棒を切断する．丸棒のせん断強さが 100 [MPa] で，力が 100 [N] のとき，直径何 [mm] まで切断可能か求めよ．

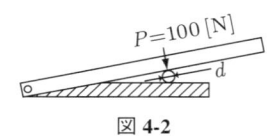

図 4-2

解き方

丸棒の直径を d とすると，丸棒のせん断応力 τ は

$$\tau = \frac{P}{\dfrac{\pi}{4}d^2}$$

となる．

τ がせん断強さ 100 [MPa] に達するとせん断されるので

$$100 \times 10^6 = \frac{100}{\dfrac{\pi}{4}d^2} \text{ [Pa]}$$

$$\therefore d = 1.13 \times 10^{-3} \text{ [m]}$$

$$= 1.13 \text{ [mm]}$$

と求まる．

[2] 図のように直径 100 [mm] のパンチで円板を打ち抜く．板のせん断強さが 100 [MPa] で，力が 5 [kN] のとき，板厚何 [mm] まで切断可能か求めよ．

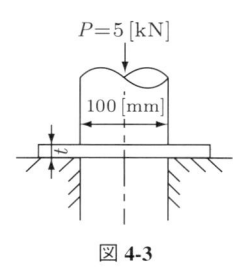

図 4-3

解き方

板厚を t [mm] とすると，打ち抜かれるせん断面の面積 A は，

$$A = \pi \times 100 \times t \ [\mathrm{mm}^2]$$

となる．
板にはたらくせん断応力 τ は

$$\tau = \frac{P}{A}$$
$$= \frac{5000}{100\pi t \times 10^{-6}} \ [\mathrm{Pa}]$$

となる．この応力がせん断強さ 100 MPa に達するとせん断されるので

$$100 \times 10^6 = \frac{5000}{100\pi t \times 10^{-6}} \ [\mathrm{Pa}]$$

よって $t = 0.159$ [mm]
と求まる．

ここに注意!!!
せん断力は断面に平行に作用する力であり，どの断面にはたらくか正しく理解すること．

Step 2 　　演習問題

[1] 図のように 2 本の棒が直径 10 [mm] のピンで連結されている．力が 5 [kN] のとき，ピンに生じるせん断応力を求めよ．

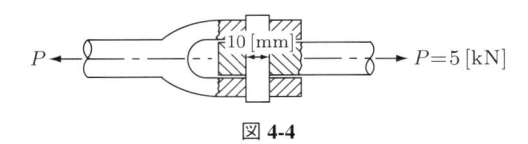

図 4-4

解き方

ピンのせん断面は 2 箇所であり，それぞれせん断力 $\frac{P}{2}$ が作用する．

せん断応力は $\tau = \dfrac{\dfrac{5000}{2}}{\dfrac{\pi}{4} \times 0.01^2}$ [Pa]

$$= 31.8 \ [\mathrm{MPa}]$$

と求まる．

ここに注意!!!
ピンの各断面に作用する力の大きさを正しく理解すること．

Step 3　発展問題

[1] 図のように直径 **10 [mm]** の **2** 本のピンで接合した板に **2 [kN]** の力をかけたとき，ピンに生じるせん断応力を求めよ．

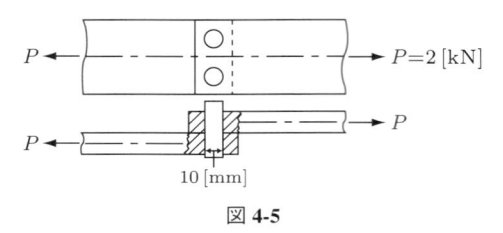

図 4-5

第5章 丸棒のねじり

5.1 静定問題

基本的な考え方

ねじりモーメント（トルク）は，回転の中心から力の作用線までの距離と力の積で与えられる．

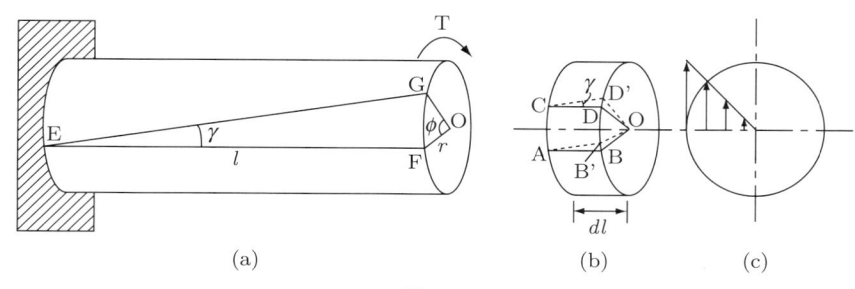

図 5-1-1

図 (a) に示すように，長さ l，半径 r（直径 d）の丸棒の左端を固定し，他端にトルク T を加える．図 (b) に示すような，微小長さ dl だけ離れた 2 つの断面を考える．丸棒の母線 AB，CD は，ねじりによって AB′，CD′ となり，これはせん断にほかならない．

また図 (c) に示すように，断面内ではせん断ひずみやせん断応力は，軸心からの距離に比例する．最大せん断応力 τ は表面で生じ，$\tau = \dfrac{T}{Z_p}$ で与えられる．ここで Z_p は**極断面係数**であり，この値が大きいほど τ は小さくなる．

一方，図 (a) に示す長さ l の棒の**ねじり角**は，$\phi = \dfrac{Tl}{GI_p}$ で与えられる．ここで I_p は**断面 2 次極モーメント**であり，G は**せん断弾性係数（横弾性係数）**である．GI_p の値が大きいほどねじれにくいので，GI_p はねじり剛性と呼ばれる．主要な断面の Z_p と I_p は表 5-1-1 に示している．

表 5-1-1

		断面 2 次極モーメント I_p	極断面係数 Z_p
円形	d	$\dfrac{\pi}{32}d^4$	$\dfrac{I_p}{\dfrac{d}{2}} = \dfrac{\pi}{16}d^3$
円筒	d_i, d_o	$\dfrac{\pi}{32}(d_o^4 - d_i^4)$	$\dfrac{I_p}{\dfrac{d_o}{2}} = \dfrac{\pi(d_o^4 - d_i^4)}{16d_o}$

以上のように，トルクが求まれば，せん断応力とねじり角が求まることになる．ここで扱う静定問題は，静力学的なトルクのつり合いのみから，各部材に作用するトルクを求めることができる．

また，伝動軸では，動力 H [N·m/s] とトルク [N·m] の関係式 $H = T\omega$ より，トルクを得ることができる．なお 1 [N·m/s] = 1 [W]（ワット）であり，また ω は角速度 [rad/s] である．動力を表す別の単位として馬力 [PS] があり，1 [PS] = 735.5 [W] である．また回転速度を表すのに，1 分間あたりの回転数 n [rpm] が用いられることが多い．

● 材料力学 第5章 丸棒のねじり

Step 1　　　基 本 問 題

[1] 図のように，B端で固定され，A端で直径 **30 [cm]** の円盤に接合されている丸棒を考える．円盤上の2点で接線方向に逆向きの同じ荷重 **P = 1 [kN]** が作用するとき，棒の最大せん断応力およびA端のねじり角を求めよ．ただし，棒のせん断弾性係数は **G = 80 [GPa]** とする．

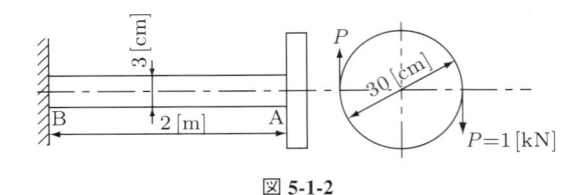

図 5-1-2

解き方

棒に作用するトルク T は

$$T = 1 \times 10^3 \times 0.15 \times 2 = 300 \text{ [N·m]}$$

である．この棒の断面2次極モーメント I_p は

$$I_p = \frac{\pi d^4}{32} = \frac{\pi}{32} \times (0.03)^4 = 7.95 \times 10^{-8} \text{ [m}^4\text{]}$$

となる．極断面係数 Z_p は

$$Z_p = \frac{I_p}{0.015} = 5.30 \times 10^{-6} \text{ [m}^3\text{]}$$

となる．棒の最大せん断応力 τ は

$$\tau = \frac{T}{Z_p} = \frac{300}{5.30 \times 10^{-6}} \text{ [Pa]} = 56.6 \text{ [MPa]}$$

となる．A端のねじり角 ϕ_A は

$$\phi_A = \frac{Tl}{GI_p} = \frac{300 \times 2}{80 \times 10^9 \times 7.95 \times 10^{-8}} = 0.0943 \text{ [rad]} = 5.40 \text{ [°]}$$

となる．

ここに注意!!!

円盤に作用する力は2つあり，トルクを求める際は，それぞれの力の作用線から回転中心までの距離をかける．

[2] 図のように，**D = 10 [cm]** の丸棒から円管へ直径 d のピンでつなぎ，円管へトルクを伝達する．丸棒の許容せん断応力を **τ_{a1} = 50 [MPa]**，ピンの許容せん断応力を **τ_{a2} = 100 [MPa]** とするとき，丸棒が伝達可能な最大トルクを円管に伝達するためには，ピンの直径はいくら必要か求めよ．なお，丸棒や円管はピン結合部で破壊しないものとする．

図 5-1-3

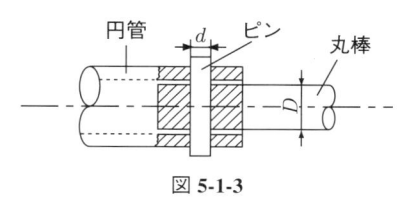

解き方

丸棒が伝達しうるトルクは

$$T = \tau_{a1} Z_p = \tau_{a1} \frac{\pi D^3}{16} = 50 \times 10^6 \times \frac{\pi}{16} \times (0.1)^3 \text{ [N·m]} = 9.82 \text{ [kN·m]}$$

である．ピンのせん断面に作用する力 P は $T = P \times \frac{D}{2} \times 2$ より

$$P = \frac{T}{D} = \frac{9.82 \times 10^3}{0.1} \text{ [N]} = 98.2 \text{ [kN]}$$

となる．ピンの許容せん断応力が 100 [MPa] なので，$\tau = \frac{P}{\frac{\pi d^2}{4}}$ より

$$d = \sqrt{\frac{P}{\frac{\pi \tau}{4}}} = \sqrt{\frac{98.2 \times 10^3}{\frac{\pi}{4} \times 100 \times 10^6}} \text{ [m]} = 35.4 \text{ [mm]}$$

となる．

Step 2　演習問題

[1] 図のような段付き丸棒の左端が固定され，右端にねじりモーメント $T = 1$ [kN·m] を作用させる．このとき，外径 d_1, d_2 の中空丸棒に生じる，それぞれの最大せん断応力と，段付き丸棒の先端のねじり角を求めよ．ただし，寸法は $l = 0.5$ [m], $d_1 = 5$ [cm], $d_2 = 4$ [cm], $d_3 = 1$ [cm] とし，棒のせん断弾性係数は $G = 80$ [GPa] とする．

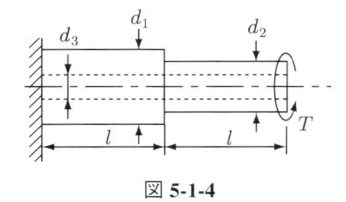

図 5-1-4

解き方

外径 d_1, d_2 の中空丸棒の断面 2 次極モーメント I_{p1}, I_{p2} は

$$I_{p1} = \frac{\pi}{32}(d_1^4 - d_3^4), \quad I_{p2} = \frac{\pi}{32}(d_2^4 - d_3^4)$$

である．また，極断面係数 Z_{p1}, Z_{p2} は

$$Z_{p1} = \frac{I_{p1}}{\frac{d_1}{2}} = \frac{\pi}{16d_1}(d_1^4 - d_3^4), \ Z_{p2} = \frac{I_{p2}}{\frac{d_2}{2}} = \frac{\pi}{16d_2}(d_2^4 - d_3^4)$$

である．また，最大せん断応力 τ_1, τ_2 は，両棒とも同一のねじりモーメント T が作用するので

$$\tau_1 = \frac{T}{Z_{p1}} = \frac{T \cdot 16d_1}{\pi(d_1^4 - d_3^4)} = \frac{1000 \times 16 \times 0.05}{\pi(0.05^4 - 0.01^4)} \text{[Pa]} = 40.8 \text{ [MPa]}$$

$$\tau_2 = \frac{T}{Z_{p2}} = \frac{T \cdot 16d_2}{\pi(d_2^4 - d_3^4)} = \frac{1000 \times 16 \times 0.04}{\pi(0.04^4 - 0.01^4)} \text{[Pa]} = 79.9 \text{ [MPa]}$$

となる．また，棒の先端のねじり角 ϕ は，外径 d_1, d_2 の棒の和で表され

$$\phi = \phi_1 + \phi_2 = \frac{Tl}{GI_{p1}} + \frac{Tl}{GI_{p2}} = \frac{Tl}{G}\left(\frac{1}{I_{p1}} + \frac{1}{I_{p2}}\right)$$

$$= \frac{1000 \times 0.5}{80 \times 10^9}\left\{\frac{32}{\pi}\frac{1}{(0.05^4 - 0.01^4)} + \frac{32}{\pi}\frac{1}{(0.04^4 - 0.01^4)}\right\} = 3.52 \times 10^{-2} \text{ [rad]} = 2.02 \text{ [°]}$$

となる．

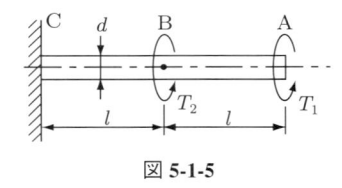

[2] C 端で固定され，A 端と B 点でそれぞれ $T_1 = 500$ [N·m], $T_2 = 1000$ [N·m] のねじりモーメントが作用する丸棒を考える．区間 AB, BC それぞれの最大せん断応力，および先端 A のねじり角を求めよ．ただし，寸法は $l = 0.3$ [m], $d = 4$ [cm] であり，棒のせん断弾性係数は $G = 80$ [GPa] とする．

図 5-1-5

解き方

区間 AB, BC に作用するねじりモーメント T_{AB}, T_{BC} はそれぞれ

$$T_{AB} = T_1, \ T_{BC} = T_1 + T_2$$

である．これは各区間で，それぞれ仮想的に切断し，その右側の棒を考え，トルクの合算が，その切断面に逆向きに作用すると考えると理解できる．また，断面 2 次極モーメント I_p および極断面係数 Z_p は

$$I_p = \frac{\pi d^4}{32}, \ Z_p = \frac{\pi d^3}{16}$$

である．各区間の最大せん断応力 τ_{AB}, τ_{BC} は

$$\tau_{AB} = \frac{T_{AB}}{Z_p} = \frac{500}{\frac{\pi}{16}(0.04)^3} \text{ [Pa]} = 39.8 \text{ [MPa]}$$

$$\tau_{BC} = \frac{T_{BC}}{Z_p} = \frac{1500}{\frac{\pi}{16}(0.04)^3} \text{ [Pa]} = 119 \text{ [MPa]}$$

ここに注意!!!

各断面に生じるトルクを求めるためにはその面で仮想的に切断し，その切断面の右側（または左側）の棒を考える．その面には右側のトルクの合算と同じ大きさのトルクが逆向きに作用している．

となる．先端のねじり角 ϕ は区間 AB および BC のねじり角 ϕ_{AB}, ϕ_{BC} の和となり

$$\phi = \phi_{AB} + \phi_{BC} = \frac{T_{AB}l}{GI_p} + \frac{T_{BC}l}{GI_p} = \frac{l(T_{AB} + T_{BC})}{GI_p}$$

$$= \frac{0.3}{80 \times 10^9 \times \frac{\pi}{32}(0.04)^4} \times (500 + 1500) = 2.98 \times 10^{-2} \text{ [rad]} = 1.71 \text{ [°]}$$

となる．

[3] 図のような伝動軸がある．回転数 $n = 1000$ [rpm] で回転し，A の動力 $H_A = 20$ [kW] が，B および C でそれぞれ $H_B = 15$ [kW], $H_C = 5$ [kW] 伝達される．軸 AB, BC は同一の材質 ($G = 100$ [GPa]) で，$l = 0.4$ [m], $d = 3$ [cm] とする．A 端に対する C 端のねじり角を求めよ．

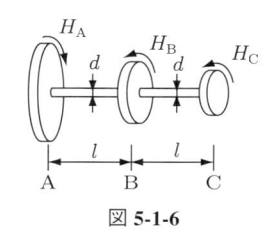

図 5-1-6

解き方

H_A, H_B, H_C それぞれの動力によって生じるトルク T_A, T_B, T_C は

$$T_A = \frac{H_A}{\omega} = \frac{H_A}{\frac{2\pi n}{60}} = \frac{20 \times 10^3}{\frac{2\pi \times 1000}{60}} = 191 \text{ [N·m]}$$

$$T_B = \frac{H_B}{\omega} = 143 \text{ [N·m]}$$

$$T_C = \frac{H_C}{\omega} = 47.7 \text{ [N·m]}$$

となる．軸 AB, BC にそれぞれ作用するトルク T_{AB}, T_{BC} は，各軸を仮想的に切断し，その右側のトルクを合算すると

$$T_{AB} = T_B + T_C = 191 \text{ [N·m]}$$

$$T_{BC} = T_C = 47.7 \text{ [N·m]}$$

となる．A 端に対しての C 端のねじり角 ϕ は，軸 AB, BC のねじり角の和であり

$$\phi = \phi_{AB} + \phi_{BC} = \frac{T_{AB}l}{GI_p} + \frac{T_{BC}l}{GI_p} = \frac{(T_{AB} + T_{BC})l}{GI_p}$$

$$= \frac{0.4}{100 \times 10^9 \times \frac{\pi}{32}(0.03)^4} \times (191 + 47.7) = 1.20 \times 10^{-2} \text{ [rad]} = 0.688 \text{ [°]}$$

となる．

ここに注意!!!

回転数 n [rpm] は，1分間あたりの回転数を表しており，ω [rad/s] に換算する必要がある．
n [rpm] → $\frac{2\pi n}{60}$ [rad/s]

Step 3　発展問題

[1] 図のように，$d_1 = 5$ [cm] の 2 本の円柱軸をフランジ継手で連結してトルクを伝達する．ボルトの本数は 8，ボルトのピッチ円直径 D は 15 [cm] とする．軸材の許容せん断応力は $\tau_{a1} = 80$ [MPa]，ボルトの許容せん断応力は $\tau_{a2} = 100$ [MPa] として，軸材が伝達できるトルクによってボルトが損傷しないためには，ボルトの直径をいくら以上にすればよいか求めよ．

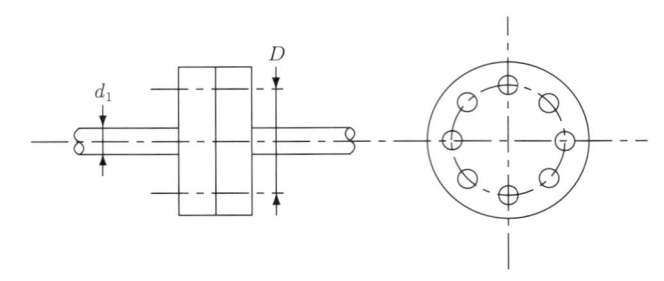

図 5-1-7

5.2 不静定問題

基本的な考え方

静定な問題は，静力学的なトルクのつり合いのみから，各部材に作用するトルクを求めることができる．しかし，固定する箇所を増やすと，静力学的なトルクのつり合いからだけでは，各部材にはたらくトルクを決定できない場合があり，不静定問題と呼ばれている．その場合，ねじり角の整合性も考慮すると，各部材にはたらくトルクを求めることができる．

Step 1　基本問題

[1] 図 (a) のように，両端が固定された丸棒に，断面 C で円盤が接合されている．円盤上の 2 点に接線方向にそれぞれ逆向きに荷重 $P = 1$ [kN] が作用している．棒の最大せん断応力および A 端に対する断面 C のねじり角を求めよ．ただし，寸法は $l_1 = 0.6$ [m], $l_2 = 0.3$ [m], $d = 3$ [cm], $D = 30$ [cm] である．また棒材のせん断弾性係数は $G = 80$ [GPa] とする．

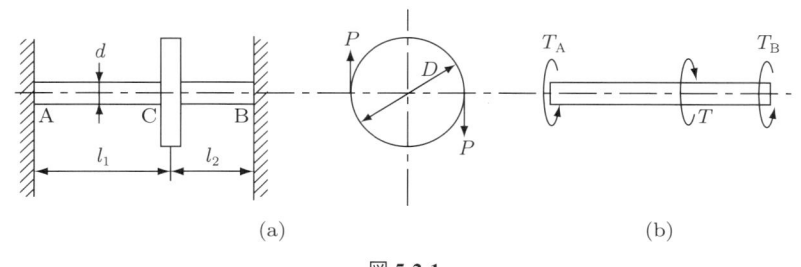

図 5-2-1

解き方

C 点に生じるねじりモーメント T は

$$T = 2 \times P \times \frac{D}{2} = 1 \times 10^3 \times 0.3 \text{ [N·m]} = 0.3 \text{ [kN·m]}$$

となる．A 端，B 端で壁から受けるねじりモーメントを，図 (b) のように T_A, T_B とおくと，棒のねじりモーメントのつり合いより

$$T = T_A + T_B \tag{5-2-1}$$

この式だけでは T_A, T_B が求まらないので，変形の適合条件を考える．棒 AC と CB のねじり角の和が 0 になるので，棒 AC, CB のねじりモーメントを T_{AC}, T_{CB} とおくと

$$\frac{T_{AC} l_1}{GI_p} + \frac{T_{CB} l_2}{GI_p} = 0 \tag{5-2-2}$$

ここで $T_{AC} = T_A$, $T_{CB} = T_A - T$ である．式 (5-2-2) へ代入し

$$T_A l_1 + (T_A - T) l_2 = 0$$

$$\therefore T_A = \frac{l_2 T}{l_1 + l_2}$$

ここに注意!!!

各棒に作用するねじりモーメント T_{AC}, T_{CB} を求める際，ねじりモーメントの正の方向を決め，正負を区別して合算する必要がある．この問題の場合，仮想切断面の左側のねじりモーメントを合算し，T_A の回転方向を正とし合算している．

となる．棒 AC, CB の最大せん断応力 τ_{AC}, τ_{CB} は

$$\tau_{AC} = \frac{T_{AC}}{Z_p} = \frac{T_A}{\frac{\pi}{16}d^3} = \frac{l_2}{l_1+l_2} \times \frac{16}{\pi d^3}T$$

$$= \frac{0.3}{0.6+0.3} \times \frac{16}{\pi \times 0.03^3} \times 300 \,[\text{Pa}] = 18.9 \,[\text{MPa}]$$

$$\tau_{CB} = \frac{T_{CB}}{Z_p} = \frac{T_A - T}{\frac{\pi}{16}d^3} = -\frac{l_1}{l_1+l_2} \times \frac{16}{\pi d^3}T = -37.7 \,[\text{MPa}]$$

よって，棒の最大せん断応力は CB で生じ，37.7 [MPa] となる．

A 端に対する断面 C のねじり角 ϕ_C は

$$\phi_C = \frac{T_{AC}l_1}{GI_p} = \frac{0.6}{80 \times 10^9 \times \frac{\pi}{32}(0.03)^4} \times \frac{0.3}{0.6+0.3} \times 300 = 9.43 \times 10^{-3} \,[\text{rad}] = 0.540 \,[°]$$

となる．

Step 2　演習問題

[1] 図 (a) のように，両端が固定された段付き丸棒の断面 C に，ねじりモーメント $T = 4$ [kN·m] が作用している．寸法は $l = 0.5$ [m], $d_1 = 3$ [cm], $d_2 = 6$ [cm] とする．左端 A に対して断面 C でのねじり角が $1°$ であったとき，この棒材のせん断弾性係数を求めよ．

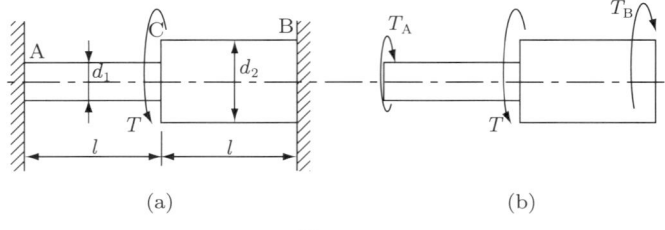

図 5-2-2

解き方

A 端，B 端で壁から受けるねじりモーメントを，図 (b) のように T_A, T_B とおくと，棒のねじりモーメントのつり合いより

$$T = T_A + T_B \tag{5-2-3}$$

一方，棒 AC と棒 CB のねじり角の和が 0 になる．棒 AC, CB のねじりモーメントを T_{AC}, T_{CB} とおくと

$$\frac{T_{AC}l}{GI_{pAC}} + \frac{T_{CB}l}{GI_{pCB}} = 0 \tag{5-2-4}$$

ここで $T_{AC} = T_A, T_{CB} = T_A - T, I_{pAC} = \frac{\pi}{32}d_1{}^4, I_{pCB} = \frac{\pi}{32}d_2{}^4$ なので，式 (5-2-4) より

$$\frac{T_A}{d_1{}^4} + \frac{(T_A - T)}{d_2{}^4} = 0$$

$$\therefore T_A = \frac{d_1{}^4}{d_1{}^4 + d_2{}^4}T = \frac{0.03^4}{0.03^4 + 0.06^4} \times 4000 = 235 \text{ [N·m]}$$

となる．A 端に対する断面 C のねじり角が 1° なので

$$1 \times \frac{\pi}{180} \text{ [rad]} = \frac{T_{AC}l}{GI_{pAC}}$$

$$\therefore G = \frac{180}{\pi} \times \frac{235 \times 0.5}{\frac{\pi}{32}(0.03)^4} = 84.7 \times 10^9 \text{ [Pa]} = 84.7 \text{ [GPa]}$$

となる．

[2] 図のような同心に配置された円柱と円管の右端が剛体板で固定され，ねじりモーメント $T = 3000$ [N·m] を受けている．左端は固定されており，各寸法は $l = 60$ [cm], $d_1 = 5$ [cm], $d_2 = 10$ [cm], $d_3 = 7$ [cm] である．円柱と円管のせん断弾性係数はそれぞれ $G_1 = 80$ [GPa], $G_2 = 60$ [GPa] とする．円柱と円管の最大せん断応力およびねじり角を求めよ．

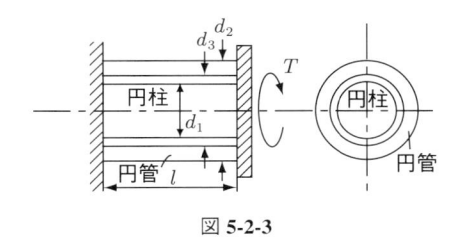

図 5-2-3

解き方

円柱と円管に作用するねじりモーメントをそれぞれ T_1, T_2 とおくと

$$T = T_1 + T_2 \tag{5-2-5}$$

の関係がある．円柱のねじり角と円管のねじり角が同一なので

$$\frac{T_1 l}{G_1 I_{p1}} = \frac{T_2 l}{G_2 I_{p2}} \tag{5-2-6}$$

の関係がある．また $I_{p1} = \frac{\pi}{32}d_1{}^4, I_{p2} = \frac{\pi}{32}(d_2{}^4 - d_3{}^4)$ なので，式 (5-2-5), (5-2-6) より

$$\frac{T_1}{G_1 d_1{}^4} = \frac{(T - T_1)}{G_2(d_2{}^4 - d_3{}^4)}$$

$$\therefore T_1 = \frac{G_1 d_1{}^4}{G_2(d_2{}^4 - d_3{}^4) + G_1 d_1{}^4}T$$

$$= \frac{80 \times 10^9 \times 0.05^4}{60 \times 10^9 \times \{0.1^4 - 0.07^4\} + 80 \times 10^9 \times 0.05^4} \times 3000 \text{ [N·m]}$$

$$= 296 \text{ [N·m]}$$

式 (5-2-5) より

$$T_2 = T - T_1 = 2704 \text{ [N·m]}$$

それぞれの最大せん断応力 τ_1, τ_2 は

$$\tau_1 = \frac{T_1}{Z_{p1}} = \frac{T_1}{\frac{\pi}{16}d_1^3} = \frac{296}{\frac{\pi}{16}(0.05)^3} \text{ [Pa]} = 12.1 \text{ [MPa]}$$

$$\tau_2 = \frac{T_2}{Z_{p2}} = \frac{T_2}{\frac{\pi}{16 d_2}(d_2^4 - d_3^4)} = 18.1 \text{ [MPa]}$$

となる．またねじり角 ϕ は

$$\phi = \frac{T_1 l}{G_1 I_{p1}} = \frac{296 \times 0.6}{80 \times 10^9 \times \frac{\pi}{32}(0.05)^4} = 3.62 \times 10^{-3} \text{ [rad]} = 0.207 \text{ [°]}$$

となる．

Step 3 発 展 問 題

[1] 図のように，両端が固定された直径 $d = 4$ [cm] の丸棒が，C 断面および D 断面でねじりモーメント $T_1 = 1000$ [N·m], $T_2 = 2000$ [N·m] を受けている．棒材のせん断弾性係数を $G = 80$ [GPa] とする．棒の最大せん断応力を求めよ．

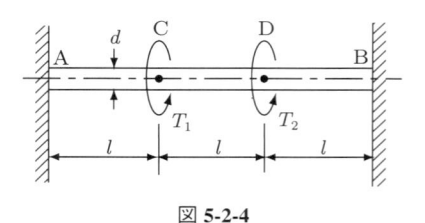

図 5-2-4

第6章 はりの曲げ応力

6.1 断面2次モーメントと断面係数

基本的な考え方

次節で詳細を記すが，はりの曲げ問題では，はりの断面の図心を通る面が，伸びも縮みもしない中立面となる．図(a)のような任意断面 A を考えると，図心 $G(\bar{x}, \bar{y})$ が次式で与えられる．

$$\bar{x} = \frac{1}{A}\int_A x dA, \quad \bar{y} = \frac{1}{A}\int_A y dA$$

例えば $\frac{1}{A}\int_A x dA$ は，微小面積 dA と y 軸までの距離 x の積を断面全体にわたって積分したものであり，**断面1次モーメン**トという．$\frac{1}{A}\int_A y dA$ も同様である．

次に，図(b)を考える．微小面積 dA と，任意の軸までの距離の2乗との積を，図形全体にわたって積分したものを**断面2次モーメント**とよび，x 軸，y 軸に関しては次式のようになる．

$$I_x = \int_A y^2 dA, \quad I_y = \int_A x^2 dA$$

はりの曲げ問題においては，中立軸（中立面と断面の交線）に関する断面2次モーメントが重要である．主要な断面形状について公式を表6-1に示す．表中の z 軸は図心を通る中立軸である．**断面係数** Z は次節で解説するが，曲げ応力の算出に必要であり，I_z を中立軸から表面までの距離で割ったものである．

また，図心を通る x 軸に平行な X 軸に関する断面2次モーメント I_X は，平行軸の定理より，次のようになる．

$$I_X = I_x + a^2 A$$

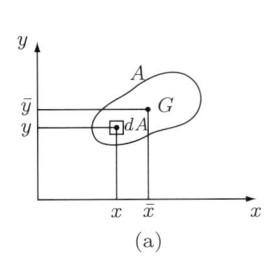

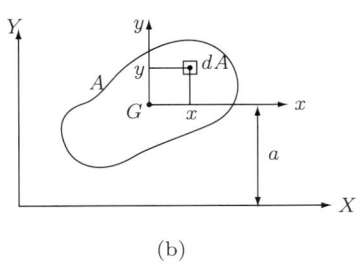

図 6-1-1

表 6-1

断面形状	断面2次モーメント I_z	断面係数 Z
長方形	$\dfrac{bh^3}{12}$	$\dfrac{I_z}{\frac{h}{2}} = \dfrac{bh^2}{6}$
円形	$\dfrac{\pi}{64}d^4$	$\dfrac{I_z}{\frac{d}{2}} = \dfrac{\pi}{32}d^3$

● 材料力学　第6章　はりの曲げ応力

Step 1　基本問題

[1] 図のような断面の z 軸（中立軸）に関する断面2次モーメント I_z を求めよ．

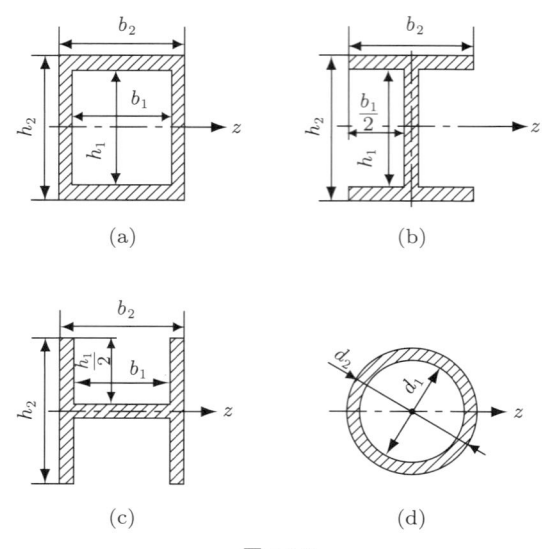

図 6-1-2

解き方

(a) 高さ h_2，幅 b_2 の長方形と，高さ h_1，幅 b_1 の長方形の z 軸は同一なので，求める断面の I_z は，次のように減算で求めることができる．

$$I_z = \frac{b_2 h_2^3}{12} - \frac{b_1 h_1^3}{12} = \frac{1}{12}(b_2 h_2^3 - b_1 h_1^3)$$

(b) 高さ h_2，幅 b_2 の長方形と，高さ h_1，幅 $\frac{b_1}{2}$ の2つの長方形の z 軸は同一なので，求める断面の I_z は，次のように減算で求めることができる．

$$I_z = \frac{b_2 h_2^3}{12} - 2 \times \frac{\frac{b_1}{2} h_1^3}{12} = \frac{1}{12}(b_2 h_2^3 - b_1 h_1^3)$$

(c) 高さ h_2，幅 $\frac{b_2 - b_1}{2}$ の2つの長方形と，高さ $2 \times \left(\frac{h_2}{2} - \frac{h_1}{2}\right)$，幅 b_1 の長方形の z 軸は同一なので，求める断面の I_z は，次のように加算で求めることができる．

$$I_z = 2 \times \frac{\left(\frac{b_2 - b_1}{2}\right) \times h_2^3}{12} + \frac{b_1(h_2 - h_1)^3}{12} = \frac{(b_2 - b_1)h_2^3}{12} + \frac{b_1(h_2 - h_1)^3}{12}$$
$$= \frac{1}{12}\{(b_2 - b_1)h_2^3 + b_1(h_2 - h_1)^3\}$$

(d) 直径 d_2 の円と直径 d_1 の円の z 軸は同一なので，求める断面の I_z は，次のように減算で求めることができる．

$$I_z = \frac{\pi}{64} d_2^4 - \frac{\pi}{64} d_1^4 = \frac{\pi}{64}(d_2^4 - d_1^4)$$

ここに注意!!!

複雑な断面の I_z を知りたい場合，単純な断面の I_z の加算と減算で求めることができる．
ただし，単純な各断面の z 軸が，元の複雑な断面の z 軸と一致している場合に限る．

Step 2　演習問題

[1] 中立軸 z の位置を求め，z 軸に関する断面2次モーメント I_z および断面係数を求めよ．

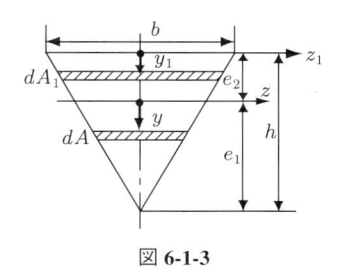

図 6-1-3

解き方

z_1 軸に関する断面1次モーメント S_{z1} を求める．z_1 軸から距離 y_1 の幅は $\dfrac{b}{h}(h-y_1)$ なので

$$S_{z1} = \int_{A_1} y_1 dA_1 = \int_0^h y_1 \frac{b}{h}(h-y_1)dy_1 = \frac{bh^2}{6}$$

一方，三角形の面積は $A_1 = \dfrac{bh}{2}$ なので

$$e_2 = \frac{1}{A_1}\int_{A_1} y_1 dA_1 = \frac{h}{3}$$

となる．z 軸に関する断面2次モーメント I_z は，z 軸から距離 y の幅が $\dfrac{b}{h}\left(h-\dfrac{h}{3}-y\right)$ なので

$$I_z = \int_A y^2 dA = \frac{b}{h}\int_{-\frac{h}{3}}^{\frac{2}{3}h} y^2\left(\frac{2}{3}h-y\right)dy = \frac{b}{h}\int_{-\frac{h}{3}}^{\frac{2}{3}h}\left(\frac{2}{3}hy^2-y^3\right)dy = \frac{b}{h}\left[\frac{2}{9}hy^3-\frac{y^4}{4}\right]_{-\frac{h}{3}}^{\frac{2}{3}h}$$

$$= \frac{bh^3}{36}$$

となる．断面係数は，次のように，中立軸の上 (Z_2)，下 (Z_1) で異なる．

$$Z_2 = \frac{I_z}{e_2} = \frac{bh^2}{12}, \quad Z_1 = \frac{I_z}{e_1} = \frac{bh^2}{24}$$

[2] 中立軸 z の位置を求め，z 軸に関する断面 2 次モーメント I_z および断面係数を求めよ．ただし，図中の単位はすべて **cm** である．

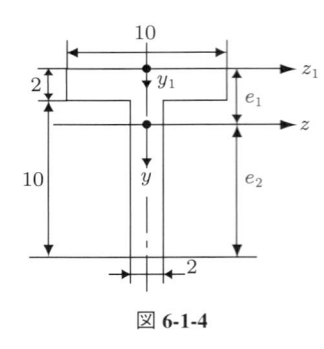

図 6-1-4

解き方

z_1 軸に関する断面 1 次モーメント S_{z_1} を求める．z_1 軸からの距離 y_1 が 0 から 2 までのときの幅は 10，2 から 12 までのときは 2 なので

$$S_{z_1} = \int_{A_1} y_1 dA_1 = \int_0^2 y_1 \cdot 10 dy_1 + \int_2^{12} y_1 \cdot 2 dy_1 = 10 \left[\frac{y_1^2}{2}\right]_0^2 + 2\left[\frac{y_1^2}{2}\right]_2^{12}$$

$$= 160 \,[\text{cm}^3]$$

一方，断面積は 40 [cm^2] なので

$$e_1 = \frac{1}{A_1} \int_{A_1} y_1 dA_1 = 4 \,[\text{cm}]$$

となる．z 軸に関する断面 2 次モーメント I_z は，z 軸からの距離 y が -4 から -2 までのときの幅が 10，-2 から 8 までのときの幅が 2 なので

$$I_z = \int_{-4}^{-2} y^2 \cdot 10 dy + \int_{-2}^{8} y^2 \cdot 2 dy = 10\left[\frac{y^3}{3}\right]_{-4}^{-2} + 2\left[\frac{y^3}{3}\right]_{-2}^{8} = 533 \,(\text{cm}^4)$$

断面係数は，次のように，中立軸の上 (Z_1)，下 (Z_2) で異なる．

$$Z_1 = \frac{I_z}{e_1} = \frac{533}{4} = 133 \,[\text{cm}^3], \quad Z_2 = \frac{I_z}{e_2} = \frac{533}{8} = 66.6 \,[\text{cm}^3]$$

> **ここに注意!!!**
> 断面が 2 つの図形から構成されるので，積分範囲を分割する必要がある．

Step 3　　発 展 問 題

[1] 中立軸 z の位置を求め，z 軸に関する断面 2 次モーメントおよび断面係数を求めよ．ただし，図中の単位はすべて **cm** である．

図 **6-1-5**

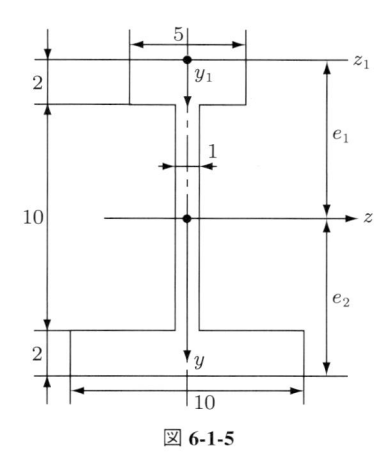

6.2 曲げモーメントと曲げ応力

基本的な考え方

はりの支持方法は図 6-2-1 のように分類される．通常のはりの問題では，軸力 N が無視される．

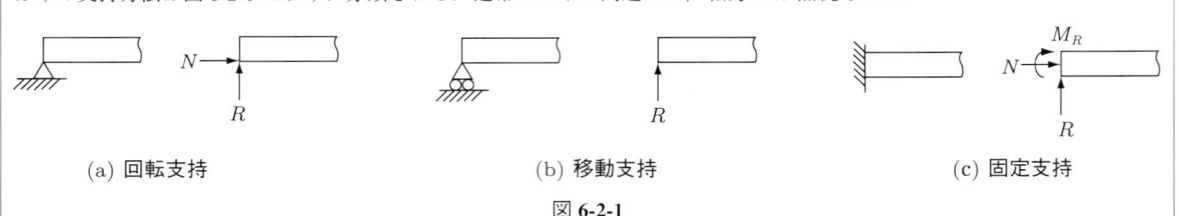

(a) 回転支持　　(b) 移動支持　　(c) 固定支持

図 6-2-1

図 6-2-2 (a) のような，左端から距離が x である任意の断面にはたらくせん断力と曲げモーメントは，以下の手順で求められる．

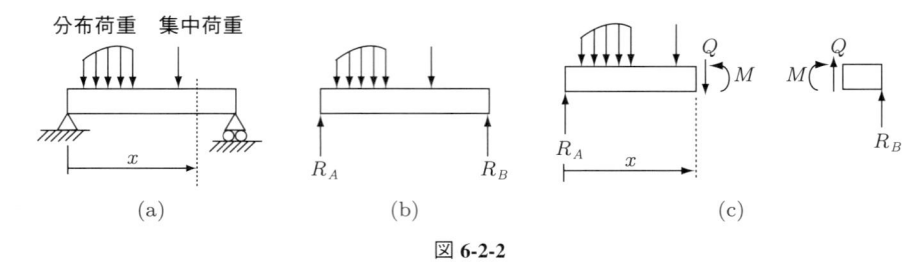

図 6-2-2

[1] 図 6-2-2 (b) のようなはり全体に対して静力学のつり合い（力のつり合い，ある点まわりのモーメントのつり合い）を適用して，端部から受ける反力やモーメントを決定する．

[2] 図 6-2-2 (c) のように任意断面の左（または右）の部分のはりについて，外力の合計と，外的モーメントの合計を求めればよい．すなわち，左側の部分にはたらく外力の合計と，外的モーメントの合計が，断面の右側面への内力として作用し，その作用反作用で断面の左側面への内力として作用することになる．

せん断力は，図 6-2-3 のように，断面の左側（右側部分の左端面）を切り上げるように作用する場合を正，反対を負とする．曲げモーメントは，はりが上に凹に曲がるように作用する場合を正，反対を負とする．

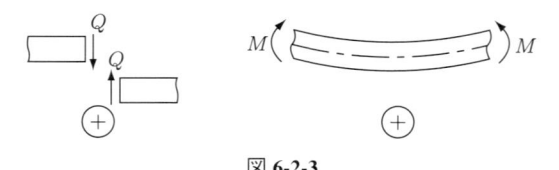

図 6-2-3

任意断面に作用するせん断力 Q と曲げモーメント M は，一般に各断面で異なり，x の関数となる．垂直方向に Q および M の値をとり，水平方向に x をとった線図を，**せん断力線図** (Shearing force diagram: SFD) および**曲げモーメント線図** (Bending moment diagram: BMD) という．

せん断力はせん断応力に，曲げモーメントは曲げ応力に換算する必要があるが，はりの問題では，せん断応力は曲げ応力より十分小さく，曲げ応力のみを求めることがほとんどである．曲げひずみ（応力）は図 6-2-4 のように分布し，伸びも縮みもしない中立面が存在し，中立面と，断面との交線を中立軸と呼ぶ．曲げひずみ（応力）はその軸からの距離に比例し，表面で最大ひずみ（最大応力）となる．なお，**曲げ応力**は断面に垂直に作用する垂直応力である．その最大応力 σ は，次式で与えられる．

$$\sigma = \frac{M}{Z}$$

ここで Z は断面係数であり，断面の中立軸（z 軸）に関する断面 2 次モーメント I_z を，中立軸から表面までの距離で割ったものである．図では $Z_1 = \dfrac{I_z}{y_1}$, $Z_0 = \dfrac{I_z}{y_0}$ となり，M が求められると，σ_1, σ_0 が求められる．

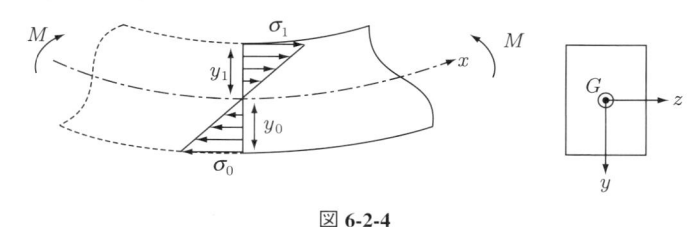

図 6-2-4

Step 1　基本問題

[1] 図 (a) のような，等分布荷重と集中荷重を受ける片持はりを考える．はりの断面は図 (b) の通り，幅 **80 [mm]**, 高さ **150 [mm]** である．

(1) 区間 **AB** のせん断力および曲げモーメントを x の関数として表せ．ただし，x の原点は固定端 **A** とする．
(2) せん断力線図 **(SFD)** および曲げモーメント線図 **(BMD)** を描け．
(3) 梁に生じる最大曲げ応力を求めよ．

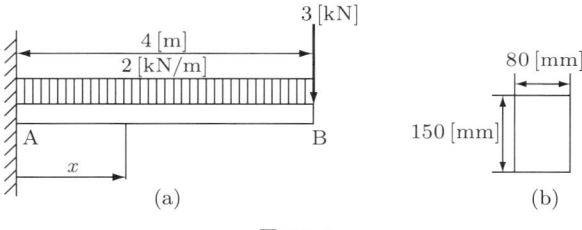

図 6-2-5

解き方

(1) 図 6-2-6 のように，任意座標 x [m] における断面の右側を考える．この場合，せん断力 Q_x と曲げモーメント M_x は以下のようになる．

$$Q_x = 2(4 - x) + 3$$
$$= -2x + 11 \text{ [kN]}$$

$$M_x = -2(4 - x) \cdot \dfrac{(4 - x)}{2} - 3(4 - x)$$
$$= -x^2 + 11x - 28 \text{ [kN·m]}$$

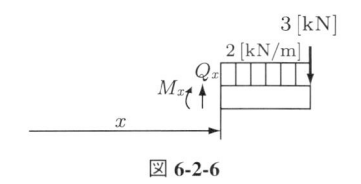

図 6-2-6

ここに注意!!!

片持はりの場合，任意の断面の Q や M を求めるときに，固定端がない側を扱うと簡単である．

ここに注意!!!

等分布荷重は，その合計が中央に作用するものとして，集中荷重に置き換えてモーメントを求める．

(別解) 切断面の左を考えた場合

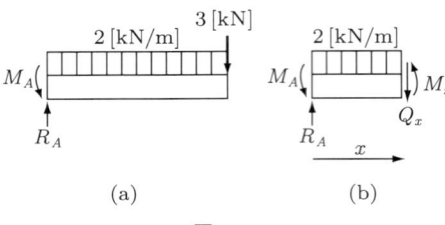

図 6-2-7

図 6-2-7 (a) のように,はり全体を考え,R_A, M_A を求める.ここで R_A, M_A は,はりが固定端から受ける反力と反モーメントである.

1) 力のつり合いより

$R_A = 3 + 2 \times 4$ [kN]

$= 11$ [kN]

2) A 点まわりのモーメントの合計が 0 なので

$3 \times 4 + 2 \times 4 \times 2 - M_A = 0$ [kN·m]

$\therefore M_A = 28$ [kN·m]

せん断力 Q_x と曲げモーメント M_x は,図 6-2-7 (b) のように任意 x 断面の左側を考えると,次のようになる.

$Q_x = R_A - 2x$

$= 11 - 2x$ [kN]

$M_x = R_A \cdot x - 2x \cdot \dfrac{x}{2} - M_A$

$= 11x - x^2 - 28$ [kN·m]

(2) 上記で求めた Q_x と M_x を図示すると,図 6-2-8 のようになる.

両端の値が必須であり,これらは $x = 0$ および $x = 4$ [m] を代入すると求めることができる.

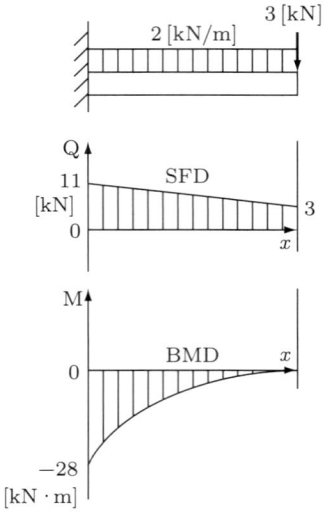

図 6-2-8

(3) 上記の BMD より，最大モーメント（大きさ）を読みとると，$|M|_{\max} = 28$ [kN·m] となる．

$$断面係数は Z = \frac{bh^2}{6} = \frac{0.08 \times (0.15)^2}{6} = 3 \times 10^{-4} \text{ [m}^3\text{]}$$

$$最大応力は \sigma_{\max} = \frac{|M|_{\max}}{Z} = \frac{28 \times 10^3}{3 \times 10^{-4}} \text{ [N/m}^2\text{]} = 93.3 \text{ [MPa]}$$

となる．

[2] 図 (a) のような，AC 間に等分布荷重を受ける単純支持はりを考える．はりの断面は図 (b) の通りである．
(1) はりが支持端 A, B から受ける反力 R_A, R_B を求めよ．
(2) 区間 AC および区間 CB のせん断力 Q および曲げモーメント M を x の関数として表せ．ただし，x の原点は支持端 A とする．
(3) せん断力線図 (SFD) および曲げモーメント線図 (BMD) を描け．
(4) 最大曲げ応力を求めよ．

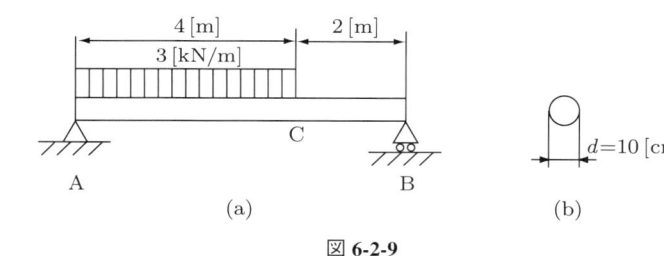

図 6-2-9

解き方

(1) はりにはたらく力を図示すると，図 6-2-10 のようになる．R_A と R_B は支点反力である．
力のつり合いより

$$R_A + R_B = 3 \times 4 \text{ [kN]}$$

A 点まわりのモーメントが 0 なので

$$3 \times 4 \times 2 - R_B \times 6 = 0$$

$$\therefore R_B = 4 \text{ [kN]}$$

$$R_A = 8 \text{ [kN]}$$

図 6-2-10

となる．

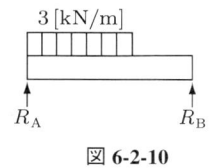

(2) 区間 AC のせん断力 Q_{AC} と曲げモーメント M_{AC} は，図 6-2-11 のように任意座標 x [m] における断面の左側を考え

$$Q_{AC} = R_A - 3x$$

$$= -3x + 8 \text{ [kN]}$$

$$M_{AC} = R_A x - 3x \cdot \frac{x}{2}$$

$$= -\frac{3}{2}x^2 + 8x$$
$$= -\frac{3}{2}\left(x^2 - \frac{16}{3}x\right)$$
$$= -\frac{3}{2}\left(x - \frac{8}{3}\right)^2 + \frac{32}{3} \text{ [kN·m]}$$

区間 CB も同様に（図 6-2-12）

$$Q_{CB} = R_A - 3 \times 4$$
$$= -4 \text{ [kN]}$$
$$M_{CB} = R_A x - 3 \times 4(x - 2)$$
$$= -4x + 24 \text{ [kN·m]}$$

図 6-2-11　　図 6-2-12

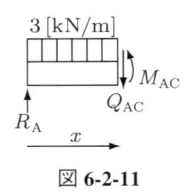

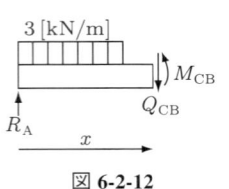

(3) SFD と BMD は，(2) で求めた各区間の式を図示すると，図 6-2-13 のようになる．

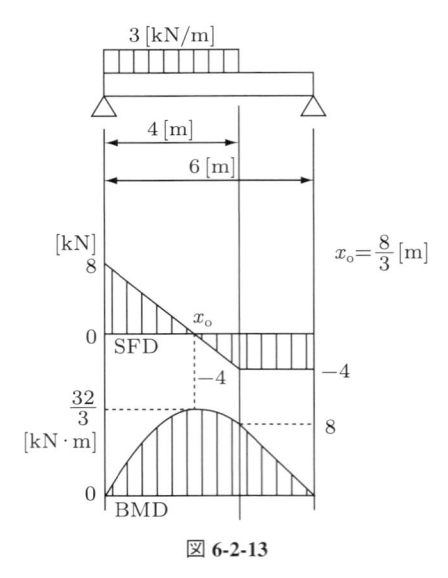

図 6-2-13

(4) 最大曲げ応力は $\sigma = \dfrac{M}{Z}$, $Z = \dfrac{\pi}{32}d^3$ より

$$\sigma = \frac{\frac{32}{3} \times 10^3}{\frac{\pi}{32}(0.1)^3} \text{ [Pa]} = 109 \text{ [MPa]}$$

となる．

Step 2 演習問題

[1] 図のような単位長さあたり w の等分布荷重と集中荷重 W を受ける片持はりがある．はりの長さと集中荷重の作用する位置は図 **(a)** のとおりであり，断面形状は図 **(b)** に示すとおりである．次の問いに答えよ．

(1) はりが固定端から受ける反力と反モーメントの大きさを求めよ．
(2) 区間 **AB** および区間 **BC** それぞれについて，曲げモーメントを x の関数として表せ．（x の原点は点 **A** とし，図に示すように右向きを正とする．）
(3) 曲げモーメント線図を描け．
(4) 最大曲げ応力を求めよ．

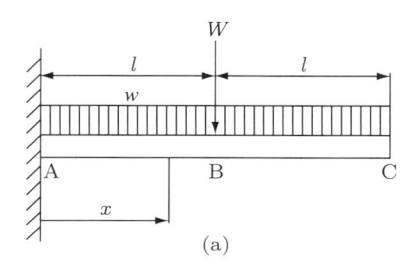

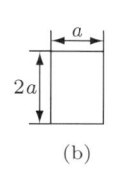

図 6-2-14

解き方

はりにはたらく力とモーメントを図示すると，図 6-2-15 のようになる．R_A と M_A は，それぞれ固定端から受ける反力と反モーメントである．

(1) 力のつり合いより

$$W + 2wl = R_A$$

$$\therefore R_A = W + 2wl$$

A 点まわりのモーメントの合計が 0 なので

$$Wl + 2lwl - M_A = 0$$

$$\therefore M_A = Wl + 2wl^2$$

(2) 任意 x 断面の左側を図示すると，図 6-2-16 のようになり，その断面でのモーメントを求めることができる．

$$M_{AB} = -wx \cdot \frac{x}{2} + R_A x - M_A$$
$$= -\frac{w}{2}x^2 + (W + 2wl)x - (Wl + 2wl^2)$$

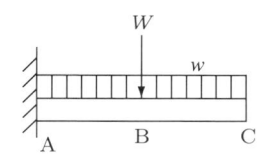

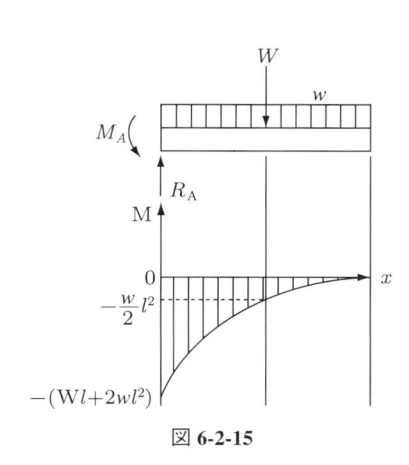

図 6-2-15

区間 BC についても同様である（図 6-2-17）.

$$M_{BC} = -wx \cdot \frac{x}{2} + R_A x - M_A - W(x-l)$$
$$= -\frac{w}{2}x^2 + 2wlx - 2wl^2$$
$$= -\frac{w}{2}(x-2l)^2$$

図 6-2-16

図 6-2-17

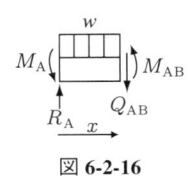

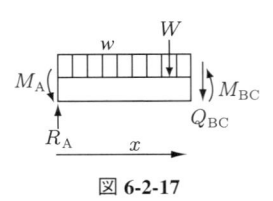

(3) 各区間の曲げモーメントは (2) で求めているので，それを図示すると図 6-2-15 のようになる．両端や集中荷重がはたらく点の値は，その x 座標を代入して求めている．

(4) BMD を読みとると最大モーメント $|M|_{max} = Wl + 2wl^2$

断面係数は $Z = \dfrac{bh^2}{6} = \dfrac{a \times 4a^2}{6} = \dfrac{2}{3}a^3$．よって最大応力は

$$\sigma_{max} = \frac{|M|_{max}}{Z} = \frac{3(Wl + 2wl^2)}{2a^3}$$

となる．

Step 3　発展問題

[1] 図のように三角形の分布荷重を受ける片持はりの SFD および BMD を求めよ．

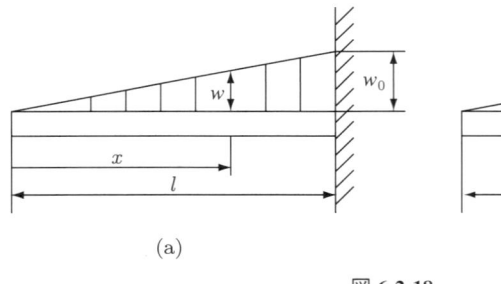

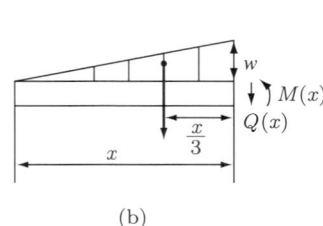

図 6-2-18

[2] 図 (a) のように，片持はりの先端に集中荷重 P が作用している．はりの高さは h で，幅は図 (b) のように固定端で b_0 の二等辺三角形である．はりに生じる応力が先端からの距離 x に依存しないことを示せ．

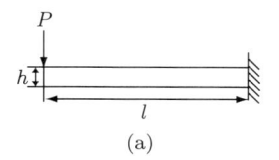

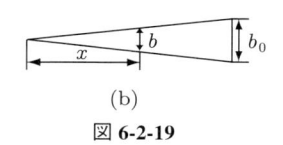

(a)

(b)

図 6-2-19

第7章 はりのたわみ

7.1 静定なはりのたわみ

基本的な考え方

はりのたわみ曲線は，次のたわみの微分方程式で与えられる．

$$\frac{d^2y}{dx^2} = -\frac{M}{EI_z}$$

$\frac{M}{EI_z}$ が x の関数として与えられれば，これを2回積分すれば，たわみ曲線 y が得られる．なお，$\frac{dy}{dx}$ はたわみ角 θ である．また EI_z は曲げ剛性と呼ばれる．

$$\frac{dy}{dx} = -\int \frac{M}{EI_z} dx + C_1$$
$$y = -\iint \frac{M}{EI_z} dx dx + C_1 x + C_2$$

ここで，C_1, C_2 は積分定数で，はりの境界条件から定められる．

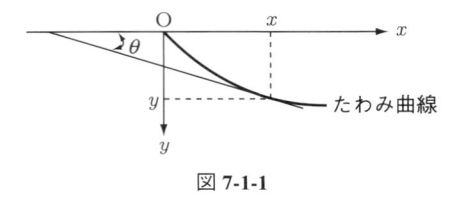

図 7-1-1

Step 1 基本問題

[1] 図に示すように，AC 間に等分布荷重 w を受ける片持はり（AC および CB の長さは $\frac{l}{2}$ である）を考える．はりの曲げ剛性は EI である．

(1) AC 間のたわみを x の関数として表せ．
(2) 自由端 B でのたわみを幾何学的関係より求めよ．ただし，点 C のたわみ角は小さいものとする．

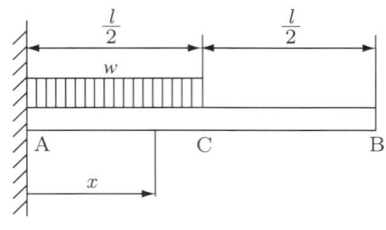

図 7-1-2

解き方

(1) はりにはたらく力とモーメントを図示すると，図 7-1-3 のようになる．
ここで，R_A と M_A はそれぞれ，固定端から受ける反力と反モーメントである．

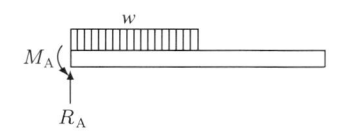

図 7-1-3

まず，R_A と M_A を求める．力のつり合いより

$$R_A = w \cdot l/2$$

A 点まわりのモーメントの合計が 0 なので

$$-M_A + \frac{wl}{2} \cdot l/4 = 0$$

$$\therefore M_A = \frac{wl^2}{8}$$

次に AC 間の曲げモーメント M_1 は図 7-1-4 より

$$M_1 = -M_A + R_A x - wx \cdot \frac{x}{2}$$

$$= \frac{-wl^2}{8} + \frac{wlx}{2} - \frac{w}{2}x^2$$

図 7-1-4

AC 間のたわみ y_1 はたわみの微分方程式より

$$\frac{d^2 y_1}{dx^2} = -\frac{M_1}{EI}$$

$$= \frac{1}{EI}\left(\frac{wl^2}{8} - \frac{wlx}{2} + \frac{w}{2}x^2\right)$$

$$\frac{dy_1}{dx} = \frac{1}{EI}\left(\frac{wl^2 x}{8} - \frac{wlx^2}{4} + \frac{wx^3}{6} + C_1\right)$$

$$y_1 = \frac{1}{EI}\left(\frac{wl^2 x^2}{16} - \frac{wlx^3}{12} + \frac{wx^4}{24} + C_1 x + C_2\right)$$

次に境界条件より，積分定数 C_1, C_2 を決定する．

1) $x = 0$ で $y_1 = 0$（たわまない）より

$$0 = 0 + C_2$$

$$\therefore C_2 = 0$$

2) $x = 0$ で $\frac{dy_1}{dx} = 0$（たわみ角が 0）より

$$0 = 0 + C_1$$

$$\therefore C_1 = 0$$

よって

$$\frac{dy_1}{dx} = \frac{w}{24EI}(4x^3 - 6lx^2 + 3l^2 x)$$

$$y_1 = \frac{w}{48EI}(2x^4 - 4lx^3 + 3l^2 x^2)$$

(2) 点Cでのたわみおよびたわみ角は $(y_1)_{x=\frac{l}{2}}$ と $\left(\dfrac{dy_1}{dx}\right)_{x=\frac{l}{2}}$ で与えられるので，それぞれ $\dfrac{wl^4}{128EI}$, $\dfrac{wl^3}{48EI}$ と求めることができる.

CB 間には力やモーメントがはたらいていないので，たわみ曲線 y_2 は直線になる．この場合の幾何学的関係を図示すると，図 7-1-5 のようになる．
図より

$$(y_2)_{x=l} = \frac{l}{2}\left(\frac{dy_1}{dx}\right)_{x=\frac{l}{2}} + (y_1)_{x=\frac{l}{2}}$$

$$= \frac{l}{2} \cdot \frac{wl^3}{48EI} + \frac{wl^4}{128EI}$$

$$= \frac{7wl^4}{384EI}$$

となる．

> **ここに注意!!!**
> 力やモーメントが作用していない区間は曲がらないため，はりは直線になる．

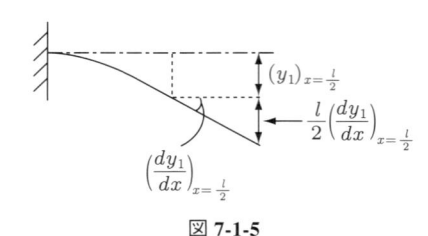

図 7-1-5

[2] 図のような等分布荷重を受ける単純支持はりがある．はりの長さは図 **(a)** のとおりであり，断面形状は図 **(b)** のとおりである．ヤング率は **200 [GPa]** とする．次の問いに答えよ．
(1) 支点反力はいくらか．
(2) 曲げモーメントを x の関数として表せ．（x の原点は点 **A** とし，図のように右向きを正とする．）
(3) 最大曲げ応力を求めよ．
(4) 最大たわみ（スパンの中央部）を求めよ．

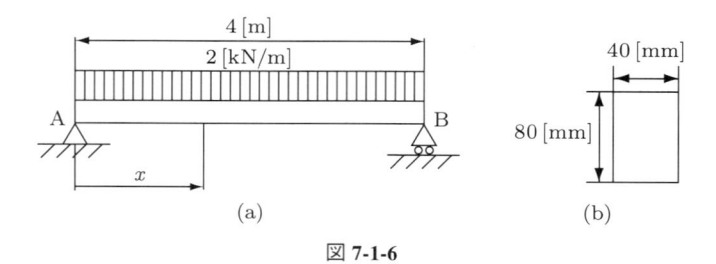

図 7-1-6

解き方

(1) はりにはたらく外力を図示すると，図 7-1-7 (b) のようになる．ここで，R_A, R_B は支点から受ける力である．
まず，R_A, R_B を求める．

（分布荷重の合計）$= 2 \times 4 = 8$ [kN]

左右対称より

$$R_A = R_B = 4 \text{ [kN]}$$

となる．

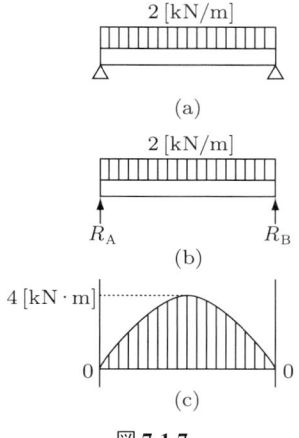

図 7-1-7

(2) 任意 x [m] 断面のモーメント M は，図 7-1-8 のように断面の左側を考えると

$$M = R_A x - 2x \cdot \frac{x}{2}$$
$$= -x^2 + 4x$$
$$= -(x-2)^2 + 4 \text{ [kN·m]} \quad (図 7\text{-}1\text{-}7 \text{ (c)})$$

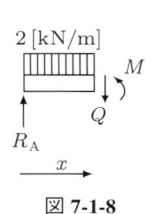

図 7-1-8

(3) (2) より最大曲げモーメントは

$$M_{\max} = 4 \text{ [kN·m]}$$

断面係数は $Z = \dfrac{bh^2}{6} = \dfrac{0.04 \times (0.08)^2}{6} \text{ [m}^3\text{]}$

最大曲げ応力は

$$\sigma_{\max} = \frac{M_{\max}}{Z} = \frac{4 \times 10^3}{\dfrac{0.04 \times (0.08)^2}{6}} = 93.8 \times 10^6 \text{ [Pa]} = 93.8 \text{ [MPa]}$$

となる．

(4) 次にたわみの微分方程式より

$$\frac{d^2 y}{dx^2} = -\frac{M}{EI}$$

$$EI \frac{d^2 y}{dx^2} = x^2 - 4x \text{ [kN·m]}$$

以下のように2回積分すると

$$EI \frac{dy}{dx} = \frac{x^3}{3} - 2x^2 + C_1 \text{ [kN·m}^2\text{]}$$

$$EIy = \frac{x^4}{12} - \frac{2}{3}x^3 + C_1 x + C_2 \text{ [kN·m}^3\text{]}$$

次に境界条件より，積分定数を求める．
① $x = 0$ で $y = 0 \Rightarrow C_2 = 0$

② $x = 4$ で $y = 0$ $\Rightarrow$ $0 = \dfrac{64}{3} - \dfrac{128}{3} + 4C_1$

$$\therefore C_1 = \dfrac{16}{3} \text{ [kN·m}^2\text{]}$$

$$\therefore y = \dfrac{1}{12EI}\left(x^4 - 8x^3 + 64x\right) \times 10^3 \text{ [m]}$$

$x = 2$ [m] を代入すると

$$y_{中央} = \dfrac{1}{12 \times 200 \times 10^9 \times \dfrac{0.04 \times (0.08)^3}{12}} \cdot (16 - 64 + 128) \times 10^3 \text{ [m]}$$

$$= 19.5 \times 10^{-3} \text{ [m]}$$

$$= 19.5 \text{ [mm]}$$

となる．

Step 2　演習問題

[1] 図のような C 端で固定され，先端 A に荷重 W を受ける段付き丸棒はりを考える．なお，区間 AB の長さは l，直径は $2a$，区間 BC の長さは $2l$，直径は $4a$ である．区間 AB, BC ともヤング率は同一で E とする．
 (1) 曲げモーメント線図を描き，最大曲げ応力を求めよ．
 (2) 最大たわみを求めよ．

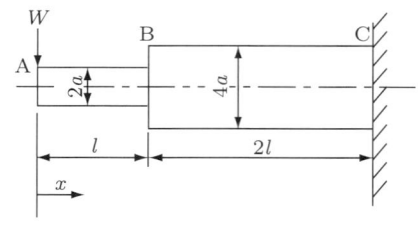

図 7-1-9

解き方

(1) まず AB 間のモーメント M_{AB} を求める．図 7-1-10 のように任意 x 断面の左側を考える．

$$M_{AB} = -Wx$$

同様に BC 間のモーメント M_{BC} を求める．（図 7-1-11）

$$M_{BC} = -Wx$$

曲げモーメント線図を描く．（図 7-1-12）

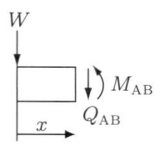

図 7-1-10

図 7-1-11

図 7-1-12

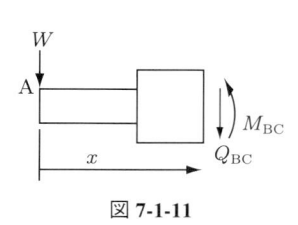

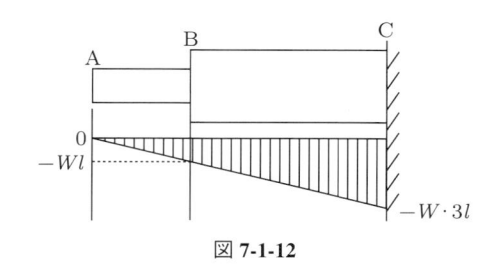

次に AB 間の最大応力 $\sigma_{1\max}$ を求める.

$$|M_1|_{\max} = Wl \quad (\text{BMD より読む})$$

$$\sigma_{1\max} = \frac{|M_1|_{\max}}{Z_{AB}}$$

$Z_{AB} = \dfrac{\pi}{32} d_{AB}{}^3 = \dfrac{\pi}{32}(2a)^3 = \dfrac{\pi a^3}{4}$ より

$$\sigma_{1\max} = \frac{Wl}{\dfrac{\pi}{4}a^3} = \frac{4Wl}{\pi a^3}$$

次に BC 間の最大応力 $\sigma_{2\max}$ を求める.

$$|M_2|_{\max} = W \cdot 3l \quad (\text{BMD より読む})$$

$$\sigma_{2max} = \frac{|M_2|_{\max}}{Z_{BC}}$$

$Z_{BC} = \dfrac{\pi}{32} d_{BC}{}^3 = \dfrac{\pi}{32}(4a)^3 = 2\pi a^3$ より

$$\sigma_{2\max} = \frac{3Wl}{2\pi a^3}$$

よって全区間の最大応力は断面 B で生じ, $\sigma_{\max} = \dfrac{4Wl}{\pi a^3}$ となる.

(2) まず BC 間のたわみ y_2 を求める.

$I_{BC} = \dfrac{\pi}{64} d_{BC}^4 = 4\pi a^4 = 16 I_{AB}$ より

$$\frac{d^2 y_2}{dx^2} = -\frac{M_{BC}}{EI_{BC}} = \frac{Wx}{16EI_{AB}}$$

以下のように 2 回積分する.

$$\frac{dy_2}{dx} = \frac{W}{32EI_{AB}} x^2 + C_3$$

$$y_2 = \frac{W}{96EI_{AB}} x^3 + C_3 x + C_4$$

境界条件① $x = 3l$ で $\dfrac{dy_2}{dx} = 0$ （たわみ角が 0）より

$$\therefore C_3 = -\frac{9Wl^2}{32EI_{AB}}$$

境界条件② $x = 3l$ で $y_2 = 0$ （たわみが 0）より

$$0 = \frac{W}{96EI_{AB}}(27l^3 - 27 \times 3l^3) + C_4$$

$$\therefore C_4 = \frac{9Wl^3}{16EI_{AB}}$$

よって

$$\frac{dy_2}{dx} = \frac{W}{32EI_{AB}}(x^2 - 9l^2)$$

$$y_2 = \frac{W}{96EI_{AB}}(x^3 - 27l^2x + 54l^3)$$

となる．

次に AB 間のたわみ y_1 を求める．

$$\frac{d^2y_1}{dx^2} = -\frac{M_{AB}}{EI_{AB}} = \frac{W}{EI_{AB}}x$$

以下のように 2 回積分する

$$\frac{dy_1}{dx} = \frac{W}{2EI_{AB}}x^2 + C_1$$

$$y_1 = \frac{W}{6EI_{AB}}x^3 + C_1x + C_2$$

境界条件③ $x = l$ で $\frac{dy_1}{dx} = \frac{dy_2}{dx}$（たわみ角が等しい）より

$$\frac{Wl^2}{2EI_{AB}} + C_1 = -\frac{8Wl^2}{32EI_{AB}}$$

$$\therefore C_1 = \frac{-3Wl^2}{4EI_{AB}}$$

境界条件④ $x = l$ で $y_1 = y_2$（たわみが等しい）より

$$\frac{Wl^3}{6EI_{AB}} - \frac{3Wl^3}{4EI_{AB}} + C_2 = \frac{28Wl^3}{96EI_{AB}}$$

$$\therefore C_2 = \frac{7Wl^3}{8EI_{AB}}$$

よって

$$y_1 = \frac{W}{6EI_{AB}}x^3 - \frac{3Wl^2}{4EI_{AB}}x + \frac{7Wl^3}{8EI_{AB}}$$

$$= \frac{W}{24EI_{AB}}(4x^3 - 18l^2x + 21l^3)$$

となる．最大たわみは，$x = 0$ を代入して

$$y_{max} = \frac{21Wl^3}{24EI_{AB}}$$

$$= \frac{7Wl^3}{8E\left(\frac{\pi}{4}a^4\right)} \quad \left(\because I_{AB} = \frac{\pi}{64}d_{AB}^4 = \frac{\pi a^4}{4}\right)$$

$$= \frac{7Wl^3}{2\pi Ea^4}$$

となる．

[2] 図のように，CB 間に等分布荷重 w を受ける片持はり（AC および CB の長さは $\frac{l}{2}$ である）を考える．はりの曲げ剛性は EI である．
(1) AC 間のたわみおよびたわみ角を x の関数として表せ．
(2) CB 間のたわみを x の関数として表せ．また自由端 B のたわみを求めよ．

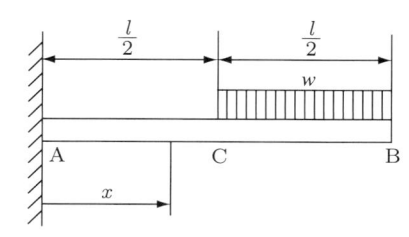

図 7-1-13

解き方

(1) はりにはたらく力とモーメントを図示すると，図 7-1-14 のようになる．ここで，R_A と M_A は固定端から受ける反力と反モーメントである．

力のつり合いより

$$R_A = w \cdot \frac{l}{2}$$

A 点まわりモーメントが 0 の条件より

$$-M_A + \frac{3}{4}l \cdot \frac{wl}{2} = 0$$

$$\therefore M_A = \frac{3}{8}wl^2$$

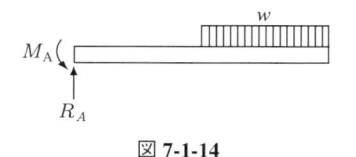

図 7-1-14

次に AC 間の任意 x 断面のモーメント M_1 は，図 7-1-15 のように考えると

$$M_1 = R_A x - M_A$$
$$= \frac{w}{2}lx - \frac{3}{8}wl^2$$
$$= -\frac{w}{2}l\left(-x + \frac{3}{4}l\right)$$

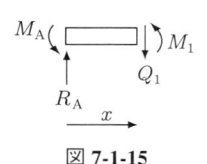

図 7-1-15

次に AC 間のたわみ y_1 の微分方程式は

$$\frac{d^2 y_1}{dx^2} = \frac{wl}{2EI}\left(-x + \frac{3}{4}l\right)$$

$$\frac{dy_1}{dx} = \frac{wl}{2EI}\left(-\frac{x^2}{2} + \frac{3}{4}lx\right) + C_1$$

$$y_1 = \frac{wl}{2EI}\left(-\frac{x^3}{6} + \frac{3}{8}lx^2\right) + C_1 x + C_2$$

境界条件は
$x = 0$ で $\frac{dy_1}{dx} = 0 \Rightarrow C_1 = 0$
$x = 0$ で $y_1 = 0 \Rightarrow C_2 = 0$
よって

$$\frac{dy_1}{dx} = \frac{wl}{8EI}(3lx - 2x^2)$$

$$y_1 = \frac{wl}{48EI}(9lx^2 - 4x^3)$$

となる．

(2) CB 間についても同様に，図 7-1-16 のように切断面の右側を考える．

$$M_2 = -\frac{1}{2}w(l-x)^2 = -\frac{1}{2}w(x-l)^2$$

$$\frac{dy_2}{dx} = \frac{w}{2EI}\left\{\frac{1}{3}(x-l)^3 + C_3\right\}$$

$$y_2 = \frac{w}{2EI}\left\{\frac{1}{12}(x-l)^4 + C_3 x + C_4\right\}$$

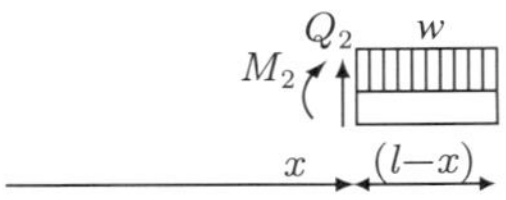

図 **7-1-16**

境界条件は

$$x = \frac{l}{2} \text{ で } \frac{dy_1}{dx} = \frac{dy_2}{dx} \tag{7-1-1}$$

$$x = \frac{l}{2} \text{ で } y_1 = y_2 \tag{7-1-2}$$

式 (7-1-1) より

$$\frac{wl}{8EI}\left(\frac{3}{2}l^2 - \frac{l^2}{2}\right) = \frac{w}{2EI}\left(-\frac{l^3}{24} + C_3\right)$$

$$\therefore C_3 = \frac{7}{24}l^3$$

式 (7-1-2) より

$$\frac{wl}{48EI}\left(\frac{9}{4}l^3 - \frac{l^3}{2}\right) = \frac{w}{2EI}\left(\frac{l^4}{12 \times 16} + \frac{7}{48}l^4 + C_4\right)$$

$$\therefore C_4 = -\frac{15}{192}l^4$$

よって

$$y_2 = \frac{w}{384EI}\left\{16(x-l)^4 + 56l^3 x - 15l^4\right\}$$

y_2 に $x = l$ を代入すると，先端のたわみは

$$y_B = \frac{41wl^4}{384EI}$$

となる．

Step 3　　　　　　発 展 問 題

[1] 図 **7-1-17** (a)(b) に示すような同一形状・同一材料のはりが **2** 種類の荷重（**(a)** 集中荷重 P，**(b)** 単位長さあたり w の等分布荷重）を受ける場合を考える．はりの曲げ剛性は EI とする．また $P = 2wl$ の関係があるものとする．

(1) 両者の最大たわみを求めよ．またその大きさを比較せよ．
(2) 両者の最大曲げモーメントを求め，最大曲げ応力を比較せよ．

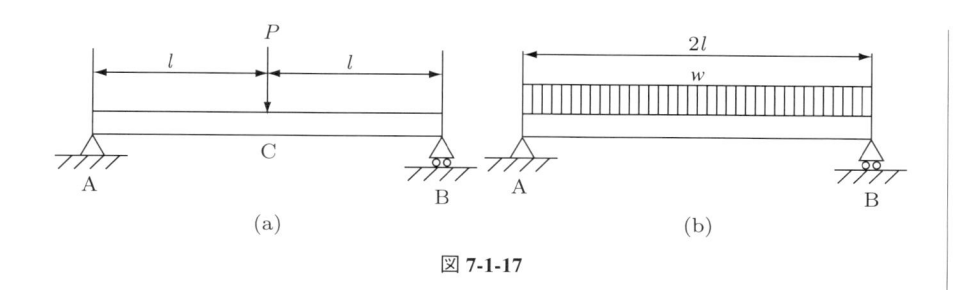

(a) 図 7-1-17 (b)

[2] 支点間 AB に等分布荷重 w が作用する突き出しはり（AB のスパンは l，突き出し部の長さは a である）を図に示す．はりの曲げ剛性は EI である．
(1) AB 間の最大たわみ y_max を求めよ．また支点 B でのたわみ角を求めよ．
(2) 自由端 C の上方への変位 y_C を求めよ．

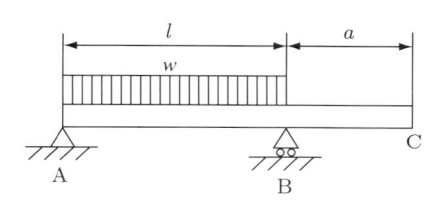

図 7-1-18

7.2 不静定はりのたわみ

基本的な考え方

固定はりや連続はりなどでは，はりが支持部から受ける反力やモーメントが多くなり，静力学のつり合い条件だけでは，それらを決定できなくなる．この場合，たわみやたわみ角などの変形の適合条件を考慮しなければならない．このようなはりを不静定はりという．また，複雑な問題の解は，簡単な問題の解の重ね合わせでも得られる．

Step 1　基本問題

[1] 図 7-2-1 のように，A 端で単純支持され，B 端で固定されている半固定はりの全長に，等分布荷重 w が作用する．たわみ曲線および最大たわみを求めよ．ただし，曲げ剛性を EI_z とする．

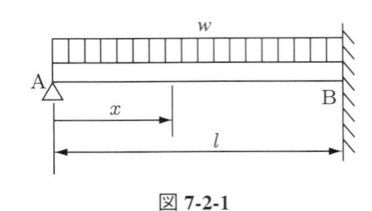

図 7-2-1

解き方

はりに作用する外力と，固定端モーメントを図 7-2-2 のようにおく．

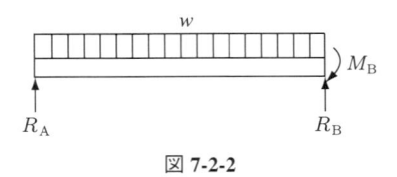

図 7-2-2

力のつり合いより

$$R_A + R_B = wl \tag{7-2-1}$$

B 点まわりのモーメントのつり合いより

$$M_B + R_A l - wl \cdot \frac{l}{2} = 0 \tag{7-2-2}$$

任意断面 x の曲げモーメント M_x は図 7-2-3 より

$$M_x = R_A x - wx \cdot \frac{x}{2}$$

たわみの微分方程式に代入して

$$\frac{d^2 y}{dx^2} = -\frac{M_x}{EI_z} = -\frac{1}{EI_z}\left(-\frac{w}{2}x^2 + R_A x\right)$$

図 7-2-3

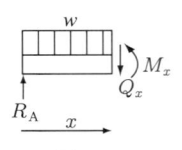

2回積分して

$$\frac{dy}{dx} = \frac{1}{EI_z}\left(\frac{w}{6}x^3 - \frac{R_A}{2}x^2 + C_1\right)$$

$$y = \frac{1}{EI_z}\left(\frac{w}{24}x^4 - \frac{R_A}{6}x^3 + C_1 x + C_2\right)$$

境界条件より

$x = 0$ で $y = 0$ より $C_2 = 0$

$x = l$ で $\frac{dy}{dx} = 0$ より $C_1 = \frac{R_A l^2}{2} - \frac{wl^3}{6}$ (7-2-3)

$x = l$ で $y = 0$ より $\frac{w}{24}l^4 - \frac{R_A}{6}l^3 + C_1 l = 0$ (7-2-4)

式 (7-2-3), (7-2-4) より $C_1 = \frac{wl^3}{48}, R_A = \frac{3wl}{8}$

したがって式 (7-2-1) より $R_B = \frac{5wl}{8}$, 式 (7-2-2) より $M_B = \frac{wl^2}{8}$ と求めることができる.

よって，たわみ曲線が次のように得られる.

$$y = \frac{w}{48EI_z}(2x^4 - 3lx^3 + l^3 x)$$

最大たわみは $\frac{dy}{dx} = 0$ の断面で生じるので

$$8x^3 - 9lx^2 + l^3 = 0$$

因数分解して

$$(x - l)(8x^2 - lx - l^2) = 0$$

これより

$$x = \frac{1 + \sqrt{33}}{2 \times 8}l = 0.422l$$

となる．この値をたわみの式に代入して，最大たわみ $y_{\max} = \frac{0.00542wl^4}{EI_z}$ となる.

[2] 図のような同一の材料からなる片持はり **AB**, **BC** を先端で重ね，交点 **B** に集中荷重 P を加える．曲げ剛性は両はりともに同じ EI_z で，はりの長さは **AB**, **BC** それぞれ $2l$ および l とする.

(1) はり **AB** および **BC** が分担する荷重を求めよ.
(2) **B** 点のたわみを求めよ.

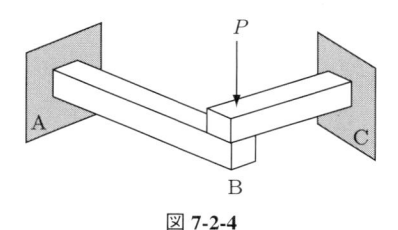

図 **7-2-4**

解き方

(1) はり AB および BC が分担する荷重を，それぞれ P_{AB}, P_{BC} とすると，力のつり合いより

$$P = P_{AB} + P_{BC} \tag{7-2-5}$$

先端に集中荷重 W を受ける片持はりの先端のたわみは，各種材料力学の教科書に示されるように，$\dfrac{Wl^3}{3EI_z}$ である．はり AB の B 点のたわみと，はり BC の B 点のたわみは等しいので

$$P_{AB} \cdot \frac{(2l)^3}{3EI_z} = P_{BC} l^3 / (3EI_z)$$

$$\therefore P_{AB} = \frac{1}{8} P_{BC}$$

式 (7-2-5) に代入すると

$$P_{AB} = \frac{1}{9} P, \; P_{BC} = \frac{8}{9} P$$

となる．

(2) B 点のたわみは，前述したたわみの公式に代入すると

$$y_B = \frac{1}{9} P \cdot \frac{(2l)^3}{3EI_z} = \frac{8Pl^3}{27EI_z}$$

となる．

Step 2 　演習問題

[1] 図に示すような，両端を固定されたはりのたわみ曲線および最大たわみを求めよ．はりの曲げ剛性は EI_z とする．

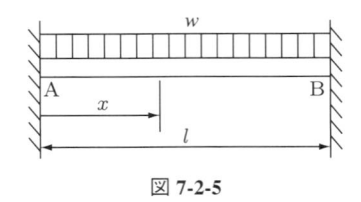

図 7-2-5

解き方

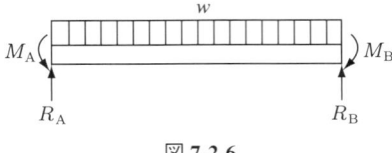

図 7-2-6

ここに注意!!!

左右対称のはりを扱う場合は，片側のみを考えればよい．この場合の変形の適合条件は，対称面でたわみ角が零となることである．

はりに作用する外力と固定端モーメントを，図 7-2-6 のようにおく．
左右対称なので

$$R_A = R_B = \frac{wl}{2}, \quad M_A = M_B$$

任意断面 x での曲げモーメント M_x は，図 7-2-7 より

$$M_x = -M_A + R_A x - wx \cdot \frac{x}{2}$$

たわみの微分方程式および，その 2 回積分は次式となる．

$$\frac{d^2 y}{dx^2} = \frac{1}{EI_z}\left(\frac{w}{2}x^2 - \frac{wl}{2}x + M_A\right)$$

$$\frac{dy}{dx} = \frac{1}{EI_z}\left(\frac{w}{6}x^3 - \frac{wl}{4}x^2 + M_A x + C_1\right)$$

$$y = \frac{1}{EI_z}\left(\frac{w}{24}x^4 - \frac{wl}{12}x^3 + \frac{M_A}{2}x^2 + C_1 x + C_2\right)$$

図 7-2-7

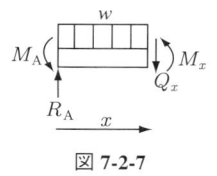

境界条件より

$x = 0$ で $\frac{dy}{dx} = 0$ なので $C_1 = 0$

$x = 0$ で $y = 0$ なので $C_2 = 0$

$x = \frac{l}{2}$ で $\frac{dy}{dx} = 0$ なので $\frac{wl^3}{48} - \frac{wl^3}{16} + \frac{M_A l}{2} = 0$ ∴ $M_A = \frac{wl^2}{12}$

よってたわみ曲線は以下のようになる．

$$y = \frac{w}{24EI_z}(x^4 - 2lx^3 + l^2 x^2)$$

最大たわみ $y_{\max}$ は $x = \frac{l}{2}$ で生じるので

$$y_{\max} = \frac{wl^4}{384EI_z}$$

となる．

Step 3　　　　　発展問題

[1] 図のように等分布荷重 w を受ける片持はり **AB** が，先端 **A** でワイヤ **AC** で支持されている．はりの曲げ剛性を EI_z，ワイヤの引張剛性を EA とする．はりの先端のたわみを求めよ．

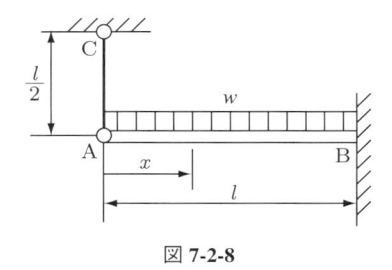

図 7-2-8

第8章　長柱の座屈

基本的な考え方

長い柱に**圧縮荷重**をかけると，荷重方向と直角にたわむことがある．これを**座屈**という．座屈の原因は，①荷重が柱の軸線と一致していない②柱の材質が不均一と考えられている．座屈し始める圧縮荷重を座屈荷重といい，はりの断面積で割ったものを座屈応力という．座屈荷重は，はりのたわみの基礎式から求められ，柱が長いときは**オイラーの式**，柱が短いときはランキンの式などがそれぞれ用いられる．

図8-1

Step 1　基本問題

[1] 両端ヒンジ支持（両端回転端）で，長さ **2 [m]**，直径 **50 [mm]** の軟鋼の柱がある．細長比を求め，さらにオイラーの座屈荷重，座屈応力を求めよ．軟鋼のヤング率は **206 [GPa]** とする．

ただし，オイラーの座屈応力は $\sigma_{cr} = \dfrac{n\pi^2 E}{\left(\dfrac{l}{k}\right)^2}$ で求められる．また，$\dfrac{l}{k}$ は細長比と呼ばれ，$k^2 = \dfrac{I}{A}$ の関係から求められる．n は柱の端末係数であり，図のように求められる．

端末条件	自由端+固定端	回転端+回転端	回転端+固定端	固定端+固定端
端末係数	$\dfrac{1}{4}$	1	2	4

E：ヤング率 [N/m²]
l：柱の長さ [m]
I：断面2次モーメント [m⁴]
A：断面積 [m²]
k：断面2次半径 [m]

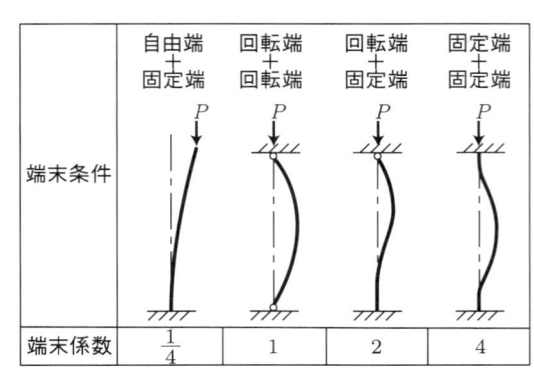

図8-2

解き方

この問題の場合,両端回転端なので $n = 1$

$I = \dfrac{\pi}{64}d^4$

$A = \dfrac{\pi}{4}d^2$

∴ 細長比 $= \dfrac{l}{k} = l / \sqrt{\dfrac{I}{A}} = \sqrt{\dfrac{\dfrac{\pi}{4}d^2}{\dfrac{\pi}{64}d^4}} \times l = \dfrac{4l}{d} = \dfrac{4 \times 2}{50 \times 10^{-3}} = 160$

$\sigma_{cr} = \dfrac{n\pi^2 E}{\left(\dfrac{l}{k}\right)^2} = \dfrac{1 \times \pi^2 \times 206 \times 10^9}{(160)^2}$ [Pa] $= 79.4$ [MPa]

$P_{cr} = \sigma_{cr} \times A = 7.94 \times 10^7 \times \left(\dfrac{50}{2} \times 10^{-3}\right)^2 \pi$ [N] $= 156$ [kN]

[2] 両端固定の軟鋼製の円柱がある.柱の長さが **5 [m]**,直径 **5 [cm]** のときの座屈荷重を,オイラーの式を用いて求めよ.ただし,軟鋼のヤング率を **206 [GPa]** とする.

解き方

オイラーの座屈応力の式は問題 [1] より

$\sigma_{cr} = \dfrac{n\pi^2 E}{\left(\dfrac{l}{k}\right)^2}$

ここで,端末係数 n は,両端固定なので $n = 4$

細長比 $= \dfrac{l}{k} = l / \sqrt{\dfrac{I}{A}} = \sqrt{\dfrac{A}{I}}l = \dfrac{4l}{d} = \dfrac{4 \times 5}{5 \times 10^{-2}} = 400$

∴ $\sigma_{cr} = \dfrac{4 \times \pi^2 \times 206 \times 10^9}{(400)^2}$ [Pa] $= 50.8$ [MPa]

座屈荷重は

$P_{cr} = \sigma_{cr} \times A = 50.8 \times 10^6 \times \left(\dfrac{5}{2} \times 10^{-2}\right)^2 \pi$

$= 99.7$ [kN]

Step 2　　　演 習 問 題

[1] オイラーの座屈応力の式を,図を見てたわみの考え方を利用して求めよ.□ の中に適切な式を書け.

● 材料力学 第 8 章 長柱の座屈

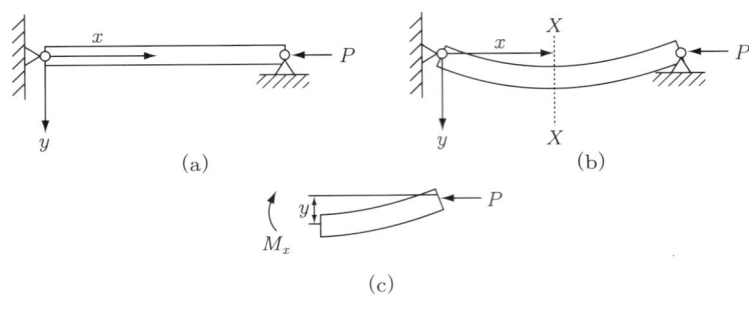

(a)
(b)
(c)

$M_x : x = x$ での曲げモーメント
y : たわみ

図 8-3

図 (a) のように，両端回転自由端のはりの右端に荷重 P を加えたとき，図 (b) のようにたわんだ．

まず，座標 x での曲げモーメントを求めよ．X–X で切断し，右側の切片を取ると，図 (c) のように力が作用しているので，切断面上の 1 点回りのモーメント M のつり合いを考えると ↺ を ⊕ として

$$M = \boxed{(1)} = 0 \tag{8-1}$$

$$\therefore M_x = \boxed{(2)} \tag{8-2}$$

たわみの基礎式は

$$\frac{d^2y}{dx^2} = -\frac{M_x}{EI} \tag{8-3}$$

であるから

式 (8-3) に式 (8-2) を代入すると

$$\frac{d^2y}{dx^2} = -\frac{M_x}{EI} = -\boxed{(2)}/EI$$

$$\therefore \boxed{(3)} = 0 \tag{8-4}$$

式 (8-4) の 2 階微分方程式の解は次式となる．

$$y = C_1 \sin\left(\sqrt{\frac{P}{EI}}x\right) + C_2 \cos\left(\sqrt{\frac{P}{EI}}x\right) \tag{8-5}$$

境界条件は $x = 0$ で $y = 0$ であるから，C_2 は $C_2 = \boxed{(4)}$ でなければならない．したがって

$$y = C_1 \sin\left(\sqrt{\frac{P}{EI}}x\right) \tag{8-6}$$

座屈するので，$C_1 \neq 0$ であり

$$\sin\left(\sqrt{\frac{P}{EI}}x\right) = 0$$

もう1つの境界条件は $x = l$ で $y = 0$ である．

$$\therefore \sqrt{\frac{P}{EI}} l = m\pi \text{ （} m \text{：整数）} \therefore P = \frac{(m\pi)^2 EI}{l^2} \tag{8-7}$$

$m = 0$ のときは $P = 0$ となり意味をなさないので，m の最小値 $m = 1$ を式(8-7)に代入すると

$$P = \boxed{(5)} \tag{8-8}$$

式(8-8)を断面積で割ると，求める σ_{cr} は

$$\sigma_{cr} = \boxed{(6)} \tag{8-9}$$

式(8-9)を細長比 $= \dfrac{l}{k}$ を使って整理すると

$$\sigma_{cr} = \boxed{(7)} /(l/k)^2, \quad k^2 = \frac{I}{A} \tag{8-10}$$

解き方

(1) $Py - M_x = 0$

(2) Py

(3) $\dfrac{d^2 y}{dx^2} + \dfrac{P}{EI} y$

(4) 0

(5) $\dfrac{\pi^2 EI}{l^2}$

(6) $\dfrac{\pi^2 EI}{A l^2}$

(7) $\pi^2 E$

自由端固定端，回転端固定端，両端固定端の場合，同様にして解くと，それぞれ上記 $m = \dfrac{1}{4}, 2, 4$ の場合に相当する．

[2] 幅 **5 [cm]**，高さ **15 [cm]** の長方形断面を持ち，長さ **4 [m]** の軟鋼製板が両端から **500 [kN]** で圧縮された場合に，座屈するかどうかオイラーの式を用いて判定せよ．ただし，E = **206 [GPa]** とする．また端末条件は両端回転端とする．

解き方

オイラーの座屈荷重の式 σ_{cr} は

$$\sigma_{cr} = \frac{n \pi^2 E}{\left(\dfrac{l}{k}\right)^2}$$

ここで，両端回転端のため $n = 1$

この問題の場合，板が図8-4に示す x 方向にたわむのか，y 方向にたわむのか，検討する必要がある．

ここに注意!!!

長柱の断面が長方形の場合，断面2次モーメントが小さい（高さが低い方の）断面の方に座屈する．

すなわち，$\sigma_{cr} = \dfrac{\pi^2 E}{l^2}\left(\dfrac{I}{A}\right)$ であるので，断面 2 次モーメント I が x 方向，y 方向でどのような値をとるのか検討する．

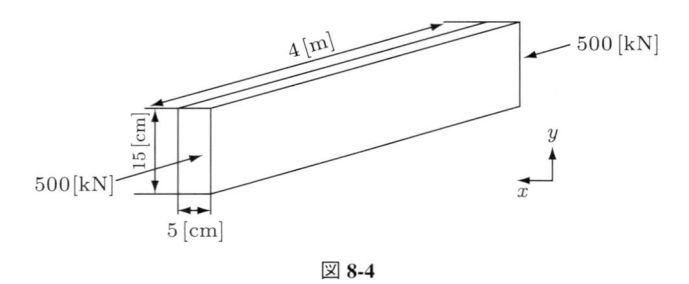

図 8-4

x 方向にたわむ場合は y 軸に関する断面 2 次モーメント I_y を求める．図 8-5 (a) のように ⇑ の方向にたわむので

$$I_y = \dfrac{bh^3}{12} = \dfrac{(15 \times 10^{-2}) \times (5 \times 10^{-2})^3}{12}$$
$$= 1.56 \times 10^{-6} \text{ [m}^4\text{]}$$

y 方向にたわむ場合，図 (b) のように ⇑ の方向にたわむので

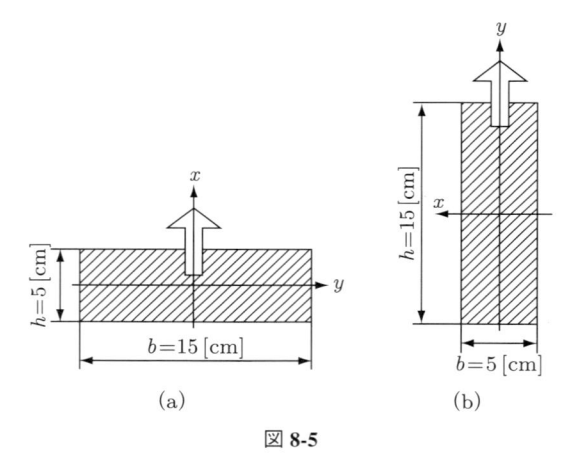

図 8-5

$$I_x = \dfrac{bh^3}{12} = \dfrac{(5 \times 10^{-2}) \times (15 \times 10^{-2})^3}{12}$$
$$= 1.41 \times 10^{-5} \text{ [m}^4\text{]}$$

したがって

$$\sigma_{cr} = \dfrac{\pi^2 EI}{l^2 A}$$

であるから

$$\dfrac{\pi^2 E}{l^2 A} = \dfrac{\pi^2 \times 206 \times 10^9}{4^2 \times (5 \times 15) \times 10^{-4}} = 1.69 \times 10^{13} \text{ [N/m}^6\text{]}$$

を代入して
x 方向にたわむ場合

$$\sigma_{crx} = 1.69 \times 10^{13} \times (1.56 \times 10^{-6}) \text{ [Pa]}$$
$$= 26.4 \text{ [MPa]}$$

y 方向にたわむ場合

$$\sigma_{cry} = 1.69 \times 10^{13} \times (1.41 \times 10^{-5}) \text{ [Pa]}$$
$$= 238 \text{ [MPa]}$$

500 [kN] で生じる圧縮応力を求めると

$$\frac{500 \times 10^3}{5 \times 15 \times 10^{-4}} = 66.7 \text{ [MPa]}$$

ゆえに，圧縮応力は x 方向の座屈応力より大きく，y 方向の座屈応力より小さいので，x 方向に座屈する．（y 方向には座屈しない）

Step 3　　発　展　問　題

[1] 比較的短い柱の座屈を考える場合，圧縮の影響を考慮したランキンの式が用いられる．ただし，細長比 $= \dfrac{l}{k}$ によって式の適用範囲が決まっている．長さ $l = 150$ [cm]，直径 10 [cm] の軟鋼製両端回転可能の円柱に負荷できる安全圧縮荷重を求めよ．安全率を3とする．

ランキンの座屈応力の式 σ は

$$\sigma = \sigma_c / \left(1 + \frac{a}{n}(l/k)^2\right)$$

ここで σ_c は材料によって決まる定数，a は実験定数，n は端末係数

表 8-1

	鋳鉄	軟鋼	硬鋼	木材
σ_c [MPa]	549	333	481	49
a	$\dfrac{1}{1600}$	$\dfrac{1}{7500}$	$\dfrac{1}{5000}$	$\dfrac{1}{750}$
$l/(k\sqrt{n})$ 適用範囲	< 80	< 90	< 85	< 60

ここに注意!!!

表 8-1 σ_c は数字 $\times 10^6$，すなわち鋳鉄だと $\sigma_c = 549 \times 10^6$．

[2] 長さ 2.0 [m] で直径 5 [cm] の硬鋼製の両端回転端の柱がある．座屈荷重を求めよ．ただし，$E = 206$ [GPa] とする．

第9章 組合せ応力

9.1 モールの応力円

基本的な考え方

モールの応力円は，材料またはその微小箇所に加えられた垂直応力，せん断応力から，その材料または微小箇所の中のあらゆる傾斜面に作用する垂直応力，せん断応力を算定できる便利な手法である．

なお，ある傾斜面で垂直応力 σ が最大，最小の値をとるとき，せん断応力 τ ははたらかない．このとき σ を**主応力** σ_1, σ_2 ($\sigma_1 > \sigma_2$) といい，この傾斜面を**主応力面**という．

また，主応力面から $\pm 45°$ の傾斜面では $\sigma = 0$ で，せん断応力は最大または最小（絶対値は同じ）となる．

次に，**互いに垂直な面**では，絶対値が等しく**逆向きのせん断応力**がはたらく．これを**共役せん断応力**と呼んでいる．

Step 1 基本問題

[1] 材料内のある箇所に図のような応力が加えられた．すべての応力を書け．

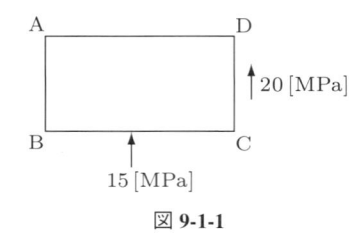

図 9-1-1

解き方

材料内のある箇所に応力が加えられている場合，材料全体は移動しないので，加えられた応力に対する反力がはたらく．

まず，CD 面に 20.0 [MPa] のせん断応力が反時計回りに作用しているので，AB 面にせん断応力①がはたらいている．次にこれらの共役せん断応力②，③が図 9-1-2 の方向にはたらいている．

次に，圧縮応力が BC 面に 15.0 [MPa] 作用しているので，④の圧張応力 15.0 [MPa] が AD 面にはたらく．

したがって，図 9-1-2, 9-1-3 を合わせると，図 9-1-4 のようになる．

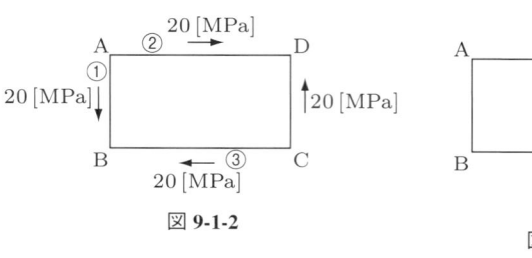

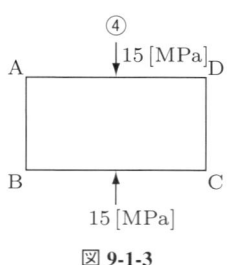

図 9-1-2

図 9-1-3

図 **9-1-4**

[2] 材料内のある箇所の応力状態が，図のように求められている．このときの主応力 σ_1, σ_2, 最大せん断応力 τ_{max}, さらにこれらのはたらく面を，モールの応力円を用いて求めよ．

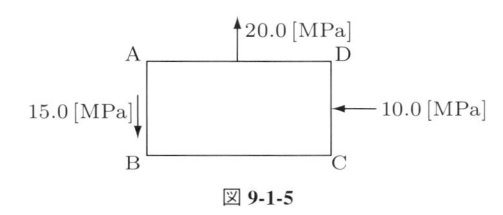

図 **9-1-5**

解き方

モールの応力円の描き方の手順にしたがって，解いていく．

(1) すべての応力を描くと，AD 面に引張応力，CD 面に圧縮応力，AB 面にせん断応力がかかっているので，図のようになる．

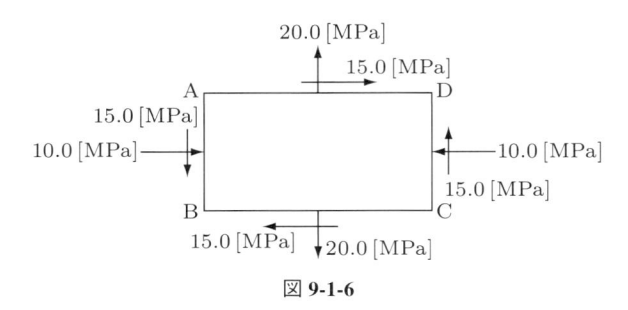

図 **9-1-6**

(2) モールの応力円では，x, y 座標の代わりに，σ, τ 座標を描く．

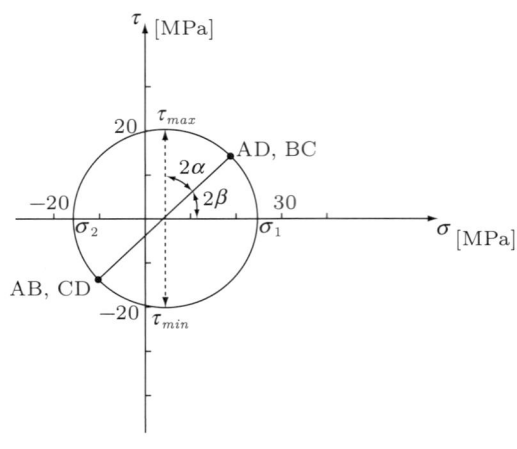

図 9-1-7

AD 面では (20.0, 15.0)
BC 面では (20.0, 15.0)
AB 面では (−10.0, −15.0)
CD 面では (−10.0, −15.0)

なお，正負は，垂直応力は引張を正，圧縮を負，せん断応力は対象面に対して時計回りを正，反対回りを負としている．

これをグラフにプロットし，AD, BC − AB, CD を直径とする円（モールの応力円）を描く．

この円から σ 軸上 ($\tau = 0$) で主応力が求められ，最大値が σ_1，最小値が σ_2 となる．
また τ 方向の最大値が最大せん断応力 τ_{max}，最小値が最小せん断応力 τ_{min} となる．また，モールの応力円上では，AD, BC − AB, CD の直径線からの角度は，実際の角度の 2 倍に表されることがわかっており，反時計回りが正の角度である．主応力面は，直径線より $-\beta$, $-\beta - \dfrac{\pi}{2}$，最大せん断応力面は α, $\alpha + \dfrac{\pi}{2}$ となる．

以上のことについて，数値を求める．
まず，モールの応力円の中心の座標は

$$\sigma = \frac{20.0 - 10.0}{2} = 5.0$$

$$\tau = 15.0 - 15.0 = 0$$

$$(\sigma, \tau) = (5.0, 0)$$

モールの応力円の半径は

$$\frac{1}{2}\sqrt{(20 - (-10))^2 + (15.0 - (-15.0))^2} = 21.2$$

したがって

σ_1 の座標は $(21.2 + 5.0, 0) = (26.2, 0)$　で　$\sigma_1 = 26.2$ [MPa]

σ_2 の座標は $(-21.2 + 5.0, 0) = (-16.2, 0)$　で　$\sigma_2 = -16.2$ [MPa]

また

τ_{max} の座標は $(5.0, 21.2)$　で　$\tau_{max} = 21.2$ [MPa]

τ_{min} の座標は $(5.0, -21.2)$

次に，傾斜面の角度を求める．
主応力面 (σ_1)

$$\tan 2\beta = \frac{15.0 - (-15.0)}{20.0 - (-10.0)} = \frac{30}{30} = 1$$

$$\therefore 2\beta = 45°$$

$$\therefore \beta = 22.5° \quad AD，BC 面より -22.5°$$

主応力面 (σ_2) はさらに $-\frac{\pi}{2}$ 傾いた位置なので，AD，BC 面より $-112.5°$

せん断応力面 (τ_{max}, τ_{min}) は

主応力面 $\pm \frac{1}{2} \times \frac{\pi}{2}$ ゆえに

$-22.5° \pm 45° = 22.5°(\tau_{max})$ AD，BC 面より $22.5°$
$ = -67.5°(\tau_{min})$ AD，BC 面より $-67.5°$

主応力面 (σ_1, σ_2) およびせん断応力面 (τ_{max}, τ_{min}) を図に表すと
σ_1 主応力面…(a) 面（AD からみて），(a') 面（BC からみて）
σ_2 主応力面…(b) 面（AD からみて），(b') 面（BC からみて）
τ_{max} 面…(c) 面（AD からみて），(c') 面（BC からみて）
τ_{min} 面…(d) 面（AD からみて），(d') 面（BC からみて）

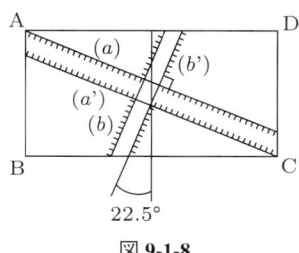

図 9-1-8 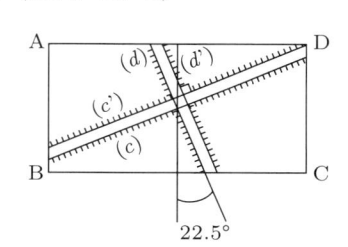　　　図 9-1-9

以上の解法について数式をまとめると，微小要素にかかる力を σ_x, σ_y, τ_{xy}, τ_{yx}, とすると，モール円の中心の座標は $\left(\frac{1}{2}(\sigma_x + \sigma_y), \frac{1}{2}(\tau_{xy} + \tau_{yx})\right)$

$$\sigma_1 = \frac{1}{2}(\sigma_x + \sigma_y) + \sqrt{\left\{\sigma_x - \frac{1}{2}(\sigma_x + \sigma_y)\right\}^2 + \tau_{xy}^2}$$

$$\sigma_2 = \frac{1}{2}(\sigma_x + \sigma_y) - \sqrt{\left\{\sigma_x - \frac{1}{2}(\sigma_x + \sigma_y)\right\}^2 + \tau_{xy}^2}$$

$$\tau_{max} = \sqrt{\left\{\sigma_x - \frac{1}{2}(\sigma_x + \sigma_y)\right\}^2 + \tau_{xy}^2}$$

$\tau_{min} = -\tau_{max}$

σ_1 応力面　$\theta_{\sigma 1} = \frac{1}{2}\tan^{-1}\left(\frac{2\tau_{xy}}{\sigma_x - \sigma_y}\right)$

σ_2 応力面　$\theta_{\sigma 2} = \frac{1}{2}\tan^{-1}\left(\frac{2\tau_{xy}}{\sigma_x - \sigma_y}\right) \pm \frac{\pi}{2}$

τ_{max} 面　$\theta_{\sigma 1} + \frac{\pi}{4}$

τ_{min} 面　$\theta_{\sigma 1} - \frac{\pi}{4}$

図 9-1-10

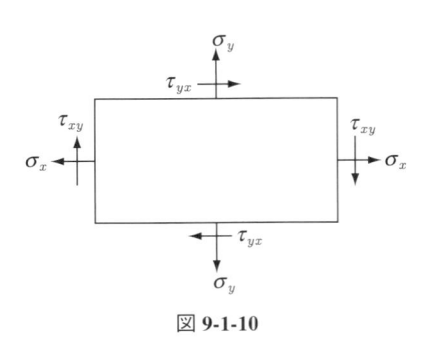

Step 2　演習問題

[1] 図のように引張応力が微小要素に加えられた．垂線から **30°** の傾斜面 *X–X* にかかる垂直応力とせん断応力を求めよ．

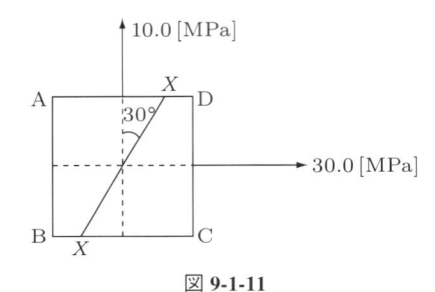

図 9-1-11

解き方

モールの応力円を描いて求める．

(1) 応力をすべて表すと，図のようになる．せん断応力ははたらいていない．
したがって (σ, τ) 座標は

AD，BC 面：(10.0, 0)
AB，CD 面：(30.0, 0)

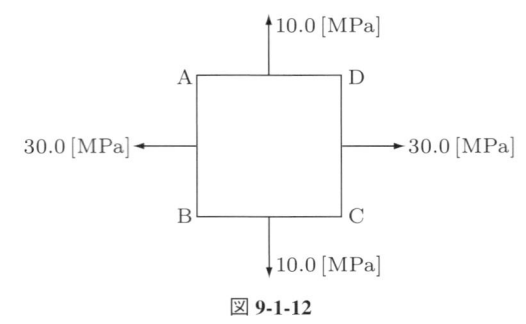

図 9-1-12

(2) モールの応力円を描くと図のようになる．AB, CD 面に対して −30° 傾斜しているので，モールの応力円上では，−60° の位置になる．

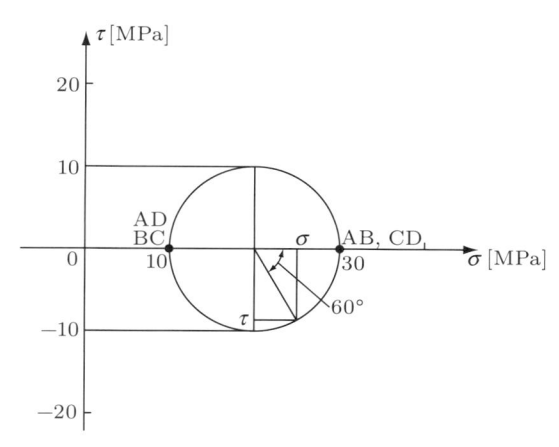

円の半径は 10 であるので，求める垂直応力 σ，せん断応力 τ は

$\sigma = 20 + 10\cos 60° = 25$

$\tau = -10\sin 60° = -8.66$

垂直応力は 25 [MPa]，せん断応力は 8.7 [MPa] で X–X 面上を反時計回りにはたらく．

Step 3　発 展 問 題

[1] 図のような応力が微小要素にかかっている．このとき，**12.0 [MPa]** のせん断応力が作用する面はどこか．また，この面の垂直応力を求めよ．

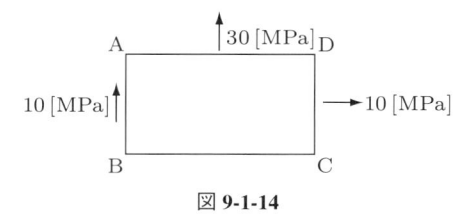

図 9-1-14

9.2 組合せ応力の具体例

> **基本的な考え方**
>
> これまで引張，圧縮，せん断，曲げ，ねじりなどの応力が，単独に生じた場合について多く学んできた．本節では，具体的に構造物に組合せ応力がかかる場合の解法を学ぶ．

Step 1 　基本問題

[1] 天井に直径 5 [cm]，長さ 50 [cm] の丸棒が固定されているとき，端面に 50 [kN] の引張荷重と 4 [kN] の曲げ荷重がかかった．このときの最大垂直応力を求めよ．

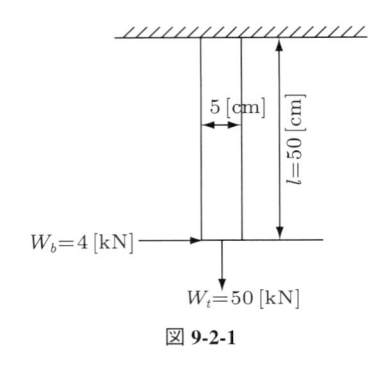

図 9-2-1

解き方

最大曲げ応力 σ_b は固定端に最大曲げモーメントが生じるため，$\sigma_b = \dfrac{W_b l}{Z}$ で表され，図 9-2-2 (b) のように，丸棒の中立軸の両端で引張応力，圧縮応力を発生する．ただし，Z は断面係数である．一方，引張荷重による応力は図 9-2-2 (a) のように一様である．

したがって，丸棒全体にはたらく垂直応力 σ_T は

$$\sigma_{Tmax} = \sigma_t + \sigma_b$$

$$= \frac{W_t}{A} + \frac{W_b l}{Z}$$

$Z = \dfrac{\pi d^3}{32}$（d：直径）であるから

$$\sigma_{Tmax} = \frac{50 \times 10^3}{(0.025)^2 \pi} + \frac{4 \times 10^3 \times 0.5}{\dfrac{\pi (0.05)^3}{32}}$$

$$= 2.55 \times 10^7 + 1.63 \times 10^8 \ [\text{Pa}]$$

$$= 189 \ [\text{MPa}] \ (引張応力)$$

$$\sigma_{Tmin} = \sigma_t - \sigma_b$$

$$= 2.55 \times 10^7 - 1.63 \times 10^8 \ [\text{Pa}]$$

$$= -138 \ [\text{MPa}] \ (圧縮応力)$$

引張応力と圧縮応力の絶対値を比較すると，引張応力の方が大きいので，最大垂直応力は $\sigma_{max} = 189$ [MPa] となる．

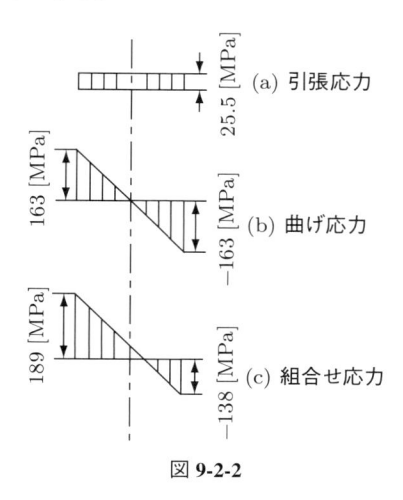

(a) 引張応力 25.5 [MPa]

(b) 曲げ応力 163 [MPa], −163 [MPa]

(c) 組合せ応力 189 [MPa], −138 [MPa]

図 9-2-2

[2] 幅 5 [cm]，高さ 20 [cm]，厚さ 0.5 [cm] の軟鋼製板が，2 つの剛性壁にはさまれている．この両端に 400 [N] の力を加えたとき，壁に作用する圧縮応力 Q を求めよ．ただし，縦弾性係数を $E_S = 206$ [GPa]，ポアソン比を $\nu = 0.33$ とする．

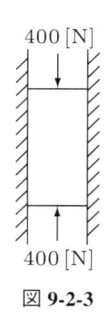

図 9-2-3

解き方

図 (a) は，力がかかり始めの状態で，図 (b) は壁がないと仮定したときの，ひずみの状態を示している．両端の圧縮力 P によって縮み ($-\lambda$) が生じる．縦ひずみを ε，横ひずみを ε'，断面積を A，幅方向の伸びを δ とすると

$$\delta = \varepsilon' W = -\varepsilon \nu W$$

このとき，δ を生じないようにかける力 Q は，(c) の状態での縦方向の断面積を A' とすると

$$\frac{Q}{A'} = E\frac{\delta}{W} = -E\frac{\varepsilon \nu W}{W}$$

$$= -E\varepsilon\nu$$

$$\therefore Q = -A'E\varepsilon\nu = -A'\frac{P\nu}{A}$$
$$= (-0.2) \times (0.005) \times \frac{400 \times 0.33}{0.05 \times 0.005}$$
$$= -528 \text{ [N]}$$

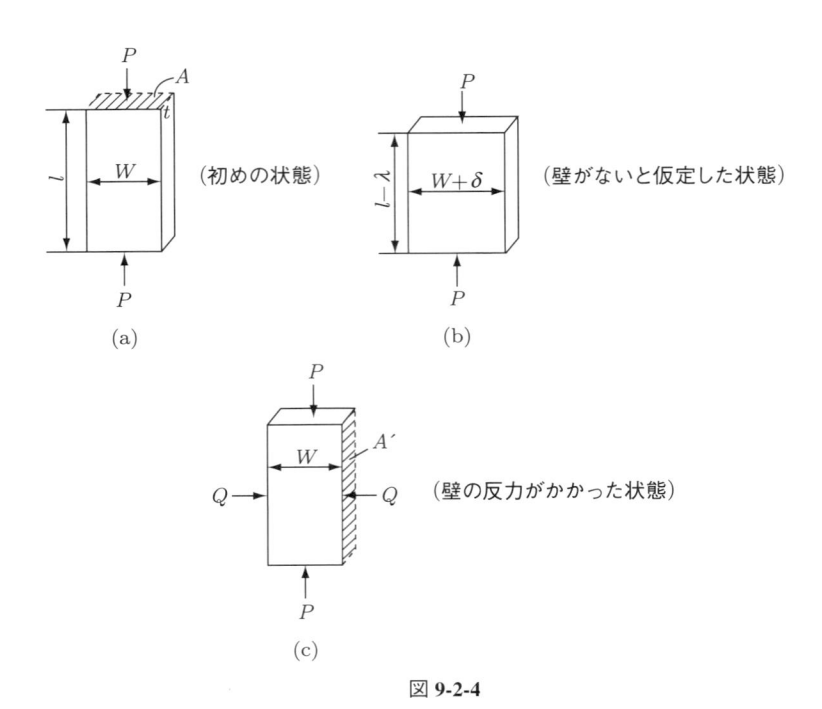

図 9-2-4

Step 2　　演習問題

[1] 図のような直径 8 [cm] の丸棒に，圧縮荷重 $P = 1000$ [kN] と，トルク $T = 25$ [kN·m] が作用している．

丸棒にはたらいている最大引張応力 σ_t，最大圧縮応力 σ_c，最大せん断応力 τ_{max} を求めよ．

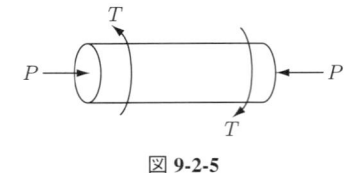

図 9-2-5

解き方

円筒の微小要素にはたらく応力を考える．
圧縮応力 σ は一様で

$$\sigma = -\frac{P}{A} = \frac{-1000 \times 10^3}{(0.04)^2 \pi} = -199 \text{ [MPa]}$$

せん断応力 τ は表面で最大で

$$\tau_{max} = \frac{dT}{2I_p} = \frac{0.08 \times 25 \times 10^3}{2 \times \frac{\pi (0.08)^4}{32}} = 249 \text{ [MPa]}$$

表面の微小要素のモールの応力円（100 [MPa] 単位）を描くと，図 9-2-6，図 9-2-7 のように座標 (σ, τ) は

AB，CD：$(-2, 2.5)$
AD，BC：$(0, -2.5)$
円の中心は $(-1, 0)$
直径は $\sqrt{2^2 + 5^2}$
　　　$= \sqrt{29}$
　　　$= 5.39$

$\sigma_1 = -1 + \dfrac{5.39}{2}$

∴ $\sigma_t = 170$ [MPa]

$\sigma_2 = -1 - \dfrac{5.39}{2}$

∴ $\sigma_c = -370$ [MPa]

$\tau_{max} = \dfrac{5.39}{2}$

∴ $\tau_{max} = 270$ [MPa]

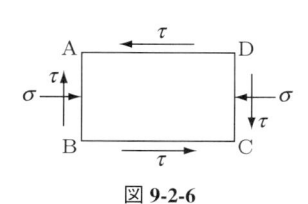

図 9-2-6

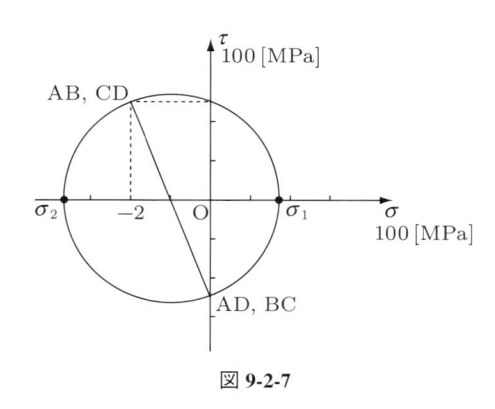

図 9-2-7

[2] 内径 50 [mm]，外径 80 [mm] の円筒に，引張荷重 $P = 500$ [kN] とトルク 10 [kN·m] がかかっている．このときの最大引張応力 σ_t，最大圧縮応力 σ_c，最大せん断応力 τ_{max} を求めよ．

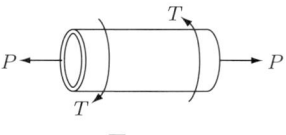

図 9-2-8

解き方

円筒の微小要素にはたらく応力を考える．引張応力 σ は一様で

$$\sigma = \frac{500 \times 10^3}{\left\{\left(\frac{80}{2}\right)^2 - \left(\frac{50}{2}\right)^2\right\} \times (10^{-3})^2 \pi} \text{ [Pa]}$$

$$= \frac{500 \times 10^9}{(1600 - 625)\pi} = 163 \text{ [MPa]}$$

また，最大せん断応力 τ は表面で生じ

$$\tau = \frac{dT}{2I_p} = \frac{80 \times 10^{-3} \times 10 \times 10^3}{2 \times \frac{\pi}{32}\left\{(80 \times 10^{-3})^4 - (50 \times 10^{-3})^4\right\}} \text{ [Pa]}$$

$$= 117 \text{ [MPa]}$$

モールの応力円を描く．座標 (σ, τ) は以下 MPa 単位で表すと

AB，CD 面：$(163, -117)$

AD，BC 面：$(0, 117)$

円の中心は $(81.5, 0)$

円の直径は

$$\sqrt{(163)^2 + (117 \times 2)^2} = 285$$

$$\therefore \sigma_t = 81.5 + \frac{285}{2} = 224 \text{ [MPa]}$$

$$\sigma_c = 81.5 - \frac{285}{2}$$

$$= -61.0 \text{ [MPa]}$$

$$\tau_{max} = 143 \text{ [MPa]}$$

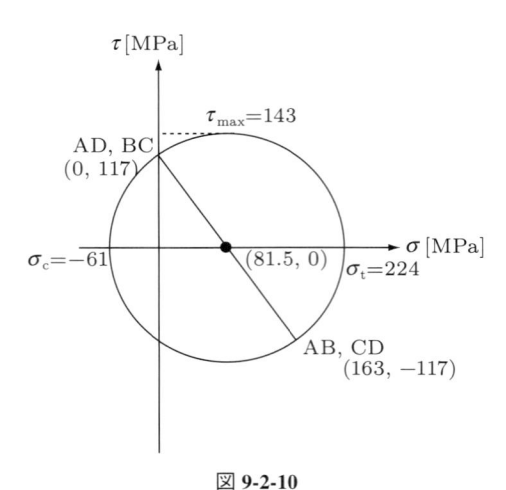

図 9-2-9

図 9-2-10

Step 3　発展問題

[1] 図のように，一端が固定された，長さ $l = 1$ [m]，直径 $d = 10$ [cm] の丸棒に，直径 50 [cm] のプーリが取り付けられている．この外周の C 点に $P = 10$ [kN] の力を作用させた．軸の断面に生じる最大引張応力 σ_t，最大圧縮応力 σ_c，最大せん断応力 τ_{max} を求めよ．

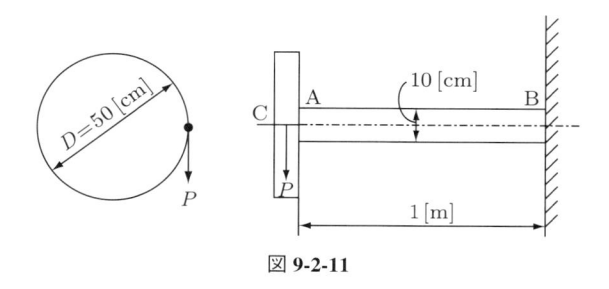

図 9-2-11

[2] 直径 10 [cm] の軟鋼製丸棒の先端に，ねじりモーメント $T = 200$ [N·m]，曲げモーメント $M = 100$ [N·m]，引張応力 $P = 50$ [kN] が同時にかかっている．
このときの最大主応力 σ_1，最大せん断応力 τ_{max}，相当曲げモーメント M_e，相当ねじりモーメント T_e を求めよ．なお M_e, T_e は次式で求められることも示せ．

$$M_e = \frac{1}{2}\left\{M + \frac{Pd}{8} + \sqrt{(M + \frac{Pd}{8})^2 + T^2}\right\}$$

$$T_e = \sqrt{(M + \frac{Pd}{8})^2 + T^2}$$

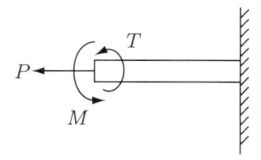

図 9-2-12

参考文献

1) 小山信次, 鈴木幸三：初めての材料力学, 第 2 版, 森北出版（2005）
2) 吉田総仁：弾塑性力学の基礎, 共立出版（1997）
3) 黒木剛司郎：材料力学, 森北出版, 第 3 版（1999）
4) 山田義昭：はじめて学ぶ材料力学, 技術評論社（1978）
5) 深澤泰晴他：材料力学入門, パワー社（1989）
6) 松田弘：わかる材料力学と演習, 日本理工出版会（1999）
7) 臺丸谷政志, 小林秀敏：基礎から学ぶ材料力学, 森北出版（2004）
8) 大橋義夫：材料力学, 培風館（1976）
9) 伊庭敏昭：絵とき材料力学早わかり, オーム社（1996）
10) 淡路英夫, 深津鋼次：考え方を身につける材料力学, 第 2 版, 森北出版（2005）
11) 伊藤勝悦：やさしく学べる材料力学, 第 2 版, 森北出版（1999）
12) 尾田十八他：材料力学, 第 2 版, 森北出版（2004）
13) 北岡征一郎, 菅野良弘, 田中喜久昭, 戸伏壽昭, 加藤章, 長岐滋：材料力学基礎演習, 養賢堂（1999）
14) 菊池正紀, 澤芳昭, 町田賢司：材料力学, 裳華房（1988）
15) 中山秀太郎：演習・材料力学入門, 大河出版（1992）
16) 中島正貴：材料力学, コロナ社（2005）
17) 渡辺勝彦他：演習・材料力学, 培風館（2005）
18) 日本機械学会：演習材料力学, 日本機械学会（2010）
19) 尾田十八, 三好俊郎：演習材料力学, サイエンス社（1982）
20) 関谷壮：SI による材料力学演習, 森北出版（1996）

機械力学

第1章　力学の基礎

基本的な考え方

☆等速直線運動，等加速度直線運動

◎等速直線運動（図 1-1）

t 秒後の位置 x，速度 v とすると

$$\begin{cases} v = v_0 = 一定 & （図1-2） \\ x = x_0 + v_0 t & （図1-3） \end{cases}$$

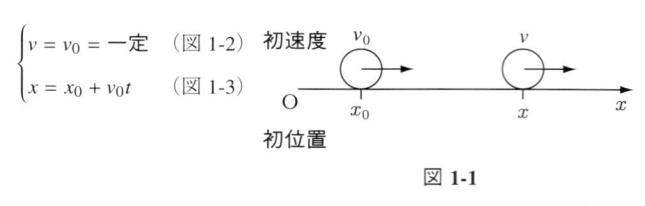

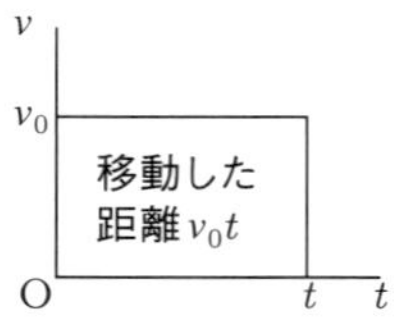

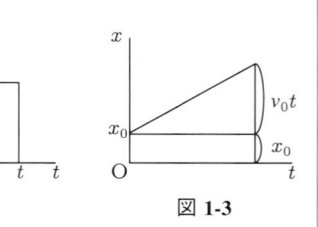

◎等加速度直線運動（図 1-4）

$$\begin{cases} v = v_0 + a_0 t & （図1-5） \\ x = x_0 + v_0 t + \frac{1}{2} a_0 t^2 & （図1-6） \end{cases}$$

平均 $\dfrac{v_0 + (v_0 + a_0 t)}{2}$ の速度で時間 t を移動したとして求められる．

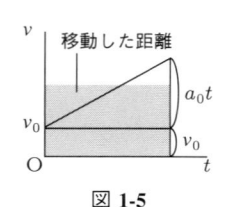

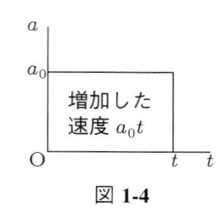

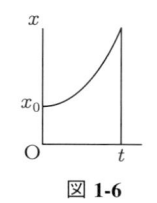

☆種々の力

◎重力：地球が引張る力 $f = mg$ 　$\begin{pmatrix} m は質量 [kg] \\ g は重力加速度 \\ g = 9.81 [m/s^2] \end{pmatrix}$

◎弾性力：フックの法則（図 1-7）

◎ばねにはたらく力 f は伸び x に比例する．

$f = kx$ （k：ばね定数 $[N/m]$）

◎摩擦力：クーロンの摩擦の法則（図 1-8）

$R = \mu N$

R：摩擦力，N＝垂直抗力

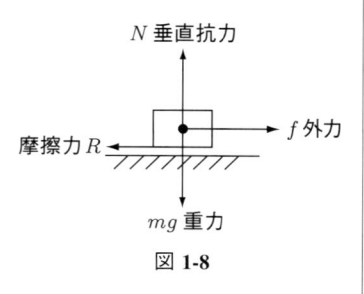

μ：摩擦係数

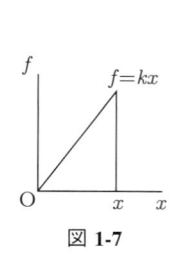

☆エネルギー保存の法則

| （運動エネルギー） | ＋ | （位置エネルギー） | ＋ | （弾性エネルギー） | ＝一定 |
| $\frac{1}{2}mv^2$ | ＋ | mgh | ＋ | $\frac{1}{2}kx^2$ | ＝一定 |

運動エネルギー：質量 m，速度 v がもつエネルギー　$\frac{1}{2}mv^2$

位置エネルギー：質量 m，高さ h のもつエネルギー　mgh

弾性エネルギー：ばね定数 k のばねが x 伸びたときにもつエネルギー（0〜x まで平均 $\dfrac{f}{2}$ の力で伸ばしたと考えて $\dfrac{f}{2} \times x = \dfrac{kx}{2} \times x = \dfrac{1}{2}kx^2$ で求められる．）

☆ベクトル
大きさと方向を持ち，平行四辺形の法則に従う変位，速度，加速度，力等の物理量をいう．
- 変位：位置の変化（途中の経路に関係しない）$\vec{r}$ あるいは r で表す．
- 速度：単位時間あたりの変位 $\vec{v} = \dfrac{\vec{r_2} - \vec{r_1}}{t_2 - t_1}$
- 加速度：単位時間あたりの速度変化 $\vec{a} = \dfrac{\vec{v_2} - \vec{v_1}}{t_2 - t_1}$

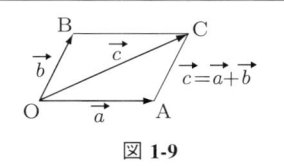

図 1-9

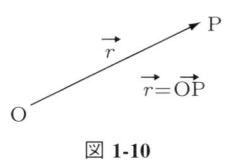

図 1-10

☆ニュートンの運動の法則
- 第1法則（慣性の法則）…物体に力がはたらかなければ，その運動を保持する．（静止している物体はいつまでも静止し，運動している物体は等速直線運動を続ける）
- 第2法則（運動の法則）…物体に力がはたらくと，それに比例して加速度を生じる．

  $\vec{a} = \dfrac{\vec{f}}{m}$ または $\vec{f} = m\vec{a}$

  $1 \text{ [N]} = 1 \text{ [kg]} \times 1 \text{ [m/s}^2\text{]}$
  $1 \text{ [kgf]} = 1 \text{ [kg]} \times 9.81 \text{ [m/s}^2\text{]}$
  $\qquad = 9.81 \text{ [N]}$

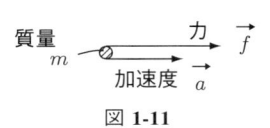

図 1-11

- 第3法則（作用・反作用の法則）…2つの物体の一方が他方を押す（引く）力と，他方が一方を押す（引く）力は方向が反対で，大きさが等しい．

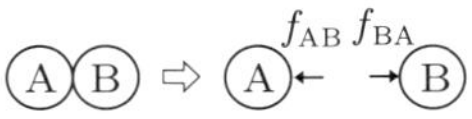

図 1-12

> **ここに注意!!!**
> 加速度 $\vec{a}$ のとき $-m\vec{a}$ の慣性力を考えると動力学の問題は静力学の問題として扱える．

☆ダランベールの原理
$\vec{f} = m\vec{a}$ を変形すると $\vec{f} + (-m\vec{a}) = 0$ となり，力のつり合いの式となる．$\vec{f}$ とつり合う $-m\vec{a}$ を慣性力という．
…慣性力を考えることで，動力学の問題は静力学の問題として，扱うことができる．これをダランベールの原理という．

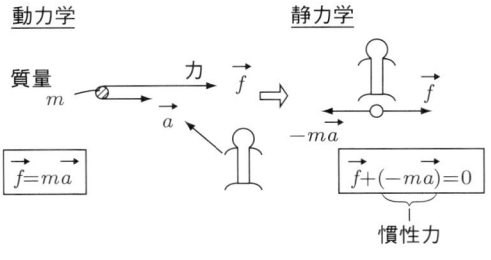

図 1-13

● 機械力学　第1章　力学の基礎

Step 1　基本問題

[1] 次の問いに答えよ．ただし，重力加速度 $g = 9.81$ [m/s^2] とする．
(1) 時速 240 [km/h] は秒速何 [m/s] か．
(2) 速さ 4 [m/s] で 8 [s] 間移動したときの距離は何 [m] か．
(3) 静止していた物体が 0.20 [s] 後に 2.0 [m/s] の速さになった．このときの加速度の大きさと，この間に物体が移動した距離を求めよ．
(4) 物体を自由落下させたとき，2 秒後の速さは何 [m/s] か，また落下距離は何 [m] か．
(5) 物体を初速度 20 [m/s] で，真上に投げ上げた．最大高さは何 [m] か．
(6) ビルの屋上から小石を水平方向に初速度 10 [m/s] で投げ出したところ，ビルから水平方向 60 [m] 離れた地点に着地した．ビルの高さ [m] と着地までの時間 [s] を求めよ．

解き方

(1) 240 [km/h] $= \dfrac{240 \times 10^3 \text{ [m]}}{3600 \text{ [s]}} = \dfrac{240}{3.6}$ [m/s] $= 66.7$ [m/s]

(2) $s = vt = 4$ [m/s] $\times 8$ [s] $= 32$ [m]

図 1-14

(3) $a = \dfrac{v}{t} = \dfrac{2.0 \text{ [m/s]}}{0.20 \text{ [s]}} = 10$ [m/s^2]

$s = \dfrac{1}{2}at^2 = \dfrac{1}{2} \times 10 \times 0.20^2 = 0.2$ [m]

図 1-15

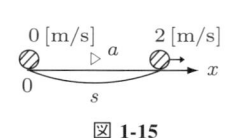

(4) 投げた点を原点，下向き方向を x 軸にとると

$v = gt = 9.81$ [m/s^2] $\times 2$ [s] $= 19.6$ [m/s]

$x = \dfrac{1}{2}gt^2 = \dfrac{1}{2} \times 9.81$ [m/s^2] $\times (2$ [s]$)^2 = 19.6$ [m]

図 1-16

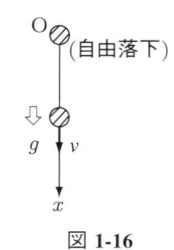

(5) 投げた点を原点にとり，鉛直上向きに座標 x をとると t 秒後の位置を x，速度を v とすると，

$$\begin{cases} v = v_0 - gt & (1\text{-}1) \\ x = v_0 t - \dfrac{1}{2}gt^2 & (1\text{-}2) \end{cases}$$

最大高さは $v = 0$ とおいて，$t = \dfrac{v_0}{g}$　　　(1-3)

式 (1-3) → 式 (1-2) にあてはめると，

$$x = v_0 \left(\dfrac{v_0}{g}\right) - \dfrac{1}{2}g\left(\dfrac{v_0}{g}\right)^2 = \dfrac{1}{2}\dfrac{v_0^2}{g}$$

$$= \dfrac{1}{2} \times \dfrac{20^2}{9.81} = 20.4 \text{ [m]}$$

ここに注意!!!

物体の運動を考えるときには，投げた点を原点にとると考えやすくなる．

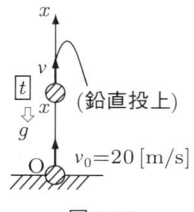

図 1-17

(6) 投げた点を原点 O にとり，水平方向に x 軸，鉛直下向き方向を y 軸にとると，t 秒後の位置 x, y, 速度 v_x, v_y とすると

x 方向

$$\begin{cases} v_x = v_0 & (1\text{-}4) \\ x = v_0 t & (1\text{-}5) \end{cases}$$

y 方向

$$\begin{cases} v_y = gt & (1\text{-}6) \\ y = \dfrac{1}{2} g t^2 & (1\text{-}7) \end{cases}$$

着地までの時間を t [s] とすると，

式 (1-5) より $60 = 9.81 t$, $t = \dfrac{60}{9.81} = 6.12$ [s]

式 (1-7) に代入すると

$$y = \dfrac{1}{2} \times 9.81 \times 6.12^2 \fallingdotseq 184 \text{ [m]}$$

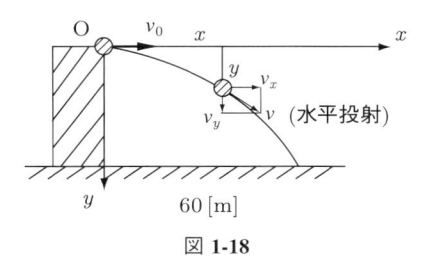

図 1-18

[2] 次の問いに答えよ．
(1) 質量 **2 [kg]** の物体に **50 [N]** の力を加えたときに生じる加速度 **[m/s²]** を求めよ．
(2) 質量 **60 [kg]** の物体にはたらく重力は何 **[kgf]** か，また何 **[N]** か．
(3) **10 [N]** の力がはたらいて，物体が **20 [m]** 移動した．力のした仕事 **[J]** を求めよ．
(4) **10 分間**に **4.2 × 10⁵ [J]** の仕事をするモーターの仕事率（動力）は何 **[W]** か．
(5) 質量 **1.2 × 10³ [kg]** の自動車が，速さ **10 [m/s]** で走っているときの運動エネルギーは何 **[J]** か．
(6) 地面からの高さが **80 [m]** の展望台に，質量 **50 [kg]** の人（質点とみなす）がいる．この人の重力による位置エネルギーは，地面を基準とすると，何 **[J]** か．

解き方

(1) $f = ma$ より $a = \dfrac{f}{m} = \dfrac{50\,[\text{N}]}{2\,[\text{kg}]} = 25\,[\text{m/s}^2]$

(2) $f = mg = 60\,[\text{kg}] \times 9.81\,[\text{m/s}^2] = 589\,[\text{N}]$

(3) $W = f \cdot s = 10\,[\text{N}] \times 20\,[\text{m}] = 200\,[\text{J}]$

(4) $L = \dfrac{W}{t} = \dfrac{4.2 \times 10^5\,[\text{J}]}{10 \times 60\,[\text{s}]} = 700\,[\text{W}]$

(5) $\dfrac{1}{2}mv^2 = \dfrac{1}{2} \times 1.2 \times 10^3\,[\text{kg}] \times (10\,[\text{m/s}])^2 = 60 \times 10^3\,[\text{J}] = 60\,[\text{kJ}]$

(6) $mgh = 50\,[\text{kg}] \times 9.81\,[\text{m/s}^2] \times 80\,[\text{m}] = 39.2 \times 10^3\,[\text{J}] = 39.2\,[\text{kJ}]$

Step 2　演 習 問 題

[1] 次の問いに答えよ.

(1) 粗い水平面上に静止する質量 **5 [kg]** の物体を水平に引くと，引く力が **29.4 [N]** を超えたときに動き出した．静止摩擦係数を求めよ．

(2) 自然長 **20 [cm]** のばねに **100 [N]** の力を加えたとき，**1 [cm]** 伸びた．ばね定数 **[N/m]** を求めよ．また **150 [N]** の力を加えると，ばねの長さは何 **[cm]** になるか．

(3) ばね定数 **20 [N/m]** のばねを **0.50 [m]** 伸ばしたとき，ばねのもつ弾性力によるエネルギーは何 **[J]** か．

(4) 水平面上にある質量 **5 [kg]** の物体に，水平方向の力 f を加え，一定の速さ **6 [m/s]** で **8 [s]** 間移動させた．物体と面との動摩擦係数を **0.20** とするとき，
① 移動距離はいくらか．② 力 f の大きさはいくらか．
③ 力 f のした仕事はいくらか．

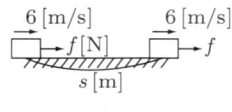

図 1-19

(5) 水平面と角 **30°** をなす滑り台の高さ **2 [m]** の所から質量 m **[kg]** の物体を滑り落させる．エネルギー保存の法則により，下端に到達したときの速さ v_f を摩擦が無視できる場合について求めよ．

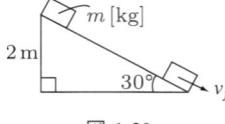

図 1-20

(6) ばね定数 **80 [N/m]** のばねに質量 **0.20 [kg]** の物体をつけ，鉛直につるす．ばねをつり合いの位置から **0.15 [m]** 引き伸ばしたのち手を放した．
① 物体の速さの最大値はいくらか．
② ばねの伸びが **0.05 [m]** のときの，物体の速さはいくらか．

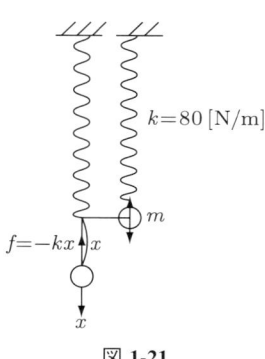

図 1-21

解き方

(1) $f = R = \mu N = \mu mg$

$$\therefore \mu = \frac{f}{mg} = \frac{29.4\,[\text{N}]}{5 \times 9.81\,[\text{N}]} = 0.599$$

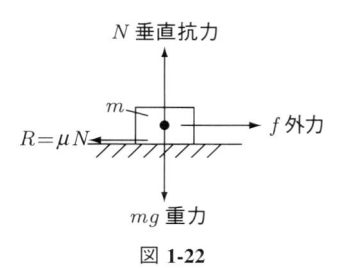

図 1-22

(2) フックの法則（ばねにはたらく力は伸びに比例する）より
$f = kx$

- $k = \dfrac{f_1}{x_1} = \dfrac{100\,[\text{N}]}{0.01\,[\text{m}]} = 10000\,[\text{N/m}]$

- $x_2 = \dfrac{f_2}{k} = \dfrac{150\,[\text{N}]}{10000\,[\text{N/m}]} = 0.0150\,[\text{m}]$

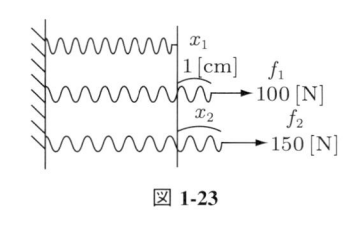

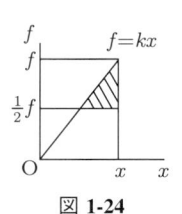

図 1-23　　図 1-24

(3) $\dfrac{1}{2}kx^2 = \dfrac{1}{2} \times 20 \times 0.50^2 = 2.50\,[\text{J}]$

(4) 等速直線運動であるので，物体には力がはたらかない．すなわち外力と摩擦力はつり合っている．

① $s = vt = 6\,[\text{m/s}] \times 8\,[\text{s}] = 48\,[\text{m}]$

② $F = R = \mu N = \mu \cdot mg = 0.20 \times 5\,[\text{kg}] \times 9.81\,[\text{m/s}^2] = 9.81\,[\text{N}]$

③ $W = F \cdot s = 9.81\,[\text{N}] \times 48\,[\text{m}] = 471\,[\text{J}]$

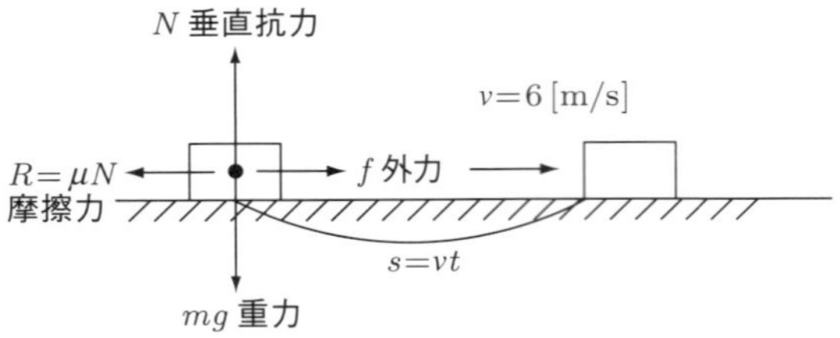

●機械力学　第1章　力学の基礎

図 1-25

(5) 摩擦が無視できる場合，滑り台上端でもつ位置エネルギーが下端でもつ運動エネルギーになる．
$$\frac{1}{2}mv_f^2 = mgh$$
$$v_f = \sqrt{2gh} = \sqrt{2 \times 9.81 \times 2} = 6.26 \, [\text{m/s}]$$

(6) ① $x_1 = 0.15$ のときのばねのもつ弾性エネルギーが，$x = 0$ での運動エネルギーとなると考えると，
$$\frac{1}{2}mv_m^2 = \frac{1}{2}kx_1^2$$
$$v_m = x_1\sqrt{\frac{k}{m}} = 0.15\sqrt{\frac{80}{0.20}} = 3.00 \, [\text{m/s}]$$

② $x_2 = 0.05$ のときの弾性エネルギーと運動エネルギーの和が $\frac{1}{2}kx_1^2$ と考えると，
$$\frac{1}{2}mv^2 + \frac{1}{2}kx_2^2 = \frac{1}{2}kx_1^2$$
$$\frac{1}{2}mv^2 = \frac{1}{2}kx_1^2 - \frac{1}{2}kx_2^2 = \frac{1}{2}kx_1^2\left(1-\left(\frac{x_2}{x_1}\right)^2\right)$$
$$v = x_1\sqrt{\frac{k}{m}\left(1-\left(\frac{x_2}{x_1}\right)^2\right)}$$
$$= 0.15\sqrt{\frac{80}{0.20}\left(1-\frac{1}{9}\right)}$$
$$= 0.15\sqrt{400 \times \frac{8}{9}} \fallingdotseq 2.83 \, [\text{m/s}]$$

> **ここに注意!!!**
> 摩擦力 R と垂直抗力 N の間には $R = \mu N$ の関係がある．これをフックの法則という．

[2] 次の問いに答えよ．

(1) 電車が加速度 $a = 4.90 \, [\text{m/s}^2]$ で発車した．質量 $m = 0.05 \, [\text{kg}]$ のつり輪にはたらく慣性力 $ma \, [\text{N}]$ を求めよ．

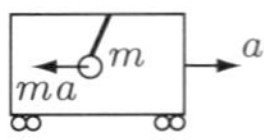

図 1-26

(2) 質量 $m = 50 \, [\text{kg}]$ の人がエレベータの床に立っている．エレベータが鉛直上向きに加速度 $a = 0.20 \, [\text{m/s}^2]$ で上昇したとき，この人にはたらく力のつり合いによりエレベータの床がこの人に及ぼす垂直抗力 N の大きさを求めよ．

図 1-27

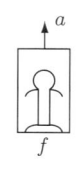

(3) 質量 m_1, m_2, m_3 の物体をひもでつなぎ，摩擦のない水平面に置いて，f の力で引いたとき，各物体にはたらく力のつり合いより，全体の加速度 a，各ひもに生じる張力 T_1, T_2 を求めよ．

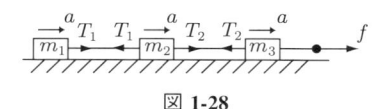

図 1-28

解き方

(1) 慣性力 $ma = 0.05\,[\text{kg}] \times 4.90\,[\text{m/s}^2] = 0.245\,[\text{N}]$

(2) 重力，垂直抗力，慣性力のつり合いより

$$N = mg + ma = m(g + a)$$
$$= 50(9.81 + 0.20)$$
$$= 501\,[\text{N}]$$

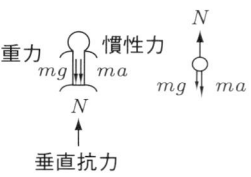

図 1-29

(3) 各物体にはたらく外力，張力，慣性力のつり合いより

$$\begin{cases} T_1 - m_1 a = 0 & (1\text{-}8) \\ T_2 - m_2 a - T_1 = 0 & (1\text{-}9) \\ f - m_3 a - T_2 = 0 & (1\text{-}10) \end{cases}$$

式 (1-8) より $T_1 = m_1 a$
式 (1-9) へ代入して $T_2 = (m_1 + m_2)a$
式 (1-10) へ代入して $f = (m_1 + m_2 + m_3)a$

図 1-30

ここに注意!!!
複雑な物体の力学を考えるときには，各物体を取り出してこれにはたらく力をすべて考えてつり合いの式を考えるのがベストである．この取り出して考える物体を自由体という．

Step 3　発展問題

[1] 地上より，物体を初速度 v_0 [m/s]，角度 θ で投げ上げた．最高点の高さ H と最大到達距離 D を求める式を導け．

図 1-31

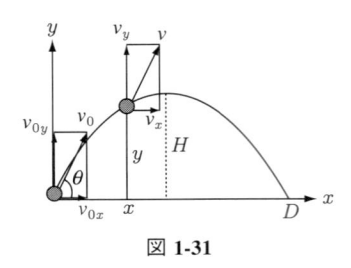

[2] 質量 m,速度 v の物体が運動摩擦係数 μ_k の粗い水平面上を滑るとき,停止するまでの距離を求める式を導け.

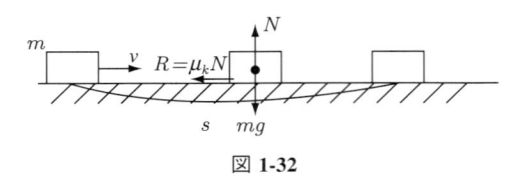

図 1-32

第2章 質点にはたらく力のつり合い

基本的な考え方

- 同一作用線上にある，方向反対の2力はつり合う．（図2-1）

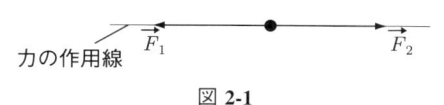

図2-1

- 質点にはたらく3つの力がつり合っているとき，作用線は一点に集まり，3力は平行四辺形の法則に従う．（図2-2）

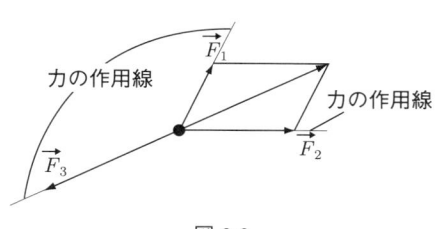

図2-2

> **ここに注意!!!**
> 力の作用線とは力ののっている直線のことである．
> 力は作用線上、任意の位置に移動することができる．

- 質点にはたらく多数の力がつり合うとき，力の多角形が閉じる．

Step 1　基本問題

[1] 次の問いに答えよ．

(1) 下図のように3人の手により1本の棒を引っ張っている．いま，ちょうどつり合っているとき，次の問いに答えよ．
① Cの手の引っ張る力 F_C は何 [N] か．
② a，b，c，d の各点における張力は，それぞれいくらか．

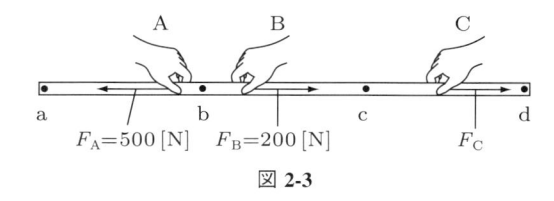

$F_A = 500$ [N]　$F_B = 200$ [N]　F_C

図2-3

(2) 質量3 [kg]，5 [kg]，7 [kg] の物体 A，B，C がテーブル D の上に置いてある．各物体にはたらく重力を W_A，W_B，W_C，物体 A，B が押し合う力を R_{AB}，物体 B，C が押し合う力を R_{BC}，テーブルからの反力を R_{CD} とするとき，
① 物体 A，B，C にはたらくすべての力を図示せよ．

● 機械力学　第 2 章　質点にはたらく力のつり合い

② R_{AB}, R_{BC}, R_{CD} を求めよ.

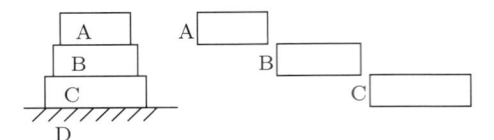

図 2-4

解き方

(1) ① $F_C = F_A - F_B = 500 - 200 = 300$ [N]
　　② $a: 0$,　$b: 500$ [N],　$C: 300$ [N],　$d: 0$

(2) A: $R_{AB} = W_A$
　　B: $R_{BC} = W_B + R_{AB} = W_A + W_B$
　　C: $R_{CD} = W_C + R_{BC} = W_A + W_B + W_C$

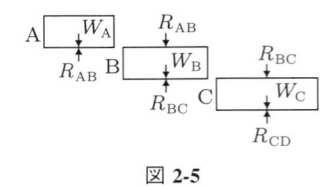

図 2-5

> **ここに注意!!!**
>
> 自由体にはたらくすべての力を考え,そのつり合いを考えることが,力学を理解する秘けつである.

[2] 次の問いに答えなさい.
(1) 図において,F_1, F_2 が何 [N] のとき,つり合うか.

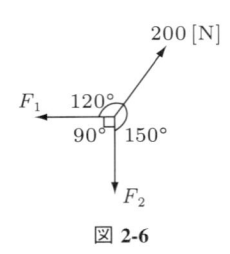

図 2-6

(2) 次の力の合力を求め,それにつり合う力を図示せよ.

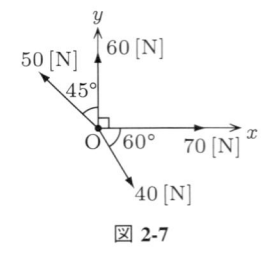

図 2-7

解き方

(1) $F_1 = 200 \cos 60° = 200 \times \dfrac{1}{2} = 100$ [N]

　　$F_2 = 200 \sin 60° = 200 \times \dfrac{\sqrt{3}}{2} = 173$ [N]

(2) 合力の x, y 方向成分を F_x, F_y とすると，

$$F_x = 70 - 50\cos 45° + 40\cos 60°$$
$$= 70 - 50 \times \frac{\sqrt{2}}{2} + 40 \times \frac{1}{2} = 54.6 \text{ [N]}$$

$$F_y = 60 + 50\sin 45° - 40\sin 60°$$
$$= 60 + 50 \times \frac{\sqrt{2}}{2} - 40 \times \frac{\sqrt{3}}{2}$$
$$= 60 + 35.4 - 34.6 = 60.8 \text{ [N]}$$

$$F = \sqrt{Fx^2 + Fy^2} = \sqrt{54.6^2 + 60.8^2}$$
$$= 81.7 \text{ [N]}$$

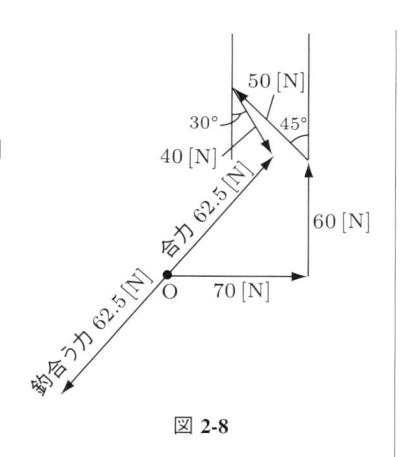

図 2-8

Step 2　演習問題

[1] 角度 $\theta = 20°$ の斜面上に，質量 $m = 1.0$ [kg] の物体が置かれている．次の問いに答えよ．

(1) ① 摩擦がないときは，斜面に沿う力 F がいくらのときに，物体を押し上げることができるか．
② 摩擦係数 μ が 0.25 のときは，力 F がいくらのときに，物体を押し上げることができるか．

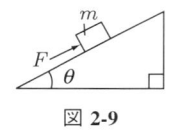

図 2-9

(2) ① 摩擦がないときは，水平力 F がいくらのときに，物体を押し上げることができるか．
② 摩擦係数 μ が 0.25 のときは，水平力 F がいくらのときに，物体を押し上げることができるか．

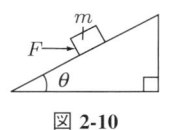

図 2-10

解き方

(1) ① 物体にはたらく重力を斜面に沿う力と斜面に垂直な力に分解すると，

$$F = mg\sin\theta$$
$$= 1.0 \times 9.81 \times \sin 20°$$
$$= 3.36 \text{ [N]}$$

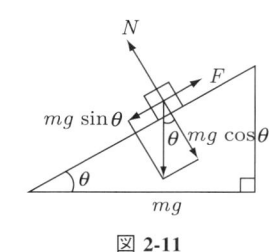

図 2-11

② 重力を斜面に沿う力と斜面に垂直な力に分解すると，

$$F = mg\sin\theta + \mu mg\cos\theta$$
$$= mg(\sin\theta + \mu\cos\theta)$$
$$= 9.81(\sin 20° + 0.25 \times \cos 20°)$$
$$= 1.0 \times 9.81(0.342 + 0.25 \times 0.940)$$
$$= 5.66 \text{ [N]}$$

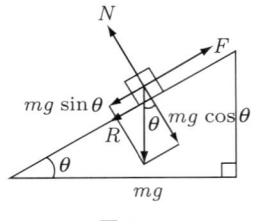

図 2-12

(2) ① 物体にはたらく重力 mg，垂直抗力 N，水平力 F の 3 力のつり合いより（F と mg の合力と N の作用線が一直線上にあることから）

$$F = mg\tan\theta$$
$$= 1.0 \times 9.81 \times \tan 20° = 3.57 \text{ [N]}$$

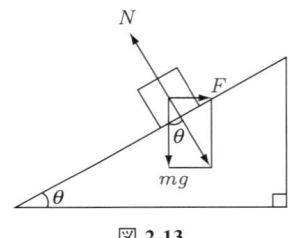

図 2-13

② 物体にはたらく重力 mg，垂直抗力 N，摩擦力 μN，水平力 F の 4 力のつり合いは，N と摩擦力 μN の合力を Q，$\tan\lambda = \mu$ とすると，重力 mg，合力 Q，水平力 F の 3 力のつり合いとなる．
Q を水平方向，鉛直方向に分解すると，Q の水平方向成分と F がつり合うので

$$F = mg\tan(\theta + \lambda)$$
$$= mg \times \frac{\tan\theta + \tan\lambda}{1 - \tan\theta\tan\lambda}$$
$$= mg \times \frac{\tan\theta + \mu}{1 - \mu\tan\theta}$$
$$= 1.0 \times 9.81 \times \frac{\tan 20° + 0.25}{1 - 0.25 \times \tan 20°}$$
$$= 9.81 \times \frac{0.364 + 0.25}{1 - 0.25 \times 0.364}$$
$$= 9.81 \times \frac{0.614}{0.909} = 6.63 \text{ [N]}$$

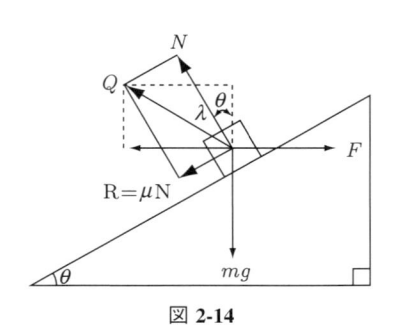

図 2-14

ここに注意!!!

物体にはたらくすべての力を考え，その力のつり合いを，ベクトルのつり合いと考えている．別解としてすべての力を x，y 方向に分解してそれぞれの方向の力のつり合いを考える方法もある．

[2] 次の問いに答えよ．
(1) 図のようにピン C を介し，2 本のロープで $W = 100$ [N] の物体をつるしている．ピン C にはたらく力のつり合いより，2 本のロープにはたらく張力 T_A，T_B を求めよ．

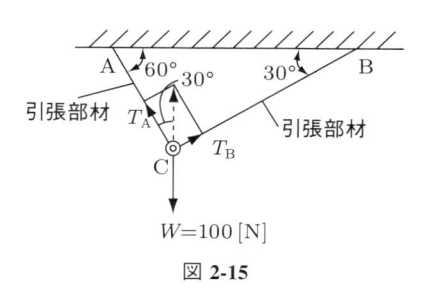

図 2-15

(2) 図のトラスの部材 AC, BC にはたらく力を求めよ．ただし，ピン C にはたらく力は $W = 500$ [N] で，各部材には軸力のみはたらくと考えればよい．

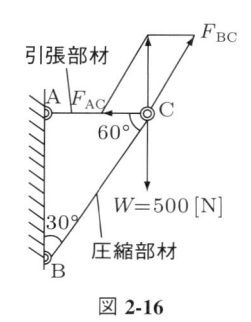

図 2-16

> ここに注意!!!
> ピン C を自由体として取り出し，これにはたらく力をすべて考え，そのつり合いを考えるのが力学を解くひけつである．

> ここに注意!!!
> ピン C を自由体として取り出し，そのつり合いを考える．

解き方

(1) $T_A = W \cos 30° = 100 \times \dfrac{\sqrt{3}}{2} = 50\sqrt{3} = 86.6$ [N]

$T_B = W \sin 30° = 100 \times \dfrac{1}{2} = 50.0$ [N]

(2) $F_{AC} = W \tan 30° = 500 \times \dfrac{1}{\sqrt{3}} = \dfrac{500\sqrt{3}}{3} = 289$ [N]

$F_{BC} \cos 30° = W$ より

$F_{BC} = \dfrac{W}{\cos 30°} = \dfrac{500}{\frac{\sqrt{3}}{2}} = \dfrac{1000}{\sqrt{3}} = \dfrac{1000\sqrt{3}}{3} = 577$ [N]

Step 3　　発 展 問 題

[1] 電車が加速度 $a = 4.90$ [m/s^2] で発車したときの，つり輪の鉛直方向からの傾き角を求めよ．

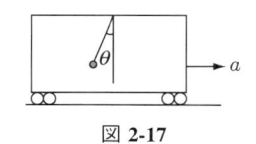

図 2-17

[2] 図のように，2本のロープで質量 $m = 100$ [kg] のおもりをつるすとき，ロープ AC，BC に作用する張力 T_A, T_B を求めよ．ただし重力加速度を $g = 9.81$ [m/s^2] とする．

ヒント：ピン C（質点）にはたらく，力のつり合いより求められる．

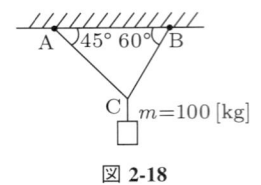

図 2-18

第3章 力のモーメント

基本的な考え方

- アルキメデスのてこの原理は,「てこがつり合っているとき,$W:F=l:a$ あるいは $Wa=Fl$」をいう.
「てこにより物体を持ち上げる効果は力ではなく,力と腕の長さの積(力のモーメントという)である」ことを意味している.(図 3-1)

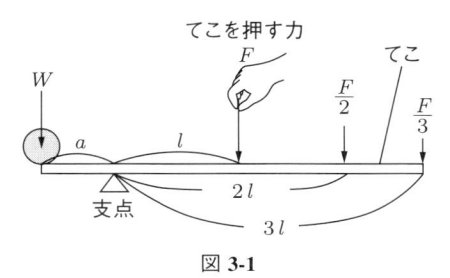

図 3-1

- 物体の重心(G で示す)とは,「その点で支えれば,物体がつり合う点」であり,てこの原理と同じことをいっている.(図 3-2)

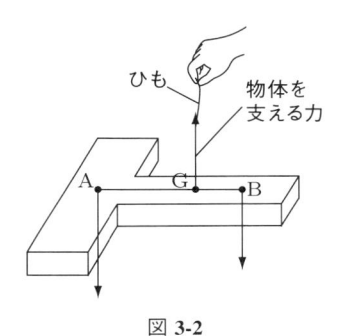

図 3-2

- 厚み一定の板であれば,面積で板の重さを表すことができる.このときの重心を図心(図形の重心)という.

ここに注意!!!
ある点から力の作用線に下した垂線の長さを,その点から力までの腕の長さという.したがって,その点が力の作用線上にあれば,腕の長さはゼロである.

ここに注意!!!
力のモーメントとは力と腕の長さを掛けたものである.したがって,腕の長さが 0 なら力のモーメントも 0 である.

Step 1　基本問題

[1] 図のように,A 点に水平力 $P=20$ [N],鉛直力 $Q=40$ [N],$F=50$ [N] がはたらいている.これらの力の (1) A 点回り,(2) B 点回り,(3) C 点回りの力のモーメントを求めよ.

● 機械力学 第 3 章 力のモーメント

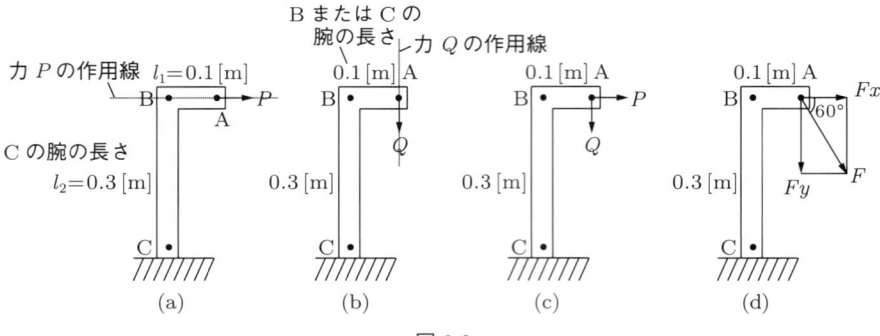

図 3-3

解き方

(a) (1) $M_A = 0$, (2) $M_B = 0$, (3) $M_C = P \times l_2 = 20 \times 0.3 = 6$ [N·m]
(b) (1) $M_A = 0$, (2) $M_B = Q \times l_1 = 40 \times 0.1 = 4$ [N·m], (3) $M_C = Q \times l_1 = 40 \times 0.1 = 4$ [N·m]
(c) (1) $M_A = 0$, (2) $M_B = Q \times l_1 = 40 \times 0.1 = 4$ [N·m], (3) $M_C = P \times l_2 + Q \times l_1 = 20 \times 0.3 + 40 \times 0.1 = 10$ [N·m]
(d) $F_x = F\cos 60° = 50 \times \dfrac{1}{2} = 25$ [N], $F_y = F\sin 60° = 50 \times \dfrac{\sqrt{3}}{2} = 25\sqrt{3}$ [N]
  (1) $M_A = 0$, (2) $M_B = F_y \times l_1 = 25\sqrt{3} \times 0.1 = 2.5\sqrt{3}$ [N],
  (3) $M_C = F_x \times l_2 + F_y \times l_1 = 25 \times 0.3 + 25\sqrt{3} \times 0.1 = 7.50 + 4.33\sqrt{3} = 11.8$ [N]

[2] 次の問いに答えよ．
 (1) 図のように，てこにより重さ **1000 [N]** の物体を持ち上げたい．力 F の大きさを求めよ．

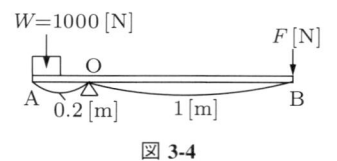

図 3-4

 (2) 図のように，棒の一端 **O** を支点として，$F_1 = 100$ [N] の力がはたらいている．棒の回転を止めるには F_2 [N] をいくらにすればよいか．

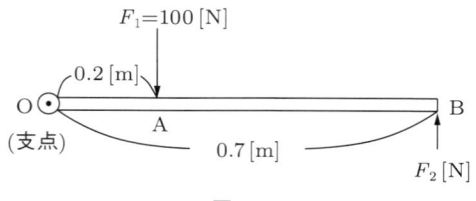

図 3-5

解き方

(1) $F \times 1 = W \times 0.2$ より $F = W \times \dfrac{0.2}{1} = 1000 \times \dfrac{0.2}{1} = 200$ [N]

(2) $F_2 \times 0.7 = F_1 \times 0.2$ より
  $F_2 = F_1 \times \dfrac{0.2}{0.7} = 100 \times \dfrac{2}{7} = 28.6$ [N]

Step 2　演習問題

[1] 直径 40 [mm] の円板（重心 O）から，直径 20 [mm] の円板（重心 B）をくり抜いた．残った図形の重心（図心）A の位置を求めよ．

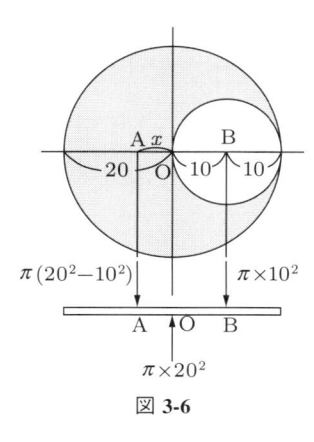

図 3-6

解き方

面積で板の重さ（力）を代表させて考える．てこ AB が O を支点として釣り合っていると考える．左回りの面積のモーメント＝右回りの面積のモーメントより，

$$\pi(20^2 - 10^2) \times x = \pi \times 10^2 \times 10$$

$$x = 10 \times \frac{10^2}{20^2 - 10^2} = 10 \times \frac{1^2}{2^2 - 1^2}$$

$$= 10 \times \frac{1}{3} = 3.33 \text{ [mm]}$$

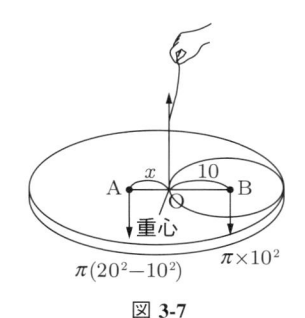

図 3-7

ここに注意!!!

・重心とは，物体をつり下げたとき，物体が静止する位置である．
・物体が静止しているときは，重心回りの力のモーメントはつり合っている．

[2] 図形の重心（図心）G の位置を求めよ．

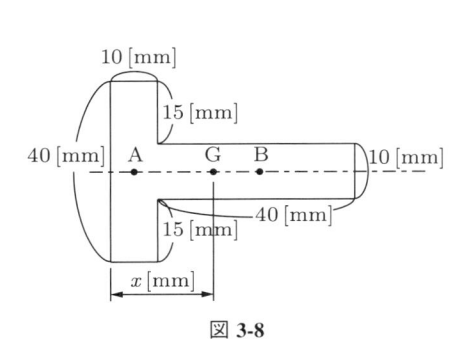

図 3-8

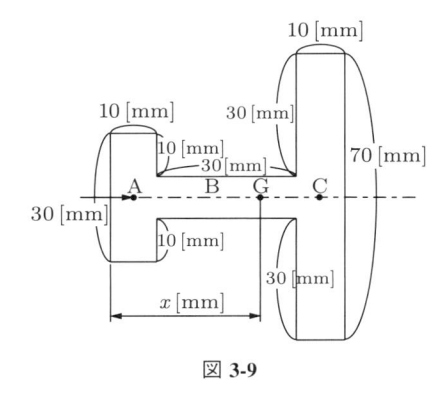

図 3-9

● 機械力学 第3章 力のモーメント

解き方

(1) $800x = 400 \times 5 + 400 \times 30$

$$x = \frac{400 \times 5 + 400 \times 30}{800}$$
$$= \frac{4 \times 5 + 4 \times 30}{8} = \frac{140}{8}$$
$$= 17.5 \text{ [mm]}$$

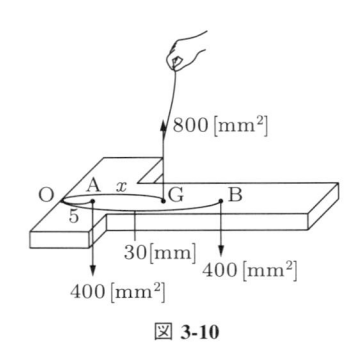

図 3-10

(2) $1300x = 300 \times 5 + 300 \times 25 + 700 \times 45$

$$x = \frac{300 \times 5 + 300 \times 25 + 700 \times 45}{1300}$$
$$= \frac{3 \times 5 + 3 \times 25 + 7 \times 45}{13}$$
$$= \frac{15 + 75 + 315}{13}$$
$$= \frac{405}{13} = 31.2 \text{ [mm]}$$

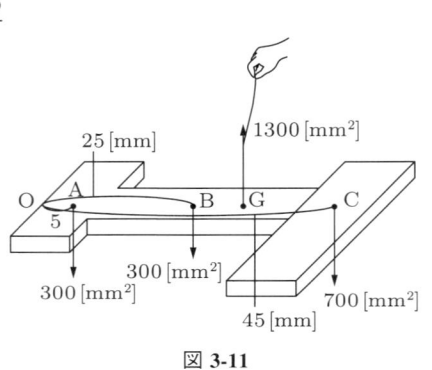

図 3-11

Step 3 　　発 展 問 題

[1] 図形の重心の位置を求めよ.
　　一辺 **60 [mm]** の正方形から **20 [mm] × 40 [mm]** の長方形を切り抜いた図形

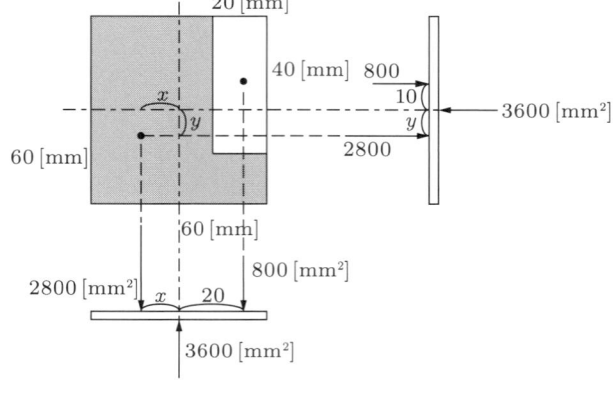

図 3-12

> **ここに注意!!!**
>
> 重心を求める一般的方法を式で表すと,
>
> $$\bar{x} = \frac{\int xy\,dx}{\int y\,dx}$$

[2] 次の問いに答えよ．
(1) △OAA′ の重心の位置を求めよ．

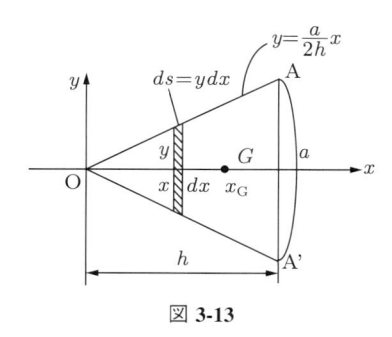

図 3-13

(2) 半径 r の四分円の重心の位置を求めよ．

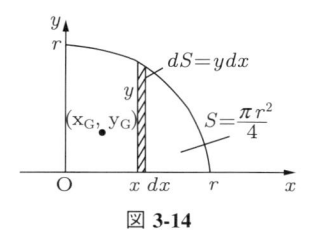

図 3-14

第4章　剛体のつり合い

基本的な考え方

☆偶力…大きさ等しく方向反対で同じ作用線上にない2力は1つの力に合成できない．この1組の力を偶力という．
偶力のモーメント

$$M = Fl_1 + Fl_2 = Fl$$

Oの位置には無関係すなわち偶力は任意の位置に移動することができる．

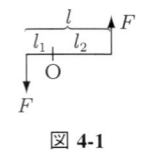

図 4-1

☆力の移動
A点にはたらく力 F は，距離 l 離れたO点にはたらく力 F とO点回りの力のモーメント Fl に置き換えることができる．

図 4-2

ここに注意!!!

代数和とは符号も考えた和のことをいう．

☆剛体のつり合い
剛体がつり合っているときは，力がつり合う（力の代数和が0）とともに，任意の点の回りの力のモーメントがつり合っている（力のモーメントの代数和が0）．
力のつり合い

$$\sum \vec{f} = \vec{f_1} + \vec{f_2} + \vec{f_3} + \vec{f_4} = 0$$

成分で表すと

$$\begin{cases} \sum f_x = f_{1x} + f_{2x} + f_{3x} + f_{4x} = 0 \\ \sum f_y = f_{1y} + f_{2y} + f_{3y} + f_{4y} = 0 \end{cases}$$

力のモーメントのつり合い
任意の軸 C の回りについて

$$\sum M_c = M_1 + M_2 + M_3 + M_4$$
$$= f_1 l_1 + f_2 l_2 + f_3 l_3 + f_4 l_4 = 0$$

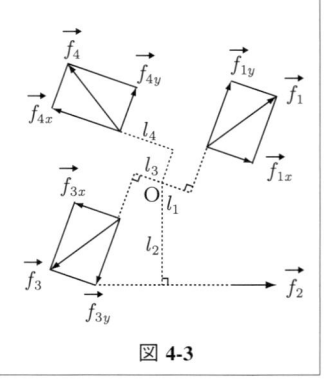

図 4-3

Step 1 基 本 問 題

[1] 次の問いに答えよ．
(1) 支点 A，B の反力 R_A，R_B を求めよ．

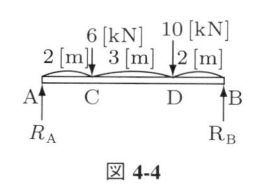

図 4-4

(2) 支点 A，B の反力 R_A，R_B を求めよ．

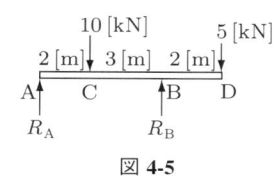

図 4-5

(3) 支点 B にはたらく反力 R と反モーメント M を求めよ．

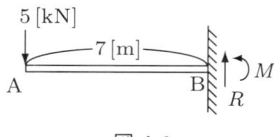

図 4-6

(4) 支点 B にはたらく反力 R と反モーメント M を求めよ．

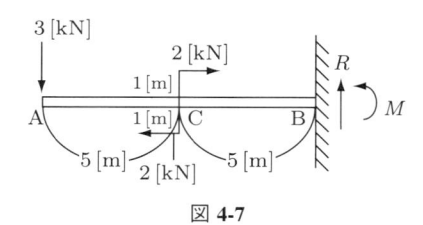

図 4-7

ここに注意!!!

棒のつり合いを考えるとき，力のモーメントの正の向きを図の通りである．

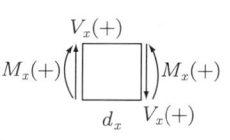

解き方

(1) 鉛直方向の力のつり合い $R_A + R_B = 6 + 10 = 16$ (4-1)
A 点回りの力のモーメントのつり合い

$$R_B \times 7 = 6 \times 2 + 10 \times 5 \tag{4-2}$$

式 (4-2) より $R_B = \dfrac{62}{7} = 8.86$ [kN]

式 (4-1) に代入して $R_A = 16 - 8.86 = 7.14$ [kN]

(2) 鉛直方向の力のつり合い $R_A + R_B = 10 + 5 = 15$ (4-3)
A 点回りの力のモーメントのつり合い

$$R_B \times 5 = 10 \times 2 + 5 \times 7 \tag{4-4}$$

式 (4-4) より $R_B = \dfrac{55}{5} = 11.0$ [kN]

式 (4-3) に代入して $R_A = 15 - 11.0 = 4.00$ [kN]

(3) 鉛直方向の力のつり合い $R = 5$ [kN] (4-5)

B 点回りの力のモーメントのつり合い

$$M + 5 \times 7 = 0, \quad M = -35 \text{ [kN·m]}$$

(4) 鉛直方向の力のつり合い $R = 3$ [kN] (4-6)

B 点回りの力のモーメントのつり合い

$$M + 3 \times 10 - 2 \times 2 = 0$$

$$M = -26 \text{ [kN·m]}$$

[2] 長さ l,重さ W のはしごが壁に立てかけてある.壁は滑らかで,床との摩擦係数を μ とする.このはしごをどこまで傾けると床の上に倒れてしまうか.

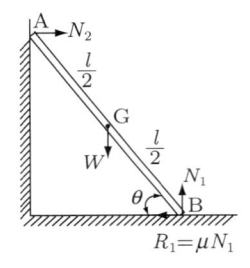

図 4-8

解き方

水平方向の力のつり合い $N_2 = \mu N_1$ (4-7)

鉛直方向の力のつり合い $N_1 = W$ (4-8)

B 点回りの力のモーメントのつり合い

$$N_2 \times l \sin\theta = W \times \dfrac{l}{2} \cos\theta \tag{4-9}$$

式 (4-9) より $\tan\theta = \dfrac{W}{2N_2}$ (4-10)

式 (4-7),式 (4-8) より $N_1 = W$, $N_2 = \mu W$ (4-11)

式 (4-11) → 式 (4-7) $\tan\theta = \dfrac{W}{2\mu W} = \dfrac{1}{2\mu}$

Step 2　演習問題

[1] 下図のトラスの各部材にはたらく力を求めよ．

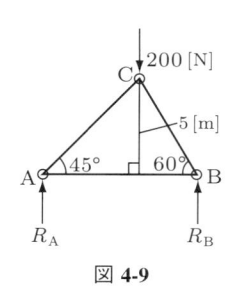

図 4-9

> **ここに注意!!!**
>
> ・トラスとはピンで結合された三角形の組み合わせである．
> ・ピンとは自由に回転できるので，回転を止めるモーメントははたらかない．
> ・したがって，トラスの部材力はトラスの方向にのみはたらく．

解き方

図 4-10 で，C より AB に垂線 CH をおろし，CH $= h$ とすると，AH $= h$，HB $= \dfrac{1}{\sqrt{3}} h$

(I) トラス全体のつり合いより

$$R_A = 200 \times \frac{\text{HB}}{\text{AB}} = 200 \times \frac{\dfrac{h}{\sqrt{3}}}{h + \dfrac{h}{\sqrt{3}}} = 200 \times \frac{1}{\sqrt{3} + 1} = 200 \times \frac{1}{2.73} = 73.3 \ [\text{N}]$$

$$R_B = 200 \times \frac{\text{AH}}{\text{AB}} = 200 \times \frac{h}{h + \dfrac{h}{\sqrt{3}}} = 200 \times \frac{\sqrt{3}}{\sqrt{3} + 1} = 200 \times \frac{1.73}{2.73} = 127 \ [\text{N}]$$

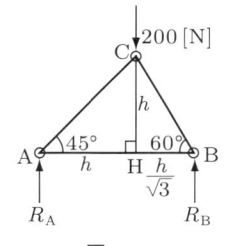

図 4-10

(II) 図 4-11, 図 4-12 に示すように，ピン C にはたらく力のつり合いより

$$\frac{F_{\text{CA}}}{\sin 30°} = \frac{F_{\text{CB}}}{\sin 45°} = \frac{200}{\sin 105°} \quad \text{（正弦定理）}$$

$$F_{\text{CA}} = 200 \times \frac{\sin 30°}{\sin 105°} = 200 \times \frac{0.5}{0.966} = 104 \ [\text{N}] \ \text{（圧縮力）}$$

$$F_{\text{CB}} = 200 \times \frac{\sin 45°}{\sin 105°} = 200 \times \frac{0.707}{0.966} = 146 \ [\text{N}] \ \text{（圧縮力）}$$

図 4-11

図 4-12

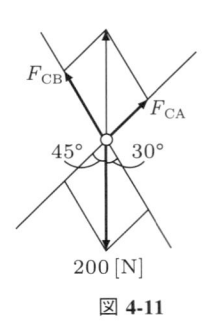

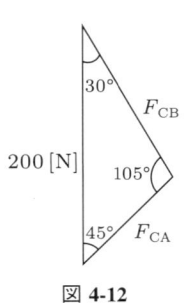

（III）ピン A にはたらく力のつり合いより

$$F_{AB} = F_{CA} \frac{1}{\sqrt{2}} = 104 \times \frac{\sqrt{2}}{2}$$

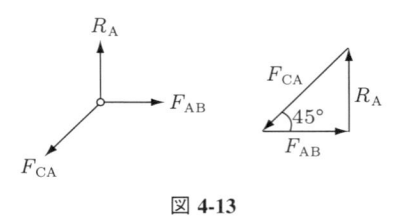

$$= 73.6 \text{ [N]}$$

図 4-13

ここに注意!!!

トラスの問題では，まず全体のつり合いから反力を求め，次にトラスの各ピンにはたらく力のつり合いから部材にはたらく力を求める

Step 3　発展問題

[1] 図のトラス部材 CD と CE にはたらく力を求めよ．

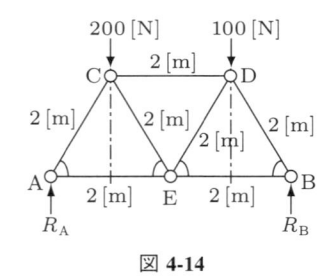

図 4-14

第5章 等速円運動，単振動

基本的な考え方

- 等速円運動において，周速度 v [m/s] と角速度 ω [rad/s] の間には $v = r\omega$ の関係がある．ここで角速度 ω は，周期 T [s] あるいは振動数 ν [Hz] を用いて，$\omega = 2\pi/T = 2\pi\nu$ と表される．

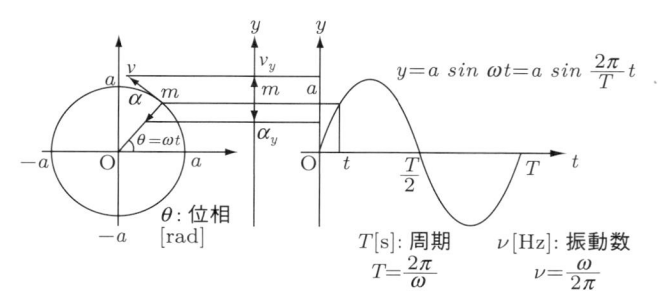

図 5-1

- 質量 m の物体が半径 r の円上を等速円運動するとき，物体の加速度（向心加速度）の大きさは $\alpha = r\omega^2 = v^2/r$ で，方向は円の中心に向かう．したがって物体には大きさ $f = mr\omega^2 = mv^2/r$ で，円の中心に向う力（向心力）がはたらく．円運動の場合の慣性力を遠心力という．物体と一緒に動く観測者から見ると，向心力と遠心力がつり合っていることになる．
- 振幅 a [m]，振動数 ν [Hz] の単振動は角速度 $\omega = 2\pi\nu$ [rad/s]，半径 a [m] の等速円運動の y 軸上の影の動きに対応する．

ここに注意!!!

- 等速円運動の影の運動が単振動である．
- 単振動を考えるときは常に等速円運動と対応づけを考えるとわかりやすい．

Step 1 基本問題

[1] 長さ $l = 0.6$ [m] のロープの一端を持ち，他端に質量 $m = 0.03$ [kg] の物体を結び，円運動をさせた．回転の周期を $T = 1.5$ [s] としたとき，回転の角速度 ω [rad/s]，回転の周速度 v [m/s]，向心加速度 a [m/s²]，円運動を続けるために必要な手にかかる力（向心力）F [N] を求めよ．

解き方

角速度 $\omega = \dfrac{2\pi}{T} = \dfrac{2\pi}{1.5} = 4.19$ [rad/s]

周速度 $v = r\omega = 0.6 \times 4.19 = 2.51$ [m/s]

向心加速度 $a = r\omega^2 = 0.6 \times 4.19^2 = 10.5$ [m/s²]

向心力 $F = ma = 0.3 \times 10.5 = 3.15$ [N]

[2] 図のように，ばね定数 50 [N/m]，自然長 0.60 [m] のばねの一端に質量 0.50 [kg] の物体をつけ，他端をなめらかな水平面上で一定の角速度で回転させたところ，ばねの長さが 0.72 [m] になった．次の問いに答えよ．
(1) このばねの伸びと復元力を求めよ．
(2) この物体の加速度の大きさと向きを求めよ．
(3) この円運動の角速度はいくらか．
(4) この円運動の周期はいくらか．

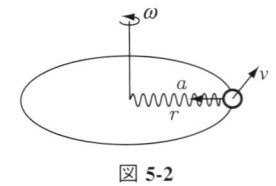

図 5-2

解き方

(1) バネの伸びは $x = 0.72 - 0.60 = 0.120$ [m]
　　バネの復元力は $F = kx = 50 \times 0.12 = 6.00$ [N]

(2) 向心加速度は $a = \dfrac{f}{m} = \dfrac{6}{0.5} = 12.0$ [m/s^2]
　　ここで，等速円運動の角速度を ω とすると

(3) $a = r\omega^2$ より角速度 $\omega = \sqrt{\dfrac{a}{r}} = \sqrt{\dfrac{12}{0.72}} = 4.08$ [rad/s^2]

(4) また角速度 $\omega = \dfrac{2\pi}{T}$ より周期 $T = \dfrac{2\pi}{\omega} = \dfrac{2\pi}{4.08} = 1.54$ [s]

Step 2　　　演 習 問 題

[1] 時刻 t [s] における変位 x [m] が $x = 0.50\sin(4\pi t)$ で与えられる単振動がある．このときの振幅 a [m]，角振動数 ω [rad/s]，周期 T [s]，振動数 ν [Hz] を求めよ．また $t = 0.10$ [s] のときの速さ v [m/s]，及び $t = 0.05$ [s] のときの加速度 α [m/s^2] を求めよ．

解き方

$x = 0.50\sin(4\pi t)$

$x = a\sin\omega t = a\sin 2\pi\nu t = a\sin\dfrac{2\pi}{T}t$

との対応より $a = 0.50$ [m]，$\omega = 4\pi$ [rad/s]，

$T = \dfrac{2\pi}{\omega} = \dfrac{2\pi}{4\pi} = 0.50$ [s]，$\nu = \dfrac{\omega}{2\pi} = \dfrac{4\pi}{2\pi} = 2$ [Hz]

また $v = \dfrac{dx}{dt} = +a\omega\cos\omega t$, $\alpha = -a\omega^2\sin\omega t$ より

$t = 0.10$ [s] のときの $v = 0.50 \times 4\pi \times \cos(0.4\pi)$
$= 2.0 \times \pi \times \cos(1.2566) = 1.94$ [m/s]

$t = 0.05$ [s] のときの $\alpha = -0.50 \times (4\pi)^2 \sin(4\pi \times 0.05)$
$= -8 \times \pi^2 \times \sin(0.6283) = 46.4$ [m/s^2]

[2] 質量 $m = 2$ [kg] の物体が，振幅 $a = 1.2$ [m]，周期 $T = 4.0$ [s] の単振動をしている．このとき速さの最大値 v_m [m/s]，加速度の最大値 α_m [m/s^2]，物体にはたら

いている力の最大値 F_m [N] を求めよ．

解き方

$\omega = \dfrac{2\pi}{T} = \dfrac{2\pi}{4} = 0.5\pi$ [rad/s]

$\nu_m = a\omega = 1.2 \times 0.5\pi = 0.6\pi = 1.88$ [m/s]

$\alpha_m = a\omega^2 = 1.2 \times (0.5\pi)^2 = 0.3\pi^2 = 2.96$ [m/s^2]

$F_m = m\alpha_{mx} = 2 \times 2.96 = 5.92$ [N]

Step 3　発展問題

[1] 時速 60 [km/h] で走行していた電車が 10 秒間で急停車したとき，質量 50 [kg] の乗客にはたらく慣性力を求めよ．また，このとき，電車内のつり皮は鉛直線から何度傾くか．

第6章 慣性モーメント

基本的な考え方

- 質量 m, 速度 v の物体の運動エネルギーは $E_T = \frac{1}{2}mv^2$ であるが，物体が半径 r, 角速度 ω の等速円運動しているときは $E_T = \frac{1}{2}m(r\omega)^2 = \frac{1}{2}mr^2\omega^2 = \frac{1}{2}J\omega^2$ と表される．このときの J を慣性モーメントという．

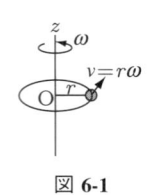

図 6-1

- 質量 m の物体の z 軸回りの慣性モーメントは $J = mr^2$ で定義される．物体がいくつもあるときは $J = \sum m_i r_i^2$, 連続体のときは $J = \int r^2 dm$ で求められる．

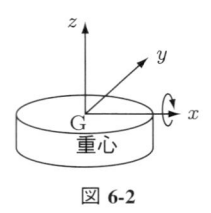

図 6-2

- 重心 G を通る直交軸 x, y, z 軸回りの慣性モーメントを J_x, J_y, J_z とすると
  $J_z = J_x + J_y$ （直交軸の定理）
  x 軸に平行で，距離 d 離れた x' 軸回りの慣性モーメント $J_{x'}$ は
  $J_{x'} = J_x + md^2$ （平行軸の定理）

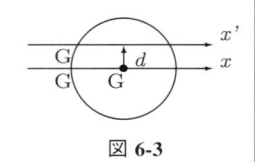

図 6-3

Step 1　基本問題

[1] 次の問いに答えよ．
(1) 半径 r, 質量 m の薄いリングの重心 O 軸回りの慣性モーメントを求めよ．
(2) 半径 r, 質量 m の円板の重心 O 軸回りの慣性モーメントを求めよ．

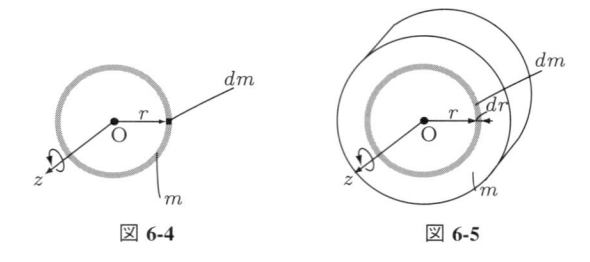

図 6-4　　図 6-5

(3) 長さ l,質量 m の棒の重心 O 軸回りの慣性モーメントを求めよ.

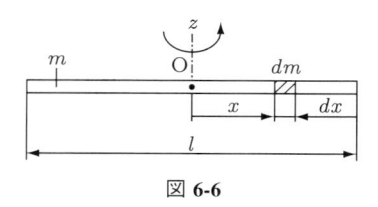

図 6-6

(4) 質量 m の長方形板の重心を通る x 軸回りの慣性モーメントを求めよ.

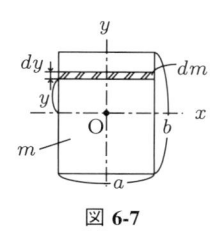

図 6-7

解き方

(1) $J = \int r^2 dm = r^2 \int dm = mr^2$

(2) $dJ = r^2 dm, dm = m\dfrac{2\pi r dr}{\pi R^2} = m\dfrac{2r dr}{R^2}$

$$\therefore J = \int_m r^2 dm = \dfrac{2m}{R^2}\int_0^R r^3 dr = \dfrac{2m}{R^2}\left[\dfrac{r^4}{4}\right]_0^R = \dfrac{1}{2}mR^2$$

(3) $dJ = x^2 dm, dm = m\dfrac{dx}{l}$

$$\therefore J = \int_m x^2 dm = \dfrac{m}{l}\int_{-\frac{l}{2}}^{\frac{l}{2}} x^2 dx = \dfrac{2m}{l}\int_0^{\frac{l}{2}} x^2 dx = \dfrac{2m}{l}\left[\dfrac{x^3}{3}\right]_0^{\frac{l}{2}} = \dfrac{1}{12}ml^2$$

(4) $dJ = y^2 dm, dm = m\dfrac{ady}{ab} = m\dfrac{dy}{b}$

$$\therefore J = \int_m y^2 dm = \dfrac{m}{b}\int_{-\frac{b}{2}}^{\frac{b}{2}} y^2 dy = \dfrac{2m}{b}\int_0^{\frac{b}{2}} y^2 dy = \dfrac{2m}{b}\left[\dfrac{y^3}{3}\right]_0^{\frac{b}{2}} = m\dfrac{b^2}{12}$$

[2] 次の問いに答えよ.
(1) 長さ l,質量 m の棒の一端 A 軸回りの慣性モーメントを求めよ.

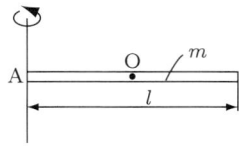

図 6-8

(2) 半径 R，質量 m の円板の重心 O を通る x 軸回りの慣性モーメントを求めよ．

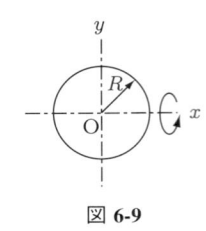

図 6-9

(3) 長さ a, b, c の直方体の重心を通る z 軸回りの慣性モーメントを求めよ．

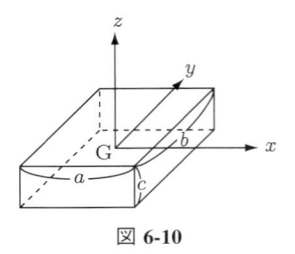

図 6-10

解き方

(1) 平行軸の定理より

$$J_A = J_0 + m\left(\frac{l}{2}\right)^2 = \frac{m}{12}l^2 + \frac{ml^2}{4}$$
$$= \frac{1}{3}ml^2$$

(2) 断面が円形なので，x 軸回りの慣性モーメントも y 軸回りの慣性モーメントも同じである．すなわち

$$J_x = J_y$$

直交軸の定理より

$$J_x + J_y = 2J_x = J_z$$
$$\therefore J_x = \frac{1}{2}J_z = \frac{1}{4}mR^2$$

(3) 長方形板の慣性モーメントより

$$J_x = m\frac{b^2}{12}, J_y = m\frac{a^2}{12}$$

直交軸の定理より

$$J_Z = J_x + J_y = \frac{m(a^2 + b^2)}{12}$$

Step 2　演習問題

[1] 次の問いに答えよ.
(1) 底辺の長さ a, 高さ h の三角形板（質量 m）の底辺 x 軸回り，及び重心を通り x 軸に平行な x_G 軸回りの慣性モーメントを求めよ.

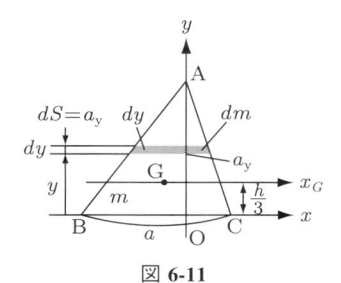

図 6-11

(2) 半径 R_1, R_2 $(R_1 < R_2)$, 質量 m の中空円筒の中心軸の回りの慣性モーメントを求めよ.

解き方

(1) $\dfrac{a_y}{a} = \dfrac{h-y}{h}$ より $a_y = a\dfrac{h-y}{h}$

$$dm = m\frac{dS}{S} = m\frac{a_y dy}{\frac{1}{2}ah} = \frac{2m}{h} \times \frac{h-y}{h}dy$$

$$\therefore J_x = \int y^2 dm = \frac{2m}{h^2}\int_0^h y^2(h-y)dy = \frac{2m}{h^2}\int_0^h \left(hy^2 - y^3\right)dy$$

$$= \frac{2m}{h^2}\left[\frac{h}{3}y^3 - \frac{1}{4}y^4\right]_0^h = \frac{2m}{h^2} \times \frac{h^4}{12} = \frac{mh^2}{6}$$

平行軸の定理より

$$J_x = J_G + m\left(\frac{h}{3}\right)^2$$

$$\therefore J_G = J_x - m\left(\frac{h}{3}\right)^2 = \frac{mh^2}{6} - \frac{mh^2}{9} = \frac{mh^2}{18}$$

(2) $dJ = r^2 dm$, $dm = m\dfrac{2\pi r dr}{\pi(R_2^2 - R_1^2)}$

$$= m\frac{2r dr}{R_2^2 - R_1^2}$$

$$\therefore J = \int_m r^2 dm = \frac{2m}{R_2^2 - R_1^2}\int_{R_1}^{R_2} r^3 dr$$

$$= \frac{2m}{R_2^2 - R_1^2}\left[\frac{r^4}{4}\right]_{R_1}^{R_2} = \frac{2m}{R_2^2 - R_1^2} \times \frac{R_2^4 - R_1^4}{4}$$

$$= \frac{1}{2}m(R_1^2 + R_2^2)$$

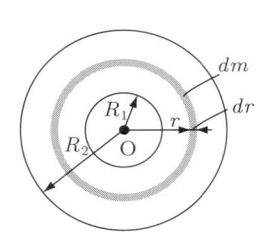

図 6-12

Step 3　発展問題

[1] クランクの **AA′** 軸に関する慣性モーメントを求めよ．ただしクランクの密度を $7600\ [\text{kg/m}^3]$ とする．

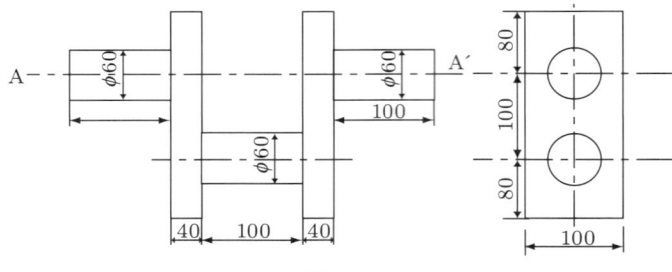

図 6-13

第7章　非減衰振動

基本的な考え方

振動系に摩擦や減衰器などの減衰要素がまったくない場合の振動を非減衰振動と呼ぶ．減衰がないために振動は無限に一定振幅の振動を続ける．

ダランベールの原理「直線運動の場合には慣性力，回転運動の場合には慣性のトルクまで含めて物体にはたらく力あるいはトルクの総和が0になるように物体の運動が生じる」にしたがって，力あるいはトルクのつり合い式を導けば，運動方程式が得られる．

（1）直線運動の場合

図に示すように，水平なテーブルの上に質量 m の物体が載ってその上で直線運動している．両者の間には摩擦などの減衰力が作用しないものとする．物体に F の力がはたらいて矢印で示す方向に x だけ動いたと考える（座標の定義）と，x の方向に慣性力 $-m\ddot{x}$ が現れるので，物体にはたらく力のつり合い式はダランベールの原理より

$$-m\ddot{x} + F = 0$$

となり，

$$\therefore m\ddot{x} - F = 0$$

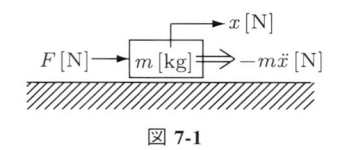

図 7-1

これを図に示すような直線運動する非減衰振動系 $(F = -kx)$ に適用すると，運動方程式は

$$-m\ddot{x} - kx = 0$$

$$\therefore m\ddot{x} + kx = 0$$

となる．運動方程式を加速度の係数が1になるように次の形で整理する．

$$\therefore \ddot{x} + \omega_n^2 x = 0$$

ω_n は固有角振動数と呼ばれ，次式で与えられる．

$$\omega_n \equiv \sqrt{\frac{k}{m}} \, [rad/s]$$

（2）回転運動の場合

図に示すように，物体が軸の周りに回転している．減衰要素はまったくない．回転体の軸周りの慣性モーメントを J とする．軸に T のトルクがはたらいて回転体が矢印で示す方向に θ だけ動いたと考える（座標の定義）と，θ の方向に慣性のトルク $-J\ddot{\theta}$ が現れるので，物体にはたらくトルクのつり合い式はダランベールの原理より

$$-J\ddot{\theta} + T = 0$$

となり，

$$\therefore J\ddot{\theta} - T = 0$$

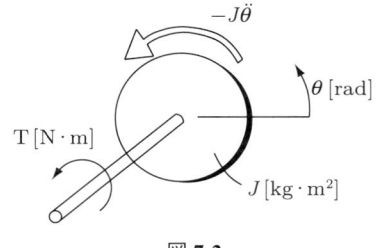

図 7-2

これを図に示すような回転運動する非減衰振動系 ($T = -k_\theta \theta$) に適用すると，運動方程式は

$$-J\ddot{\theta} - k_\theta \theta = 0$$

$$\therefore J\ddot{\theta} + k_\theta \theta = 0$$

となる．運動方程式を加速度の係数が1になるように次の形で整理する．

$$\ddot{\theta} + \omega_n^2 \theta = 0$$

ω_n は回転運動の場合の固有角振動数であり，次式で与えられる．

$$\omega_n \equiv \sqrt{\frac{k_\theta}{J}} \text{ [rad/s]}$$

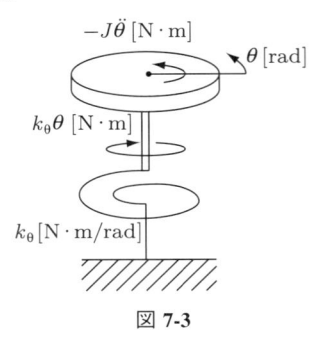

図 7-3

Step 1　基本問題

[1] 質量 m の物体がばね定数 k のばねで支えられて上下方向に直線運動する場合について，次の問いに答えよ．
(1) 運動方程式の解を求め，それを図示せよ．
(2) 固有角振動数 ω_n の特徴を説明せよ．

解き方

(1) 運動方程式 ($\ddot{x} + \omega_n^2 x = 0$) の解を次のような調和関数：

$$x = x_0 \cos \omega t$$

で与えると，

$$\dot{x} = -x_0 \sin \omega t \times \omega, \quad \ddot{x} = -x_0 \cos \omega t \times \omega^2$$

これらを運動方程式に代入すると，

$$-x_0 \omega^2 \cos \omega t + x_0 \omega_n^2 \cos \omega t = 0$$

$$\therefore -x_0 \left(\omega^2 - \omega_n^2\right) \cos \omega t = 0$$

$$\therefore \omega^2 - \omega_n^2 = 0$$

$$\therefore \omega = \omega_n$$

したがって，運動方程式の解は

$$x = x_0 \cos \omega_n t$$

となり，ω_n が振動の固有角振動数：

$$\omega_n = \sqrt{\frac{k}{m}} \text{ [rad/s]}$$

となる．

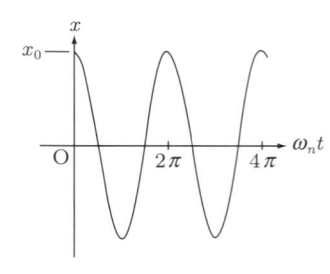

図 7-4

振動波形は，図のように，振幅一定 (x_0) の調和振動であり，その状態が無限に続く．

(2) 固有角振動数はバネ定数 k が大きくなるほどその平方根に比例して大きくなり，質量 m が大きくなるほどその平方根に反比例して小さくなる．

[2] 慣性モーメント J の回転体がねじりばね定数 k_θ のねじりばねで支えられている．次の問いに答えよ．
(1) 運動方程式の解を求め，それを図示せよ．
(2) 固有角振動数 ω_n の特徴を説明せよ．

解き方

(1) 運動方程式 $(\ddot{\theta} + \omega_n^2 \theta = 0)$ の解を次のような調和関数

$$\theta = \theta_0 \cos \omega t$$

で与えられると，

$$\dot{\theta} = -\theta_0 \sin \omega t \times \omega, \quad \ddot{\theta} = -\theta_0 \cos \omega t \times \omega^2$$

これらを運動方程式に代入すると

$$-\theta_0 \omega^2 \cos \omega t + \theta_0 \omega_n^2 \cos \omega t = 0$$

$$\therefore -\theta_0 (\omega^2 - \omega_n^2) \cos \omega t = 0$$

$$\therefore \omega^2 - \omega_n^2 = 0$$

$$\therefore \omega = \omega_n$$

したがって，運動方程式の解は

$$\theta = \theta_0 \cos \omega_n t$$

となる．ω_n が振動の固有角振動数：

$$\omega_n \equiv \sqrt{\frac{k_\theta}{J}} \text{ [rad/s]}$$

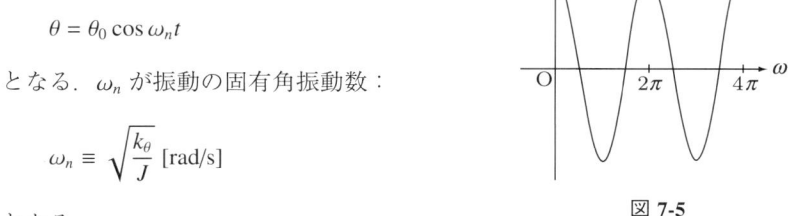

となる．

図 7-5

振動波形は，図に示すように，振幅一定 (θ_0) の調和振動であり，その状態が無限に続く．

(2) 固有角振動数 ω_n の特徴

$$\omega_n = \sqrt{\frac{k_\theta}{J}} \text{ [rad/s]}$$

固有角振動数はねじりバネ定数 k_θ が大きくなるほどその平方根に比例して大きくなり，慣性モーメント J が大きくなるほど，その平方根に反比例して小さくなる．

[3] 図 (a)〜(c) のばね―質量系について，質量 $m = 3$ [kg] のおもりをつるしたときの固有振動数 f_n [Hz] を計算せよ．バネ単体のバネ定数は $k = 200$ [N/m] とする．

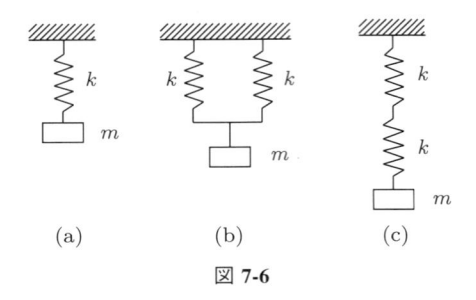

図 7-6

解き方

図 (a)

$k = 200$ [N/m]

$$f_{na} = \frac{1}{2\pi}\sqrt{\frac{k}{m}} = \frac{1}{2\pi}\sqrt{\frac{200}{3}} = 1.30 \text{ [Hz]}$$

図 (b)（バネの並列接続）

$k_1 = k + k = 2k = 400$ [N/m]

$$f_{nb} = \frac{1}{2\pi}\sqrt{\frac{k_1}{m}} = \frac{1}{2\pi}\sqrt{\frac{400}{3}} = 1.84 \text{ [Hz]}$$

図 (c)（バネの直列接続）

$\dfrac{1}{k_2} = \dfrac{1}{k} + \dfrac{1}{k} = \dfrac{2}{k}$ より

$k_2 = 100$ [N/m]

$$f_{nc} = \frac{1}{2\pi}\sqrt{\frac{k_2}{m}} = \frac{1}{2\pi}\sqrt{\frac{100}{3}} = 0.919 \text{ [Hz]}$$

[4] ねじりばね―質量系について慣性モーメント $J = 5$ [kgm²] のおもりが取り付けられている．軸のねじりバネ定数が 300 [Nm/rad] のとき，その固有振動数 f_n を求めよ．

解き方

$f_n = \dfrac{1}{2\pi}\sqrt{\dfrac{k_\theta}{J}}$ の式に各値を代入すると

$$f_n = \frac{1}{2\pi}\sqrt{\frac{300}{5}} = 1.23 \text{ [Hz]}$$

Step 2 演習問題

[1] 慣性モーメント $J = 240$ [kgf·m·s²] の円盤がねじりばね定数 $k = 14.3 \times 10^4$ [kgf·m/rad] の棒で支えられている．棒の内部減衰効果による粘性減衰定数 c が 10^4 [kgf·s/m] であった．すべて重力単位で数値が与えられている．まず，国際単位に換算し，続いて，円盤の固有振動数を求めよ．

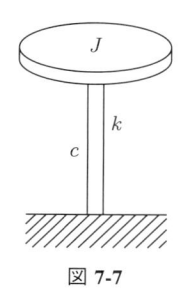

図 7-7

解き方

$J = 240$ [kgf·m·s²] $= 240 \times 9.81$ [kgm²]

$c = 10^4$ [kgf·m/s] $= 10^4 \times 9.81$ [N·m/s]

$k = 14.3 \times 10^4$ [kgf·m/rad] $= 14.3 \times 10^4 \times 9.81$ [N·m/rad]

$\zeta = \dfrac{c}{2\sqrt{Jk}} = \dfrac{10^4}{2\sqrt{240 \times 14.3 \times 10^4}} = \dfrac{1}{2\sqrt{2.40 \times 0.143}} = \dfrac{1}{1.17} = 0.854$

$\omega_n = \sqrt{\dfrac{k}{J}} = \sqrt{\dfrac{14.3 \times 10^4}{240}} = 24.4$ [rad/s]

$\omega_n = \sqrt{1-\zeta^2}\,\omega_n = \sqrt{1-0.854^2} \times 24.41 = 12.7$ [rad/s]

$f_n = \dfrac{\omega_n}{2\pi} = \dfrac{12.7}{2\pi} = 2.02$ [Hz]

[2] 図のように，質量 m の質点が取付けられた長さ l の棒が左側の壁でピン支持され，支持点から a だけ離れた位置でばね定数 k のばねで水平に支えられている．この回転振動系の運動方程式と固有角振動数を求めよ．ただし，棒の質量は無視できるものとせよ．

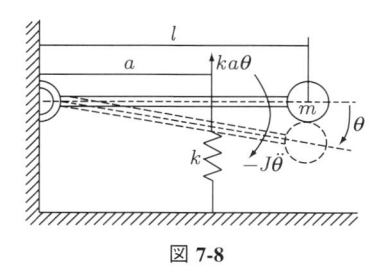

図 7-8

解き方

破線で示すように棒が水平状態から角度 θ だけ傾いたとすると，ばねは $a\theta$ だけ縮む．したがって，ばね反力は $ka\theta$ となり，それによる復元トルクは $ka\theta \cdot a$ となる．したがって，回転体の慣性モーメントを J とすると，運動方程式はダランベールの原理より

$$-J\ddot{\theta} - ka^2\theta = 0$$

$$\therefore \ddot{\theta} + \frac{ka^2}{J}\theta = 0$$

となる．したがって，固有角振動数 ω_n は

$$\omega_n = \sqrt{\frac{ka^2}{J}} \text{ [rad/s]}$$

となる．棒のピン支持点回りの慣性モーメントは $J = ml^2$ となるので，

$$\omega_n = \sqrt{\frac{ka^2}{ml^2}} = \frac{a}{l}\sqrt{\frac{k}{m}} \text{ [rad/s]}$$

となる．よって，固有振動数 f_n は

$$f_n = \frac{1}{2\pi}\omega = \frac{a}{2\pi l}\sqrt{\frac{k}{m}} \text{ [Hz]}$$

となる．

Step 3　発展問題

[1] 図のように，質量 m の物体がその上下でばね定数 k_1，k_2 のばねで支えられている．運動方程式と固有角振動数を求めよ．

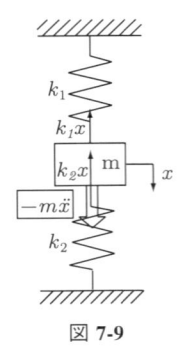

図 7-9

[2] 図のように，2つの回転体が軸で連結されている．回転体の慣性モーメントを J_1，J_2 とし，軸のねじりばね定数を k_θ とする．次の手順で運動方程式を導き，固有角振動数を求めよ．

(1) 円板 1, 2 の慣性トルクをそれぞれ求め図示せよ.
(2) それぞれの円板からみた場合の, ねじりばね反力を求め図示せよ.
(3) ダランベールの原理を用いて, 円板 1 の運動方程式を導け.
(4) ダランベールの原理を用いて, 円板 2 の運動方程式を導け.
(5) 円板 1 の運動方程式に J_2 を, 円板 2 の運動方程式に J_1 をかけて引き算し, 運動方程式を整理せよ.
(6) $\theta_1 - \theta_2 = \theta$ とおき, 運動方程式より固有振動数 ω_n を求めよ.

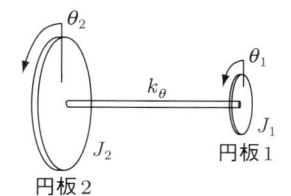

図 7-10

第8章　減衰振動

基本的な考え方

振動系に摩擦や減衰器などの減衰要素がある場合には，振動は時間の経過とともに減衰する．それを減衰振動と呼ぶ．

(1) 直線運動する減衰振動系の場合

もっとも代表的な減衰器としては，図8-1に示すように，オイルを満たしたシリンダーの中で小さな穴の開いたピストンが動く「粘性減衰器」がある．ピストンの動きに応じて小さな穴の中を油が高速で流れる．そのときの油の粘性による減衰力を利用したものであり，粘性減衰力 f はピストンの速度 $\dot{x}$ に比例した形：

$$f = c\dot{x}$$

で現れる．係数 c のことを粘性減衰係数と呼ぶ．単位は [Ns/m] である．

図8-2に示すように，質量 m の物体がばね定数 k のばねと粘性減衰係数 c の粘性減衰器で支えられ，上下方向に振動する．粘性減衰器の表示はシリンダーの中にピストンが入っている様子を簡単に表したものである．

物体の上方向の振動変位を x で表すと，その方向に慣性力 $-m\ddot{x}$ が現れ，逆方向にばね反力 kx と粘性減衰力 $c\dot{x}$ が現れる．したがって，運動方程式はダランベールの原理より

$$-m\ddot{x} - c\dot{x} - kx = 0$$

$$\therefore \ddot{x} + \frac{c}{m}\dot{x} + \omega_n^2 x = 0 \quad \text{ただし，} \omega_n \equiv \sqrt{\frac{k}{m}}$$

となる．ここで，新たに減衰比 ζ：

$$\zeta \equiv \frac{c}{2\sqrt{mk}}$$

を導入すると

$$2\omega_n \zeta = 2\sqrt{\frac{k}{m}} \cdot \frac{c}{2\sqrt{mk}} = \frac{c}{m}$$

であるので，運動方程式は次の形となる．

$$\ddot{x} + 2\omega_n \zeta \dot{x} + \omega_n^2 x = 0$$

減衰比 ζ の大きさによって減衰振動の解は次の三つに大別できる．

① $\zeta > 1$ の場合

運動方程式の一般解は次の形で与えられる．

$$x = C_1 e^{-\omega_n(\zeta - \sqrt{\zeta^2 - 1})t} + C_2 e^{-\omega_n(\zeta - \sqrt{\zeta^2 - 1})t}$$

この解の様子を図8-3に示している．時間とともに指数関数的に減衰し，振動することはない．このような場合を超過減衰であるという．

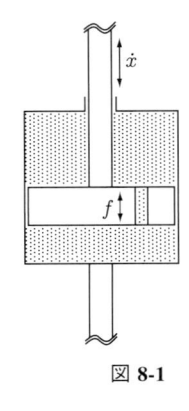

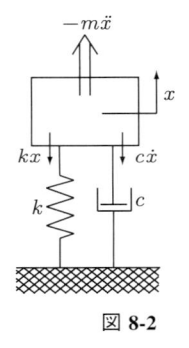

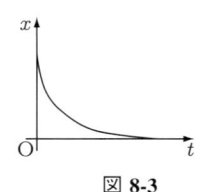

図 8-1

図 8-2

図 8-3

② $\zeta = 1$ の場合

運動方程式の一般解は次の形で与えられる．

$$x(t) = (C_1 + C_2)e^{-\omega_n t}$$

この解の様子を図 8-4 に示している．この状態が振動せずにもっとも早く減衰する状態であって，臨界減衰状態と呼ぶ．それを与える減衰係数を臨界減衰係数 C_{cr} と呼び，その値は減衰比の定義式より次の形で与えられる．

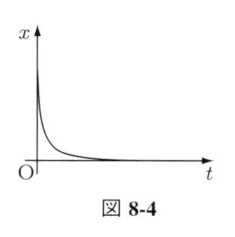

$$c_{cr} = 2\sqrt{mk}$$

図 8-4

③ $\zeta < 1$ の場合

この条件のときに初めて振動的に減衰する減衰振動状態になる．そのときの運動方程式の解は次の形で与えられる．

$$x = Ce^{-\zeta\omega_n t}\cos\left(\sqrt{1-\zeta^2}\omega_n t - \phi\right)$$

C と ϕ は任意定数であって，その値は初期条件から決まる．振動波形を図に示している．縦軸は無次元 (x/C) の形で表している．Cosine 調和関数が基本になり，その振幅が指数関数的に減少する．減衰振動の固有角振動数は $\sqrt{1-\zeta^2}\omega_n$ で与えられる．減衰比が大きくなるにしたがって，非減衰の場合の固有角振動数 ω_n よりも小さな角振動数で振動するようになる．

i 番目のピークの振幅 x_i と $i+1$ 番目のピークの振幅 x_{i+1} との比は $\zeta \ll 1.0$ のとき，

$$\frac{x_i}{x_{i+1}} = e^{2\pi\zeta}$$

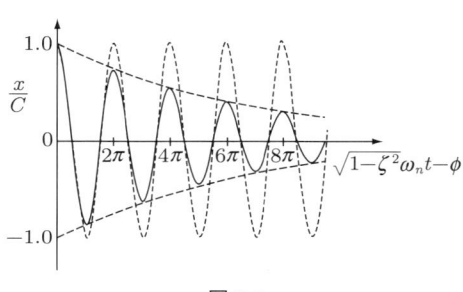

図 8-5

となるので，実測した減衰波形が得られていると減衰比 ζ が

$$\zeta = \frac{1}{2\pi}\ln\frac{x_i}{x_{i+1}}$$

によって求められる．$\ln\frac{x_i}{x_{i+1}}$ のことを対数減衰率と呼ぶ．

(2) 回転運動する減衰振動系の場合

減衰器による粘性減衰トルク T は回転角速度に比例した形：

$$T = c_\theta \dot{\theta}$$

で現れる．粘性減衰係数 c_θ の単位は $[Nms]$ である．運動方程式は次の形になる．

$$\ddot{\theta} + 2\omega_n\zeta\dot{\theta} + \omega_n^2\theta = 0 \quad \text{ただし，} \omega_n \equiv \sqrt{\frac{k_\theta}{J}}$$

図 8-6

減衰比 ζ は次式で定義される．

$$\zeta \equiv \frac{c_\theta}{2\sqrt{Jk_\theta}}$$

運動方程式の形が直線運動の場合と全く同じになっている．したがって，運動方程式の解に関しては，直線運動の場合の変位 x を回転角変位 θ に置き換えて理解すればよい．

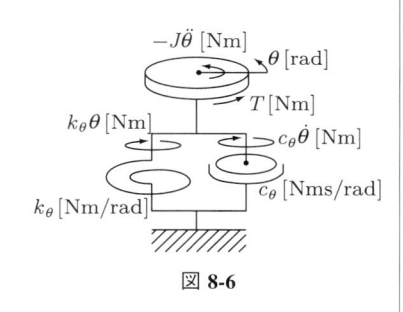

● 機械力学 第 8 章 減衰振動

Step 1 基本問題

[1] 減衰振動の運動方程式の解を $x = Ae^{st}$ とおいて，$\zeta < 1$ の場合について 2 つの基本解を求めよ．

解き方

解を微分すると

$$x = Ae^{st} \rightarrow \dot{x} = Ase^{st}, \ddot{x} = As^2 e^{st}$$

これらを運動方程式に代入すると

$$A(s^2 + 2\omega_n \zeta s + \omega_n^2)e^{st} = 0$$

この式がいかなる時刻においても常に成立するためには

$$s^2 + 2\omega_n \zeta s + \omega_n^2 = 0$$
$$s = -\omega_n \zeta \pm i\sqrt{1-\zeta^2}\omega_n t$$

これを仮定した解に代入すると 2 つの基本解が求まる．

$$\{x_1, x_2\} = Ae^{-\omega_n \zeta t} \cdot e^{\pm i\sqrt{1-\zeta^2}\omega_n t}$$

[2] 減衰振動の運動方程式は線形であるので重ね合わせの原理が成立する．すなわち，基本解を足したり，引いたり，それらに係数を掛けたものもまた元の運動方程式の解となる．そこで，上の問題の x_1, x_2 を用いて

$$\frac{C_1}{2}(x_1 + x_2) \quad と \quad \frac{C_2}{2i}(x_1 - x_2)$$

を計算し，指数関数と三角関数の掛け合わせの形に整理せよ．

解き方

$$\frac{C_1}{2}(x_1 + x_2) = C_1 e^{-\zeta \omega_n t}\frac{e^{i\sqrt{1-\zeta^2}\omega_n t} + e^{-i\sqrt{1-\zeta^2}\omega_n t}}{2}$$
$$= C_1 e^{-\zeta \omega_n t} \cos\sqrt{1-\zeta^2}\omega_n t$$

$$\frac{C_2}{2i}(x_1 - x_2) = C_2 e^{-\zeta \omega_n t}\frac{e^{i\sqrt{1-\zeta^2}\omega_n t} - e^{-i\sqrt{1-\zeta^2}\omega_n t}}{2i}$$
$$= C_2 e^{-\zeta \omega_n t} \sin\sqrt{1-\zeta^2}\omega_n t$$

[3] さらに，前問の 2 つの解を足し合わせたもの：

$$x = \frac{C_1}{2}(x_1 + x_2) + \frac{C_2}{2i}(x_1 - x_2)$$

も元の運動方程式の解になる．これを計算して減衰振動の解の最終形を導け．

解き方

$$x = e^{-\zeta\omega_n t}\left(C_1 \cos \sqrt{1-\zeta^2}\omega_n t + C_2 \sin \sqrt{1-\zeta^2}\omega_n t\right)$$

$$= \sqrt{C_1^2 + C_2^2}\, e^{-\zeta\omega_n t}\left(\frac{C_1}{\sqrt{C_1^2+C_2^2}} \cos \sqrt{1-\zeta^2}\omega_n t + \frac{C_2}{\sqrt{C_1^2+C_2^2}} \sin \sqrt{1-\zeta^2}\omega_n t\right)$$

$$= Ce^{-\zeta\omega_n t} \cos\left(\sqrt{1-\zeta^2}\omega_n t - \phi\right)$$

図 8-7

Step 2　演習問題

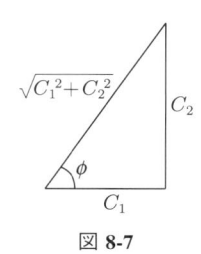

[1] プロペラ軸の振動特性を調べるために，これを静かにねじって離したところ，観測された減衰振動の振動数は 10 [Hz]，つぎつぎの振幅の比は 0.8 であった．プロペラの慣性モーメントは $J = 5 \, [\text{kgf·m·s}^2]$ であった．減衰比，固有振動数，ねじりばね定数を求めよ．

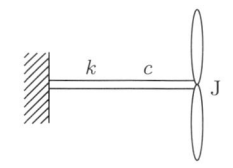

図 8-8

解き方

$\sqrt{1-\zeta^2}\,\omega_n = 10 \times 2\pi\,[\text{rad/s}]$

$\dfrac{x_{i+1}}{x_i} = 0.8$

$\therefore \zeta = \dfrac{1}{2\pi}\ln\dfrac{x_i}{x_{i+1}} = \dfrac{1}{2\pi}\ln\dfrac{1}{0.8} = 0.0355$

$\therefore \omega_n = \dfrac{10 \times 2\pi}{\sqrt{1-\zeta^2}} = \dfrac{10 \times 2\pi}{\sqrt{1-\zeta^2}} = \dfrac{10 \times 2\pi}{\sqrt{1-0.0355^2}} = \dfrac{20\pi}{0.999} = 62.9\,[\text{rad/s}]$

$\therefore \omega_n \equiv \sqrt{\dfrac{k_\theta}{J}}$

$\therefore k_\theta = \omega_n^2 J = 62.9^2 \times 5 \times 9.81 = 1.94 \times 10^5\,[\text{Nm/rad}]$

[2] 車で路面の急な凸凹を通過した時には，車体が減衰自由振動を引き起こす．乗り心地をよくするためには，その減衰を小さく設計する．逆に，走行レスポン

スを高めるには，減衰を大きく設計し，クリティカルダンピング（臨界減衰）の状態にすることもある．車体は **4** 本のスプリングとダンパーで支えられて，単純に上下方向にだけ振動するものとする．車体の重量は **1100 [kgf]** とする．次の問いに答えよ．

(1) 振動モデルを描き，変位，力のベクトルを書き込み，運動方程式を求めよ．また，速度項の係数が減衰比，変位項の係数が固有角振動数になるよう整理すること．

(2) 車体の質量はいくらか．

(3) 減衰がない状態での固有角振動数を **1.2 [Hz]** に設定したい．スプリング **1** 本当たりのばね定数 k を求めよ．単位も明記すること．

(4) 走行レスポンスを高めるためにクリティカルダンピング（臨界減衰）の状態に設計したい．ダンパー **1** 本当たりの減衰係数 c_{cr} をいくらに設計すればよいか．単位も明記すること．

(5) 減衰係数 C をクリティカル減衰係数 c_{cr} の $\frac{1}{2}$ に設計したとしよう．減衰比はいくらになるか．

(6) このときの減衰固有角振動数は何 **[Hz]** になるか．

解き方

(1) ダランベールの原理より

$$-m\ddot{x} - 4c\dot{x} - 4kx = 0$$

$$\therefore \ddot{x} + \frac{4c}{m}\dot{x} + \frac{4k}{m}x = 0$$

$$\omega_n \equiv \sqrt{\frac{4k}{m}},\ \zeta \equiv \frac{4c}{2\sqrt{m \cdot 4k}}$$

とおくと，

$$\ddot{x} + 2\zeta\omega_n\dot{x} + \omega_n^2 x = 0$$

図 8-9

(2)

$$m = 1100\ [\mathrm{kg}]$$

(3)

$$\omega_n = \sqrt{\frac{4k}{m}} = 1.2 \times 2\pi\ [\mathrm{rad/s}]$$

$$\therefore k = \frac{m}{4} \times (1.2 \times 2\pi)^2 = 1.56 \times 10^4\ [\mathrm{N/m}]$$

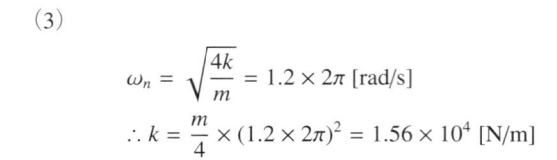

(4)

$$4c_{cr} = 2\sqrt{m \cdot 4k}$$

$$\therefore c_{cr} = \frac{\sqrt{m \cdot 4k}}{2} = \frac{\sqrt{1100 \times 4 \times 1.56 \times 10^4}}{2} = 4.14 \times 10^3\ [\mathrm{N \cdot s/m}]$$

(5)

$$C = c_{cr} \times \frac{1}{2} = 2.07 \times 10^3\ [\mathrm{N \cdot s/m}]$$

$$\therefore \zeta = \frac{4C}{2\sqrt{m \cdot 4k}} = \frac{C}{c_{cr}} = \frac{c_{cr}/2}{c_{cr}} = 0.500$$

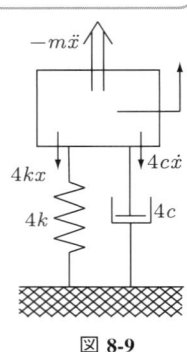

(6)
$$\sqrt{1-\varsigma^2}\omega_n = \sqrt{1-0.5^2}\times 1.2\times 2\pi = 6.53\,[\text{Hz}]$$

Step 3　発展問題

[1] 図のように，i 番目のピークと次の負のピークとの変位差を A_i，さらに負のピークと $i+1$ 番目のピークの変位差を A_{i+1} とするとき，A_i と A_{i+1} の漸化式を求めよ．ただし，減衰比は $\zeta^2 \ll 1.0$ として取り扱うこと．

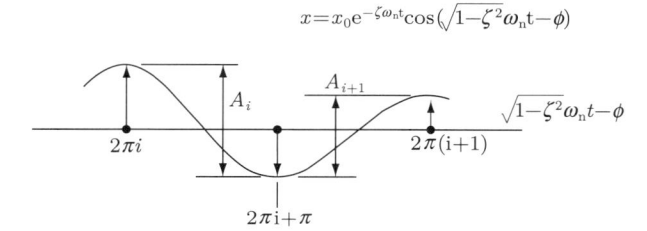

$$x = x_0 e^{-\zeta\omega_n t}\cos(\sqrt{1-\zeta^2}\omega_n t - \phi)$$

図 8-10

[2] 前問で導かれた漸化式から減衰比を求める式を導け．

[3] 図に示した減衰波形の減衰比を求めよ．

第9章 強制振動

基本的な考え方

物体に加振力が作用して起こる振動のことを一般的に強制振動と呼んでいる.

(1) 直線運動する強制振動系の場合

加振力が $F = F_0 \sin \omega t$ で与えられる場合の運動方程式はダランベールの原理より

$$-m\ddot{x} - c\dot{x} - kx + F_0 \sin \omega t = 0$$

$$\therefore \ddot{x} + 2\omega_n \zeta \dot{x} + \omega_n^2 x = \frac{F_0}{m} \sin \omega t$$

となる.

強制振動の解を求める方法には,解を三角関数の和で仮定する方法,解を複素数表示で仮定する方法,ラプラス変換を利用して求める方法などがある.得られる解は一般に次の形に整理できる.

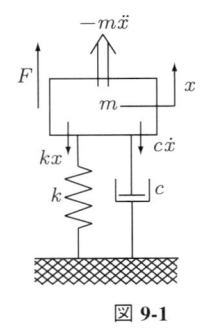

$$\frac{x}{x_0} = M \sin(\omega t - \phi)$$

ここで,左辺は変位 x を無次元化して表している.無次元化の代表量は力 F_0 が静的にはたらいたときの変位 x_0:

$$x_0 = \frac{F_0}{k}$$

である.右辺の係数 M は振幅倍率と呼ばれ,次式で与えられる.

$$M = \frac{1}{\sqrt{(1-\alpha^2)^2 + (2\zeta\alpha)^2}}$$

ここで,α は振動数比:

$$\alpha = \frac{\omega}{\omega_n}$$

であり,強制角振動数 ω と固有角振動数 ω_n との比を表す.加振力 F と振動 x の波形を図に示している.振動は全体的に加振力に対して位相 ϕ だけ遅れ側にずれるので,ϕ のことを位相遅れ角と呼ぶ.ϕ も振動数比 α の関数であり次式で与えられる.

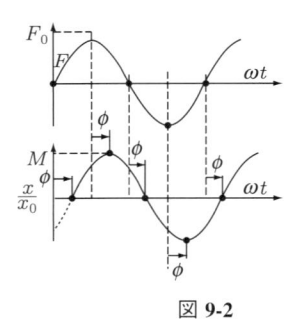

$$\phi = \tan^{-1} \frac{2\zeta\alpha}{1-\alpha^2}$$

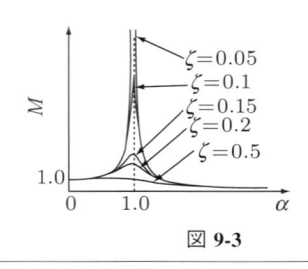

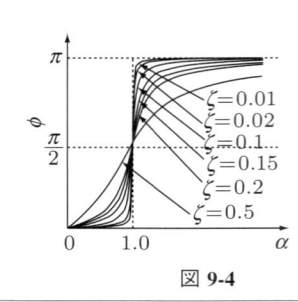

図 9-1

図 9-2

図 9-3

図 9-4

振幅倍率 M と位相遅れ角 ϕ の特性を図 9-3, 図 9-4 に示している．横軸は振動数比 α である．パラメータは減衰比 ζ である．減衰比 ζ が比較的小さいときには $\alpha = 1.0$ で振幅倍率 M が極端に大きくなる．これが共振状態である．そのとき位相遅れ角 ϕ は $\dfrac{\pi}{2}$ の値をとる．ϕ は $\alpha < 1.0$ のときには 0 に漸近し，$\alpha > 1.0$ のときには π に漸近する．前者のことを振動が加振力と同位相で変化するといい，後者のことを振動が加振力と逆位相で変化するという．

(2) 回転運動する強制振動系の場合

加振トルクが $T = T_0 \sin \omega t$ で与えられる場合の運動方程式はダランベールの原理より

$$-J\ddot{\theta} - c_\theta \dot{\theta} - k_\theta \theta + T_0 \sin \omega t = 0$$

$$\therefore \ddot{\theta} + 2\omega_n \zeta \dot{\theta} + \omega_n^2 \theta = \frac{T_0}{J} \sin \omega t$$

ただし，$\zeta \equiv \dfrac{c_\theta}{2\sqrt{Jk}}$, $\omega_n \equiv \sqrt{\dfrac{k_\theta}{J}}$

図 9-5

となる．
運動方程式の形が直線運動の場合と全く同じになっている．したがって，運動方程式の解に関しては，直線運動の場合の変位 x を回転角変位 θ に置換えて理解すればよい．
したがって，解の形は

$$\frac{\theta}{\theta_0} = M \sin(\omega t - \phi)$$

となる．ただし，変位の無次元化の代表量 T_0 は

$$\theta_0 \equiv \frac{T_0}{k_\theta}$$

となる．振幅倍率 M, 位相 ϕ は直線運動の場合と全く同じになる．もちろん，振動数比 α も同じ式で与えられる．

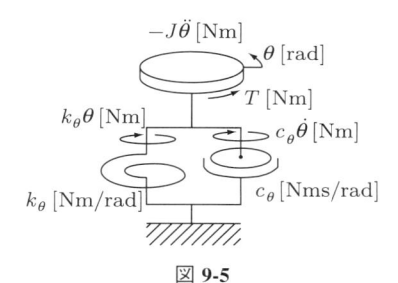

Step 1　　　　基 本 問 題

[1] 質量 150 [kg] のエンジンが弾性支持されている．弾性支持のばね定数が 100 [kN/m], 粘性減衰係数が 40 [Ns/m] であった．エンジンの回転数が 3000 [rpm] のとき振幅 3000 [N] の加振力が発生する．次の問いに答えよ．

(1) 固有振動数 ω_n を求めよ．
(2) 減衰比 ζ を求めよ．
(3) 振動数比 α を求めよ．
(4) エンジンの振動振幅 x_0 を求めよ．
(5) 振動の加振力に対する位相遅れ角 ϕ を求めよ．

解き方

(1)

$$\omega_n = \sqrt{\frac{k}{m}} = \sqrt{\frac{100 \times 10^3}{150}} = \frac{10^2}{\sqrt{15}} = 25.8 \ [\text{rad/s}]$$

(2)

$$\zeta = \frac{c}{2\sqrt{mk}} = \frac{40}{2\sqrt{150 \times 100 \times 10^3}} = \frac{2}{\sqrt{15}} \times 10^{-2} = 0.00516$$

(3) エンジンの回転数を [rpm] から [rad/s] に変換すると

$$\omega = \frac{2\pi N}{60} = \frac{2\pi \times 3000}{60} = 314 \text{ [rad/s]}$$

$$\alpha = \frac{\omega}{\omega_n} = \frac{314}{25.8} = 12.2$$

(4) 振幅倍率 M は

$$M = \frac{1}{\sqrt{(1-\alpha^2)^2 + (2\zeta\alpha)^2}} = \frac{1}{\sqrt{(1-12.2^2)^2 + (2 \times 0.00516 \times 12.2)^2}}$$

$$= \frac{1}{\sqrt{2.19 \times 10^4}} = 0.00676$$

加振力による静的なたわみ量 x_0 は

$$x_0 = \frac{F}{k} = \frac{3000}{100 \times 10^3} = 0.030 \text{ [m]} = 30.0 \text{ [mm]}$$

よって,振動振幅 x は

$$x = x_0 M = 30.0 \times 0.00676 = 0.203 \text{ [mm]}$$

(5)

$$\phi = \tan^{-1}\frac{2\zeta\alpha}{1-\alpha^2} = \tan^{-1}\frac{2 \times 0.00516 \times 12.2}{1-12.2^2} = -\tan^{-1}\frac{0.126}{148}$$

$$= 180° - \tan^{-1}\frac{0.126}{148} = 180° - 0.0488° ≒ 180°$$

[2] 慣性モーメント **0.2 [kgm²]** のエンジン・フライホイールがセルモータで駆動されている.フライホイールはねじりばね定数が **700 [kNm/rad]**,粘性減衰係数が **15 [Nm·s]** の軸で弾性支持されている.一定回転している状態は無視し,変動分について以下の問いに答えよ.ただし,セルモータによる加振トルクの変動が **30 [Hz]**,振幅 **30 [Nm]** であるとする.
(1) 固有振動数 ω_n を求めよ.
(2) 減衰比 ζ を求めよ.
(3) 振動数比 α を求めよ.
(4) フライホイールの振動角振幅 θ_0 を求めよ.
(5) 加振トルクに対する位相遅れ角 ϕ を求めよ.

解き方

(1)

$$\omega_n = \sqrt{\frac{k_\theta}{J}} = \sqrt{\frac{700 \times 10^3}{0.2}} = \frac{15 \times 10^{-2}}{2\sqrt{14}} = 1.87 \times 10^3 \text{ [rad/s]}$$

(2)

$$\zeta = \frac{c_\theta}{2\sqrt{Jk_\theta}} = \frac{15}{2\sqrt{0.2 \times 700 \times 10^3}} = 0.0200$$

(3)
$$\alpha = \frac{\omega}{\omega_n} = \frac{2\pi \times 30}{1870} = 0.101$$

(4) 振幅倍率 M は

$$M = \frac{1}{\sqrt{(1-\alpha^2)^2 + (2\zeta\alpha)^2}} = \frac{1}{\sqrt{(1-0.101^2)^2 + (2 \times 0.02 \times 0.101)^2}} = \frac{1}{\sqrt{0.980}} = 1.01$$

加振トルク M_θ による静的なたわみ量 θ_0 は

$$\theta_0 = \frac{M_\theta}{k_\theta} = \frac{30}{700 \times 10^3} = 4.29 \times 10^{-5} \text{ [rad]} = 0.0429 \text{ [rad]}$$

よって，振動振幅 θ は

$$\theta = \theta_0 M = 0.0429 \times 1.01 = 0.0433 \text{ [rad]}$$

(5)
$$\phi = \tan^{-1} \frac{2\zeta\alpha}{1-\alpha^2} = \tan^{-1} \frac{2 \times 0.02 \times 0.101}{1 - 0.101^2} = \tan^{-1} \frac{0.00404}{0.990} = 0.234°$$

Step 2 演 習 問 題

[1] 図 9-6 に示すように，質量 m の振動機械 (Vibrator) がばねと減衰器によって支持されている．振動機械の回転部分に不つり合いが存在する．不つり合いは **200 [rpm]** で回転している．ただし，機械本体の重量が **40 [kgf]**，ばね1本あたりのばね定数が **1 [kgf/mm]**，減衰器の粘性減衰係数が **100 [Ns/m or kg/s]** であった．以下の問いに答えよ．ただし，すべてに単位を併記すること．

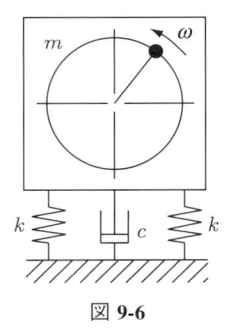

図 9-6

(1) 機械本体の質量 m，それを支えるばね定数 k'，加振周波数 ω を *SI* 単位で示せ．
(2) 機械本体の減衰比 ζ を算出せよ．
(3) 機械本体の固有角振動数 ω_n を算出せよ．
(4) 振動数比 α を算出せよ．
(5) 振幅倍率 M を算出せよ．
(6) 位相遅れ角 ϕ を算出せよ．

● 機械力学 第9章 強制振動

解き方

(1)
$$m = 40 \text{ [kg]}$$
$$k' = k + k = 2k = \frac{2 \times 9.81}{10^{-3}} = 19.6 \times 10^3 \text{ [N/m]}$$
$$\omega = 200 \times \frac{2\pi}{60} = 20.9 \text{ [rad/s]}$$

(2)
$$\zeta = \frac{c}{2\sqrt{mk}} = \frac{100}{2\sqrt{40 \times 19.6 \times 10^3}} = \frac{1}{2\sqrt{4 \times 19.6}} = \frac{1}{17.7} = 0.0564$$

(3)
$$\omega_n = \sqrt{\frac{k'}{m}} = \sqrt{\frac{19.6 \times 10^3}{40}} = 22.1 \text{ [rad/s]}$$

(4)
$$\alpha = \frac{\omega}{\omega_n} = \frac{20.9}{22.1} = 0.946$$

(5)
$$M = \frac{1}{\sqrt{(1-\alpha^2)^2 + (2\zeta\alpha)^2}} = \frac{1}{\sqrt{(1-0.946^2)^2 + (2 \times 0.056 \times 0.946)^2}}$$
$$= \frac{1}{\sqrt{0.0110 + 0.0114}} = \frac{1}{0.158} = 6.67$$

(6)
$$\phi = \tan^{-1}\frac{2\zeta\alpha}{1-\alpha^2} = \tan^{-1}\frac{2 \times 0.0564 \times 0.946}{1 - 0.946^2} = \tan^{-1}\frac{0.107}{0.105} = 45.5°$$

Step 3　発展問題

[1] 振幅倍率 M の特性を図 9-3 に示している．M がもっとも大きくなる状態を共振現象と呼び，そのときの振動数比を共振振動数比と呼ぶ．以下の問いに答えよ．
(1) 共振振動数比は減衰比 ζ が大きくなるにしたがって 1.0 よりも小さくなる．それを与える式を導け．振幅倍率 M の分母の最小値を与える振動数比を求める問題である．
(2) 振幅倍率 M の最大値を与える式を導け．

[2] 振幅倍率 M のピークのとがり具合すなわち「せん鋭度」のことを Q 値と呼ぶ．これは共振振動数を振動エネルギーが半分になる振幅での振動数バンド幅で割ったものである．
$$Q \equiv \frac{\omega_r}{\Delta\omega} = \frac{\omega_r/\omega_n}{\Delta\omega/\omega_n} = \frac{\alpha_r}{\Delta\alpha}$$

以下の問に答えよ．ただし，減衰比は $\zeta \ll 1.0$ として近似的に取り扱え．

(1) $\zeta \ll 1.0$ のときの Q の近似式を示せ．
(2) 振幅倍率 M の最大値 M_{max} を求めよ．
(3) 振動エネルギーが半分になるのは振幅倍率 M が $\dfrac{M_{\max}}{\sqrt{2}}$ になるとき：

$$M = \frac{M_{\max}}{\sqrt{2}}$$

である．これを満たす振動数比を求めよ．
(4) 振動数比バンド幅 $\Delta\alpha$ を求めよ．
(5) Q 値を示せ．
(6) 前問の結果から逆に減衰比が求められる．その式を示せ．

● 機械力学　第 10 章　振動の危険速度

第 10 章　振動の危険速度

基本的な考え方

1. 目的
振動系のもつ固有角振動数と強制力の周波数とが一致したときに起こる共振現象が身近でいろいろな問題を引き起こすことはあまりにもよく知られたことである．機械の運転時にもこの共振現象が深刻な問題になることがよくある．それの代表的なものが，ある回転数で軸の触れ回りが異常に大きくなる現象，いわゆる「回転軸の危険速度現象」と呼ばれるものである．自動車の車輪でもこの現象が必ず起こる．

ここでは，共振現象の代表例として，回転軸の危険速度現象を観察，計測し，その共振現象を防ぐための静・動バランスの式を導く．

2. 危険速度現象

2-1. 理論解析
図 10-1 に示すように，両軸受で支えられた回転軸の中央で 1 つの円板が回転しているモデルを考える．このような回転軸系では円板上の軸中心 S と円板の重心 G とが一致しないのが普通であり，その差を ε と表そう．

円板の重心 G と回転軸とのずれのために円板は回転ふれ回り運動を行う．その様子を極端なモデルとして図に示したものが図 10-2 である．円板の中心 S のたわみ量を r，軸のたわみ剛性を k とすると，軸の復元力は kr となり，これが円板の重心にはたらく遠心力 $m \times (r+\varepsilon)\omega^2$ とつり合う．ただし，ω は軸の回転速度であり，m は円板の質量である．このつり合いを式で表すと次式が得られる．

$$kr = m(r+\varepsilon)\omega^2 \tag{10-1}$$

この関係から軸のたわみ量 r が決まる．

$$\omega_0^2 r = (r+\varepsilon)\omega^2$$
$$r = \varepsilon \frac{\omega^2}{\omega_0^2 - \omega^2}$$
$$= \varepsilon \frac{(\omega/\omega_0)^2}{1-(\omega/\omega_0)^2} \tag{10-2}$$

ここで，ω_0 は，

$$\omega_0 = \sqrt{k/m} \tag{10-3}$$

であり，軸系の横振動の固有角振動数である．

式 (10-2) にしたがって，軸のたわみ量 r の絶対値 $|r|$ を図に示すと，図 10-3 のようになる．すなわち，軸の回転数 ω と回転軸系の固有角振動数 ω_0 とが一致すると，軸のふれ回り量 $|r|$ が非常に大きくなり，軸系に内部減衰および剛性値の非線形性がないと仮定すれば（実際にはこれらが存在する），理論上では $|r|$ は無限大になり，軸系は破壊することになる．したがって，回転軸系の危険速度は式 (10-3) で与えられる軸系の横振動の固有角振動数 ω_0 に一致することがわかる．

ここで，式 (10-3) から固有角振動数 ω_0 を算出することを考えてみよう．式 (10-3) において，m は円板の質量であるから，その値は円板の体積と比質量（密度）から簡単に算出できる．k は，細長い回転軸のばね定数，すなわち，軸系のたわみ剛性値である．この値は回転軸の材質，長さおよび太さが与えられると，材料力学の考え方から，次のように容易に求められる．

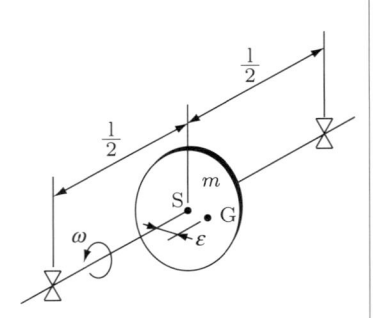

図 10-1

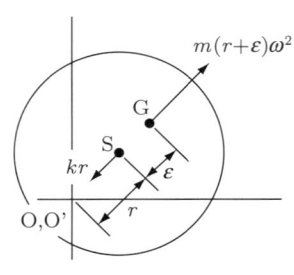

図 10-2

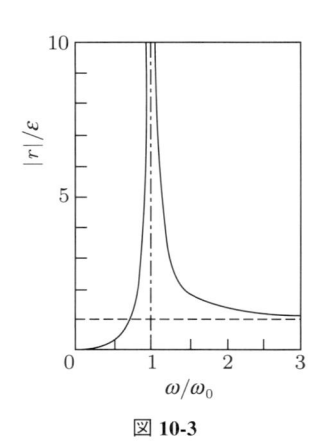

図 10-3

図 10-4 は，長さ l のスパンでピン支持された回転軸が，その中央部で W の荷重を受け，静的にたわんだ状態を示している．静たわみ曲線を記述するために，図のような x, y 座標を選ぶ．このとき，たわみ方程式は，

$$EI\frac{d^2y}{dx^2} = M\left(=\frac{W}{2}x\right) \tag{10-4}$$

となる．ここで，E, I はそれぞれ回転軸のヤング率と断面 2 次モーメントである．式 (10-4) の解は簡単に次式で与えられる．

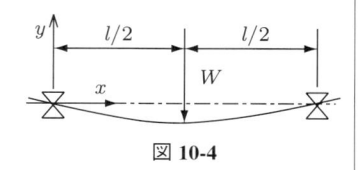

$$y(x) = \frac{W}{12EI}x^3 + C_1 x + C_2 \tag{10-5}$$

ここで，$x = 0$ と $\frac{l}{2}$ における次のような境界条件：

$$y(0) = 0, \quad \left.\frac{dy}{dx}\right|_{x=\frac{l}{2}} = 0 \tag{10-6}$$

を用いると，積分定数 C_1, C_2 が決まり，その結果，たわみ曲線は次式で与えられることになる．

$$y(x) = \frac{W}{12EI}x^3 - \frac{Wl^2}{16EI}x \tag{10-7}$$

ただし，上式は，$0 \leq x \leq \frac{l}{2}$ の範囲でのみ有効な式である．上式から，軸の中央部 $x = \frac{l}{2}$ でのたわみは

$$y\left(\frac{l}{2}\right) = -\frac{1}{48} \cdot \frac{Wl^3}{EI} \tag{10-8}$$

で与えられる．軸は，W の荷重がはたらいて $|y(l/2)|$ だけたわんだのであるから，軸のばね定数 k は次のように算出できる．

$$k = \frac{W}{|y(l/2)|} = \frac{48EI}{l^3} \tag{10-9}$$

上の結果を式 (10-3) に代入すると，軸系の危険速度は

$$\omega_0 = \sqrt{\frac{48EI}{ml^3}} \tag{10-10}$$

で与えられることになる．上式の単位は rad/s であり，rpm に換算すると，

$$N_0 = \frac{\omega_0}{2\pi} \times 60 = \frac{30}{\pi}\sqrt{\frac{48EI}{ml^3}} = \frac{120}{\pi}\sqrt{\frac{3EI}{ml^3}} \tag{10-11}$$

となる．

3. 静・動バランスの式

軸の回転数が広範囲に連続的に変わるような場合には，回転軸系の静・動バランスを正確にとっておくことが防振のために必ず求められる．身近では，自動車の車輪のバランスをとるということがこれにあたる．

3-1. 静・動バランスの基礎式

タイヤの偏減りのために車軸に $m_{cp}r_{cp}\dot{\theta}^2$ のアンバランスが作用した場合を図 10-5 に示している．そのアンバランスを打ち消すために，アンバランスの両側にバランサー $m_{b1}r_{b1}\dot{\theta}^2$ と $m_{b2}r_{b2}\dot{\theta}^2$ を取り付けている．

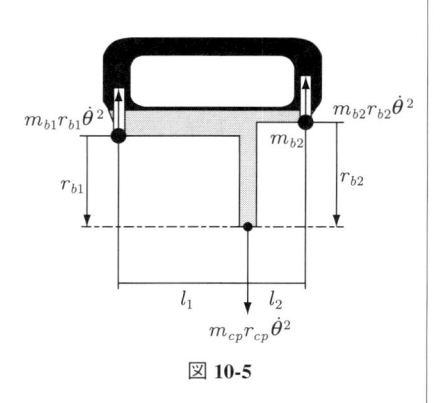

ここで，単純に遠心力のバランスを取ったものが静バランスの式：

$$m_{b1}r_{b1}\dot{\theta}^2 + m_{b2}r_{b2}\dot{\theta}^2 - m_{cp}r_{cp}\dot{\theta}^2 = 0 \tag{10-12}$$

であり，偶力（モーメント）のつり合いを取ったものが動バランスの式：

$$m_{b1}r_{b1}\dot{\theta}^2 \cdot l_1 - m_{b2}r_{b2}\dot{\theta}^2 \cdot l_2 = 0 \tag{10-13}$$

である．これら2つの式からバランサーを決定する式が得られる．

$$\left.\begin{array}{l} m_{b1}r_{b1} = \dfrac{l_2}{l_1+l_2}m_{cp}r_{cp} \\ m_{b2}r_{b2} = \dfrac{l_1}{l_1+l_2}m_{cp}r_{cp} \end{array}\right\}$$

Step 1　基本問題

[1] 図のようなモーターに回転軸を取り付け，軸先端に錘 m_a を付けた装置がある．この回転軸のバランスを完全にとるには先端の錘から l_1 と l_2 の2ヶ所に逆方向のバランスウェイトを取り付ければよい．それぞれ何グラムの錘を取り付ければよいかを設計したい．次の問いに答えよ．ただし，それぞれの諸元を次のように与える．

$m_a = 0.8\ [\text{g}],\ r_a = 7.5\ [\text{mm}],\ r_{b1} = 8\ [\text{mm}],$

$r_{b2} = 8.9\ [\text{mm}],\ l_1 = 26\ [\text{mm}],\ l_2 = 17\ [\text{mm}]$

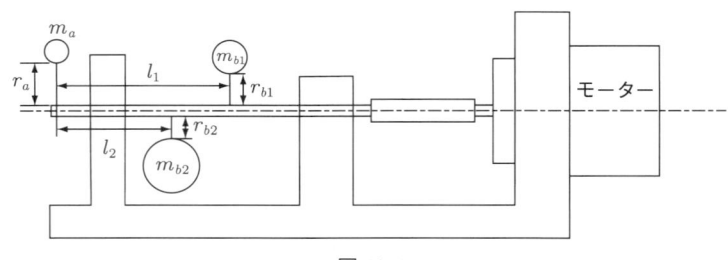

図 10-6

(1) 静バランスの式を導け．
(2) 動バランスの式を導け．
(3) m_{b1} と m_{b2} を与える式を導け．
(4) m_{b1} と m_{b2} を具体的に計算せよ．

解き方

(1) $-m_a r_a \dot{\theta}^2 - m_{b1}r_{b1}\dot{\theta}^2 + m_{b2}r_{b2}\dot{\theta}^2 = 0$

(2) $m_{b1}r_{b1}\dot{\theta}^2 \cdot (l_1 - l_2) - m_a r_a \dot{\theta}^2 \cdot l_2 = 0$

(3) $m_{b1}r_{b1} = \left(\dfrac{l_2}{l_1 - l_2}\right) \cdot m_a r_a$

　　$m_{b2}r_{b2} = \left(\dfrac{l_1}{l_1 - l_2}\right) \cdot m_a r_a$

(4) $m_{b1} = \left(\dfrac{l_2}{l_1 - l_2}\right) m_a \dfrac{r_a}{r_{b1}} = \dfrac{17}{26 - 17} \times 0.8 \times \dfrac{7.5}{8} = \dfrac{17}{9} \times 0.8 \times \dfrac{7.5}{8} = 1.42$ [g]

$m_{b2} = \left(\dfrac{l_1}{l_1 - l_2}\right) m_a \dfrac{r_a}{r_{b2}} = \dfrac{26}{9} \times 0.8 \times \dfrac{7.5}{8.9} = 19.5$ [g]

[2] 図のようなエアコン用コンプレッサー回転軸のバランスを完全にとりたい．クランクピンの下側にはバランサーを取り付けるスペースがなく，モータロータの外周の上下はバランサーが取り付けられる．次の問いに答えよ．

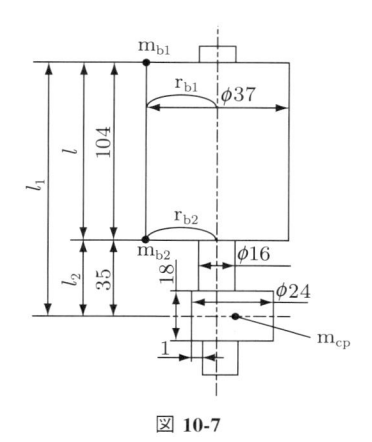

図 10-7

(1) クランクピンの質量を計算せよ．ただし，材料は鉄，その比重は **7.8** である．
(2) クランクピンの平均的な回転半径 r_{cp} はいくらか．
(3) 静バランスと動バランスの式を導き，取り付けるべきバランス質量を決定せよ．

解き方

(1)
$$m_{cp} = \dfrac{\pi}{4} d^2 \times l_\rho \times 7.8 \times 1000 = \dfrac{\pi}{4}(0.024)^2 \times 0.018 \times 7.8 \times 1000$$
$$= 0.0635 \text{ [kg]}$$

(2)
$$r_{cp} = \dfrac{24}{2} - 1 - \dfrac{16}{2} = 3 \text{ [mm]}$$

(3) $l_1, r_{b1} = r$ に m_{b1}, $l_2, r_{b2} = r$ に m_{b2} のバランス質量を取りつけたとすると，
静バランスの式　$m_{b2} r \dot{\theta}^2 - m_{b1} r \dot{\theta}^2 + m_{cp} r_{cp} \dot{\theta}^2 = 0$
動バランスの式　$m_{b2} r \dot{\theta}^2 \cdot l - m_{cp} r_{cp} \dot{\theta}^2 \cdot l_1 = 0$
ただし　$l = l_1 - l_2$
動バランスの式より

$$m_{b2} r = \dfrac{l_1}{l} m_{cp} r_{cp}$$

$$\therefore m_{b2} = \dfrac{l_1}{l} \cdot \dfrac{r_{cp}}{r} m_{cp} = \dfrac{139}{104} \times \dfrac{3}{18.5} m_{cp} = 0.217 m_{cp} = 0.217 \times 0.0635$$
$$= 13.8 \times 10^{-3} \text{ [kg]}$$

静バランスの式より

$$m_{b1}r = m_{b2}r + m_{cp}r_{cp}$$
$$= \frac{l_1}{l}m_{cp}r_{cp} + m_{cp}r_{cp} = \frac{l_1+l}{l}m_{cp}r_{cp}$$
$$\therefore m_{b1} = \frac{l_1+l}{l}\cdot\frac{r_{cp}}{r}m_{cp} = \frac{243}{104}\times\frac{3}{18.5}m_{cp} = 0.379m_{cp} = 0.379\times 0.0635$$
$$= 0.024\times 10^{-3}\ [\text{kg}]$$

Step 2　演習問題

[1] 壁に時計が架かっている．壁が前後に **300 [rpm]** の振動数で，**0.1 [mm]** の振幅で振動している．それでも時計を **0.001 [mm]** 以上動かないように設計したい．時計の重量を **1 [kgf]** とすれば，弾性支持のばね定数 k はいくらにすればよいか．ただし，減衰はないものとせよ．

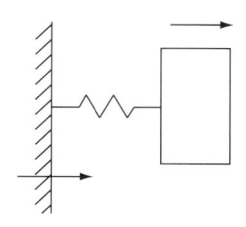

図 10-8

解き方

$$\frac{|x|}{u_0} \leq M_d = \frac{1}{1-\alpha^2}$$

$|x| = 0.001$ [mm], $\quad u_0 = 0.1$ [mm]

$$\frac{0.001}{0.1} \leq \frac{1}{\alpha^2 - 1}$$

$$\alpha^2 - 1 \leq \frac{1}{0.01}$$

$$\alpha^2 \leq 100 + 1$$

$$\alpha \leq \sqrt{101}$$

$$\alpha \leq 10.0$$

$$\omega = 2\pi \frac{N}{60} = 2\pi \times \frac{300}{60} = 10\pi = 31.4 \text{ [rad/s]}$$

$m = 1$ [kg]

$$\frac{\omega}{\omega_n} = \alpha$$

$$\omega_n \left(\equiv \sqrt{\frac{k}{m}} \right) = \frac{\omega}{\alpha}$$

$$\therefore k = \left(\frac{\omega}{\alpha}\right)^2 m \geq \left(\frac{31.4}{10.0}\right)^2 \times 1$$

$$\therefore k \geq 9.86 \text{ [N/m]}$$

Step 3　発展問題

[1] 機械の質量 m が 1 [ton] で，毎分 1500 回の加振力を持っている．使用時において力の伝達率が 1/8 以下で，共振のときにおいても力の伝達率が 2 を越さないように決めたい．弾性支持のばね定数 k と減衰定数 c を定めよ．

第11章 振動の防止（防振）

基本的な考え方

防振には，機械の振動の影響を基礎に伝達したくない場合と，基礎の振動を機械本体に伝達したくない場合の2通りがある．

（1）基礎に伝わる力の伝達率

機械本体が振動すると，図に示すように，粘性減衰器とばねを介して $c\dot{x}$ の粘性減衰力と kx のばね力が基礎に伝わる．基礎に伝達される合力 F_T は

$$F_T = c\dot{x} + kx$$

となる．この式に機械本体の振動応答の解：

$$\frac{x}{x_0} = M\sin(\omega t - \phi) \quad \text{or} \quad x \equiv X_0 M \sin(\omega t - \phi)$$

を代入し，次の各関係式：

$$c = 2\sqrt{mk} \cdot \zeta = 2k\sqrt{\frac{m}{k}}\zeta = \frac{2k\varsigma}{\omega_n}$$

$$x_0 \equiv \frac{F_0}{k} \equiv, \quad M \equiv 1/\sqrt{(1-\alpha^2)^2 + (2\zeta\alpha)^2}$$

を用いて整理すると，最終的に次式が得られる．

$$\frac{F_T}{F_0} = M_f \sin(\omega t - \phi + \psi)$$

ここで，

$$M_f \equiv \sqrt{\frac{1 + (2\zeta\alpha)^2}{(1-\alpha^2)^2 + (2\zeta\alpha)^2}}$$

である．これを力の伝達率と呼ぶ．ϕ や ψ は力の応答遅れを表す位相角である．

（2）機械本体に伝わる変位伝達率

基礎が $u = u_0 \sin \omega t$ の変位で振動している場合，機械本体には図に示すような力がはたらくので運動方程式はダランベールの原理より

$$-m\ddot{x} - c(\dot{x} - \dot{u}) - k(x - u) = 0$$

$$\therefore \ddot{x} + 2\zeta\omega_n \dot{x} + \omega_n^2 x = 2\zeta\omega_n \dot{u} + \omega_n^2 u$$

となる．基礎の振動変位を代入して整理すると

$$\therefore \ddot{x} + 2\zeta\omega_n \dot{x} + \omega_n^2 x = \frac{u_0 k \sqrt{1 + (2\zeta\alpha)^2}}{m} \sin(\omega t - \psi_0)$$

が得られる．この運動方程式の解は簡単に次の形で得られる．

$$\frac{x}{u_0} = M_d \sin\{\omega t - (\psi_0 + \phi)\}$$

$$M_d = \sqrt{\frac{1 + (2\zeta\alpha)^2}{(1-\alpha^2)^2 + (2\zeta\alpha)^2}}$$

ここで，係数の M_d が変位伝達率と呼ばれ，力の伝達率 M_f の式と全く同じ形に帰着する．

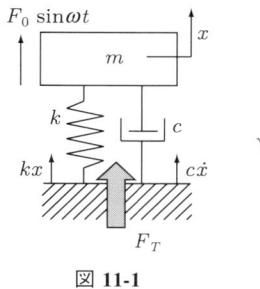

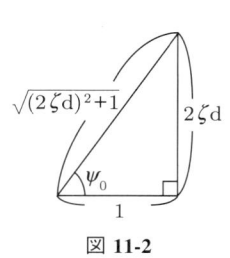

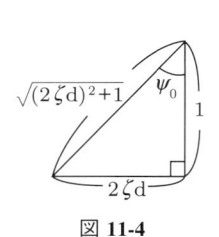

(3) 防振の基本

力伝達率 M_f あるいは変位伝達率 M_d を小さく設計することが防振の基本となる．これらの特性を図に示している．パラメータは減衰比 ζ である．振動数比が $\alpha \ll 1.0$ のときには 1.0 に漸近するが，共振状態 ($\alpha = 1.0$) に近づくにしたがって徐々に大きくなり，さらに $\alpha > 1.0$ になると急激に減少する．減衰比 ζ の値に係わらず全ての曲線が $\alpha = \sqrt{2}$ で 1.0 の定点を通る．したがって，防振のための基本的考え方は次のようになる．

① 運転範囲が $\alpha < \sqrt{2}$ の場合には，減衰比 ζ を大きく設計する．
② 運転範囲が $\alpha > \sqrt{2}$ の場合には，減衰比 ζ を小さく設計する．
③ 運転範囲が $\alpha > \sqrt{2}$ であっても，機械の回転立上げの際には必ず共振点を通過するので，適度な減衰比 ζ を確保しておく設計が必要である．

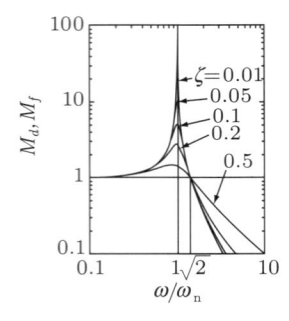

変位伝達率 M_d，力の伝達率 M_f

図 11-5

Step 1 基本問題

[1] 力伝達率 M_f あるいは変位伝達率 M_d は，減衰比 ζ の値に係わらず，$\alpha = \sqrt{2}$ で定点 **1.0** を通ることを証明せよ．

解き方

力伝達率あるいは変位伝達率が 1.0 になるには，伝達率の分母と分子が等しくなればよい．そのためには，分母の $(1-\alpha^2)^2$ が 1.0 となるような α を選べばよい．

$$(1-\alpha^2)^2 = 1$$
$$\therefore 1-\alpha^2 = \pm 1$$
$$\alpha^2 = 1 \mp 1 = 0, 2$$
$$\therefore \alpha = 0, \sqrt{2}$$

このとき

$$M_f \,or\, M_d = \sqrt{\frac{1+(2\zeta\alpha)^2}{1+(2\zeta\alpha)^2}} = 1.0$$

となり，ζ に関わらず定点 1.0 を通る．

[2] 機械の質量 m が 1 [t] で，毎分 1500 回の加振力を持っている．使用時において力の伝達率が $\frac{1}{8}$ 以下で，共振のときにおいても力の伝達率が 2 を越さないように決めたい．弾性支持のばね定数 k と減衰定数 c を定めよ．

解き方

使用時の伝達率

$$M_f = \sqrt{\frac{1 + (2\zeta\alpha)^2}{(1-\alpha^2)^2 + (2\zeta\alpha)^2}} \leq \frac{1}{8} \tag{11-1}$$

共振時の力の伝達率

$$M_f = \sqrt{\frac{1 + (2\zeta)^2}{(2\zeta)^2}} \leq 2 \tag{11-2}$$

式 (11-2) より ζ を求める．

$$\frac{1 + (2\zeta)^2}{(2\zeta)^2} \leq 4$$

$$1 + (2\zeta)^2 \leq 4(2\zeta)^2$$

$$1 + 4\zeta^2 \leq 16\zeta^2$$

$$12\zeta^2 \geq 1$$

$$\zeta^2 \geq \frac{1}{12}$$

$$\zeta \geq \sqrt{\frac{1}{12}}$$

$$\zeta \geq 0.289$$

求めた ζ を式 (11-1) に代入し α を求める．

$$\frac{1 + (2\zeta\alpha)^2}{(1-\alpha^2)^2 + (2\zeta\alpha)^2} \leq \frac{1}{64}$$

$$64\{1 + (2\zeta\alpha)^2\} \leq (1-\alpha^2)^2 + (2\zeta\alpha)^2$$

$$64 + 256\zeta^2\alpha^2 \leq 1 - 2\alpha^2 + \alpha^4 + 4\zeta^2\alpha^2$$

$$\therefore \alpha^4 - 252\zeta^2\alpha^2 - 2\alpha^2 - 63 \geq 0$$

$$\alpha^4 - 2(126\zeta^2 + 1)\alpha^2 - 63 \geq 0$$

$$\therefore \alpha^2 \geq 126\zeta^2 + 1 \pm \sqrt{(126\zeta^2 + 1)^2 + 63}$$

$$\geq 25.5, \ -2.47$$

$$\therefore \alpha \geq \sqrt{25.5}$$

$$\geq \pm 5.05$$

$$\therefore \alpha \geq 5.05$$

$m = 1[\text{ton}] = 1000$ [kg], $\omega = 2\pi\dfrac{N}{60} = 2\pi \times \dfrac{1500}{60} = 157$ [rad/s]

$\alpha = \dfrac{\omega}{\omega_n} \geq 5.05$

$$\omega_n\left(\equiv \sqrt{\frac{k}{m}}\right) \leq \frac{\omega}{\alpha} \quad \therefore k \leq \left(\frac{\omega}{\alpha}\right)^2 m = \left(\frac{157}{5.05}\right)^2 \times 1000 = 9.67 \times 10^5 \text{ [N/m]}$$

$$\zeta = \frac{c}{2\sqrt{mk}} \geq 0.289$$

$$\therefore c \geq 2\sqrt{mk}\zeta = 2\sqrt{1000 \times 9.67 \times 10^5} \times 0.289 = 1.80 \times 10^4 \text{ [Ns/m]}$$

Step 2　演習問題

[1] 壁に時計が架かっている．壁が前後に **300 [rpm]** の振動数で，**0.1 [mm]** の振幅で振動している．それでも時計を **0.001 [mm]** 以上動かないように設計したい．時計の重量を **1 [kgf]** とすれば，弾性支持のばね定数 k はいくらにすればよいか．ただし，減衰はないものとせよ．

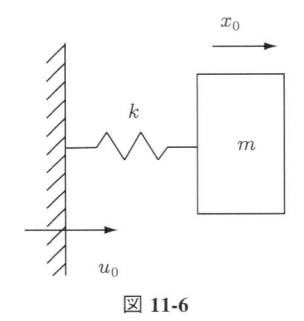

図 11-6

解き方

$$\frac{|x|}{u_0} \geq M_d = \frac{1}{|1-\alpha^2|}$$

$|x| = 0.001 \text{ [mm]}, u_0 = 0.1 \text{ [mm]}$

$$\frac{0.001}{0.1} \geq \frac{1}{\alpha^2 - 1}$$

$$\alpha^2 - 1 \geq \frac{1}{0.01}$$

$$\alpha^2 \geq 100 + 1$$

$$\alpha \geq \sqrt{101}$$

$$\therefore \alpha \geq 10.0$$

$$\omega = 2\pi \frac{N}{60} = 2\pi \frac{300}{60} = 10\pi = 31.4 \text{ [rad/s]}, \ m = 1 \text{ [kg]}$$

$$\alpha = \frac{\omega}{\omega_n} \geq 10.05$$

$$\omega_n\left(\equiv \sqrt{\frac{k}{m}}\right) \leq \frac{\omega}{\alpha}$$

$$\therefore k \leq \left(\frac{\omega}{\alpha}\right)^2 m = \left(\frac{31.4}{10.0}\right)^2 \times 1 = 9.86 \text{ [N/m]}$$

[2] 道路が振幅 u_0 [m]，波長 l [m] の正弦波状をしている．その上を質量 m の自動車が v [km/h] で走行している．自動車を単純に図のように表すとき，車体の振動を表す式を示せ．ただし，ばね定数 k [N/m] とし，減衰作用はなく，タイヤは道路から離れないものとせよ．

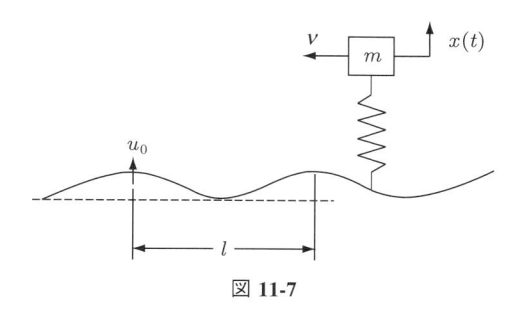

図 11-7

解き方

$$v \text{ [km/h]} = v \times \frac{1000}{3600} \text{ [m/s]} = \frac{10}{36} v \text{ [m/s]}$$

振動の周期を T [s] 振動数を f [Hz] とすると，自動車の走行速度 $= l/T = l \cdot f$ の関係より

$$f = \frac{10}{36} v / l = \frac{10v}{36l}$$

よって角振動数

$$\omega = 2\pi f = \frac{10v}{36l} \times 2\pi \text{ [rad/s]}$$

$$\therefore \omega_n = \sqrt{\frac{k}{m}} \rightarrow \alpha = \frac{\omega}{\omega_n}$$

したがって，車体の振動 $x(t)$ は次の形で与えられる．

$$\therefore \frac{x(t)}{u_0} = M_d \sin(\omega t - \phi)$$

ここで，M_d は $\zeta = 0$ より

$$M_d = \frac{1}{|1 - \alpha^2|}$$

とすればよい．

Step 3　発展問題

[1] 力の伝達率 M_f の式の最終形を導け（11章の基本的な考え方の M_f の式から導け）．

[2] 変位伝達率 M_d の式の最終形を導け（11章の基本的な考え方の M_d の式から導け）．

参考文献

1) 森田均:力学,理工図書(1954)
2) 吉川孝雄,松井剛一,石井徳章:機械の力学,コロナ社(1987)
3) 入江敏博:詳解工業力学,理工学社(1983)
4) 松尾哲夫,野田敦彦,松野善之,日野満司,柴原秀樹:わかりやすい機械工学(1998)

数学
発展問題　解答・解説

第5章　指数関数，対数関数（基礎，グラフ）

[1]
(1) $9^x - 2 \cdot 3^{x+1} - 27 = 0$

$3^x = y$ とおくと，

$$y^2 - 6y - 27 = 0$$

$$(y+3)(y-9) = 0$$

$y > 0$ から $y = 9$

すなわち $3^x = 3^2$，よって $x = 2$

(2) $\log_4(2x^2 - 3x - 13) = \log_2(x+1)$

真数は正なので，$2x^2 - 3x - 13 > 0, x + 1 > 0$ — ①

左辺を底変換すると，

$$\frac{\log_2(2x^2 - 3x - 13)}{\log_2 4} = \log_2(x+1)$$

$$\log_2(2x^2 - 3x - 13) = 2\log_2(x+1)$$

$$2x^2 - 3x - 13 = (x+1)^2$$

$$x^2 - 5x - 14 = 0$$

$$(x+2)(x-7) = 0$$

$$x = -2, 7$$

このうち，条件①を満たすのは $x = 7$

第6章　三角関数

[1]

$$\angle C = 180° - (45° + 60°) = 75°$$

正弦定理より

$$\frac{a}{\sin 60°} = \frac{b}{\sin 45°} = \frac{c}{\sin 75°} = 2R$$

ここで

$$\sin 75° = \sin(45° + 30°) = \sin 45° \cos 30° + \cos 45° \sin 30°$$

$$= \frac{\sqrt{2}}{2} \times \frac{\sqrt{3}}{2} + \frac{\sqrt{2}}{2} \times \frac{1}{2} = \frac{\sqrt{6} + \sqrt{2}}{4}$$

よって

$$b = 6 \times \frac{\sin 45°}{\sin 60°} = 6 \times \frac{\sqrt{2}/2}{\sqrt{3}/2} = 2\sqrt{6} \text{ [cm]}$$

$$c = 6 \times \frac{\sin 75°}{\sin 60°} = 6 \times \frac{(\sqrt{6}+\sqrt{2})/4}{\sqrt{3}/2} = 3 \times \frac{\sqrt{6}+\sqrt{2}}{\sqrt{3}} = 3\sqrt{2} + \sqrt{6} \text{ [cm]}$$

$$R = \frac{1}{2} \times \frac{6}{\sin 60°} = \frac{3}{\sqrt{3}/2} = 2\sqrt{3} \text{ [cm]}$$

[2] 余弦定理より

$$a^2 = b^2 + c^2 - 2bc \cos A = 5^2 + 7^2 - 2 \times 5 \times 7 \times \cos 60°$$
$$= 25 + 49 - 70 \times \frac{1}{2} = 39$$
$$a = \sqrt{39} \fallingdotseq 6.24 \text{ [cm]}$$

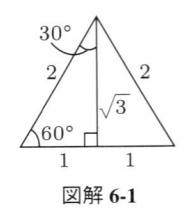

図解 **6-1**

第 8 章　微分法

[1]

(1)
$$z = x^2 + xy + y^2 - 4x - 2y$$
$$z_x = \frac{\partial z}{\partial x} = 2x + y - 4, \quad z_y = \frac{\partial z}{\partial y} = x + 2y - 2$$

(2)
$$z = x^2 + y^2 - 2x - y + 3$$
$$z_x = \frac{\partial z}{\partial x} = 2x - 2, \quad z_y = \frac{\partial z}{\partial y} = 2y - 1$$

[2]

(1) $f(x) = 2x^2 - 4x + 3$ とおくと，$f'(x) = 4x - 4$

求める方程式は $f'(2) = 4$ から $y - 3 = 4(x - 2)$ すなわち $y = 4x - 5$

(2) 曲線の方程式を $y = f(x)$ とし，接点を $A(a, f(a))$ とする．

$f'(x) = -2x + 4$ から，

A における放物線の接線の方程式は，$y - (-a^2 + 4a - 3) = (-2a + 4)(x - a)$

点 $(3,4)$ を通るので

$$4 - (-a^2 + 4a - 3) = (-2a + 4)(3 - a)$$
$$= (2a - 4)(a - 3)$$
$$4 + a^2 - 4a + 3 = 2a^2 - 10a + 12$$

整理して，$a^2 - 6a + 5 = 0$

$$\therefore (a - 1)(a - 5) = 0, \quad a = 1, \quad 5$$

よって，求める方程式は

$a = 1$ のとき，$y = 2x - 2$,

$a = 5$ のとき，$y = -6x + 22$

第 9 章　積分法

[1]

(1) $x = a\cos\theta$, $y = b\sin\theta$ $(0 \leqq \theta \leqq 2\pi)$ とおくと, $dx = -a\sin\theta d\theta$

$$\begin{aligned}
S &= 4\int_0^a y dx = 4\int_{\frac{\pi}{2}}^0 b\sin\theta \cdot (-a\sin\theta)d\theta \quad (0 \leqq \theta \leqq \frac{\pi}{2}) \\
&= 4ab\int_0^{\frac{\pi}{2}} \sin^2\theta d\theta \\
&= 4ab\int_0^{\frac{\pi}{2}} \frac{1-\cos 2\theta}{2}d\theta \\
&= 2ab\int_0^{\frac{\pi}{2}}(1-\cos 2\theta)d\theta = 2ab\left[\theta - \frac{1}{2}\sin 2\theta\right]_0^{\frac{\pi}{2}} \\
&= \pi ab
\end{aligned}$$

(2) 図形は y 軸に関して対称なので $(0 \leqq \theta \leqq 2\pi)$

$$\begin{aligned}
V &= 2\pi\int_0^a y^2 dx = 2\pi\int_{\frac{\pi}{2}}^0 (b\sin\theta)^2(-a\sin\theta)d\theta \\
&= 2\pi\int_0^{\frac{\pi}{2}} ab^2\sin^3\theta d\theta \\
&= 2\pi\int_0^{\frac{\pi}{2}} ab^2\sin\theta(1-\cos^2\theta)d\theta
\end{aligned}$$

$t = \cos\theta$ とおくと, $dt = -\sin\theta d\theta$

$$\begin{aligned}
V &= 2\pi ab^2\int_1^0 (1-t^2)(-dt) \\
&= 2\pi ab^2\int_0^1 (1-t^2)dt = 2\pi ab^2\left[t - \frac{1}{3}t^3\right]_0^1 \\
&= \frac{4}{3}\pi ab^2
\end{aligned}$$

熱力学
発展問題　解答・解説

第1章　基礎的事項

[1] 高温の黄銅が失う熱量 Q_3 を水，銅製容器がそれぞれ受け取り，熱平衡に達する．

ここで，銅製容器，水，黄銅の質量をそれぞれ，m_1, m_2, m_3, 比熱を c_1, c_2, c_3, 初期温度を t_1, t_2, t_3, 熱平衡温度を t とすると，黄銅の失う熱量 $|Q_3|=$ 銅製容器と水が受ける熱量 $(|Q_1|+|Q_2|)$ と表され，失う熱量 Q_3 はマイナスとなるために，マイナスを前に掛けて，

$$-m_3 c_3 (t - t_3) = m_1 c_1 (t - t_1) + m_2 c_2 (t - t_2)$$ となり，

未知数は c_3 であることから，

$$\begin{aligned}c_3 &= \frac{m_1 c_1 (t - t_1) + m_2 c_2 (t - t_2)}{m_3 (t_3 - t)} \\ &= \frac{0.5 \times 0.386 \times (26.6 - 20) + 1 \times 4.18 \times (26.6 - 20)}{1 \times (100 - 26.6)} \\ &= 0.393 \ [\text{kJ/(kg·K)}]\end{aligned}$$

となる．

図解 1-1

[2]
(1) Step 2 [2] の問題と類似の問題であり，今回は，ヒーターの出力が未知数となっている．

したがって，

電気ヒーターの出力を P [kW] とすると，

x 分間におけるヒーターの発熱量 Q_H は，

$$Q_H = P \ [\text{kJ/s}] \cdot 60x \ [\text{s}]$$
$$= 60Px \ [\text{kJ}]$$

となり，

一方，ヒーターによって，水が加熱される熱量 Q は，

$$Q = mc\Delta T$$

と表され，これらは等しいため，次式が成り立ち，

$$Q_H = Q$$
$$60Px = mc\Delta T$$
$$P = \frac{mc\Delta T}{60x}$$

ここで，水の体積を V [m³] とすると，密度 ρ [kg/m³] を用いて，質量 m は，$m = \rho V$ と表されるので，

$$\begin{aligned}P &= \frac{(\rho V) c \Delta T}{60x} \\ &= \frac{1000 \times 200 \times 10^{-3} \times 4.18 \times (40 - 15)}{60 \times 10} \\ &= 34.8 \ [\text{kW}]\end{aligned}$$

となる．

ここに注意!!!

体積 1 [L] は 1 辺が 10 [cm] (= 0.1 [m]) の立方体の体積に等しいことから，1 [L] = 0.1 [m] × 0.1 [m] × 0.1 [m] = 10^{-3} [m^3] と表される．

ここに注意!!!

P [kW] であるため，比熱 c の単位は，[kJ/(kg·K)] を用いる．

(2) 水を加熱するために必要な熱量 Q は，

$$Q = mc\Delta T$$
$$= (\rho V)c\Delta T$$
$$= 1000 \times 200 \times 10^{-3} \times 4.18 \times (40 - 15)$$
$$= 20900 \text{ [kJ]} = 20.9 \text{ [MJ]}$$

であり，
必要な灯油の質量を m [kg]，単位質量あたりの発熱量 q [MJ/kg] とおくと

$$Q = m \cdot q$$
$$m = \frac{Q}{q} = \frac{20.9 \text{ [MJ]}}{42 \text{ [MJ/kg]}} = 0.4976 \text{ [kg]}$$

が得られ，また，灯油の比重 $S = 0.8$，水の密度 $\rho = 1000$ [kg/m^3] から
灯油の密度 $\rho' = S \cdot \rho = 0.8 \times 1000 = 800$ [kg/m^3] となり，灯油の質量を体積に直すと，
$V = 0.4976$ [kg] $\div 800$ [kg/m^3] $= 6.22 \times 10^{-4}$ [m^3] となり，

$$6.22 \times 10^{-4} \text{ [}m^3\text{]} \times 10^3 \text{ [L/}m^3\text{]} = 0.622 \text{ [L]}$$

の灯油が必要であることがわかる．

第 2 章　熱力学の第 1 法則

2.1　閉じた系のエネルギー式

[1]
(1) 微小仕事量
$dW = pdV$ の関係式より，

$$W = \int_1^2 dw = \int_{v_1}^{v_2} pdV, \text{ ここで，} p = \text{一定より}$$
$$= p\int_{v_1}^{v_2} dv = p[V]_{v_1}^{v_2} = p(V_2 - V_1)$$
$$= 500(400 - 200) \times 10^{-6}$$
$$= 0.1 \text{ [kJ]} = 100 \text{ [J]}$$

● 熱力学　発展問題　解答・解説

> **ここに注意!!!**
>
> $1\,[\text{cm}^3] = 1\,[\text{cm}] \times 1\,[\text{cm}] \times 1\,[\text{cm}]$
> $\phantom{1\,[\text{cm}^3]} = 0.01\,[\text{m}] \times 0.01\,[\text{m}] \times 0.01\,[\text{m}]$
> $\phantom{1\,[\text{cm}^3]} = 10^{-6}\,[\text{m}^3]$

(2) 仕事量 $W = \int_{V_1}^{V_2} p\,dV$ より，

$p \cdot dV$ は図中の長方形の面積を表しており，$p \cdot dV$ を V_1 から V_2 にわたって足し合わせると台形の面積となる．したがって，W は台形の面積を求めれば良いので，

$$W = \frac{(P_1 + P_2)(V_2 - V_1)}{2}$$
$$ = \frac{(500 + 100)(400 - 200) \times 10^{-6}}{2}$$
$$ = 0.06\,[\text{kJ}] = 60\,[\text{J}]$$

となる．

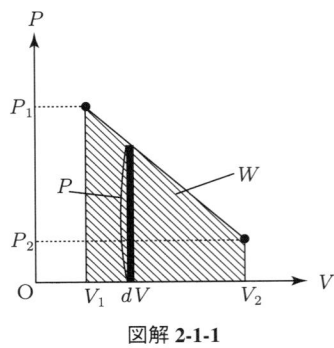

図解 2-1-1

(3) $W = \int_{V_1}^{V_2} p\,dV$ 　(A2-1)

> **ここに注意!!!**
>
> p は V の関数であるため，V の関数の形に直して解くことができる．

$pV =$ 一定より $p_1 V_1 = pV$ が成り立つ．
よって，$p = \dfrac{p_1 V_1}{V}$ を式 (A2-1) へ代入すると，

$$W = \int_{V_1}^{V_2} \frac{p_1 V_1}{V} dV$$
$$ = p_1 V_1 \int_{V_1}^{V_2} \frac{1}{V} dV$$
$$ = p_1 V_1 [\ln V]_{V_1}^{V_2}$$
$$ = p_1 V_1 (\ln V_2 - \ln V_1)$$
$$ = p_1 V_1 \ln \frac{V_2}{V_1},\ \ ここで,\ V_2 = 2V_1 より$$
$$ = p_1 V_1 \ln \frac{2V_1}{V_1}$$
$$ = p_1 V_1 \ln 2$$
$$ = 500 \times 200 \times 10^{-6} \times 0.693147$$
$$ = 0.0693\,[\text{kJ}] = 69.3\,[\text{J}]$$

> **ここに注意!!!**
>
> $\ln V$ とは $\log_e V$ のことであり，底を自然対数 e とする対数関数 (natural logarithm) のことを意味する．

2.2 開いた系（流動系）のエネルギー式

[1] タービンに対して、蒸気が単位時間あたりに流入する質量 m [kg/s]、タービンの出力 Wt [W] とすると、エネルギー式は
$m\left(h_1 + \frac{c_1^2}{2}\right) = m\left(h_2 + \frac{c_2^2}{2}\right) + W_t + Q$ となる．

$$W_t = m\left\{(h_1 - h_2) + \frac{1}{2}(c_1^2 - c_2^2)\right\} + Q$$

$$W_t = \frac{6000}{3600}\left\{(2000 - 500) \times 10^3 + \frac{1}{2}(40^2 - 120^2)\right\} + 1500$$

$$= 1.6667(1500 \times 10^3 - 6400) + 1500$$

$$= 2490883 \text{ [W]}$$

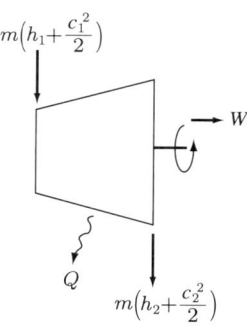

$$= 2.49 \text{ [MW]}$$

図解 2-2-1

ここに注意!!!

単位時間あたりに流入する質量 m は [kg/s] で考える必要があるため、毎時を毎秒に変換する必要がある．また、$m\frac{c^2}{2}$ の単位が [W] であるため、比エンタルピー h、熱損失の単位をそれぞれ [J/kg]、[W] とする必要がある．

第3章 理想気体

[1]
(1) 等温変化なので、$\Delta T = 0$ したがって、$\Delta U = mc_v\Delta T = 0$

基本的な考え方から、$Q = W = mRT_1 \ln\left(\frac{V_2}{V_1}\right)$

ボイルシャルルの法則から $\frac{p_1V_1}{T_1} = \frac{p_2V_2}{T_2}$　$T_1 = T_2$ を代入して整理すると、$\frac{V_2}{V_1} = \frac{p_1}{p_2}$

したがって、$Q = W = mRT_1 \ln\left(\frac{V_2}{V_1}\right) = mRT_1 \ln\left(\frac{p_1}{p_2}\right) = 5 \times 287 \times 500 \times \ln\left(\frac{1000}{100}\right) = 1.65 \times 10^6 = 1.65$ [MJ]

(2) 断熱変化の式から、

$\frac{T_1}{p_1^{(k-1)/k}} = \frac{T_2}{p_2^{(k-1)/k}}$ したがって、$T_2 = T_1\left(\frac{p_2}{p_1}\right)^{\frac{k-1}{k}} = 500\left(\frac{100}{1000}\right)^{\frac{0.4}{1.4}} = 259$ [K]

内部エネルギー変化を求めるには定容比熱が必要である．

$c_p - c_v = R$ と $\frac{c_p}{c_v} = k$ から、$c_v = \frac{R}{k-1} = \frac{287}{1.4-1} = 718$ [J/kgK] $= 0.718$ [kJ/kgK]

したがって、$\Delta U = mc_v\Delta T = 5 \times 0.718 \times (259 - 500) = -865$ [kJ]

断熱であるから、出入りした熱量 $Q = 0$

エネルギー保存の式から、$Q = \Delta U + W$　$Q = 0$ から、$W = -\Delta U = 865$ [kJ]

(3) ポリトロープ変化の式から、$\frac{T_1}{p_1^{(n-1)/n}} = \frac{T_2}{p_2^{(n-1)/n}}$ したがって、$T_2 = T_1\left(\frac{p_2}{p_1}\right)^{\frac{n-1}{n}} = 500\left(\frac{100}{1000}\right)^{\frac{0.3}{1.3}} = 294$ [K]

内部エネルギー変化は、$\Delta U = mc_v\Delta T = 5 \times 0.718 \times (294 - 500) = -740$ [kJ]

気体がなす仕事は、$W = \frac{mR}{n-1}(T_1 - T_2) = \frac{5 \times 287}{1.3-1}(500 - 294) = 985 \times 10^3 = 985$ [kJ]

出入りした熱量は、エネルギー保存の式から $Q = \Delta U + W = -740 + 985 = 245$ [kJ]

[2] 圧縮過程はポリトロープ変化なので、

$\frac{T_1}{p_1^{(n-1)/n}} = \frac{T_2}{p_2^{(n-1)/n}}$ したがって、$T_2 = T_1\left(\frac{p_2}{p_1}\right)^{\frac{n-1}{n}} = 300\left(\frac{700}{100}\right)^{\frac{0.3}{1.3}} = 470$ [K]

● 熱力学　発展問題　解答・解説

開いた系のエネルギー保存式から，$q = (h_2 - h_1) + 1/2(c_2^2 - c_1^2) + w_t$
$q = 0$ なので，$w_t = -(h_2 - h_1) - 1/2(c_2^2 - c_1^2) = -\Delta h - 1/2(c_2^2 - c_1^2)$
$\Delta h = c_p \Delta T$ を用いると，
$w_t = -c_p \Delta T - 1/2(c_2^2 - c_1^2) = -1000 \times (470 - 300) - 1/2(100^2 - 40^2) = -174 \times 10^3 = -174 \text{ [kJ/kg]}$
すなわち，空気 1 [kg] の圧縮に，174 [kJ] の仕事が必要.
空気の流量が 3 [kg/s] なので，圧縮機の動力 W は
$W = 3 \times 174 = 522 \text{ [kJ/s]} = 522 \text{ [kW]}$

第 4 章　熱力学の第 2 法則

4.1　熱機関と冷凍機・ヒートポンプ

(1) まず，低温熱源である空気から奪う，単位時間あたりの熱量 Q_2 を求める.
ここで，空気の単位時間あたりに流れる質量 m_L [kg/s] は

$m_L = \rho_L V_L$

$\quad = 1.2 \text{ [kg/m}^3\text{]} \times 50 \text{ [m}^3\text{/min]} \times \dfrac{1}{60} \text{ [min/s]}$

$\quad = 1 \text{ [kg/s]}$

となる.
次に，空気の熱交換器入口温度を $t_{L,in}$，出口温度を $t_{L,out}$ とすると

$Q_2 = m_L c_L \Delta T$

$\quad = m_L c_L (t_{L,out} - t_{L,in})$

$\quad = 1 \times 1000 \times (5 - 10)$

$\quad = -5000 \text{ [J/s]}$

$\quad = -5 \text{ [kW]}$

となる.

ここに注意!!!

ここではマイナス (−) となっており，熱が除去されていることを意味するが，絶対値である $Q_2 = 5$ [kW] として扱う.

これより，エネルギー保存から，高温熱源に対する加熱量 Q_1 は

$Q_1 = W + Q_2$

$\quad = 1.5 + 5 = 6.5 \text{ [kW]}$ となる.

(2) 次に，高温熱源である水の単位時間あたりに流れる質量を $\dot{m}_H$ [kg/s] とすると

$m_H = \rho_H V_H = 1000 \text{ [kg/m}^3\text{]} \times 3 \text{ [L/min]}$

$\quad = 1000 \text{ [kg/m}^3\text{]} \times 3 \times 10^{-3} \text{ [m}^3\text{/min]} \times \dfrac{1}{60} \text{ [min/s]}$

$\quad = 0.05 \text{ [kg/s]}$

となり，水の熱交換器入口温度を t_H, in，出口温度を t_H, out すると，加熱量は $Q_1 = m_H c_H \Delta T$ と表され

$$Q_1 = m_H c_H (t_H, out - t_H, in)$$

$$t_H, out = t_H, in + \frac{Q_1}{m_H c_H}$$

$$= 15 + \frac{6.5}{0.05 \times 4.18}$$

$$= 46.1 \, [°C]$$

となる．

(3) ヒートポンプの成績係数 ε_h は

$$\varepsilon_h = \frac{Q_1}{W} = \frac{6.5}{1.5} = 4.33$$

となる．

4.2 カルノーサイクルと逆カルノーサイクル

[1]
(1) 外気から壁を通過して室内へ熱が伝わるが，その熱を冷凍機で除去することによって，室温が 27 [°C] 一定に保たれている．ここで，逆カルノーサイクル冷凍機の成績係数 ε_r は

$$\varepsilon_r = \frac{Q_2}{W} = \frac{Q_2}{Q_1 - Q_2} = \frac{T_L}{T_H - T_L} = \frac{t_L + 273}{(t_H + 273) - (t_L + 273)} = \frac{t_L + 273}{t_H - t_L} = \frac{27 + 273}{37 - 27} = 30$$

となる．

(2) 外気から室内への単位時間あたりの通過熱 Q_2 は，外気と室内の温度差 ΔT，壁の面積 A に比例し，比例係数が K であるため，

$$Q_2 = K \Delta T A$$

$$= K \cdot (t_H - t_L) \cdot A$$

$$= 5 \times (37 - 27) \times 150$$

$$= 7500 \, [W] \, (7.5 \, [kW])$$

となる．

(3) 冷凍機の成績係数 ε_r は，定義式より次のように表され，

$$\varepsilon_r = \frac{Q_2}{W}$$

$$W = \frac{Q_2}{\varepsilon_r} = \frac{7.5}{30} = 0.25 \, [kW]$$

となる．

(4) エネルギー保存から，外気へ捨てる単位時間あたりの熱量 Q_1 は

$$Q_1 = W + Q_2$$

$$= 0.25 + 7.5 = 7.75 \, [kW]$$

となる．

(5) 室内冷房設定温度 $t_L = 22 \, [°C]$ とした場合，成績係数 ε_r は

$$\varepsilon_r = \frac{T_L}{T_H - T_L} = \frac{22 + 273}{37 - 22} = 19.67$$

となる．
また，外気から室内への通過熱 Q_2 は

$Q_2 = K \cdot \Delta T \cdot A$

$= 5 \times (37 - 22) \times 150$

$= 11250 \text{ [W]}$

$= 11.25 \text{ [kW]}$

となる．
よって

$\varepsilon_r = \dfrac{Q_2}{W}$

$W = \dfrac{Q_2}{\varepsilon_r} = \dfrac{11.25}{19.67} = 0.572 \text{ [kW]}$

となる．
この計算より，室内冷房設定温度を下げると，冷凍機の成績係数は低下し，さらに外気からの熱通過量も増えることにより，冷凍機の動力は増えることがわかる．

[2] このカルノーサイクルの出力 W は，pV 線図の斜線で示された面積であるが，計算で直接求めることは難しい．しかしながら，カルノーサイクルの熱効率 η_{th} は

$\eta_{th} = \dfrac{W}{Q_1} = \dfrac{Q_1 - Q_2}{Q_1} = 1 - \dfrac{Q_2}{Q_1} = 1 - \dfrac{T_L}{T_H} = 1 - \dfrac{100 + 273}{700 + 273} = 0.6166$

とわかるため，Q_1 が求まれば，W を求めることができる．

受熱は等温状態で行われることから，等温変化における受熱量 Q は，$Q = mRT \ln\left(\dfrac{V_2}{V_1}\right)$

状態 1 → 状態 2 は等温変化なので，ボイルシャルルの法則を利用すると，$p_1V_1 = p_2V_2$

これから $\dfrac{V_2}{V_1} = \dfrac{p_1}{p_2}$ なので，$Q = mRT \ln\left(\dfrac{p_1}{p_2}\right)$ したがって，Q を求めるには，p_2 を求めればよい．

状態 2 → 状態 3 は断熱変化なので，断熱変化の式を用い，$\dfrac{T_2}{p_2^{(k-1)/k}} = \dfrac{T_3}{p_3^{(k-1)/k}}$

$p_2 = p_3 \left(\dfrac{T_2}{T_3}\right)^{\frac{k}{k-1}} = 100 \left(\dfrac{700 + 273}{100 + 273}\right)^{\frac{1.4}{1.4-1}} = 2867 \text{ [kPa]}$

以上から，

$Q = mRT \ln\left(\dfrac{p_1}{p_2}\right) = 0.1 \times 287 \times (700 + 273) \times \ln\left(\dfrac{3000}{2867}\right) = 1266 \text{ [J]}$

これは 1 サイクルでの熱量であるため，毎分 100 サイクルより
単位時間あたりの熱量 $Q_1 = 1266 \text{ [J/サイクル]} \times 100 \text{ [サイクル/min]} \times \dfrac{1}{60} \text{ [min/s]} = 2110 \text{ [W]}$ となり，

$\eta_{th} = \dfrac{W}{Q_1}$

$W = \eta_{th} Q_1 = 0.6166 \times 2110 = 1301 \text{ [W]}$

$= 1.30 \text{ [kW]}$

となる．

4.3 エントロピー

[1]

(1) 理想気体の状態式 $pV = mRT$ から,窒素の質量は

$$m = \frac{pV}{RT}$$
$$= \frac{100 \times 10^3 \times 1}{297 \times 300}$$
$$= 1.122 \,[\text{kg}]$$

となる.

また,窒素の内部エネルギーの変化量 ΔU は

$$\Delta U = mc_v \Delta T = mc_v(T_2 - T_1)$$
$$= 1.122 \times 0.74 \times (800 - 300)$$
$$= 415 \,[\text{kJ}]$$

図解 4-3-1

となる.
次に窒素のエントロピー変化量 ΔS は

$$\Delta S = \int_1^2 dS = \int_1^2 \frac{dQ}{T} \tag{A4-3-1}$$

と表され,体積一定加熱であるため,熱量 $dQ = mc_v dT$ となり,これを式 (A4-3-1) に代入すると,エントロピー変化量は

$$\Delta S = \int_1^2 \frac{mc_v dT}{T}$$
$$= mc_v \int_{T_1}^{T_2} \frac{1}{T} dT$$
$$= mc_v [\ln T]_{T_1}^{T_2}$$
$$= mc_v (\ln T_2 - \ln T_1)$$
$$= mc_v \ln \frac{T_2}{T_1}$$
$$= 1.122 \times 0.74 \times \ln \frac{800}{300}$$
$$= 0.814 \,[\text{kJ/K}]$$

となる.

(2) 温度一定であるため,内部エネルギーの変化量は $\Delta U = 0 \,[\text{J}]$ となる.
また,エントロピーの変化量 ΔS は,温度一定より

$$\Delta S = \int_2^3 dS = \int_2^3 \frac{dQ}{T} = \frac{1}{T} \int_2^3 dQ = \frac{Q}{T_2}$$

と表され,次にエネルギー式より $Q = \Delta U + W$,$\Delta U = 0$ なので $Q = W$ となり,仕事量 W を求めればよいことになる.
仕事量 W は

$$W = \int_2^3 dW = \int_{V_2}^{V_3} p dV \tag{A4-3-2}$$

と表わされる．
$pV = mRT$ から，$p = \dfrac{mRT}{V}$ として，

$$W = \int_{V_2}^{V_3} \dfrac{mRT}{V} dV$$

$$= mRT_2 \int_{V_2}^{V_3} \dfrac{1}{V} dV \;(T \text{ は一定のため})$$

$$= mRT_2 [\ln V]_{V_2}^{V_3}$$

$$= mRT_2 (\ln V_3 - \ln V_2)$$

$$= mRT_2 \ln \dfrac{V_3}{V_2}$$

$$= mRT_2 \ln \dfrac{1.5 V_1}{V_1}$$

$$= 1.122 \times 297 \times 800 \times \ln 1.5$$

$$= 108.1 \text{ [kJ]}$$

したがって，エントロピー変化量は

$$\Delta S = \dfrac{Q}{T_2} = \dfrac{W}{T_2} = \dfrac{108.1}{800} = 0.135 \text{ [kJ/K]}$$

(3) 内部エネルギーの変化量 ΔU を求めるために，温度 T_4 を求める必要がある．
3 → 4 間は断熱変化なので，

$$\dfrac{T}{p^{\frac{\kappa-1}{\kappa}}} = \text{一定} \tag{A4-3-3}$$

であり，この式から T_4 を得ることができるが，その前に p_2, p_3 を求めておく必要がある．
そこで，1 → 2 は等容変化であるので，ボイル・シャルルの法則から

$$\dfrac{T_1}{p_1} = \dfrac{T_2}{p_2}, \quad p_2 = p_1 \dfrac{T_2}{T_1} = 100 \times \dfrac{800}{300} = 266.7 \text{ [kPa]}$$

が得られ，
次に 2 → 3 は等温変化であるから，ボイル・シャルルの法則より

$$p_2 V_2 = p_3 V_3, \quad p_3 = \dfrac{p_2 V_2}{V_3} = \dfrac{p_2 V_1}{1.5 V_1} = \dfrac{p_2}{1.5} = 177.8 \text{ [kPa]}$$

が得られる．
よって式 (A4-3-3) より

$$\dfrac{T_3}{p_3^{\frac{\kappa-1}{\kappa}}} = \dfrac{T_4}{p_4^{\frac{\kappa-1}{\kappa}}}$$

$$T_4 = T_3 \left(\dfrac{p_4}{p_3}\right)^{\frac{\kappa-1}{\kappa}} \tag{A4-3-4}$$

となり，
ここで，c_v, R が既知であるが，κ が未知であるため
$\kappa = \dfrac{c_p}{c_v}$, $c_p - c_v = R$ の関係式より

$$\kappa = \dfrac{c_v + R}{c_v} = \dfrac{0.74 + 0.297}{0.74} = 1.401$$

が得られ，これを式 (A4-3-4) へ代入し

$$T_4 = 800 \times \left(\frac{100}{177.8}\right)^{\frac{1.401-1}{1.401}} = 800 \times \left(\frac{100}{177.8}\right)^{0.286224}$$

$$= 678.5 \text{ [K]}$$

となる．

したがって，内部エネルギーの変化量 ΔU は

$$\Delta U = mc_v \Delta T$$

$$= mc_v(T_4 - T_3)$$

$$= 1.122 \times 0.74 \times (678.5 - 800)$$

$$= -101 \text{ [kJ]}$$

となる．

一方，エントロピーの変化量 ΔS は $dS = \dfrac{dQ}{T}$ で，断熱変化では $dQ = 0$ であるため，$\Delta S = 0$ [J/K] となる．

[2]

(1) 熱平衡の問題であるから，熱平衡後の両物体の温度を T とすると

$$| m_A c_A (T - T_A) | = | m_B c_B (T - T_B) |$$

$$-m_A c_A (T - T_A) = m_B c_B (T - T_B)$$

$$T = \frac{m_A c_A T_A + m_B c_B T_B}{m_A c_A + m_B c_B}$$

$$= \frac{2 \times 0.5 \times 1000 + 10 \times 2 \times 500}{2 \times 0.5 + 10 \times 2}$$

$$= 524 \text{ [K]}$$

> Ⓐ
> $m_A = 2$ [kg]
> $c_A = 0.5$ [kJ/(kg·K)]
> $T_A = 1000$ [K] ΔS_A
> Ⓑ   ⇩ Q ΔS
> $m_B = 10$ [kg]
> $c_B = 2$ [kJ/(kg·K)]
> $T_B = 500$ [K] ΔS_B
>
> $T_L = 300$ [K]
>
> 図解 **4-3-2**

(2) 物体 A のエントロピー変化量は

$$\Delta S_A = \int dS = \int \frac{dQ}{T}$$

と表され，物体 A の熱容量は有限であり，$dQ = m_A c_A dT$ であることから，エントロピー変化量は

$$\Delta S_A = \int_{T_A}^{T} \frac{m_A c_A dT}{T}$$

$$= m_A c_A \int_{T_A}^{T} \frac{1}{T} dT$$

$$= m_A c_A [\ln T]_{T_A}^{T}$$

$$= m_A c_A (\ln T - \ln T_A)$$

$$= m_A c_A \ln \frac{T}{T_A}$$

$$= 2 \times 0.5 \times \ln \frac{523.8}{1000}$$

$$= -0.647 \text{ [kJ/K]}$$

となる．

同様に物体 B のエントロピー変化量は

$$\Delta S_B = m_B c_B \ln \frac{T}{T_B}$$

$$= 10 \times 2 \times \ln \frac{523.8}{500}$$

$$= 0.930 \text{ [kJ/K]}$$

したがって物体 A，B 全体のエントロピー変化量 ΔS は

$$\Delta S = \Delta S_A + \Delta S_B$$

$$= -0.647 + 0.930$$

$$= 0.283 \text{ [kJ/K]}$$

となり，伝熱は不可逆過程であるため，エントロピーは増加していることが確認される．

第 5 章　ガスサイクル

5.1　オットーサイクル

[1] 図 5-1-1 において，$T_1 = 300$ [K], $p_1 = 0.1$ [MPa], $T_3 = 2200$ [K]

等容加熱（状態 2 → 状態 3 間）における比エントロピー変化量 Δs は $\Delta s = c_v \ln\left(\dfrac{T_3}{T_2}\right)$ であるから，

$$1.0 = 0.717 \ln\left(\frac{2200}{T_2}\right) \text{ つまり } \frac{2200}{T_2} = \exp\left(\frac{1.0}{0.717}\right) \text{ したがって，} T_2 = 545 \text{ [K]}$$

状態 1 → 状態 2 間は断熱変化なので，$T_1 v_1^{\kappa-1} = T_2 v_2^{\kappa-1}$ すなわち $\left(\dfrac{v_1}{v_2}\right)^{\kappa-1} = \dfrac{T_2}{T_1}$, $\dfrac{v_1}{v_2} = \varepsilon$ なので，$\varepsilon^{\kappa-1} = \dfrac{T_2}{T_1}$

$$\therefore \varepsilon = \left(\frac{T_2}{T_1}\right)^{\frac{1}{\kappa-1}} = \left(\frac{545}{300}\right)^{\frac{1}{0.4}} = 4.45$$

したがって，$\eta_{th} = 1 - \dfrac{1}{\varepsilon^{\kappa-1}} = 1 - \dfrac{1}{4.45^{0.4}} = 0.450$

加熱は等容で行われるので，単位質量あたりの加熱量 q_1 は，

$$q_1 = c_v(T_3 - T_2) = 0.717(2200 - 545) = 1187 \text{ [kJ/kg]}$$

したがって，単位質量あたりの仕事量 w は，

$$w = \eta_{th} q_1 = 0.45 \times 1187 = 534 \text{ [kJ/kg]}$$

〈別解〉

T_2 の算出以降は，以下の方法で熱効率と単位質量あたりの仕事量を求めてもよい

状態 1 → 状態 2 間と状態 3 → 状態 4 間はともに断熱変化なので，

$$T_1 v_1^{\kappa-1} = T_2 v_2^{\kappa-1}, \quad T_3 v_3^{\kappa-1} = T_4 v_4^{\kappa-1} \text{ したがって } \left(\frac{v_1}{v_2}\right)^{\kappa-1} = \frac{T_2}{T_1}, \quad \left(\frac{v_4}{v_3}\right)^{\kappa-1} = \frac{T_3}{T_4}$$

ところで，$v_1 = v_4, v_2 = v_3$ なので，$\dfrac{T_2}{T_1} = \dfrac{T_3}{T_4}$ $\therefore T_4 = T_1 \dfrac{T_3}{T_2} = 300 \dfrac{2200}{545} = 1211$ [K]

受熱量 q_1 は，$q_1 = c_v(T_3 - T_2) = 0.717(2200 - 545) = 1187$ [kJ/kg]
放熱量 q_2 は，$q_1 = c_v(T_4 - T_1) = 0.717(1211 - 300) = 653$ [kJ/kg]

したがって，

$$\text{熱効率} \eta_{th} = 1 - \frac{q_2}{q_1} = 1 - \frac{653}{1187} = 0.450$$

単位質量あたりの仕事量 $w = q_1 - q_2 = 1187 - 653 = 534$ [kJ/kg]

5.2 ディーゼルサイクル

[1] 図 5-2-1 において，$T_1 = 300$ [K], $p_1 = 0.1$ [MPa], $T_3 = 2000$ [K], $\varepsilon = \dfrac{v_1}{v_2} = 20$

圧縮過程（状態 1 → 状態 2 間）は断熱変化なので，

$$p_1 v_1^\kappa = p_2 v_2^\kappa \therefore p_2 = p_1 \left(\dfrac{v_1}{v_2}\right)^\kappa = p_1 \varepsilon^\kappa = 0.1 \times 20^{1.4} = 6.63 \text{ [MPa]} \;①$$

$$T_1 v_1^{\kappa-1} = T_2 v_2^{\kappa-1} \therefore T_2 = T_1 \left(\dfrac{v_1}{v_2}\right)^{\kappa-1} = T_1 \varepsilon^{\kappa-1} = 300 \times 20^{0.4} = 994 \text{ [K]} \;②$$

受熱過程（状態 2 → 状態 3 間）は等圧 ($p_2 = p_3$) であるから $\dfrac{v_2}{T_2} = \dfrac{v_3}{T_3}$，すなわち $\dfrac{v_3}{v_2} = \dfrac{T_3}{T_2}$．したがって $\sigma = \dfrac{v_3}{v_2} = \dfrac{T_3}{T_2}$

T_3 は最高温度なので，$\sigma = \dfrac{T_3}{T_2} = \dfrac{2000}{994} = 2.01$

圧縮比と等圧膨張比が求められたので，熱効率が算出できる．

$$\eta_{th} = 1 - \dfrac{1}{\varepsilon^{\kappa-1}} \dfrac{\sigma^\kappa - 1}{\kappa(\sigma - 1)} = 1 - \dfrac{1}{20^{0.4}} \dfrac{2.01^{1.4} - 1}{1.4(2.01 - 1)} = 0.646$$

各状態点における温度，圧力，比体積を求める．表 5-2-1 で，太字の数値は予め与えられた条件と，これまでに求められた値である．

(1) 状態 1

理想気体の状態式 $p_1 v_1 = RT_1$ から，$v_1 = \dfrac{RT_1}{p_1} = \dfrac{287 \times 300}{0.1 \times 10^6} = 0.861 \text{ [m}^3\text{/kg]}$

(2) 状態 2

$p_2 v_2 = RT_2$ から，$v_2 = \dfrac{RT_2}{p_2} = \dfrac{287 \times 994}{6.63 \times 10^6} = 0.0430 \text{ [m}^3\text{/kg]}$

〈別解 1〉

ボイルシャルルの法則 $\dfrac{p_1 v_1}{T_1} = \dfrac{p_2 v_2}{T_2}$ から，$v_2 = \dfrac{p_1}{p_2} \dfrac{T_2}{T_1} v_1 = \dfrac{0.1}{6.63} \dfrac{994}{300} 0.861 = 0.0430 \text{ [m}^3\text{/kg]}$

〈別解 2〉

状態 1 → 状態 2 間は断熱変化なので $p_1 v_1^\kappa = p_2 v_2^\kappa$ から $v_2 = \left(\dfrac{p_1}{p_2}\right)^{\frac{1}{\kappa}} v_1 = \left(\dfrac{0.1}{6.63}\right)^{\frac{1}{1.4}} \times 0.861 = 0.0430 \text{ [m}^3\text{/kg]}$

(3) 状態 3

$p_3 v_3 = RT_3$ から，$v_3 = \dfrac{RT_3}{p_3} = \dfrac{287 \times 2000}{6.63 \times 10^6} = 0.0866 \text{ [m}^3\text{/kg]}$

〈別解〉

ボイルシャルルの法則 $\dfrac{p_2 v_2}{T_2} = \dfrac{p_3 v_3}{T_3}$ から，状態 2 → 状態 3 間は等圧変化なので $\dfrac{v_2}{T_2} = \dfrac{v_3}{T_3}$

$v_3 = \dfrac{T_3}{T_2} v_2 = \dfrac{2000}{994} 0.0430 = 0.0865 \text{ [m}^3\text{/kg]}$

(4) 状態 4

$v_1 = v_4$ なので，$v_4 = 0.861 \text{ [m}^3\text{/kg]}$

状態 3 → 状態 4 間は断熱変化なので $p_3 v_3^\kappa = p_4 v_4^\kappa$　$p_4 = \left(\dfrac{v_3}{v_4}\right)^k p_3 = \left(\dfrac{0.0866}{0.861}\right)^{1.4} \times 6.63 = 0.266 \text{ [MPa]}$

同様に，$T_3 v_3^{\kappa-1} = T_4 v_4^{\kappa-1}$ から，$T_4 = \left(\dfrac{v_3}{v_4}\right)^{\kappa-1} T_3 = \left(\dfrac{0.0866}{0.861}\right)^{0.4} \times 2000 = 798 \text{ [K]}$

表 5-2-1 各状態における p, T, v

状態点	1	2	3	4
圧力 p [MPa]	**0.1**	①から **6.63**	**6.63**	0.266
温度 T [K]	**300**	②から **994**	**2000**	798
比体積 v [m^3/kg]	0.861	0.0430	0.0866	0.861

5.3 サバテサイクル

[1] 図 5-3-1 において，$\varepsilon = v_1/v_2 = 17$，$T_1 = 300$ [K]，最高温度は状態 4 なので $T_4 = 2100$ [K]，$q_{1v} = 0.3q_1$

(1) q_1 は，T_2, T_3, T_4 から，熱量と温度の関係式 $q = c\Delta T$ で求められる．

状態 1 → 状態 2 は断熱圧縮なので，$T_1 v_1^{\kappa-1} = T_2 v_2^{\kappa-1}$　$T_2 = T_1 \left(\dfrac{v_1}{v_2}\right)^{\kappa-1} = T_1 \varepsilon^{\kappa-1} = 300 \times 17^{0.4} = 932$ [K]

状態 2 → 状態 3 は等容受熱なので，$q_{1v} = c_v(T_3 - T_2)$　したがって，$\dfrac{q_{1v}}{c_v} = T_3 - T_2$　　(A5-3-1)

状態 3 → 状態 4 は等圧受熱なので，$q_{1p} = c_p(T_4 - T_3)$　したがって，$\dfrac{q_{1p}}{c_p} = T_4 - T_3$　　(A5-3-2)

式 (A5-3-1), (A5-3-2) の辺々を加え，$q_{1v} = 0.3q_1$, $q_{2p} = 0.7q_1$ を代入すると，$\dfrac{0.3q_1}{c_v} + \dfrac{0.7q_1}{c_p} = T_4 - T_2$

$$q_1 = \dfrac{(T_4 - T_2)}{\dfrac{0.3}{c_v} + \dfrac{0.7}{c_p}} = \dfrac{2100 - 932}{\dfrac{0.3}{0.717} + \dfrac{0.7}{1.00}} = 1044 \text{ [kJ/kg]}$$

(2) オットーサイクルの熱効率と圧縮比

図 5-1-1 において，$T_1 = 300$ [K]，最高温度は状態 3 なので，$T_3 = 2100$ [K]

状態 2 → 状態 3 は等容受熱なので，$q_1 = c_v(T_3 - T_2)$　したがって，$T_2 = T_3 - \dfrac{q_1}{c_v} = 2100 - \dfrac{1044}{0.717} = 644$ [K]

状態 1 → 状態 2 は断熱圧縮なので，$T_1 v_1^{\kappa-1} = T_2 v_2^{\kappa-1}$　すなわち，$\left(\dfrac{v_1}{v_2}\right)^{\kappa-1} = \dfrac{T_2}{T_1}$

$\dfrac{v_1}{v_2} = \varepsilon$ から，圧縮比 $\varepsilon = \left(\dfrac{T_2}{T_1}\right)^{\frac{1}{\kappa-1}} = \left(\dfrac{644}{300}\right)^{\frac{1}{0.4}} = 6.75$

熱効率 η は，$\eta = 1 - \dfrac{1}{\varepsilon^{\kappa-1}} = 1 - \dfrac{1}{6.75^{0.4}} = 0.534$

5.4 ブレイトンサイクル

[1] 式 (5-4-6) と式 (5-4-7) から熱効率を求めると以下の通り．圧縮比が高くなると，再生を行わない方が熱効率は高くなる．

表 5-4-1

	$\alpha = 5$	$\alpha = 15$
再生なし	0.369	0.539
再生あり	0.635	0.500

図解 5-4-1 は熱効率と圧縮比の関係を示したものであり，本計算条件においては，圧縮比が約 13 より小さければ，再生は有効である．

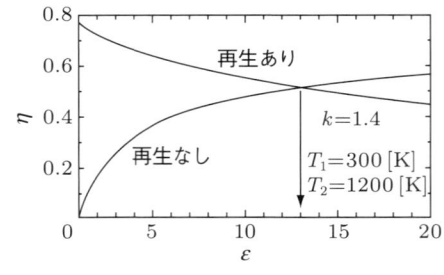

図解 5-4-1 熱効率に及ぼす再生の効果

第6章 蒸気の性質

6.1 蒸気の基礎的性質

(1) pT 線図

圧力一定で加熱するので，圧縮液の領域から過熱蒸気の領域まで水平方向に左から右に動く．図中の蒸発線より左は圧縮液，右は過熱蒸気であるから，飽和状態は蒸発線上にある．つまり②～④は蒸発線上にある．

(2) pv 線図

圧力一定で加熱するので，圧縮液の領域から過熱蒸気の領域まで水平方向に左から右へ動く．飽和液線は飽和液の状態，飽和蒸気線は乾き飽和蒸気の状態を表している．したがって，②は飽和液線上，④は飽和蒸気線上になる．③は湿り蒸気なので，湿り蒸気の領域（飽和液線と飽和蒸気線で囲まれら領域）中にある．

(3) Ts 線図

加熱すればエントロピーは増加することから，左から右に状態が進む．

圧縮液の状態であれば，加熱によって水温が上昇することから，①→②は右上がりになる．②は飽和液線上である．湿り蒸気になると，加熱しても温度は飽和温度に保たれることから，図中では②から水平方向に進む．③は湿り蒸気の領域内にあり，④は乾き飽和蒸気なので飽和蒸気線上．蒸気のみになると加熱によって蒸気の温度が上昇するので，④→⑤は右上がりになる．

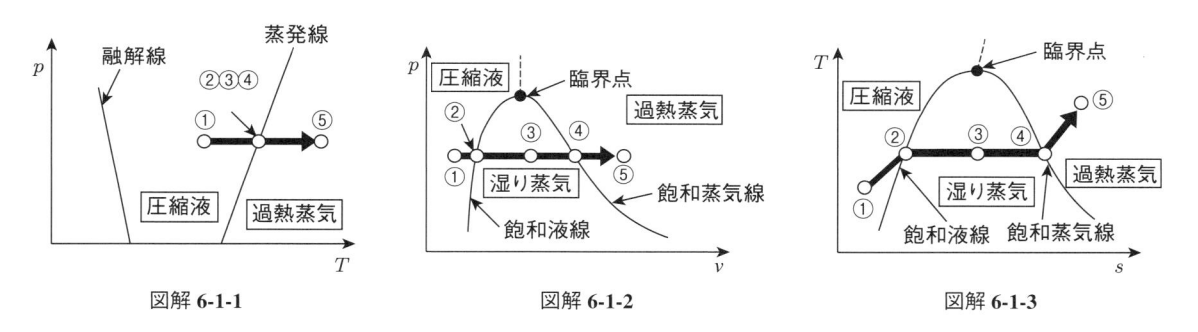

図解 6-1-1　　　図解 6-1-2　　　図解 6-1-3

6.2 蒸気の状態変化と熱力学的状態量

[1] 蒸気表から，20 [MPa], 500 [°C] の過熱蒸気は $h = 3241$ [kJ/kg]

20 [MPa] の飽和液は，$h' = 1827$ [kJ/kg]

20 [MPa], 400 [°C] は過熱蒸気なので，$h = 2821$ [kJ/kg]

20 [MPa], 500 [°C] の過熱蒸気 1 [kg] が等圧のまま 400 [°C] まで冷却されたと考える．等圧変化であるから，奪われた熱量はエンタルピー差に等しいので，$q = 3241 - 2821 = 420$ [kJ/kg]

この熱量によって，20 [MPa] の飽和水が 400 [°C] の過熱蒸気になったと考える．飽和水の量を G とすると，

$$420 = G(2821 - 1827) \quad G = 0.423 \text{ [kg]}$$

[2] 圧力基準の飽和蒸気表から 1 [MPa] では $v' = 0.00113$ [m³/kg], $v'' = 0.194$ [m³/kg]

0.3 [MPa] では $v' = 0.00107$ [m³/kg], $v'' = 0.606$ [m³/kg]

冷却前の湿り蒸気の比体積は，$v = v' + x(v'' - v') = 0.00113 + 0.95(0.194 - 0.00113) = 0.184$ [m³/kg]

密閉容器に封入されているので，冷却後も比体積は変らない．したがって，冷却後の乾き度を x として，

$$0.184 = 0.00107 + x(0.606 - 0.00107) \quad x = 0.302$$

● 熱力学　発展問題　解答・解説

6.3　湿り空気

[1]
(1) 計算

30 [°C] と 20 [°C] における蒸気圧は飽和蒸気表からそれぞれ，0.00424 [MPa] と 0.00234 [MPa]

30 [°C]，相対湿度 80% であるから，絶対湿度は

$$x = 0.622 \frac{\varphi p_s}{p - \varphi p_s} = 0.622 \frac{0.8 \times 0.00424}{0.101 - 0.8 \times 0.00424} = 0.0216 \text{ [kg/kg']}$$

冷却後には水滴が発生したので，冷却後の相対湿度は 100%．したがって絶対湿度は，

$$x = 0.622 \frac{p_s}{p - p_s} = 0.622 \frac{0.00234}{0.101 - 0.00234} = 0.0148 \text{ [kg/kg']}$$

したがって，空気 1 [kg] あたりから発生する凝縮水分量は，0.0216 − 0.0148 = 0.0068 [kg/kg']

(2) 湿り空気線図

30 [°C]，相対湿度 80% であるから，最初の状態は図中の A であり，絶対湿度 x_A は 0.0216 [kg/kg']．絶対湿度一定のまま温度を低下させると B 点（温度約 25 [°C]）で $\varphi = 1.0$ すなわち飽和空気になり，さらに温度を低下させると，空気は飽和空気の状態を保ちながら温度が 20 [°C] の C 点に至る．このときの絶対湿度 x_C は，0.0148 [kg/kg']．

この過程で凝縮する空気 1 [kg] あたりの水分量は，$x_A - x_C$ = 0.0216 − 0.0148 = 0.0068 [kg/kg']

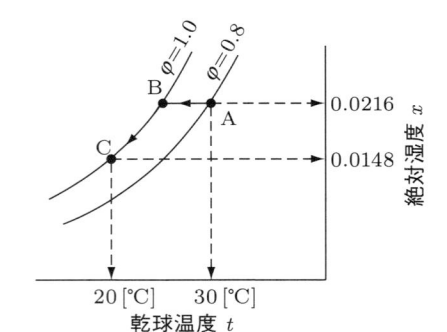

図解 6-3-1

[2] 30 [°C] と 10 [°C] の飽和蒸気圧は，それぞれ蒸気表から 0.00424 [MPa] と 0.00123 [MPa] であるから，絶対湿度は，

$$x_{30} = 0.622 \frac{\varphi p_s}{p - \varphi p_s} = 0.622 \frac{0.6 \times 0.00424}{0.101 - 0.6 \times 0.00424} = 0.0161 \text{ [kg/kg']}$$

$$x_{10} = 0.622 \frac{\varphi p_s}{p - \varphi p_s} = 0.622 \frac{0.8 \times 0.00123}{0.101 - 0.8 \times 0.00123} = 0.00612 \text{ [kg/kg']}$$

比エンタルピーは

$$h_{30} = 1.005 \times 30 + (2500 + 1.858 \times 30) \times 0.0161 = 71.3 \text{ [kJ/kg']}$$

$$h_{10} = 1.005 \times 10 + (2500 + 1.858 \times 10) \times 0.00612 = 25.5 \text{ [kJ/kg']}$$

混合後の絶対湿度 x は，$x_{mix} = \dfrac{100 \times 0.0161 + 50 \times 0.00612}{100 + 50} = 0.0128$ [kg/kg']

混合後の比エンタルピー h は，$h_{mix} = \dfrac{100 \times 71.3 + 50 \times 25.5}{100 + 50} = 56.0$ [kJ/kg']

したがって，混合後の温度を t [°C] とすると，比エンタルピーの式から，

$h_{mix} = 1.005t + (2500 + 1.858t)x_{mix}$ これから，

$$t = \frac{h_{mix} - 2500 x_{mix}}{1.005 + 1.858 x_{mix}} = \frac{56.0 - 2500 \times 0.0128}{1.005 + 1.858 \times 0.0128} = 23.3 \text{ [°C]}$$

23.3 [°C] における蒸気圧は，蒸気表から求めた 22 [°C] と 24 [°C] の蒸気圧をもとに内装によって求めると，$p_s = 0.00286$ [MPa] したがって，$\varphi = \dfrac{xp}{p_s(0.622 + x)} = \dfrac{0.0128 \times 0.101}{0.00286 \times (0.622 + 0.0128)} = 0.712$　71.2%

【参考】湿り蒸気線を用いた解法

30 [°C]，相対湿度 60% の状態を A，10 [°C]，相対湿度 80% の状態を B とする．
2 種類の湿り空気を混合する場合，直線 AB を質量割合に応じて内分した位置が，混合状態になる．この問題では，30 [°C]，相対湿度 60% の湿り空気が 100 [kg]，相対湿度 80% の湿り空気が 50 [kg] であるから，AB 間を 2：1 に内分した位置が混合状態 C となる．図から，C 点における比エンタルピーは約 56 [kJ/kg']，絶対湿度は約 0.0127 [kg/kg']，相対湿度は約 72% と読み取れる．

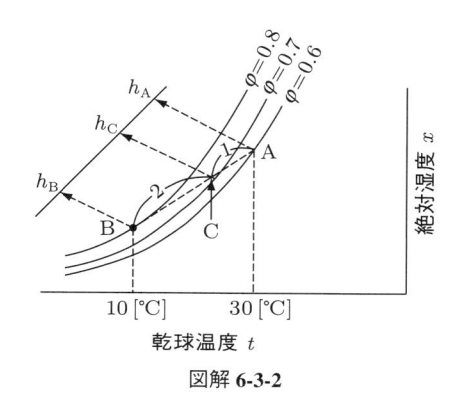

図解 6-3-2

第 7 章　蒸気サイクル

7.1　ランキンサイクル

[1] 図 7-1-2 において，状態 5 は 10 [MPa]，600 [°C] なので過熱蒸気表から，$h_5 = 3623$ [kJ/kg]，$s_5 = 6.9013$ [kJ/kgK]，$s_5 = s_6$ から $s_6 = 6.9013$ [kJ/kgK]．

抽気圧力は 1 [MPa] なので状態 6 の圧力が 1 [MPa]．したがって 1 [MPa] で $s_6 = 6.9013$ [kJ/kgK] となるときの h_6 を蒸気表から内挿によって求める．

　　240 [°C]　$h = 2921$ [kJ/kg],　　$s = 6.8825$ [kJ/kgK]

　　260 [°C]　$h = 2965$ [kJ/kg],　　$s = 6.9680$ [kJ/kgK]

$s_6 = 6.9013$ [kJ/kgK] となる h_6 を求めると

$$\dfrac{6.9013 - 6.8825}{6.9680 - 6.8825} = \dfrac{h_6 - 2921}{2965 - 2921}$$

　　$\therefore h_6 = 2931$ [kJ/kg]

給水加熱器の出口は圧力 1 [MPa] の飽和液なので，

　　$h_3 = 763$ [kJ/kg]

ポンプ仕事を無視すると

　　$h_2 = h_1$

状態 1 は 5 [kPa] の飽和液なので

　　$h_2 = h_1 = 138$ [kJ/kg]

● 熱力学　発展問題　解答・解説

（1）m [kg] の抽気された蒸気と，$(1-m)$ [kg] の復水器から供給される液が混合して 1 [MPa] の飽和液ができるので，ポンプ仕事を無視した熱バランスから，

$$h_3 = mh_6 + (1-m)h_1 \therefore m = \frac{h_3 - h_1}{h_6 - h_1} = \frac{763 - 138}{2931 - 138} = 0.224 \quad 22.4\%$$

（2）熱効率の算出には，h_7 が必要であるため，先ず h_7 を求める．タービン内は等エントロピー膨張なので，$s_5 = s_7 = 6.90$ [kJ/kgK]　5 [kPa] では $s' = 0.476$ [kJ/kgK], $s'' = 8.40$ [kJ/kgK] なので，乾き度を x とすると

$$6.90 = 0.476 + x(8.40 - 0.476) \quad x = 0.811$$

これから h_7 を求める．5 [kPa] では $h' = 138$ [kJ/kg], $h'' = 2562$ [kJ/kg] なので，$h_7 = h' + x(h'' - h') = 138 + 0.811(2562 - 138) = 2104$ [kJ/kg]

したがって熱効率は，$\eta = \dfrac{h_5 - h_6 + (1-m)(h_6 - h_7)}{h_5 - h_3} = \dfrac{3623 - 2931 + (1 - 0.224)(2931 - 2104)}{3623 - 763} = 0.466$

[2] 図 7-1-3 において，状態 3 は 20 [MPa], 600 [°C] なので，$h_3 = 3536$ [kJ/kg], $s_3 = 6.5043$ [kJ/kgK]
状態 5 は 2 [MPa], 600 [°C] なので，$h_5 = 3689$ [kJ/kg], $s_5 = 7.70$ [kJ/kgK]
先ず，h_4 を求める．タービン内は等エントロピー膨張なので，$s_4 = s_3 = 6.5043$ [kJ/kgK]
2 [MPa], 240 [°C] において，$h = 2876$ [kJ/kg], $s = 6.4943$ [kJ/kgK]
2 [MPa], 250 [°C] において，$h = 2902$ [kJ/kg], $s = 6.5454$ [kJ/kgK]

s の値の差が小さいため，桁数を多くとった．

であることから，$s_4 = 6.5043$ [kJ/kgK] となるときの h を外挿によって求める．

$$\frac{6.5454 - 6.5043}{6.5454 - 6.4943} = \frac{2902 - h_4}{2902 - 2876} \quad h_4 = 2881 \text{ [kJ/kg]}$$

状態 5 → 状態 6 間は等エントロピー膨張なので，$s_5 = s_6 = 7.70$ [kJ/kgK]
5 [kPa] では $h' = 138$ [kJ/kg], $h'' = 2562$ [kJ/kg], $s' = 0.476$ [kJ/kgK], $s'' = 8.40$ [kJ/kgK]
状態 6 の乾き度を x とすると，$7.70 = 0.476 + x(8.40 - 0.476) \quad x = 0.912$
したがって，$h_6 = 138 + 0.912(2562 - 138) = 2349$ [kJ/kg]
状態 1 では，$h_1 = 138$ [kJ/kg]．ポンプの仕事を無視するので，$h_2 = 138$ [kJ/kg]
以上から熱効率は，

$$\eta_{th} = \frac{w}{q_1} = \frac{(h_3 - h_4) + (h_5 - h_6)}{(h_3 - h_2) + (h_5 - h_4)} = \frac{(3536 - 2881) + (3689 - 2349)}{(3536 - 138) + (3689 - 2881)} = 0.474$$

あるいは $\eta_{th} = \dfrac{w}{q_1} = 1 - \dfrac{q_2}{q_1} = 1 - \dfrac{h_6 - h_1}{(h_3 - h_2) + (h_5 - h_4)} = 1 - \dfrac{2349 - 138}{(3536 - 138) + (3689 - 2881)} = 0.474$

流体力学
発展問題　解答・解説

第1章　流体の基本的性質

1.1　密度，比重，粘性，表面張力

[1] ピストンの接触面でのせん断応力はニュートンの法則 $\tau = \mu \cdot dv/dy$ において，速度勾配が直線的であるので，$\tau = \mu \cdot v/y$ である．接触面積を A とすると，粘性による力は $F = \tau \cdot A$ より求まる．

ここで，問題より，$\mu = 0.95$ [Pa·s], $y = (125 - 124.8) \times 10^{-3}/2 = 0.1 \times 10^{-3}$ [m] である．

また，接触面積は，$A = \pi \times 124.8 \times 10^{-3} \times 75 \times 10^{-3} = 2.941 \times 10^{-2}$ [m²] である．

これらの値を $F = \tau \cdot A$ に代入して，

$$F = \tau \cdot A = \mu \cdot \frac{v}{y} \cdot A = 0.95 \times \frac{5}{0.1 \times 10^{-3}} \times 2.941 \times 10^{-2} = 1397 [\text{N}]$$

[2] 液体に接する流体は空気であるので，その密度は小さいとして省略する．

表面張力による鉛直方向の分力は，$\sigma(2\pi r_1 + 2\pi r_2)\cos\theta$ であり，二重円管内を上昇した液体の重量は，$\rho g h(\pi r_2^2 - \pi r_1^2)$ である．この2つの力はつり合うので，

$$\rho g h(\pi r_2^2 - \pi r_1^2) = \sigma(2\pi r_1 + 2\pi r_2)\cos\theta$$

となり，整理して h は，

$$h = \frac{\sigma(2\pi r_1 + 2\pi r_2)\cos\theta}{\rho g(\pi r_2^2 - \pi r_1^2)} = \frac{2\sigma\cos\theta}{\rho g(r_2 - r_1)}$$

である．

第2章　静止流体の力学

2.1　圧力（深さと圧力，圧力計測，パスカルの原理）

[1] 圧力差 Δp は，

$$\Delta p = \rho_{al} g l \sin\theta \left(1 + \frac{\Delta l}{l}\right)$$

で求まる．ここで，問題で与えられた数値から，

$$\frac{\Delta l}{l} = 0.047 \ll 1$$

となるので，この項は小さいので省略し，重力加速度を $g = 9.81$ [m/s²] として，その他問題で与えられている値を上式に代入すると，

$$\Delta p = 850 \times 9.81 \times 0.05 \times \sin 30° = 850 \times 9.81 \times 0.05 \times 0.5 = 208 [\text{Pa}]$$

となる．拡大率は，

$$\frac{1}{n} = \frac{l+\Delta l}{h+\Delta h} = \frac{1}{\sin\theta} = \frac{1}{0.5} = 2$$

$$\frac{1}{n} = 2$$

[2] 大シリンダ及び小シリンダの断面積をそれぞれ A 及び a，ピストンに加わる力を W 及び F' とすると，パスカルの原理から，ジャッキ内の圧力 p はどの地点でも等しいので，

$$p = \frac{W}{A} = \frac{F'}{a}$$

したがって，

$$F' = \frac{a}{A}W$$

である．ここで，問題の値を用いると，

$$\frac{a}{A} = \frac{(\pi/4)\times(0.015)^2}{(\pi/4)\times(0.03)^2} = 0.25, \quad W = 1000\times 9.81 = 9810 \text{ [N]}$$

であるから，

$$F' = 0.25 \times 9810 = 2450 \text{ [N]}$$

である．次に，ハンドルに加える力 F と，小シリンダに加わる力 F' の支点 O まわりのモーメントは等しいから，

$$l_1 F' = (l_1 + l_2)F, \quad \therefore F = \frac{l_1}{l_1 + l_2}F'$$

である．ここで，$l_1 = 0.02$ [m], $l_2 = 1$ [m], $F' = 2450$ [N] を代入すると，

$$F = \frac{0.02}{0.02 + 1}\times 2450 = 48.0 \text{ [N]}$$

となる．

2.2 静止流体中の壁面にはたらく力

[1] 曲面 MN 上の微小長さ Δs と単位長さの奥行きを持つ曲面を考え，その面積を ΔA とする．液面からの距離 z における ΔA の法線方向に作用する力 ΔF の y 方向成分 ΔF_y を考えると，

$$\Delta F_y = \rho g(z_0 + z)\sin\theta \Delta A$$

で与えられる．ここで，A は曲面 MN の面積，z_0 は AB 面から MN 曲面の上端 M までの距離，z は MN 曲面の上端 M から Δs までの深さ，θ は微小長さ Δs が水平面となす角であり，$\sin\theta \Delta A$ は ΔA の xz 面への投影面積 ΔA_y となる．したがって，曲面全体に作用する y 方向の力 F_y は，

$$F_y = \rho g(z_0 A_y + \int z\,dA_y) = \rho g(z_0 + \bar{z})A_y = \rho g z'_G A_y$$

である．ここで，$\bar{z}$ は曲面 MN の xz 面への投影面積の重心位置である．
次に，ΔA に作用する z 方向成分 ΔF_z を考えると，

$$\Delta F_z = \rho g(z_0 + z)\cos\theta \Delta A = \rho g(z_0 + z)\Delta A_z$$

で与えられる．ここで，$\cos\theta \Delta A$ は曲面 MN の xy 面の投影面積 ΔA_z である．したがって，曲面全体に作用する力 F_z は，

$$F_z = \rho g z_0 A_z + \rho g \int z\,dA_z = \rho g V_0 + \rho g \bar{V} = \rho g V$$

となる．ここで，V_0 は AB から点 M までに存在する液体の体積，$\bar{V}$ は曲面 MN 上で M からの水平線に含まれる液体の体積，V は曲面 MN 上にある液体の体積である．

[2] 奥行き 1 [m] について考える．円弧状ゲートに作用する水平分力 F_H は，水の密度 ρ_w，重力加速度 g，水面からゲートの重心までの鉛直距離を h'_G，ゲートの鉛直方向への投影面積を A_H として，

$$F_H = \rho_w g \, h'_G A_H$$

で表される（式 (2-2-5) 参照）．ここで，$\rho_w = 1000$ [kg/m³]，$g = 9.8$ [m/s²] とする．また，h'_G と A_H は次式で与えられる．

$$h'_G = 2 + \frac{R\sin\theta}{2} = 2 + \frac{5 \times \sin 60°}{2} = \left(2 + \frac{5 \times 0.8660}{2}\right) = 4.165 \text{ [m]}$$

$$A_H = R\sin\theta \times 1 = 5 \times \sin 60° = 4.330 \text{ [m}^2\text{]}$$

これらの値を上記の，F_H の式に代入すると，

$$F_H = \rho_w g \, h'_G A_H = 1000 \times 9.8 \times 4.165 \times 4.330 = 176.7 \text{ [kN]}$$

を得る．つぎに，F_H はゲートにかかる水平成分であるので，円弧が鉛直方向に投影される長方形での力のつり合いを考えることによって作用点 h'_c を求めることができる．したがって，I_{xG} を円弧が鉛直方向に投影される長方形の断面 2 次モーメントとすると，

$$I_{xG} = \frac{bh^3}{12} = \frac{b \cdot (A_H/b)^3}{12}$$

となる．ここで，b はゲートの奥行きであり，$b = 1$ [m] であるので，上式は，

$$I_{xG} = \frac{A_H^3}{12} = \frac{4.330^3}{12} = 6.765 \text{ [m}^4\text{]}$$

である．さて，F_H の作用点 h'_c は，

$$h'_c = h'_G + \frac{I_{xG}}{h'_G A_H}$$

だから，先の計算した値を代入して，

$$h'_c = h'_G + \frac{I_{xG}}{h'_G A_H} = 4.165 + \frac{6.765}{4.165 \times 4.33} = 4.165 + 0.375 = 4.540 \text{ [m]}$$

となる．
次に，鉛直方向分力 F_V は，ゲートから水面までの体積 V の水の重量に等しいから，$F_V = \rho_w g V$ である．ここで，図の記号，値を用いると，

$$h_0 \times R(1-\cos\theta) + \frac{\theta}{360} \times \pi \times R^2 - \frac{1}{2} R\cos\theta \times R\sin\theta = 2 \times 5 \times (1-\cos 60°) + \frac{60}{360} \times \pi \times 5^2 - \frac{1}{2} \times 5 \times \sin 60° \times 5 \times \sin 60°$$

$$= 2 \times 5 \times \frac{1}{2} + \frac{1}{6} \times \pi \times 25 - \frac{1}{2} \times 5 \times \frac{1}{2} \times \frac{\sqrt{3}}{2}$$

$$= 5 + 13.09 - 5.41 = 12.68 \text{ [m}^3\text{]}$$

となる．したがって，

$$F_V = 1000 \times 9.8 \times 12.68 = 124.3 \text{ [kN]}$$

を得る．したがって，ゲートに作用する力は，

$$F = \sqrt{F_H^2 + F_V^2} = \sqrt{176.7^2 + 124.3^2} = 216.0 \text{ [kN]}$$

となる．また，F の水平面となす角 α は，

$$\tan\alpha = \frac{F_V}{F_H} = \frac{124.3}{176.7} = 0.7034$$

だから，$\alpha = 35.12°$ となる．また，F は曲面に直角に作用するから，方向は中心 O に向かう．

● 流体力学　発展問題　解答・解説

2.3　浮力

[1] 図のような密度 ρ の液体中にある物体において，それを貫く微小な液柱を考える．物体の上部と下部の面積をそれぞれ $\Delta A_1, \Delta A_2$ とし，それらを水平面に投影した面積を ΔA とする．このとき，仮想液柱の上下に作用する圧力の差によって生まれる，鉛直上向きの力を ΔF とすると，

$$\Delta F = \{(p_0 + \rho g z_2) - (p_0 + \rho g z_1)\}\Delta A = \rho g (z_2 - z_1)\Delta A$$

である．$(z_2 - z_1)\Delta A$ は，仮想円柱が物体を貫いた部分の体積 ΔV に等しいから，上式は，

$$\Delta F = \rho g \Delta V$$

となり，これを積分すると物体全体の力 F が求まるから，

$$F = \int_V dF = \rho g \int_V dV = \rho g V$$

を得る．図より $z_2 > z_1$ だから，上向きに浮力 F が働く．浮力は物体が排除した液体の重心にはたらく．

[2] 水中にある物体に作用する力は，微小面積にかかる圧力を面積で積分することによって得られことから，鉛直下向きに作用する力 F_{down} は，図において球の中心 O を通って水平面で切った上側の表面にかかる圧力をその上側の面積で積分した値となる．また，この F_{down} は，球の中心 O を通って水平面で切った上側の表面から水面までの水の重さと言い換えることができる．

ここで，

$$\sin\theta = \frac{OH}{OA} = \frac{10/2}{25/2} = 0.4 \quad \therefore \theta = 23.58 \ [°]$$

これを使って，

$$h_2 = OA\cos\theta = \frac{0.025}{2}\cos 23.58\ [°] = 0.0115\ [m]$$

$$h_1 = h - h_2 = h - 0.0115\ [m]$$

したがって，F_{down}（球の中心 O を通って水平面で切った上側の表面から水面までの水の重さ）は，水の密度 $\rho(= 1000\ [kg/m^3])$，重力加速度 $g(= 9.81\ [m/s^2])$ として，

$$F_{down} = \rho g \left(\frac{\pi \times 0.025^2}{4} \times h_1 - \frac{1}{2} \times \frac{\pi \times 0.025^3}{6}\right) = \rho g \times \left(\frac{\pi \times 0.025^2}{4} \times (h - 0.0115) - \frac{1}{2} \times \frac{\pi \times 0.025^3}{6}\right)$$

$$= \rho g \times (4.91 \times 10^{-4} h - 5.65 \times 10^{-6} - 4.09 \times 10^{-6}) = \rho g \times (4.91 \times 10^{-4} h - 9.74 \times 10^{-6})\ [N] \tag{A2-3-1}$$

一方，鉛直上向きにかかる力 F_{up} は，圧力を円弧 AB が球の中心軸 EO まわりに回転した面積で積分した値，すなわち，円弧 AB を球の中心軸 EO まわりに回転させてできる曲面から水面までに存在する水の重量となる．すなわち，F_{up} は，図で BHFG が中心軸まわりに一周することによってできる体積と，円弧 AB と点 H でできる形状 ABH が一周することによってできる体積に含まれる水の重量である．

今，球の中心 O から紙面上の水平方向を x 軸，鉛直下方向を y 軸とすると，球の xy 平面上での断面は，

$$x^2 + y^2 = \left(\frac{D}{2}\right)^2 = \left(\frac{0.025}{2}\right)^2$$

で表されるから，F_{up} は，

$$F_{up} = \rho g \left[\left\{\frac{\pi D^2}{4}h_1 - \frac{\pi d^2}{4}h_1\right\} + \left\{\int_0^{h_2} \pi \times \left(\sqrt{(D/2)^2 - y^2}\right)^2 dy - \frac{\pi d^2}{4}h_2\right\}\right]$$

$$= \rho g \left[\frac{\pi}{4}(D^2 - d^2)(h - h_2) + \pi \int_0^{h_2}\left(\frac{D^2}{4} - y^2\right)dy - \frac{\pi d^2}{4}h_2\right]$$

$$= \rho g \left[\frac{\pi}{4}(0.025^2 - 0.010^2)(h - 0.0115) + \pi \left[\frac{0.025^2}{4}y - \frac{1}{3}y^3 \right]_0^{0.0115} - \frac{\pi \times 0.010^2 \times 0.0115}{4} \right]$$

$$= \rho g \left[4.12 \times 10^{-4}(h - 0.0115) + \pi(1.80 \times 10^{-6} - 5.06 \times 10^{-7}) - 9.03 \times 10^{-7} \right]$$

$$= \rho g \left[4.12 \times 10^{-4}h - 4.74 \times 10^{-6} + 4.06 \times 10^{-6} - 9.03 \times 10^{-7} \right]$$

$$= \rho g \left[4.12 \times 10^{-4}h - 1.58 \times 10^{-6} \right] \tag{A2-3-2}$$

$F_{down} = F_{up}$ のときが求める条件であるので，式 (A2-3-1) と式 (A2-3-2) から，

$$4.91 \times 10^{-4}h - 9.74 \times 10^{-6} = 4.12 \times 10^{-4}h - 1.58 \times 10^{-6}$$

$$0.79 \times 10^{-4}h = 8.16 \times 10^{-6}$$

$$h = 0.103 \text{ [m]}$$

[3] 浮揚体の重量を W，浮力を F としたとき，喫水を d とすると，

$$W = \rho_w s g b h l$$

であり，F は浮揚体が排除した水の重さであるから，

$$F = \rho_w g b d l$$

そして，$W = F$ であるから，喫水 d は，

$$d = sh = 0.85 \times 2000 = 1700 \text{mm} = 1.7 \text{m}$$

となる．浮力の中心 C と浮揚体の重心 G との距離 $\overline{GC}$ は，

$$\overline{GC} = \frac{h}{2} - \frac{d}{2} = \frac{2}{2} - \frac{1.7}{2} = 1 - 0.85 = 0.15 \text{ [m]}$$

浮揚体の長さ方向を x 軸としたときの Ox 軸に関する断面 2 次モーメント I_x は，

$$I_x = \frac{lb^3}{12} = \frac{8 \times 3^3}{12} = 18$$

メタセンタの高さ $\overline{GM}$ は，浮揚体が水を排除している部分の体積を V とすると，式 (2-2-8) から，

$$\overline{GM} = \frac{I_x}{V} - \overline{GC} = \frac{I_x}{b \times l \times d} - \overline{GC} = \frac{18}{3 \times 8 \times 1.7} - 0.15 = 0.441 - 0.15 = 0.291 > 0$$

したがって，浮揚体は安定である．

浮揚体が 5° 傾いたときの復元偶力 T は，浮揚体の質量 m とすると，

$$T = mg\overline{GM}\sin\theta = s\rho_w g b h l \overline{GM}\sin\theta = 0.85 \times 1000 \times 9.81 \times 3 \times 2 \times 8 \times \sin 5° = 34.9 \text{ [kN·m]}$$

第 3 章　エネルギーの保存と運動量の法則

3.1　連続の式

[1] 連続の式から，$Q_0 = Q_1 + Q_2$ であるから，

$$Q_2 = Q_0 - Q_1 = 9 - 6.8 = 2.2 \text{ [m}^3\text{/min]}$$

である．SI 単位では，$Q_2 = 2.2/60 = 3.67 \times 10^{-2}$ [m^3/s] である．
管 2 の断面積を A_2 とすると，流速 v_2 は，

$$v_2 = \frac{Q_2}{A_2} = \frac{3.67 \times 10^{-2}}{\frac{\pi}{4} \times 0.2^2} = 1.17 \text{ [m/s]}$$

● 流体力学　発展問題　解答・解説

3.2　ベルヌーイの定理

[1]
(1) タンク上の水面①と小孔からの水の噴出面②を検査面として，検査面①と②に対して，ベルヌーイの定理を適用すると，

$$\frac{p_1}{\rho g} + \frac{v_1^2}{2g} + z_1 = \frac{p_2}{\rho g} + \frac{v_2^2}{2g} + z_2$$

となり，さらに整理すると次式を得る．

$$\frac{v_2^2 - v_1^2}{2g} = \frac{p_1 - p_2}{\rho g} + z_1 - z_2 = \frac{p_1 - p_2}{\rho g} + h \tag{A3-2-1}$$

次に，連続の式 $Q = A_1 v_1 = A_2 v_2$ から，次式を得る．

$$v_1 = \frac{A_2}{A_1} v_2 \tag{A3-2-2}$$

式 (A3-2-2) を式 (A3-2-1) に代入し，整理すると，

$$\frac{v_2^2 \left\{ 1 - \left(\frac{A_2}{A_1}\right)^2 \right\}}{2g} = \frac{p_1 - p_2}{\rho g} + h$$

したがって，

$$v_2 = \frac{1}{\sqrt{1 - \left(\frac{A_2}{A_1}\right)^2}} \sqrt{2g \left(h + \frac{p_1 - p_2}{\rho g}\right)}$$

(2) 小孔がタンクの断面積に対して十分小さく，$\frac{A_2}{A_1} = 0$ として，題意の値を (1) の式 (A3-2-2) に代入すると，

$$v_2 = \frac{1}{\sqrt{1-0}} \sqrt{2 \times 9.81(1+0)} = \sqrt{19.6} = 4.43 \text{ [m/s]}$$

を得る．

[2]
(1) 空気の流れの上流とピトー管の先端（よどみ点）にベルヌーイの定理を適用すると，位置ヘッドは等しく，よどみ点での速度はゼロと考えられるので，

$$\frac{p_1}{\rho_{air} g} + \frac{v_1^2}{2g} = \frac{p_2}{\rho_{air} g} \quad \therefore p_1 - p_2 = \frac{\rho_{air} v_1^2}{2} \tag{A3-2-3}$$

である．一方，傾斜マノメータの液による圧力の平衡は，

$$p_2 = p_1 + \rho_w g(l \sin\theta + h), \quad \text{なので} \quad p_1 - p_2 = \rho_w g(l \sin\theta + h)$$

である．ここで，差圧により，管径 D の液が管径 d に移動したので，l と h の関係は，管径 D のガラス管の断面積を A，管径 d のガラス管の断面積を a とすると，$Ah = al$ である．この関係を上式に代入すると，

$$p_1 - p_2 = \rho_w g l \left(\sin\theta + \frac{a}{A} \right) \tag{A3-2-4}$$

を得る．式 (A3-2-3)，(A3-2-4) より，

$$v_1^2 = \frac{2}{\rho_{air}} \cdot \rho_w g l \left(\sin\theta + \frac{a}{A} \right) = \frac{2}{\rho_{air}} \cdot \rho_w g l \left(\sin\theta + \frac{d^2}{D^2} \right)$$

となる．$\rho_{air} = 1.22$ [kg/m^3], $g = 9.81$ [m/s^2], $l = 15$ [mm], $\theta = 30°$, $D = 20$ [mm], $d = 6$ [mm] を代入すると，以下のようになる．

$$v_1^2 = \frac{2 \times 1000 \times 9.81 \times 0.015}{1.22}\left(\sin 30° + \frac{6^2}{20^2}\right) = 241 \times (0.5 + 0.09) = 142$$

$$v_1 = \sqrt{142} = 11.9 \text{ [m/s]}$$

(2) 前問 (1) より，差圧 Δp は，

$$\Delta p = p_1 - p_2 = \rho_w g l \left(\sin\theta - \frac{a}{A}\right) = \rho_w g l \left(\sin\theta - \frac{d^2}{D'^2}\right)$$

で表される．円筒タンクの液面の下降距離 h を無視して，傾斜マノメータの差圧を表す距離 l のみで差圧とした場合，その値を $\Delta p'$ とすると，

$$\Delta p' = \rho_w g l \sin\theta$$

である。小数点以下 2 桁までを有効として測定するための条件は，

$$|\Delta p - \Delta p'| < 0.01$$

である．したがって，

$$|\Delta p - \Delta p'| = \rho_w g l \frac{d^2}{D'^2} = 1000 \times 9.81 \times 0.015 \times \frac{0.006^2}{D'^2} < 0.01$$

を得る．上式を整理して，

$$D'^2 > 0.530$$

D' は正なので，

$$D' > 0.728 \text{ [m]}$$

[3] 水の密度を $\rho_w (= 1000$ [kg/m^3]) として，ベンチュリー管の入口とスロート部でベルヌーイの定理を適用すると，

$$\frac{v_1^2}{2} + gz_1 + \frac{p_1}{\rho_w} = \frac{v_2^2}{2} + gz_2 + \frac{p_2}{\rho_w}$$

ここで，$z_1 = z_2$ だから，これを使い整理すると，

$$\frac{v_1^2}{2} + \frac{p_1}{\rho_w} = \frac{v_2^2}{2} + \frac{p_2}{\rho_w} \tag{A3-2-5}$$

一方，マノメータでの圧力差が水銀柱で $h = 85$ [mm] であるので，

$$p_1 - p_2 = (13.55 \times 10^3 - 1000) \times 9.81 \times 0.085 = 10460 \text{ [Pa]} = 10.46 \text{ [kPa]} \tag{A3-2-6}$$

ベンチュリー管の入口とスロート部で連続の式を適用すると，

$$Q = A_1 v_1 = A_2 v_2$$

$$v_2 = v_1 \left(\frac{A_1}{A_2}\right) = v_1 \left(\frac{(\pi/4) \times 0.1^2}{(\pi/4) \times 0.04^2}\right) = 6.25 v_1 \tag{A3-2-7}$$

式 (A3-2-6) と式 (A3-2-7) を式 (A3-2-5) に代入すると，

$$\frac{(6.25 \times v_1)^2}{2} - \frac{v_1^2}{2} = \frac{p_1 - p_2}{\rho_w}$$

$$19.03 \times v_1^2 = \frac{10460}{1000}$$

$$v_1 = \sqrt{\frac{10.46}{19.03}} = 0.7414 \text{ [m/s]}$$

再度，連続の式を用いて，

$$Q = A_1 v_1 = \frac{\pi \times 0.1^2}{4} \times 0.7414 = 5.822 \times 10^{-3} \text{ [m}^3\text{/s]}$$

● 流体力学　発展問題　解答・解説

3.3　運動量の法則

[1]
(1) 流れの断面積 A は，$A = (\pi/4)d^2 = (\pi/4) \times 0.05^2 = 1.96 \times 10^{-3}$ [m²]，であるので，流量は，$Q = Av = 1.96 \times 10^{-3} \times 40 = 0.0784$ [m³/s] である．
x 軸方向及び y 軸方向の運動量の変化からそれぞれの方向の力を計算する．まず，x 方向の曲面板に与える力を F_x とすると，曲面板から流れに与えられる力は $-F_x$ となり，

$$-F_x = \rho Q v \cos\theta - \rho Q v = 1000 \times 0.0784 \times 40 \times (-0.707 - 1)$$
$$= -5350 \text{ [N]} = -5.35 \text{ [kN]}$$

したがって，$F_x = 5.35$ [kN]
つぎに，y 方向の力 F_y は，同様に

$$-F_y = \rho Q v \sin\theta - 0 = 1000 \times 0.0784 \times 40 \times 0.707 = 2220 \text{ [N]} = 2.22 \text{ [kN]}$$

したがって，全体の力 F 及び力の方向 θ は，

$$F = \sqrt{F_x^2 + F_y^2} = \sqrt{(5.35)^2 + (-2.22)^2} = \sqrt{28.6 + 4.93} = 5.79 \text{ [kN]}$$
$$\theta = \tan^{-1}\left(\frac{F_y}{F_x}\right) = \tan^{-1}(-2.22/5.35) = -22.5°$$

(2) 相対速度を考慮すると，流量は $Q' = A(v-u)$ となるから，

$$-F_x = \rho Q'(v-u)(\cos\theta - 1) = \rho A(v-u)^2(\cos\theta - 1) = 1000 \times 1.96 \times 10^{-3} \times (40-3)^2 (\cos 135° - 1)$$
$$= -4580 \text{ [N]} = -4.58 \text{ [kN]}$$

$F_x = 4.58$ [kN]

$$-F_y = \rho A(v-U)\sin\theta = 1000 \times 1.96 \times 10^{-3} \times (40-3)^2 \times \sin 135° = 1900 \text{ [N]} = 1.900 \text{ [kN]}$$

$F_y = -1.90$ [kN]

$$F = \sqrt{4.58^2 + (-1.90)^2} = 4.96 \text{ [N]}$$
$$\theta = \tan^{-1}(-1.90/4.58) = -22.5 \text{ [°]}$$

[2] ジェット機は実際には飛行しているが，ジェット機を固定して考えると，速度 v_0 の空気がエンジンに流入し，w_e で流出していくと考えられる．そのときの運動量の変化がジェットの推力 F_t はになる．したがって，

$$F_t = \rho Q(w_e - v_0) = m(w_e - v_0) = 2.5 \times (750 - 150) = 1500 \text{ [N]} = 1.5 \text{ [kN]}$$

である．また，エンジンの動力 L は，

$$L = F_t \cdot v_0 = 1.5 \times 150 = 225 \text{ [kW]}$$

である．

[3] タンクの直径 D に対して，2つのノズルの直径 d_1, d_2 は小さいので，タンクの水面の下降はないとする．タンクが水平方向に受ける力は，2つのノズルからの噴流による運動量の差によって発生すると考えられるので，図の右方向を正とすると，

$$-F = \rho Q_1 v_1 - \rho Q_2 v_2 = \rho\left(\frac{\pi d_1^2}{4}v_1^2 - \frac{\pi d_2^2}{4}v_2^2\right) = \frac{\rho\pi}{4}(d_1^2 v_1^2 - d_2^2 v_2^2)$$

ここで，ノズルから噴出する水の流速は，タンクの水面と各ノズルの間にベルヌーイの式を適用すると，

$$v = v_1 = v_2 = \sqrt{2gh} \quad (\text{トリチェリの定理})$$

これを，上式に代入すると，

$$-F = \frac{\pi \cdot \rho \cdot 2gh}{4}(d_1^2 - d_2^2) = \frac{\pi \times 1000 \times 2 \times 9.81 \times 1.5}{4} \times \{(0.015)^2 - (0.030)^2\}$$
$$= -15.6 \text{ [N]}$$

となり，$F = 15.6$ [N] を得る．すなわち左方向に 15.6 [N] の力を受ける．

第4章　管路内の流れ

4.1　流れの状態と速度分布（層流，乱流）

[1] 任意の半径 r，微小長さ Δx の同心円柱部分において，圧力降下による力と，この微小円柱外周上のせん断応力 τ による力のつり合いは，

$$2\pi r \tau \Delta x = -\pi r^2 \Delta p$$

であるから，極限をとると，

$$\tau = \lim_{\Delta x \to 0} -\frac{r}{2}\frac{\Delta p}{\Delta x} = -\frac{r}{2}\frac{dp}{dx} \quad \left(\frac{dp}{dx} < 0\right)$$

を得る．ここで，定常流であるとすると，$\frac{dp}{dx}$ は一定である．一方，ニュートンの粘性の法則は，壁面からの距離を y とした $\tau = \mu \frac{du}{dy}$ で表れされる．したがって，壁面からの距離 $y = R - r$ である．よって

$$\tau = \mu \frac{du}{dy} = \mu \frac{dr}{dy}\frac{du}{dr}$$
$$= -\mu \frac{du}{dr}$$
$$\therefore \tau = -\mu \frac{du}{dr}$$

で表されるから，上の2つの式から，

$$\mu \frac{du}{dr} = \frac{r}{2}\frac{dp}{dx}$$
$$du = \frac{dp}{dx}\frac{r}{2\mu}dr$$
$$\int du = \int \frac{dp}{dx} \cdot \frac{r}{2\mu}dr$$
$$u = \frac{1}{4\mu}\frac{dp}{dx}r^2 + C$$

となる．ここで，管壁 $r = r_0$ では $u = 0$ であるから，

$$C = -\frac{1}{4\mu}\frac{dp}{dx}r_0^2$$

これを，上の速度 u の式に代入すると，

$$u = -\frac{1}{4\mu}\frac{dp}{dx}\left(r_0^2 - r^2\right)$$

を得る．

つぎに流量 Q であるが，上式のように速度 u は半径方向で変化することを考慮すると，

$$Q = \int_0^{r_0} u dA = \int_0^{r_0} u(2\pi r dr) = \int_0^{r_0} 2\pi r \left(-\frac{1}{4\mu}\frac{dp}{dx}(r_0^2 - r^2)\right) dr$$

$$= -2\pi \frac{1}{4\mu}\frac{dp}{dx}\left[\frac{r_0^2 r^2}{2} - \frac{r^4}{4}\right]_{r=0}^{r=r_0} = -\frac{\pi}{2\mu}\frac{dp}{dx}\frac{r_0^4}{4} = -\frac{1}{8\mu}\frac{dp}{dx}\pi r_0^4$$

となる．

[2] 流れが層流であることを仮定すると，前問のハーゲン・ポアズイユ流れと考えることができる．

このとき，流量 Q は，前問から，

$$Q = -\frac{1}{8\mu}\frac{dp}{dx}\pi r_0^4$$

であり，また $\frac{dp}{dx}$ は一定であるから，

$$-\Delta p = \frac{8\mu \Delta x Q}{\pi r_0^4} = \frac{8\mu l Q}{\pi (d/2)^4} = \frac{128\mu l Q}{\pi d^4}$$

ここで圧力は上流から下流に向かって値が小さくなるで負の値を持つ．このことを考慮して

$$\mu = \frac{|\Delta p|\pi d^4}{128 l Q} = \frac{200 \times 10^3 \times \pi \times (0.050)^4}{128 \times 450 \times (0.10/60)} = 0.0409 \text{ [Pa·s]}$$

ここで，ハーゲン・ポアズイユ流れの平均流速 u_m は，管の断面積を A とし，前問の流量 Q を使って，

$$u_m = \frac{Q}{A} = -\frac{1}{8\mu}\frac{dp}{dx}\pi r_0^4/(\pi r_0^2) = -\frac{1}{8\mu}\frac{dp}{dx}r_0^2 = -\frac{1}{8\mu}\frac{d^2}{4}\frac{dp}{dx} = -\frac{d^2}{32\mu}\frac{dp}{dx} = -\frac{d^2}{32\mu}\frac{\Delta p}{l}$$

$$= \frac{(0.050)^2}{32 \times 0.0409}\frac{200 \times 10^3}{450} = 0.849 \text{ [m/s]}$$

したがって，レイノルズ数 Re は

$$Re = \frac{u_m d}{\nu_f} = \frac{u_m d}{\mu/\rho} = \frac{0.849 \times 0.05}{0.0409/(1000 \times 0.85)} = 882$$

となり，臨界レイノルズ数 2300 より小さいことから，最初のこの流れが層流である仮定は正しく，粘性係数は，$\mu = 0.0409$ [Pa·s] となる．

4.2　圧力損失（諸損失，総損失）

（1）河川の水面に関する値には添え字 1 を付し，貯水池水面に関する値には添え字 2 を付す．

流速を u，圧力を p，水の密度を ρ，$\sum h$ は配管の諸損失の和として，問題に与えられた記号を使うと，ベルヌーイの式は，

$$\frac{u_1^2}{2g} + \frac{p_1}{\rho g} + z_1 + H_p = \frac{u_2^2}{2g} + \frac{p_2}{\rho g} + z_2 + \sum h$$

ここで，河川も貯水池も大気に開放されているので，$p_1 = p_2$，また，$u_1 = u_2 = 0$ である．また，配管の内径は $d =$ 一定であるので，配管内の流速 v も一定である．したがって，上のベルヌーイの式は，

$$z_1 + H_p = z_2 + \lambda \frac{l}{d}\frac{v^2}{2g} + (\varsigma_v + \varsigma_e + \varsigma_o)\frac{v^2}{2g}$$

(2) 流量 Q は配管の断面積を A として，$Q = Av = \left(\dfrac{\pi}{4}\right)d^2 \cdot v$ だから，

$$\dfrac{0.5}{60} = \dfrac{\pi}{4} \times 0.1^2 \times v, \quad v = \dfrac{0.5 \times 4}{60 \times \pi \times 0.01} = 1.06 \text{ [m/s]}$$

(3) ［1］のベルヌーイの式から，

$$H_p = z_2 - z_1 + \lambda \dfrac{l}{d}\dfrac{v^2}{2g} + (\varsigma_v + \varsigma_e + \varsigma_o)\dfrac{v^2}{2g}$$

$$= 12 + \left(0.02 \times \dfrac{10 + 3}{0.1} + 0.2 + 1.1 + 1.0\right) \times \dfrac{1.06^2}{2 \times 9.81} = 12 + 0.281 = 12.28 \text{ [m]}$$

(4) 水動力は，$L_w = \rho g Q H = 1000 \times 9.81 \times \left(\dfrac{0.5}{60}\right) \times 12.28 = 1004$ W

ポンプの効率 η は，$\eta = \dfrac{L_w}{L_s}$ であるから，

軸動力は，$L_s = \dfrac{L_w}{\eta} = \dfrac{1004}{0.7} = 1434$ [W]

［2］

(1) それぞれの管路の流量を Q_1, Q_2, Q_3，流速を v_1, v_2, v_3 とする．また，合流点 C のヘッドを h_c とすると，貯水池 A の合流点 C に対するヘッドは，

$$z_A - h_c = \lambda \dfrac{l_1}{d_1}\dfrac{v_1^2}{2g}$$

$$100 - h_c = 0.025 \times \dfrac{85}{0.4} \times \dfrac{1}{2 \times 9.81} \times \left(\dfrac{Q_1}{(\pi/4) \times 0.4^2}\right)^2 = 17.1 Q_1^2 \tag{A4-2-1}$$

貯水池 B の合流点 C に対するヘッドは，

$$z_B - h_c = \lambda \dfrac{l_2}{d_2}\dfrac{v_2^2}{2g}$$

$$70 - h_c = 0.025 \times \dfrac{45}{0.3} \times \dfrac{1}{2 \times 9.81} \times \left(\dfrac{Q_2}{(\pi/4) \times 0.3^2}\right)^2 = 38.3 Q_2^2 \tag{A4-2-2}$$

合流点 C のヘッドは，

$$h_c = \lambda \dfrac{l_3}{d_3}\dfrac{v_3^2}{2g} + \dfrac{v_3^2}{2g} = 0.025 \times \dfrac{100}{0.5} \times \dfrac{1}{2 \times 9.81} \times \left(\dfrac{Q_3}{(\pi/4) \times 0.5^2}\right)^2 + \left(\dfrac{Q_3}{(\pi/4) \times 0.5^2}\right)^2 \times \dfrac{1}{2 \times 9.81}$$

$$= (6.61 + 1.32)Q_3^2 = 7.93 Q_3^2 \tag{A4-2-3}$$

連続の式，$Q_3 = Q_1 + Q_2$ が成立し，$Q_1 = aQ_3$ とおくと，$Q_2 = (1-a)Q_3$ であり，これを式 (A4-2-1) (A4-2-2) に代入すると，

$$100 - 7.93 Q_3^2 = 17.1 a^2 Q_3^2 \quad \therefore Q_3^2 = \dfrac{100}{7.93 + 17.1 a^2} \tag{A4-2-4}$$

$$70 - 7.93 Q_3^2 = 38.3(1-a)^2 Q_3^2 \quad \therefore Q_3^2 = \dfrac{70}{7.93 + 38.3(1 - 2a + a^2)} \tag{A4-2-5}$$

上記式 (A4-2-4) (A4-2-5) から，

$$\dfrac{100}{7.93 + 17.1 a^2} = \dfrac{70}{7.93 + 38.3(1 - 2a + a^2)}$$

$$793 + 3830 - 7660a + 3830a^2 = 555 + 1200a^2$$

$$2630a^2 - 7660a + 4070 = 0$$

$$a^2 - 2.91a + 1.55 = 0$$

$$\left(a - \dfrac{2.91}{2}\right)^2 + 1.55 - 2.12 = 0$$

$$a - \dfrac{2.91}{2} = \pm 0.755$$

● 流体力学　発展問題　解答・解説

ここで，$0 < a < 1$ なので，$a = 0.700$ (A4-2-6)

式 (A4-2-6) を式 (A4-2-4) に代入すると，

$$Q_3^2 = \frac{100}{7.93 + 17.1 \times 0.700^2} = 6.13 \quad \therefore Q_3 = 2.48 \, [\text{m}^3/\text{s}]$$

したがって，$Q_1 = 0.700 \times 2.48 = 1.74 \, [\text{m}^3/\text{s}]$, $Q_2 = (1 - 0.700) \times 2.48 = 0.74 \, [\text{m}^3/\text{s}]$

(2) BC 間で水が流れないときは，$v_2 = 0$ だから，前問の式 (A4-2-2) で，$z_B - h_c = 70 - h_c = 0$, したがって $h_c = 70$

これを，前問の式 (A4-2-3) に代入して，

$$70 = \lambda \frac{l_3}{d_3} \times \frac{v_3^2}{2g} + \frac{v_3^2}{2g}$$

$$= \left(\lambda \frac{l_3}{d_3} + 1\right) \frac{v_3^2}{2g} = \left(0.025 \times \frac{100}{0.5} + 1\right) \frac{v_3^2}{2g}$$

$$\therefore v_3^2 = \frac{70 \times 2 \times 9.81}{5 + 1} = 229 \quad \therefore v_3 = \sqrt{229} = 15.1$$

$$Q_3 = \frac{\pi d_3^2}{4} \times v_3 = \frac{\pi \times 0.5^2}{4} \times 15.1 = 2.96 \, [\text{m}^3/\text{s}]$$

[3] 管断面積の急縮小による損失ヘッドを h_s，損失係数を ς_s，管が縮小した後の流速を v_2，収縮係数を C_c とすると，損失ヘッド h_s は，

$$h_s = \left(\frac{1}{C_c} - 1\right)^2 \frac{v_2^2}{2g}$$

ここで，断面積の比は，$\frac{A_2}{A_1} = \frac{30^2}{50^2} = 0.36$ であるから，問題で与えられた表から $C_c = 0.64$ とする．したがって，h_s は，

$$h_s = \left(\frac{1}{0.64} - 1\right)^2 \frac{v_2^2}{2g} = \frac{0.316 v_2^2}{2g} \quad (A4\text{-}2\text{-}7)$$

である．管の縮小の前後でベルヌーイの式を適用すると，

$$\frac{p_1}{\rho g} + \frac{v_1^2}{2g} = \frac{p_2}{\rho g} + \frac{v_2^2}{2g} + h_s$$

$$p_1 + \rho g \frac{v_1^2}{2g} = p_2 + \rho g \frac{v_2^2}{2g} + \rho g h_s$$

$$p_1 - p_2 = \rho \left(\frac{v_2^2}{2} - \frac{v_1^2}{2}\right) + \rho g h_s = \frac{\rho}{2} v_2^2 \left(1 - \frac{v_1^2}{v_2^2}\right) + \rho g h_s$$

ここで，連続の式を $A_1 v_1 = A_2 v_2$ を用い，式 (A4-2-7) を代入すると，

$$p_1 - p_2 = \frac{\rho}{2} v_2^2 \left(1 - \left(\frac{A_2}{A_1}\right)^2\right) + \rho g h_s = \frac{\rho}{2} v_2^2 (1 - 0.36^2) + \rho g \times \frac{0.316 v_2^2}{2g} = \frac{\rho}{2} v_2^2 (1 - 0.130 + 0.316) = \frac{\rho}{2} v_2^2 \times 1.186 \quad (A4\text{-}2\text{-}8)$$

を得る．一方，水銀マノメーターによる測定から圧力差が水銀柱で h であり，水銀の密度を ρ_{Hg} とすると，

$$p_1 - p_2 = (\rho_{Hg} - \rho) g h \quad (A4\text{-}2\text{-}9)$$

である．式 (A4-2-8), (A4-2-9) は等しいから

$$(\rho_{Hg} - \rho) g h = \frac{\rho}{2} v_2^2 \times 1.186$$

$$v_2 = \sqrt{\frac{2(\rho_{Hg} - \rho) g h}{\rho \times 1.186}}$$

を得る．ここで，$\rho = 1000$ [kg/m³], $\rho_g = 1000 \times s = 1000 \times 13.6 = 13600$ [kg/m³], $h = 60 \times 10^{-3}$ [m], $\frac{A_2}{A_1} = 0.36$ であるから，これらを上式に代入して，

$$v_2 = \sqrt{\frac{2 \times (13600 - 1000) \times 9.81 \times 60 \times 10^{-3}}{1000 \times 1.186}} = 3.54 \text{ [m/s]}$$

したがって，流量 Q は，

$$Q = v_2 A_2 = \frac{3.54 \times \pi \times 0.3^2}{4} = 0.250 \text{ [m}^3\text{/s]}$$

第5章 完全流体の力学

5.1 オイラーの運動方程式

定常流れ（$\partial/\partial t = 0$）の場合，オイラーの運動方程式 (5-1-17) は，

$$u\frac{du}{ds} = -g\frac{dz}{ds} - \frac{1}{\rho}\frac{dp}{ds} \tag{A5-1-1}$$

で与えられる．ここで，密度 ρ = 一定 より，

$$\frac{1}{2}\frac{d}{ds}(u^2) + \frac{d}{ds}(gz) + \frac{d}{ds}\left(\frac{p}{\rho}\right) = 0 \tag{A5-1-2}$$

となる．つまり，

$$\frac{1}{2}u^2 + gz + \frac{p}{\rho} = \text{流線または渦線に沿って一定} \tag{A5-1-3}$$

である．このようにして得られたベルヌーイの式は，オイラーの運動方程式に含まれていた圧力を求めるのに利用される．ベルヌーイの式 (A5-1-3) は体積力が保存力であれば成立する．そのとき，gz は体積力のポテンシャル Ω で置き換えることができる．流れ場が渦なしであれば，流れ場全体で右辺の定数は一定となる．このように，ベルヌーイの式は渦なし流れにおいて成り立つものであり，渦なしの条件と連続の式から流れ場が求められ，圧力はこのベルヌーイの式から求められる．

ここに注意!!!

非定常の渦なし流れを扱う際，式 (A5-1-3) は次式のように一般化される．

$$\frac{\partial \Phi}{\partial t} + \frac{1}{2}|u|^2 + \frac{p}{\rho} + gz = f(t) \tag{A5-1-4}$$

ただし，Φ は第 5.3 節で後述する速度ポテンシャルを表す．また，$f(t)$ は時間の任意関数であり，空間的にいたるところで一定である．この式 (A5-1-4) を圧力方程式という．

5.2 流線と流れの関数

[1] 微小な流体要素が回転運動する円周の長さは $2\pi\varepsilon$ であり，その接線方向速度は $\varepsilon\Omega$ である．したがって，循環は $\Gamma = \int_C u_s ds = 2\pi\varepsilon \cdot \varepsilon\Omega$ である．一方，半径 ε の円の面積は $\pi\varepsilon^2$ であることから，$\int_S \omega_n dS = \omega_n \pi\varepsilon^2$ である．これらを式 (5-2-17) に代入して，$\omega_n = 2\Omega$ を得る．つまり，渦度は回転角速度の 2 倍となる．

5.3 速度ポテンシャル

[1]
- 一様流の場合：$W = Az$. ただし，A は定数である.
- 湧き出しと吸い込みの場合：$W = m \log z$. ただし，湧き出しまたは吸い込みの強さ m は定数である.
- 渦糸：$W = -i\kappa \log z$. ただし，κ は実定数であり，原点を一周する任意の閉曲線 C に沿う循環 Γ を用いて $\kappa = \dfrac{\Gamma}{(2\pi)}$ と表される.
- 2重湧き出し：$W = -\dfrac{\mu}{z}$. ただし，$|\mu|$ はその強さである.

[2] 一様流，2重湧き出し，渦糸による複素速度ポテンシャルの一次結合から，複素速度ポテンシャル W は

$$W = U_0 z + \frac{\mu}{z} + i\kappa \log z \tag{A5-3-1}$$

のように表される．円柱表面上では $z = ae^{i\theta}$ であるので，$i^2 = -1$ に注意すると，式 (A5-3-1) は

$$W = \Phi + i\Psi = U_0 a e^{i\theta} + \frac{\mu}{a} e^{-i\theta} + i\kappa(\log a + i\theta)$$
$$= U_0 a(\cos\theta + i\sin\theta) + \frac{\mu}{a}(\cos\theta - i\sin\theta) + i\kappa \log a - \kappa\theta \tag{A5-3-2}$$

となる．したがって，円柱表面上での流れの関数 Ψ は

$$\Psi = U_0 a \sin\theta - \frac{\mu}{a}\sin\theta + \kappa \log a \tag{A5-3-3}$$

となる．境界条件から，円柱表面上では $\Psi = $ 一定 になる必要があるので，2重湧き出しの強さは $\mu = U_0 a^2$ と決まる．一方，式 (A5-3-1) を z で微分して得られる複素速度 w は，$\mu = U_0 a^2$ と $z = ae^{i\theta}$（円柱表面上）を代入して，

$$w = u - iv = U_0\left(1 - e^{-2i\theta}\right) + \frac{i\kappa}{a}e^{-i\theta} \tag{A5-3-4}$$

となる．ここで，円柱表面上の角度 θ の位置における接線方向速度成分 u_s は $u_s = v\cos\theta - u\sin\theta$ であることに注意すると，式 (A5-3-4) から u_s は

$$u_s = -2U_0 \sin\theta - \frac{\kappa}{a} \tag{A5-3-5}$$

となる．ところで，半径 a の円柱が回転するときの循環を Γ とすると，

$$\Gamma = \int_0^{2\pi} u_s a\, d\theta = a\int_0^{2\pi}\left(-2U_0 \sin\theta - \frac{\kappa}{a}\right)d\theta = -2\pi\kappa \tag{A5-3-6}$$

となることから，$\kappa = -\Gamma/(2\pi)$ と決まる．したがって，本問題における複素速度は次式となる．

$$w = \frac{dW}{dz} = U_0\left(1 - \frac{a^2}{z^2}\right) - \frac{i\Gamma}{2\pi}\frac{1}{z} \tag{A5-3-7}$$

よどみ点の位置（$|w| = 0$）は，

$$\frac{z_s}{a} = \frac{i\Gamma}{4\pi a U_0} \pm \sqrt{1 - \left(\frac{\Gamma}{4\pi a U_0}\right)^2} \tag{A5-3-8}$$

のように求められる．図解 5-3-1 のように，この流れは $4\pi a U_0$ と $|\Gamma|$ の大きさによって 3 通りに分類できる

$\|\Gamma\| < 4\pi a U_0$	$\|\Gamma\| = 4\pi a U_0$	$\|\Gamma\| > 4\pi a U_0$

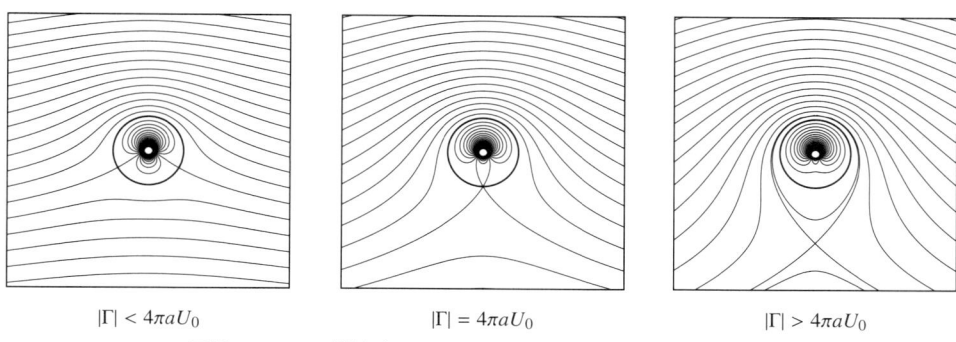

図解 5-3-1　一様流中におかれた循環を持つ円柱を過ぎる流れ

ここに注意!!!

ポテンシャル流れにおいて，通常，境界条件は法線方向の速度 u_n で課される．本問題では，2 重湧き出しの強さから $u_n = 0$ を課しているので，κ は任意である．つまり，ポテンシャル流れの範囲では円柱の回転速度と κ は決められない．しかしながら，実在の流体は粘性を持つため，円柱表面近傍には非常に薄い境界層が形成され，流れ場は渦度を持つ．この渦度による循環が Γ となる．

[3] 円柱にはたらく抵抗 D と揚力 L はそれぞれ圧力 p の x, y 方向成分を円柱表面で積分して求められる．つまり，

$$D = a \int_0^{2\pi} p \cos\theta \, d\theta \tag{A5-3-9a}$$

$$L = -a \int_0^{2\pi} p \sin\theta \, d\theta \tag{A5-3-9b}$$

である．圧力 p は，無限遠方と円柱表面上とのベルヌーイの式

$$\frac{p}{\rho} + \frac{1}{2}|u_s|^2 = \frac{p_\infty}{\rho} + \frac{1}{2}U_0^2 \tag{A5-3-10}$$

の u_s に式 (A5-3-5) を代入することによって（$\kappa = -\Gamma/(2\pi)$ を用いる），

$$\frac{p - p_\infty}{\rho} = \frac{1}{2}U_0^2 - \frac{1}{2}\left(-2U_0 \sin\theta + \frac{\Gamma}{2\pi}\frac{1}{a}\right)^2 \tag{A5-3-11}$$

となる．式 (A5-3-11) を式 (A5-3-9a) と式 (A5-3-9b) に代入して，

$$D = -\frac{\rho a}{2}\int_0^{2\pi}\left[4U_0^2\sin^2\theta - \frac{2\Gamma}{\pi}\frac{U_0}{a}\sin\theta + \left(\frac{\Gamma}{2\pi}\frac{1}{a}\right)^2\right]\cos\theta \, d\theta \tag{A5-3-12a}$$

$$L = \frac{\rho a}{2}\int_0^{2\pi}\left[4U_0^2\sin^2\theta - \frac{2\Gamma}{\pi}\frac{U_0}{a}\sin\theta + \left(\frac{\Gamma}{2\pi}\frac{1}{a}\right)^2\right]\sin\theta \, d\theta \tag{A5-3-12b}$$

となる．ここで，$\int_0^{2\pi}\sin^2\theta\cos\theta \, d\theta = 0$, $\int_0^{2\pi}\sin^3\theta \, d\theta = 0$, $\int_0^{2\pi}\sin^2\theta \, d\theta = \pi$, $\int_0^{2\pi}\sin\theta \, d\theta = 0$ を考慮して，

$$D = 0, \qquad L = -\rho U_0 \Gamma \tag{A5-3-13}$$

を得る．式 (A5-3-13) の第 1 式は "定常流中の円柱には抵抗ははたらかない" ことになり，実問題と矛盾する結果を与える．これは**ダランベール**（D'Alembert）**のパラドックス**と呼ばれている．一方，式 (A5-3-13) の第 2 式は "円柱まわりに反時計まわりの循環 $\Gamma > 0$ があれば，揚力は下向きに生じる" ことを示しており，**クッタ・ジューコフスキー**（Kutta–Joukowski）**の定理**と呼ばれている．

ここに注意!!!

定常な渦なし流れにおいて，外力がはたらかない場合には，流れが物体に及ぼす力とモーメントはそれぞれ次式で求められる．

$$F_x - iF_y = \frac{i\rho}{2}\int_{\mathscr{C}} \left(\frac{dW}{dz}\right)^2 dz \tag{A5-3-14}$$

$$M = -\frac{\rho}{2}\mathrm{Re}\left[\int_{\mathscr{C}} \left(\frac{dW}{dz}\right)^2 z\,dz\right] \tag{A5-3-15}$$

ただし，Re[・] は実部を意味する．式 (A5-3-14) をブラジウス（Blasius）の第 1 公式，式 (A5-3-15) をブラジウスの第 2 公式という．

第 6 章 次元解析と相似則

6.1 次元解析

圧力損失 Δp を次式のように表す．

$$\Delta p = K d^\alpha l^\beta \rho^\gamma U^\delta \mu^\eta \tag{A6-1-1}$$

ただし，K は比例定数である．各物理量の次元は演習問題で既に述べているので，式 (A6-1-1) の次元は

$$[\mathrm{ML}^{-1}\mathrm{T}^{-2}] = K[\mathrm{L}]^\alpha [\mathrm{L}]^\beta [\mathrm{ML}^{-3}]^\gamma [\mathrm{LT}^{-1}]^\delta [\mathrm{ML}^{-1}\mathrm{T}^{-1}]^\eta \tag{A6-1-2}$$

となる．ここで，[M] と [L] と [T] に関して両辺の指数を等しくおくと（$1 = \gamma + \eta$，$-1 = \alpha + \beta - 3\gamma + \delta - \eta$，$-2 = -\delta - \eta$），$\gamma = 1 - \eta$，$\delta = 2 - \eta$，$\alpha + \beta = -\eta$ となるので，

$$\Delta p = K\rho U^2 \left(\frac{l}{d}\right)^\beta \left(\frac{\mu}{\rho U d}\right)^\eta = K\rho U^2 \left(\frac{l}{d}\right)^\beta \left(\frac{1}{Re}\right)^\eta \tag{A6-1-3}$$

が得られるが，本問題のように物理量が多い場合には指数を決定することができない．なお，$\beta = 1$，$f = \left(\frac{1}{Re}\right)^\eta$ としたのが演習問題の結果である．実験結果によれば，流れが層流のときは $\eta = 1$，乱流のときは $\eta = \frac{1}{4}$（ブラジウスの式）である．

6.2 相似則

- $Re \lesssim O(1)$: レイノルズ数が小さいとき，流れは定常で，流線は上流・下流方向にほとんど対称となる（図解 6-2-1 (a)）．
- $O(1) \lesssim Re \lesssim O(10)$: 流れは依然定常であるが，円柱背後に一対の渦（**双対渦**）が形成される（図解 6-2-1 (b)）．
- $O(10) \lesssim Re \lesssim O(10^2)$: レイノルズ数が大きくなると，流れは非定常となり，2 列の渦が交互に並んだ**カルマン**（von Kármán）**渦列**が形成される（図解 6-2-1 (c), (c')）．
- $Re \gtrsim O(10^5)$: 円柱の伴流は完全に乱流状態となる（図解 6-2-1 (d)）．

(a) $Re \lessapprox 1$　　(b) $1 \lessapprox Re \lessapprox 10$（双対渦）

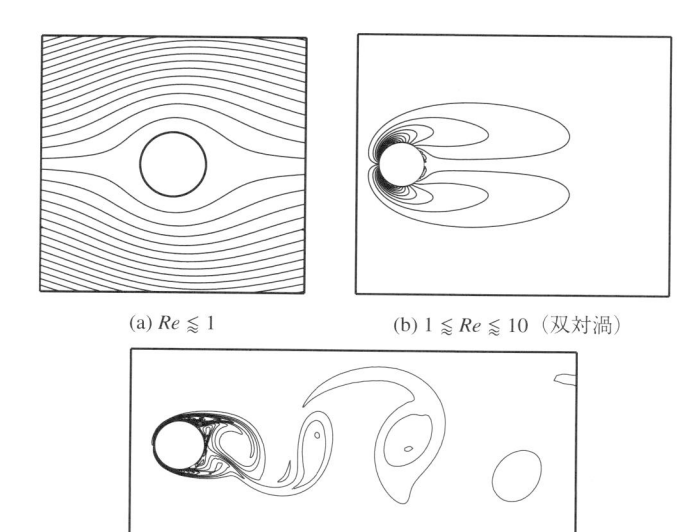

(c) $10 \lessapprox Re \lessapprox 10^2$（カルマン渦列）

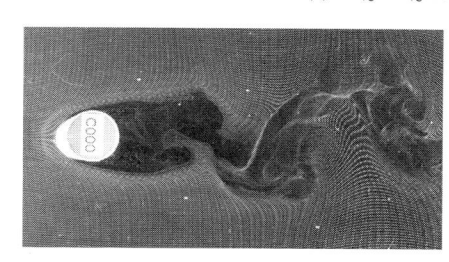

(c′) カルマン渦列 　　(d) 乱流

図解 **6-2-1**　種々なレイノルズ数に対する円柱後流の違い（上段：渦粒子法による数値シミュレーション結果，下段：水素気泡法による可視化実験結果［摂南大学　倉田教授のご厚意による］）

材料力学
発展問題　解答・解説

第1章　垂直応力，ひずみ

[1]

左側部の断面積 $A_1 = \left(\dfrac{5}{2} \times 10^{-2}\right)^2 \pi \ [\mathrm{m}^2]$

右側部の断面積 $A_2 = \left(\dfrac{3}{2} \times 10^{-2}\right)^2 \pi \ [\mathrm{m}^2]$

であり，それぞれの全断面に 100 [kN] がかかっている．

左側と右側の応力を σ_1，σ_2，伸びを λ_1，λ_2，もとの長さを l_O とすると，引張応力は

$$\begin{cases} \sigma_1 = \dfrac{10^5}{\left(\dfrac{5}{2} \times 10^{-2}\right)^2 \pi} \ [\mathrm{N/m^2}] = 51.0 \ [\mathrm{MPa}] \\ \sigma_2 = \dfrac{10^5}{\left(\dfrac{3}{2} \times 10^{-2}\right)^2 \pi} \ [\mathrm{N/m^2}] = 142 \ [\mathrm{MPa}] \end{cases}$$

と求められる．

また，$\lambda = \dfrac{\sigma l_O}{E}$ であるから

$$\begin{aligned} \lambda_C &= \lambda_1 + \lambda_2 = \dfrac{l_O}{E}(\sigma_1 + \sigma_2) \\ &= \dfrac{100 \times 10^{-2} \times (51.0 + 142) \times 10^6}{206 \times 10^9} \\ &= 9.37 \times 10^{-4} [\mathrm{m}] = 0.937 \ [\mathrm{mm}] \end{aligned}$$

となる．

[2] 角柱が圧縮荷重を受けた場合，図の破線のように変形する．

縦ひずみ ε は

$$\varepsilon = \dfrac{-0.01}{20} = -5 \times 10^{-4}$$

横ひずみ ε' は

$$\varepsilon' = -\nu \varepsilon$$
$$= 0.3 \times 5 \times 10^{-4} = 1.5 \times 10^{-4}$$

すなわち変形後の断面の1辺の長さは

$$2 + 2 \times 1.5 \times 10^{-4} = 2.0003 \ [\mathrm{cm}]$$

よって断面積は

$$(2.0003)^2 = 4.0012 \ [\mathrm{cm}^2]$$

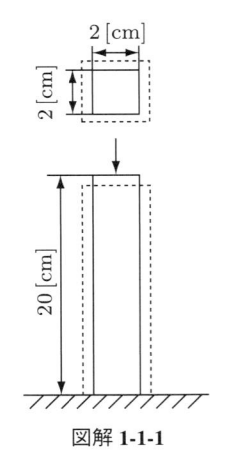

図解 **1-1-1**

第 2 章　引張，圧縮の少し複雑な問題

[1] 上下の剛性板は上下方向に移動が可能なので，長さ δ の丸棒をはめ込んだ後の長さを l とする．断面 X–X で切断した下側部分での力について，下図に示す．

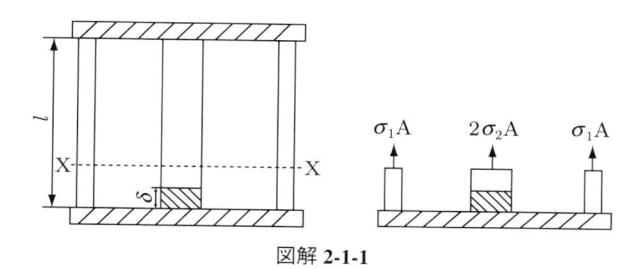

図解 **2-1-1**

(1) 上下の剛性板には，外部から力が加わっていない．力のつり合いから

$$2\sigma_1 A + 2\sigma_2 A = 0 \tag{A2-1}$$

(2) ⓐ棒の伸びとⓑ棒の伸びは等しい．ⓐの伸びは $\lambda_1 = \dfrac{\sigma_1 l_1}{E}$ であるから

$$l = l_1 + \frac{\sigma_1 l_1}{E} \tag{A2-2}$$

ⓑの伸びは $\lambda_2 = \dfrac{\sigma_2 l_2}{E}$ であるから

$$l = l_2 + \frac{\sigma_2 l_2}{E} + \delta \tag{A2-3}$$

式 (A2-2), (A2-3) より

$$l_1 + \frac{\sigma_1 l_1}{E} = l_2 + \frac{\sigma_2 l_2}{E} + \delta \tag{A2-4}$$

式 (A2-1) より

$$\sigma_2 = -\sigma_1$$

これを 式 (A2-4) に代入して

$$\frac{\sigma_1 l_1}{E} + \frac{\sigma_1 l_2}{E} = l_2 - l_1 + \delta$$

$$\sigma_1 = \frac{E(l_2 - l_1 + \delta)}{l_1 + l_2}$$

$$= \frac{206 \times 10^9 \times (4.952 - 5.0 + 0.05) \times 10^{-2}}{(5 + 4.952) \times 10^{-2}}$$

$$= 41.4 \text{ [MPa]}$$

$$\sigma_2 = -41.4 \text{ [MPa]}$$

[2] 各棒にかかる力を示すと図のようになる.

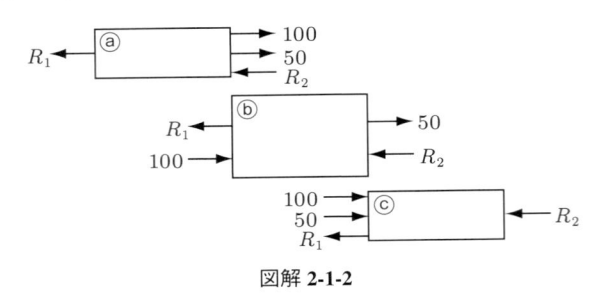

図解 2-1-2

(1) 各棒の力のつり合いより

$$100 + 50 - R_1 - R_2 = 0 \ [\text{kN}] \tag{A2-5}$$

(2) 各棒の伸びまたは縮みを加えると 0 になる.

$$\lambda_a = \frac{R_1 l}{E_{Cu} A_{Cu}}$$

$$\lambda_b = \frac{(R_1 - 100)l}{E_S A_S}$$

$$\lambda_c = -\frac{R_2 l}{E_{Cu} A_{Cu}}$$

$$\lambda_a + \lambda_b + \lambda_c = \frac{(R_1 - 100)l}{E_S A_S} + \frac{(R_1 - R_2)l}{E_{Cu} A_{Cu}} = 0 \tag{A2-6}$$

式 (A2-5), (A2-6) の連立方程式を解く. 式 (A2-5) より

$$R_1 + R_2 = 150$$

これを 式 (A2-6) に代入し, R_1, R_2 を求めると

$$R_1 = 79 \ [\text{kN}]$$

$$R_2 = 71 \ [\text{kN}]$$

と求められ, 図解 2-1-3 のようになる.
各棒に生じる応力は

$$\sigma_a = \frac{R_1}{A_{Cu}} = \frac{79 \times 10^3}{50 \times 10^{-4}} = 1.58 \times 10^7 \ [\text{Pa}]$$

$$= 15.8 \ [\text{MPa}]$$

$$\sigma_b = \frac{R_1 - 100}{A_S} = \frac{(79 - 100) \times 10^3}{100 \times 10^{-4}}$$

$$= -2.1 \times 10^6$$

$$= -2.1 \ [\text{MPa}]$$

$$\sigma_c = -\frac{R_2}{A_{Cu}} = -\frac{71 \times 10^3}{50 \times 10^{-4}} = -1.42 \times 10^7$$

$$= -14.2 \ [\text{MPa}]$$

図解 2-1-3

すなわち棒 ⓐ には引張応力, 棒 ⓑ, ⓒ には圧縮応力がかかる.

第3章 熱応力

[1] この問題は不静定問題であるので，2つの方程式が必要である．X–X 断面の右側部分を切断して，力のつり合いを考える（図解 3-1）．

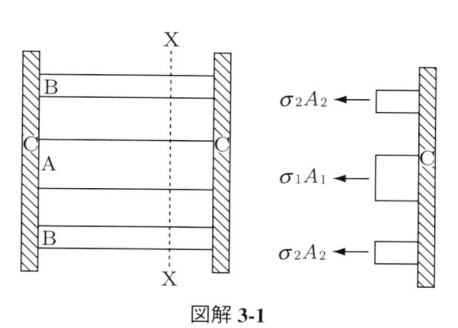

図解 3-1

(1) 力のつり合いを考える．
C は自由に移動できるので，端面に圧力はかかっていない．

$$\sigma_1 A_1 + 2\sigma_2 A_2 = 0 \tag{A3-1}$$

(2) A，B で伸びが等しい．棒1本ごとの全体の伸びは，熱膨張による伸び ($\alpha t l_O$) と，熱応力による伸び $\left(\dfrac{\sigma l_O}{E}\right)$ の和であるので

$$\lambda_1 = \alpha_1 t l_O + \frac{\sigma_1 l_O}{E_1}$$

$$\lambda_2 = \alpha_2 t l_O + \frac{\sigma_2 l_O}{E_2}$$

$\lambda_1 = \lambda_2$ より

$$\therefore \alpha_1 t + \frac{\sigma_1}{E_1} = \alpha_2 t + \frac{\sigma_2}{E_2} \tag{A3-2}$$

式 (A3-1), (A3-2) の方程式を解く．式 (A3-1) より

$$\sigma_1 = -\frac{2A_2 \sigma_2}{A_1}$$

これを式 (A3-1) に代入して

$$\left(\frac{1}{E_2} + \frac{2A_2}{E_1 A_1}\right)\sigma_2 = (\alpha_1 - \alpha_2)t$$

$$\therefore \sigma_2 = -\frac{(\alpha_2 - \alpha_1)A_1 E_1 E_2 t}{A_1 E_1 + 2A_2 E_2} \tag{A3-3}$$

$$\sigma_1 = \frac{2(\alpha_2 - \alpha_1)A_2 E_1 E_2 t}{A_1 E_1 + 2A_2 E_2} \tag{A3-4}$$

式 (A3-3), (A3-4) に数値を代入して求めると

$$\sigma_1 = \frac{2 \times (17.1 - 11.5) \times 10^{-6} \times 5 \times 10^{-4} \times 206 \times 10^9 \times 103 \times 10^9 \times 80}{10 \times 10^{-4} \times 206 \times 10^9 + 2 \times 5 \times 10^{-4} \times 103 \times 10^9}$$

$ = 30.8 \text{ [MPa]}$

$\sigma_2 = -30.8 \text{ [MPa]}$

[2] 熱応力によって，各棒にかかる力を示すと，図解 3-2 のようになる．ここで両壁にかかる反力 R は同じ大きさである．

(1) 各棒の力のつり合いから

$$R = \sigma_1 A_1 = \sigma_2 A_2 \tag{A3-5}$$

(2) 材料ⓐ，材料ⓑの伸びの和は 0 である．

材料ⓐの伸び $= \dfrac{\sigma_1 l_1}{E_1} + \alpha_1 t l_1$

材料ⓑの伸び $= \dfrac{\sigma_2 l_2}{E_2} + \alpha_2 t l_2$

$$\dfrac{\sigma_1 l_1}{E_1} + \alpha_1 t l_1 + \dfrac{\sigma_2 l_2}{E_2} + \alpha_2 t l_2 = 0 \tag{A3-6}$$

図解 3-2

$\sigma_2 = \dfrac{A_1}{A_2}\sigma_1$ より

$$\dfrac{\sigma_1 l_1}{E_1} + \alpha_1 t l_1 + \dfrac{A_1 l_2 \sigma_1}{A_2 E_2} + \alpha_2 t l_2 = 0$$

$$\sigma_1 \left(\dfrac{l_1}{E_1} + \dfrac{A_1 l_2}{A_2 E_2} \right) = -(\alpha_1 t l_1 + \alpha_2 t l_2)$$

$$\sigma_1 = -\dfrac{A_2 E_1 E_2 (\alpha_1 t l_1 + \alpha_2 t l_2)}{A_2 E_2 l_1 + A_1 E_1 l_2}$$

$$\sigma_2 = -\dfrac{A_1 E_1 E_2 (\alpha_1 t l_1 + \alpha_2 t l_2)}{A_2 E_2 l_1 + A_1 E_1 l_2}$$

それぞれの値を代入すると

$$\sigma_1 = -\dfrac{5 \times 10^{-4} \times 206 \times 10^9 \times 103 \times 10^9 \times (11.5 \times 10^{-6} \times 50 \times 5 \times 10^{-2} + 17.1 \times 10^{-6} \times 50 \times 10 \times 10^{-2})}{5 \times 10^{-4} \times 103 \times 10^9 \times 5 \times 10^{-2} + 10 \times 10^{-4} \times 206 \times 10^9 \times 10 \times 10^{-2}}$$

$$= -52.3 \text{ [MPa]}$$

$$\sigma_2 = -105 \text{ [MPa]}$$

第 4 章　せん断

1 本のピンに作用するせん断力は $\dfrac{P}{2}$ である．

せん断応力は $\tau = \dfrac{\dfrac{2 \times 10^3}{2}}{\dfrac{\pi}{4} \times 0.01^2}$ [Pa]

$= 12.7$ [MPa]

と求まる．

第5章 丸棒のねじり

5.1 静定問題

[1] 軸材が伝達できるトルク T_{a1} は $T_{a1} = Z_p \tau_{a1}$ より求まる．ここで $Z_p = \dfrac{\pi}{16} d_1^3$ であるので

$$T_{a1} = \frac{\pi}{16} d_1^3 \times \tau_{a1}$$

1本あたりのボルトに作用するせん断力を P_a とする．T_{a1} が8本のボルトによって伝達されるので，$8 \times P_a \times \dfrac{D}{2} = T_{a1}$ の関係がある．よって

$$\frac{\pi}{16} d_1^3 \times \tau_{a1} = 4 P_a D \quad \therefore P_a = \frac{\pi d_1^3 \tau_{a1}}{64 D}$$

ボルトの直径を d_2 とすると，そのせん断応力 τ が τ_{a2} を超えないように

$$\frac{P_a}{\frac{\pi}{4} d_2^2} \leqq \tau_{a2}$$

$$\therefore d_2 \geqq \sqrt{\frac{\tau_{a1} d_1^3}{16 D \tau_{a2}}}$$

$$= \sqrt{\frac{80 \times 10^6 \times (0.05)^3}{16 \times 0.15 \times 100 \times 10^6}} \ [\mathrm{m}]$$

$$= 6.45 \ [\mathrm{mm}]$$

となる．

5.2 不静定問題

棒が固定端から受けるねじりモーメントを図解 5-2-1 のようにおく．棒のねじりモーメントのつり合いより，

$$T_A + T_B = T_1 + T_2 \tag{A5-2-1}$$

区間 AC, CD, DB の任意の断面にはたらくねじりモーメント T_{AC}, T_{CD}, T_{DB} は，それぞれ以下のようになる．

$$T_{AC} = T_A, \ T_{CD} = T_A - T_1, \ T_{DB} = T_A - T_1 - T_2$$

これらは任意断面で切断した左端（または右端）の棒にはたらくねじりモーメント．たとえば区間 CD の場合，図解 5-2-2 を考えると理解できる．A 端を基準に考え，B 端でねじり角が 0 である境界条件から

$$\frac{T_{AC} l}{G I_p} + \frac{T_{CD} l}{G I_p} + \frac{T_{DB} l}{G I_p} = 0$$

$$\therefore T_A + (T_A - T_1) + T_A - T_1 - T_2 = 0$$

$$\therefore T_A = \frac{2 T_1 + T_2}{3}$$

これを式 (A5-2-1) に代入し

$$T_B = \frac{T_1 + 2 T_2}{3}$$

棒の最大せん断応力は，Z_p が区間 AC, CD, DB で同一であることから，最大ねじりモーメントが生じる区間で生じる．各区間のねじりモーメントは

$$T_{AC} = \frac{4000}{3} \text{ [N·m]}, \ T_{CD} = \frac{1000}{3} \text{ [N·m]}, \ T_{DB} = -\frac{5000}{3} \text{ [N·m]}$$

であるので，その大きさは T_{DB} が最も大きい．したがって区間 DB で最大せん断応力が生じる．その表面で生じる最大せん断応力は

$$\tau_{DB} = \frac{T_{DB}}{Z_p} = \frac{T_{DB}}{\frac{\pi}{16}d^3} = \frac{\frac{5000}{3}}{\frac{\pi}{16}(0.04)^3} \text{ [Pa]} = 133 \text{ [MPa]}$$

となる．

図解 5-2-1

図解 5-2-2

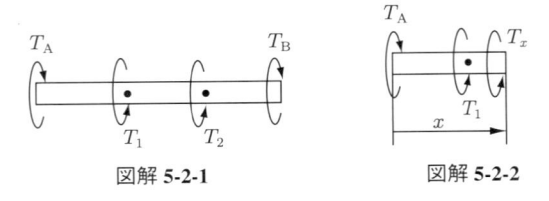

第 6 章　はりの曲げ応力

6.1　断面 2 次モーメントと断面係数

z_1 軸に関する断面 1 次モーメント S_{z1} を求める．z_1 軸からの距離 y_1 が 0 から 2 までのときの幅は 5，2 から 12 までのときは 1，12 から 14 までのときは 10 なので

$$S_{z1} = \int_{A_1} y_1 dA_1 = \int_0^2 y_1 \cdot 5 dy_1 + \int_2^{12} y_1 \cdot 1 dy_1 + \int_{12}^{14} y_1 \cdot 10 dy_1$$

$$= 5\left[\frac{y_1^2}{2}\right]_0^2 + \left[\frac{y_1^2}{2}\right]_2^{12} + 10\left[\frac{y_1^2}{2}\right]_{12}^{14} = 340 \text{ [cm}^3\text{]}$$

一方，断面積は 40 [cm²] なので

$$e_1 = \frac{1}{A_1}\int_{A_1} y_1 dA_1 = 8.5 \text{ [cm]}$$

となる．z 軸に関する断面 2 次モーメント I_z は，z 軸からの距離 y が -8.5 から -6.5 までのときの幅が 5，-6.5 から 3.5 までのときの幅が 1，3.5 から 5.5 までのときの幅が 10 なので

$$I_z = \int_{-8.5}^{-6.5} y^2 \cdot 5 dy + \int_{-6.5}^{3.5} y^2 \cdot 1 dy + \int_{3.5}^{5.5} y^2 \cdot 10 dy = 1083 \text{ [cm}^4\text{]}$$

となる．

6.2 曲げモーメントと曲げ応力

[1] 図 6-2-18 (a) のような任意断面 x に生じるせん断力 $Q(x)$ および曲げモーメント $M(x)$ を求める．三角形の相似則より，任意断面 x での分布荷重の大きさ w は，$w = \dfrac{w_0 x}{l}$ である．

図 6-2-18 (b) のように任意断面 x の左側のはりを考えると，分布荷重の合計は $\dfrac{1}{2} wx = \dfrac{w_0 x^2}{2l}$ である．その分布荷重の合計を集中荷重と考えると，その作用点は x 断面から $\dfrac{x}{3}$ の位置である．

せん断力は左側を切り下げるように作用し，曲げモーメントははりが上に凸になるように作用するので，負号をつけて

$$Q(x) = -\frac{w_0 x^2}{2l}$$

$$M(x) = -Q(x) \cdot \frac{x}{3} = -\frac{w_0 x^3}{6l}$$

となる．
SFD と BMD は図解 6-2-1 のようになる．

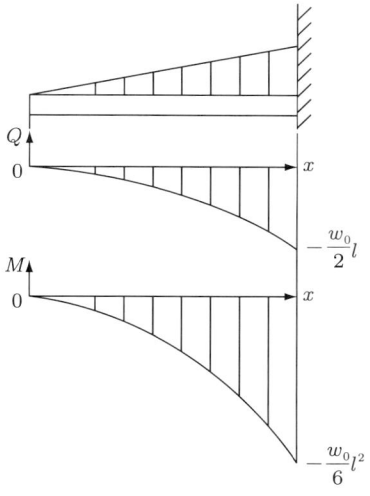

図解 6-2-1

[2] x 断面での曲げモーメント $M(x)$ は $-Px$ である．一方，x 断面での幅 b は，三角形の相似則より $\dfrac{b_0 x}{l}$ である．よって断面係数 $Z(x)$ は公式より

$$Z(x) = \frac{\left(\frac{b_0 x}{l}\right) h^2}{6}$$

となる．はりの表面に生じる最大曲げ応力の大きさは

$$\sigma = \frac{|M(x)|}{Z(x)} = \frac{6Px}{\left(\frac{b_0 x}{l}\right) h^2} = \frac{6Pl}{b_0 h^2}$$

これは x に依存しておらず，一定の値である．

第 7 章　はりのたわみ

7.1 静定なはりのたわみ

[1]
(a) 集中荷重の場合

はりが支点から受ける反力を図示すると，図解 7-1-1 のようになる．
左右対称条件より $R_A = R_B = \dfrac{P}{2}$ となる．
AC 間の任意断面の曲げモーメント M_1 は，図解 7-1-2 のように断面の左側を考えると

$$M_1 = R_A x = \frac{P}{2} x \tag{A7-1-1}$$

AC 間のたわみ y_1 の微分方程式は

$$\frac{d^2 y_1}{dx^2} = -\frac{M_1}{EI} = -\frac{P}{2EI} x$$

2回積分すると，以下のようになる．

$$\frac{dy_1}{dx} = -\frac{P}{4EI}x^2 + C_1$$

$$y_1 = -\frac{P}{12EI}x^3 + C_1 x + C_2$$

境界条件は

$x = 0$ で $y_1 = 0$ より $C_2 = 0$

$x = l$ で $\frac{dy_1}{dx} = 0$ より $C_1 = \frac{Pl^2}{4EI}$

よって

$$\frac{dy_1}{dx} = \frac{P}{4EI}(-x^2 + l^2)$$

$$y_1 = \frac{P}{12EI}(-x^3 + 3l^2 x)$$

最大たわみは中央 ($x = l$) で生じ

$$y_{1\max} = (y_1)_{x=l} = \frac{Pl^3}{6EI}$$

一方，最大モーメントも，式 (A7-1-1) より中央 ($x = l$) で生じ，以下のようになる．

$$M_{1\max} = (M_1)_{x=l} = \frac{P}{2} \cdot l$$

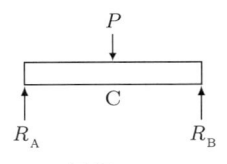

図解 **7-1-1**

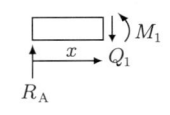

図解 **7-1-2**

(b) 等分布荷重の場合

はりが支点から受ける反力を図示すると図解 7-1-3 のようになる．
分布荷重の合計は $w \times 2l = P$ となる．
左右対称条件より

$$R_A = R_B = wl \left(= \frac{P}{2}\right)$$

AB 間について曲げモーメント M_2 は図 7-1-4 より

$$M_2 = R_A x - wx \cdot \frac{x}{2} = wlx - \frac{w}{2}x^2 \quad (A7\text{-}1\text{-}2)$$

AB 間のたわみ y_2 の微分方程式は

$$\frac{d^2 y_2}{dx^2} = -\frac{M_2}{EI} = \frac{w}{2EI}\left(x^2 - 2lx\right)$$

$$\frac{dy_2}{dx} = \frac{w}{2EI}\left(\frac{x^3}{3} - lx^2\right) + C_3$$

$$y_2 = \frac{w}{2EI}\left(\frac{x^4}{12} - \frac{lx^3}{3}\right) + C_3 x + C_4$$

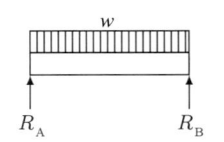

図解 **7-1-3**

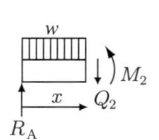

図解 **7-1-4**

境界条件は

$x = 0$ で $y_2 = 0 \Rightarrow C_4 = 0$

$x = l$ で $\frac{dy_2}{dx} = 0 \Rightarrow C_3 = wl^3/(3EI)$

よって

$$\frac{dy_2}{dx} = \frac{w}{6EI}\left(x^3 - 3lx^2 + 2l^3\right)$$

$$y_2 = \frac{w}{24EI}\left(x^4 - 4lx^3 + 8l^3 x\right)$$

最大たわみは中央 ($x = l$) で生じる．

$$y_{2\max} = (y_2)_{x=l} = \frac{w}{24EI}\left(l^4 - 4l^4 + 8l^4\right)$$
$$= \frac{5Pl^3}{48EI} \quad \left(\because w = \frac{P}{2l}\right)$$

一方，最大モーメントは式 (A7-1-2) を変形すると

$$M_2 = -\frac{w}{2}\left(x^2 - 2lx\right) = -\frac{w}{2}(x-l)^2 + \frac{w}{2}l^2$$

となり，中央 ($x = l$) で最大となる．

$$M_{2\max} = (M_2)_{x=l} = \frac{w}{2}l^2 = \frac{P}{4}l$$

最大たわみの比は

$$y_{1\max} : y_{2\max} = \frac{1}{6} : \frac{5}{48} = 8 : 5$$

最大モーメントの比は

$$M_{1\max} : M_{2\max} = \frac{1}{2} : \frac{1}{4} = 2 : 1$$

断面係数が同一なので，これが最大曲げ応力の比になる．

[2]
(1) はりにはたらく反力を図示すると，図解 7-1-5 のようになる．
力のつり合いより

$$R_A + R_B = wl$$

A 点まわりのモーメントの合計が 0 なので

$$wl \cdot \frac{l}{2} - R_B l = 0$$
$$\therefore R_B = \frac{wl}{2}, \quad R_A = \frac{wl}{2}$$

図解 **7-1-5**

AB 間の曲げモーメント M は，図解 7-1-6 のように任意 x 断面の左側を考えると

$$M = R_A x - wx \cdot \frac{x}{2} = \frac{wlx}{2} - \frac{w}{2}x^2 = -\frac{w}{2}(x^2 - lx)$$

図解 **7-1-6**

AB 間のたわみ y_1 の微分方程式は

$$\frac{d^2 y_1}{dx^2} = \frac{w}{2EI}(x^2 - lx)$$

2 回積分すると以下のようになる．

$$\frac{dy_1}{dx} = \frac{w}{2EI}\left(\frac{x^3}{3} - \frac{lx^2}{2}\right) + C_1$$
$$y_1 = \frac{w}{2EI}\left(\frac{x^4}{12} - \frac{lx^3}{6}\right) + C_1 x + C_2$$

境界条件より

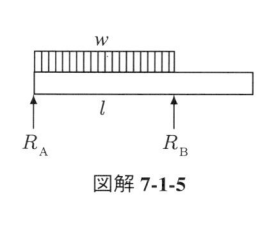

$$x = 0 \text{ で } y_1 = 0 \Rightarrow C_2 = 0$$
$$x = l \text{ で } y_1 = 0 \Rightarrow 0 = \frac{w}{2EI}\left(\frac{l^4}{12} - \frac{l^4}{6}\right) + C_1 l$$
$$\therefore C_1 = wl^3/(24EI)$$

よって

$$\frac{dy_1}{dx} = \frac{w}{24EI}(4x^3 - 6lx^2 + l^3)$$

$$y_1 = \frac{w}{24EI}(x^4 - 2lx^3 + l^3 x)$$

最大たわみは $x = \dfrac{l}{2}$ で生じる．

$$(y)_{x=l/2} = \frac{w}{24EI}\left(\frac{l^4}{16} - \frac{l^4}{4} + \frac{l^4}{2}\right)$$

$$= \frac{5wl^4}{384EI}$$

支点 B のたわみ角は

$$\left(\frac{dy_1}{dx}\right)_{x=l} = \frac{-wl^3}{24EI}$$

(2) BC 間には外力やモーメントが作用しないため，たわみ曲線は直線となる．それを図示すると図解 7-1-7 になる．幾何学的な関係より，たわみ角が小さい場合は

$$y_C ≒ a \times \left|-\frac{wl^3}{24EI}\right| = \frac{awl^3}{24EI}$$

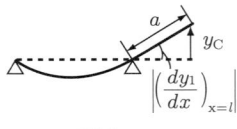

図解 7-1-7

7.2　不静定はりのたわみ

[1] ワイヤの張力を P_{AC} とすると，ワイヤの伸び $\delta_{AC} = \dfrac{P_{AC} \cdot \frac{l}{2}}{EA}$ である．

はり AB の先端のたわみ $y_A = \delta_{AC}$ とならなければならない．

一方，図解 7-2-1 のような片持はりの先端のたわみは，先端に P_{AC} を上向きに受ける片持はりの先端のたわみ δ_a と，等分布荷重を受ける片持はりの先端のたわみ δ_b の和で表される．公式に代入すると

$$\delta_a = \frac{-P_{AC}l^3}{3EI_z}, \quad \delta_b = \frac{wl^4}{8EI_z}$$

これらより，次の関係が得られる．

$$P_{AC} \cdot \frac{l}{2EA} = \frac{wl^4}{8EI_z} - \frac{P_{AC}l^3}{3EI_z}$$

$$\therefore P_{AC} = \frac{3wAl^3}{4(3I_z + 2Al^2)}$$

はりの先端のたわみ y_A は δ_{AC} と同一なので

$$y_A = P_{AC} \cdot l/(2EA) = \frac{3wl^4}{8E(3I_z + 2Al^2)}$$

となる．

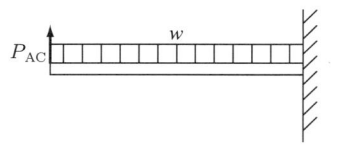

図解 7-2-1

第8章　長柱の座屈

[1] 細長比を求める

$$k = \sqrt{\frac{I}{A}} = \sqrt{\frac{\frac{\pi}{64}d^4}{\frac{\pi}{4}d^2}} = \frac{d}{4}$$

$$\frac{l}{k} = \frac{4l}{d} = \frac{4 \times 1.5}{0.1} = 60$$

表より，軟鋼で $\frac{l}{k\sqrt{n}} < 90$ の場合，ランキンの式が適用できる

両端回転端なので $n = 1$，表より $a = \frac{1}{7500}$，$\sigma_c = 333 \times 10^6$ [MPa]

$$\sigma = \frac{333 \times 10^6}{1 + \frac{1}{7500} \times (60)^2} = \frac{333 \times 10^6}{1.48} \text{ [Pa]} = 225 \text{ [MPa]}$$

安全率は3なので，求める許容応力 σ_a は

$$\sigma_a = \frac{225 \times 10^6}{3} \text{ [N/m}^2\text{]} = 75.0 \text{ [MPa]}$$

安全圧縮荷重は

$$P_a = \sigma_a \times A = 75 \times 10^6 \times \frac{\pi}{4} \times (0.1)^2 \text{ [N]} = 589 \text{ [kN]}$$

[2] 細長比を求める

$$k = \sqrt{\frac{I}{A}} = \frac{d}{4}$$

$$\frac{l}{k\sqrt{n}} = \frac{4l}{d} = \frac{4 \times 2}{5 \times 10^{-2}} = 160$$

表よりランキンの式は適用できない．よってオイラーの式を適用する．

$$P_c = \sigma_c \times A = \frac{\pi^2 \times 206 \times 10^9 \times \left(\frac{5}{2} \times 10^{-2}\right)^2 \pi}{(160)^2} = 156 \text{ [kN]}$$

第9章　組合せ応力

9.1　モールの応力円

[1] まず，微小要素に作用するすべての応力を書き表すと，図解9-1-1のようになり，(σ, τ) 座標は

　　　AD，BC 面：$(30, -10)$

　　　AB，CD 面：$(10, 10)$

モールの応力円を描くと

　　中心の座標 $(20, 0)$

　　直径 $= \sqrt{(30-10)^2 + 20^2} = 28.3$

せん断応力 12.0 [MPa] が作用する傾斜面は，点線と一点鎖線とがあり，角度 α は

$$\sin \alpha = \frac{12.0 \times 2}{28.3} = 0.848$$

$$\therefore \alpha = 58.0°$$

このときの $\sigma = 20 + \frac{1}{2} \times 28.3 \times \cos 58° = 27.5$ [MPa]

また $\sigma = 20 - \frac{1}{2} \times 28.3 \times \cos 58° = 12.5$ [MPa]

一方，主応力面の角度 θ は

$$\theta = \tan^{-1} \frac{20}{30-10} = 45°$$

したがって求める面はモールの応力円上で，AB，CD 面より

　　$45° - 58° = -13°$

および $-180° + 45° + 58° = -77°$

AD，BC 面より $-13°$，$-77°$

したがって実際の角度は，AB，CD 面より $-6.5°$，$-38.5°$

AD，BC 面より $-6.5°$，$-38.5°$

となる．

求める面を描くと

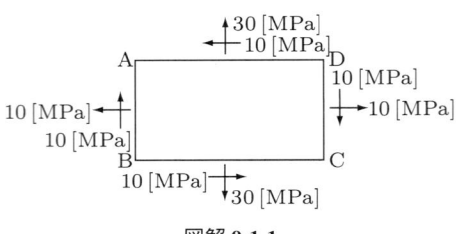

図解 9-1-1

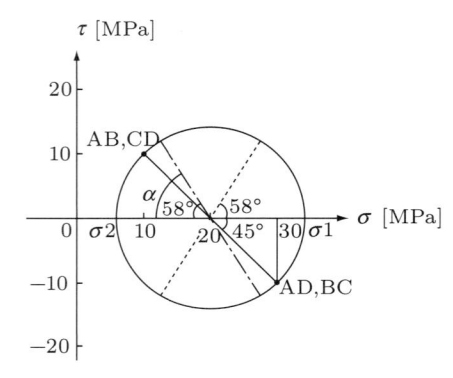

図解 9-1-2

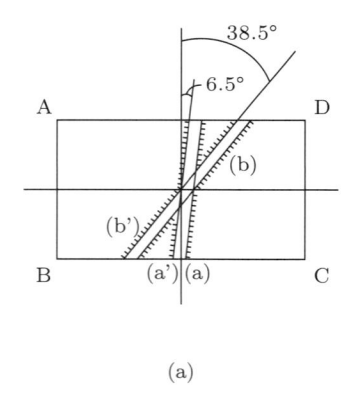

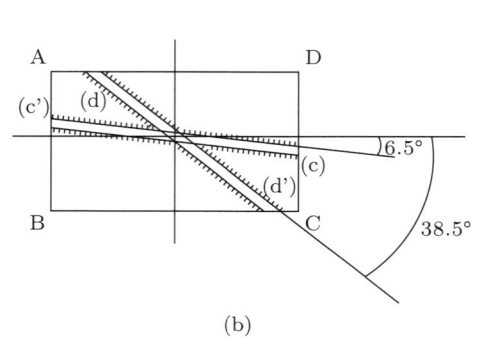

(a)　　　　　　　　(b)

図解 9-1-3

AB 面より $-6.5°$ の面 (a) $\sigma = 12.5$ [MPa]
CD 面より $-6.5°$ の面 (a') $\sigma = 12.5$ [MPa]
AB 面より $-38.5°$ の面 (b) $\sigma = 27.5$ [MPa]
CD 面より $-38.5°$ の (b') $\sigma = 27.5$ [MPa]
AD 面より $-6.5°$ の面 (c) $\sigma = 27.5$ [MPa]
BC 面より $-6.5°$ の面 (c') $\sigma = 27.5$ [MPa]
AD 面より $-38.5°$ の面 (d) $\sigma = 12.5$ [MPa]
BC 面より $-38.5°$ の面 (d') $\sigma = 12.5$ [MPa]

9.2 組合せ応力の具体例

[1] 丸棒の微小要素にかかる応力について考える．

微小要素には，①トルク T によるせん断応力 τ ②曲げモーメントによる垂直応力 σ が作用する．
曲げモーメントによる垂直応力 σ の最大値は，固定された面に発生するから

$$\sigma = \frac{|M|}{Z} = \frac{Pl}{\frac{\pi d^3}{32}} = \frac{10 \times 10^3 \times 1 \times 32}{\pi \times (0.1)^3} \text{ [Pa]} = 102 \text{ [MPa]}$$

また，トルクによるせん断応力 τ の最大値は，丸棒の外周に生じ

$$\tau = \frac{dT}{2I_p} = \frac{32 \times d \times P \times \frac{D}{2}}{2 \times \pi d^4} = \frac{32 \times 0.1 \times 10 \times 10^3 \times 0.25}{2 \times \pi \times (0.1)^4} = 12.7 \text{ [MPa]}$$

モールの応力円を描く．(σ, τ) 座標は [MPa] 単位で表すと図 9-2-2 に示すように

A'B'，C'D' 面：(102, −12.7)

A'D'，B'C' 面：(0, 12.7)

中心 (51, 0)

直径 $\sqrt{102^2 + 25.4^2} = 105$

$\sigma_t = 104$ [MPa]

梁の上側では引張応力，下側で圧縮応力が作用するので，その対称性から

$\sigma_c = \sigma_t$

$\tau_{max} = 52.5$ [MPa]

図解 9-2-1

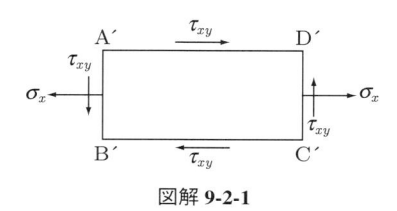

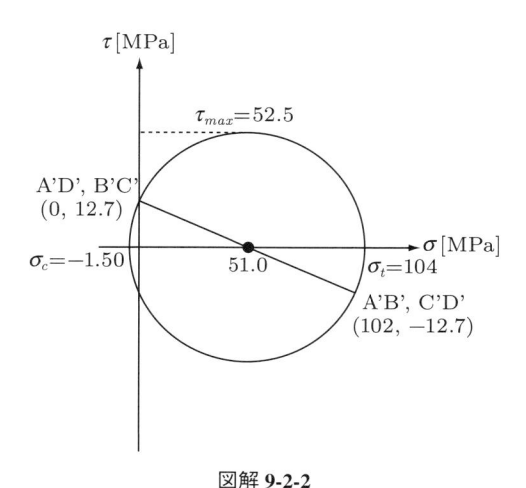

図解 9-2-2

[2] トルクによるせん断応力 τ は，丸棒の外周で最大であり，次のように表される．

$$\tau = \frac{T}{Z_p} = \frac{16T}{\pi d^3} \quad (Z_p：極断面係数) \tag{A9-2-1}$$

曲げモーメントによる垂直応力 σ は，丸棒の最上面で最大引張，最下面で最大圧縮であり，次のように表される．

$$\sigma = \frac{M}{Z} = \frac{32M}{\pi d^3} \quad (Z：断面係数) \tag{A9-2-2}$$

● 材料力学　発展問題　解答・解説

垂直応力 σ_0 もはたらいているので，垂直応力が最大となる丸棒の最上部では

$$\sigma_x = \sigma + \sigma_0, \quad \sigma_0 = \frac{4P}{\pi d^2}$$

$$\sigma_y = 0$$

$$\tau_{xy} = \tau$$

であるから

$$\sigma_1, \sigma_2 = \frac{\sigma_x + \sigma_y}{2} \pm \sqrt{\left(\frac{\sigma_x - \sigma_y}{2}\right)^2 + \tau_{xy}^2}$$

$$= \frac{\sigma + \sigma_0}{2} \pm \sqrt{\left(\frac{\sigma + \sigma_0}{2}\right)^2 + \tau^2} \tag{A9-2-3}$$

$$\tau_{max} = \sqrt{\left(\frac{\sigma + \sigma_0}{2}\right)^2 + \tau^2} \tag{A9-2-4}$$

式 (A9-2-1), (A9-2-2) を式 (A9-2-3), (A9-2-4) に代入すると

$$\sigma_1, \sigma_2 = \frac{16}{\pi d^3}\left\{M + \frac{Pd}{8} \pm \sqrt{\left(M + \frac{Pd}{8}\right)^2 + T^2}\right\}$$

$$= \frac{1}{2Z}\left\{M + \frac{Pd}{8} \pm \sqrt{\left(M + \frac{Pd}{8}\right)^2 + T^2}\right\}$$

$$\tau_{max} = \frac{16}{\pi d^3}\left(\sqrt{\left(M + \frac{Pd}{8}\right)^2 + T^2}\right) = \frac{1}{Z_p}\left(\sqrt{\left(M + \frac{Pd}{8}\right)^2 + T^2}\right)$$

最大垂直応力（主応力）を与える $\frac{1}{2}\left\{M + \frac{Pd}{8} + \sqrt{\left(M + \frac{Pd}{8}\right)^2 + T^2}\right\}$ を相当曲げモーメント，最大せん断応力を与える $\sqrt{\left(M + \frac{Pd}{8}\right)^2 + T^2}$ を相当ねじりモーメントと呼んでいる．

相当曲げモーメント M_e は

$$M_e = \frac{1}{2}\left\{M + \frac{Pd}{8} + \sqrt{\left(M + \frac{Pd}{8}\right)^2 + T^2}\right\}$$

$$= \frac{1}{2}\left\{100 + \frac{50 \times 10^3 \times 0.1}{8} + \sqrt{\left(100 + \frac{50 \times 10^3 \times 0.1}{8}\right)^2 + 200^2}\right\}$$

$$= 739 [\text{N·m}]$$

相当ねじりモーメント T_e は

$$T_e = \sqrt{\left(M + \frac{Pd}{8}\right)^2 + T^2}$$

$$= \sqrt{\left(100 + \frac{50 \times 10^3 \times 0.1}{8}\right)^2 + 200^2}$$

$$= 752 [\text{N·m}]$$

最大主応力 $\sigma_1 = \frac{32}{\pi \times (0.1)^3} \times 739 [\text{Pa}] = 7.53 [\text{MPa}]$

最大せん断応力 $\tau_{max} = \frac{16}{\pi \times (0.1)^3} \times 752 [\text{Pa}] = 3.83 [\text{MPa}]$

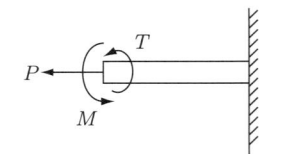

図解 **9-2-3**

機械力学
発展問題 解答・解説

第1章 力学の基礎

[1]
(1) t 秒後の位置を x, y, 速度を v_x, v_y とすると,

x 方向
$$\begin{cases} v_x = v_0 \cos\theta = 一定 & \text{(A1-1)} \\ x = (v_0 \cos\theta)t & \text{(A1-2)} \end{cases}$$

y 方向
$$\begin{cases} v_y = v_{0y} - gt = v_0 \sin\theta - gt & \text{(A1-3)} \\ y = (v_0 \sin\theta)t - \frac{1}{2}gt^2 & \text{(A1-4)} \end{cases}$$

最高点:式 (A1-3) で $v_y = 0$ とおいて, $t = \dfrac{v_0 \sin\theta}{g}$ \hfill (A1-5)

式 (A1-5) を式 (A1-4) に代入すると $H = (v_0 \sin\theta)\left(\dfrac{v_0 \sin\theta}{g}\right) - \dfrac{1}{2}g\left(\dfrac{v_0 \sin\theta}{g}\right)^2 = \dfrac{v_0^2 \sin^2\theta}{2g}$

最大到達距離:式 (A1-4) で $y = 0$ とおいて, $t = \dfrac{2v_0 \sin\theta}{g}$ \hfill (A1-6)

式 (A1-6) を式 (A1-2) に代入すると $D = v_0 \cos\theta \cdot \dfrac{2v_0 \sin\theta}{g} = \dfrac{v_0^2 \sin 2\theta}{g}$ \hfill (A1-7)

(2) 運動エネルギーが摩擦力のする仕事に費やされる.

$$R \times s = \frac{1}{2}mv^2$$

$$s = \frac{mv^2}{2R} = \frac{mv^2}{2 \cdot \mu_k mg} = \frac{v^2}{2\mu_k g} \tag{A1-8}$$

第2章 質点に働く力の釣り合い

[1] つり輪にはたらく慣性力 ma, 張力 T の3力のつり合いである.

$$\tan\theta = \frac{ma}{mg} = \frac{a}{g}$$
$$= \frac{4.90}{9.81} = 0.499$$
$$\theta = \tan^{-1} 499 = 26.5°$$

図解 2-1

[2] ピン C にはたらく3力のつり合いより求められる.

解法① 水平方向の力のつり合い

$$T_A \cos 45° = T_B \cos 60° \tag{A2-1}$$

鉛直方向の力のつり合い

$$T_A \sin 45° + T_B \sin 60° = mg \tag{A2-2}$$

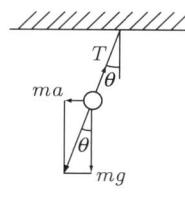

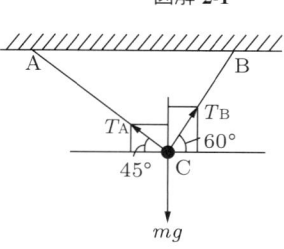

図解 2-2

式 (A2-1) より $\dfrac{T_A}{T_B} = \dfrac{\cos 60°}{\cos 45°}, T_A = T_B \dfrac{\cos 60°}{\cos 45°}$ (A2-3)

式 (A2-3) → 式 (A2-2)　$T_B \left(\dfrac{\sin 45° \cos 60°}{\cos 45°} + \sin 60° \right) = mg$

$$T_B = mg \dfrac{\cos 45°}{\sin 45° \cos 60° + \cos 45° \sin 60°}$$

$$T_A = mg \dfrac{\cos 60°}{\sin 45° \cos 60° + \cos 45° \sin 60°}$$

解法② 力の三角形に三角関数の加法定理を適用すると，

$$\dfrac{T_A}{\sin 30°} = \dfrac{T_B}{\sin 45°} = \dfrac{mg}{\sin 105°}$$

これより $T_A = mg \dfrac{\sin 30°}{\sin 75°} = 100 \times 9.81 \times \dfrac{0.5}{0.966} = 508 \text{ [N]}$

$T_B = mg \dfrac{\sin 45°}{\sin 75°} = 100 \times 9.81 \times \dfrac{0.707}{0.966} = 718 \text{ [N]}$

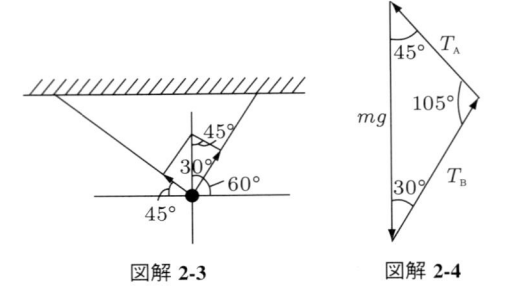

図解 2-3　　図解 2-4

第 3 章　力のモーメント

[1]　$2800 \times x = 800 \times 20$

$x = 20 \times \dfrac{800}{2800} = 20 \times \dfrac{8}{28} = 5.71 \text{ [mm]}$

$2800 \times y = 800 \times 10$

$x = 10 \times \dfrac{800}{2800} = 10 \times \dfrac{8}{28} = 2.86 \text{ [mm]}$

[2]

(1)　$\dfrac{1}{2} ah \times x_G = \int_0^h 2y dx = \dfrac{a}{h} \int_0^h x dx$

$\qquad = \dfrac{a}{h} \left[\dfrac{1}{2} x^2 \right]_0^h = \dfrac{1}{2} ah$

(2)　$S x_G = \int x dS = \int xy dx$

$\qquad x = r \cos \theta, \ y = r \sin \theta \quad (0 \leqq \theta \leqq \dfrac{\pi}{2})$

とおくと $dx = -r \sin \theta d\theta$

$S x_G = \int_{\frac{\pi}{2}}^0 (r \cos \theta)(r \sin \theta)(-r \sin \theta d\theta)$

$\qquad = \int_0^{\frac{\pi}{2}} r^3 \sin^2 \theta \cos \theta d\theta$

$t = \sin \theta$ とおくと $dt = \cos \theta d\theta$

$S x_G = \int_0^1 r^3 t^2 dt = r^3 \left[\dfrac{t^3}{3} \right]_0^1 = \dfrac{r^3}{3}$

$x_G = \dfrac{\dfrac{r^3}{3}}{\dfrac{\pi r^2}{4}} = \dfrac{4r}{3\pi}$

第 4 章　剛体のつり合い

トラス全体について，B 点の回りの力のモーメントのつり合いを考えると

$$R_A \times 4 = 200 \times 3 + 100 \times 1$$

$$R_A = \frac{700}{4} = 175 \text{ [N]}$$

トラスを曲線 1–2 で切断した自由体のつり合いを考える（図解 4-1）．

A 点の回りの力のモーメントのつり合いを考えると，

$$200 \times 1 + F_{CD} \times \sqrt{3} + F_{CE} \times \sqrt{3} = 0$$

$$\therefore F_{CD} + F_{CE} = -\frac{200}{\sqrt{3}} \tag{A4-1}$$

鉛直方向の力のつり合いより

$$200 + F_{CE} \sin 60° = R_A = 175$$

$$200 + F_{CE} \frac{\sqrt{3}}{2} = 175$$

$$F_{CE} = -\frac{50}{\sqrt{3}} = -28.9 \text{ [N]}（圧縮） \tag{A4-2}$$

式 (A4-1), (A4-2) より

$$F_{CD} = -F_{CE} - \frac{200}{\sqrt{3}}$$

$$= \frac{50}{\sqrt{3}} - \frac{200}{\sqrt{3}}$$

$$= -\frac{150}{\sqrt{3}} = -86.6 \text{ [N]}（圧縮） \tag{A4-3}$$

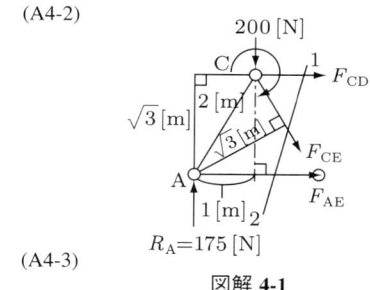

図解 4-1

第 5 章　等速円運動，単振動

1 時間に 60 [km] 進むので，1 秒間に進む距離 [m] は

$$60 \text{ [km/h]} = \frac{60 \times 1000 \text{ [m]}}{3600 \text{ [s]}} = 16.7 \text{ [m/s]}$$

加速度 $a = \frac{16.7}{10} = 1.67 \text{ [m/s}^2\text{]}$

慣性力 $ma = 50 \times 1.67 = 83.5 \text{ [N]}$

$\tan \theta = \frac{ma}{mg} = \frac{a}{g} = \frac{1.67}{9.81}$

$\theta = \tan^{-1} 0.170 = 9.64°$

図解 5-1

第6章 慣性モーメント

[1]
(1) $\phi 60 \times 100$ の円柱（クランクピン）の質量は
$$m_1 = \rho \frac{\pi}{4} d^2 l = 7600 \times \frac{\pi}{4}(0.060)^2 \times 0.10$$
$$= 2.15 \text{ [kg]}$$

$260 \times 100 \times 40$ の板の質量は
$$m_2 = \rho a b h = 7600 \times 0.26 \times 0.100 \times 0.040$$
$$= 7.90 \text{ [kg]}$$

円柱の回転軸回りの慣性モーメントは
$$J_1 = \frac{1}{2} m_1 r_1^2 = \frac{1}{2} \times 2.15 \times 0.030^2 = 9.68 \times 10^{-4} \text{ [kg·m}^2]$$

板の重心を通る z 軸周りの慣性モーメントは
$$J_2 = \frac{m_2(a^2 + b^2)}{12} = \frac{7.90(0.10^2 + 0.26^2)}{12}$$
$$= 5.11 \times 10^{-2} \text{ [kg·m}^2]$$

よって，クランク軸の AA' 軸回りの慣性モーメントは
$$J = 2J_1 + \left(J_1 + m_1 \times 0.10^2\right) + 2\left(J_2 + m_2 \times 0.050^2\right)$$
$$= 3 \times J_1 + m_1 \times 0.10^2 + 2J_2 + 2m_2 \times 0.05^2$$
$$= 3 \times 0.968 \times 10^{-3} + 2.15 \times 0.10^2 + 2 \times 51.1 \times 10^{-3} + 2 \times 7.90 \times 0.05^2$$
$$= 121 \times 10^{-3} \text{ [kg·m}^2]$$

ここに注意!!!

物体の重心軸回りの慣性モーメントがわかっているとき，任意の軸回りの慣性モーメントは平行軸の定理を利用して求められる．

第7章 非減衰振動

[1] $-m\ddot{x} - k_1 x - k_2 x = 0$
$m\ddot{x} + (k_1 + k_2)x = 0$
$\ddot{x} + \dfrac{k_1 + k_2}{m} x = 0$
$\ddot{x} + \omega_n^2 x = 0$
$\therefore \omega_n^2 = \dfrac{k_1 + k_2}{m}$
$\therefore \omega_n = \sqrt{\dfrac{k_1 + k_2}{m}}$

[2]
  (1) 円板 1 $-J_1\ddot{\theta}_1$
      円板 2 $-J_2\ddot{\theta}_2$
  (2) 円板 1 $\therefore k'(\theta_1 - \theta_2)$
      円板 2 $\therefore k'(\theta_2 - \theta_1)$
  (3) $\therefore -J_1\ddot{\theta}_1 - k'(\theta_1 - \theta_2) = 0$
  (4) $-J_2\ddot{\theta}_2 - k'(\theta_2 - \theta_1) = 0$
  (5) $J_1J_2(-\ddot{\theta}_1 + \ddot{\theta}_2) + (-J_1 - J_2)k'(\theta_1 - \theta_2) = 0$
      $\therefore J_1J_2(\ddot{\theta}_1 - \ddot{\theta}_2) + (J_1 + J_2)k'(\theta_1 - \theta_2) = 0$
  (6) $\theta_1 - \theta_2 = \theta$ とおくと

  $$J_1J_2\ddot{\theta} + (J_1 + J_2)k'\theta = 0$$
  $$\therefore \ddot{\theta} + \frac{J_1 + J_2}{J_1J_2}k'\theta = 0$$

  これより,
  $$\therefore \omega_n = \sqrt{\frac{J_1 + J_2}{J_1 \cdot J_2}k'}$$
  $$= \sqrt{\left(\frac{1}{J_2} + \frac{1}{J_1}\right)k'}$$

第 8 章　減衰振動

[1] $\sqrt{1 - \zeta^2}\omega_n t - \phi \fallingdotseq 2\pi i, 2\pi i + \pi, 2\pi(i+1)$
  $\zeta^2 \ll 1.0$ より

  $\therefore \omega_n t - \phi = 2\pi i, 2\pi i + \pi, 2\pi(i+1)$

  $\therefore \omega_n t = 2\pi i + \phi, 2\pi i + \pi + \phi, 2\pi(i+1) + \phi$

  $A_i = x_0 e^{-\zeta(2\pi i + \phi)} - x_0 e^{-\zeta(2\pi i + \pi + \phi)} \cdot (-1)$
  $= x_0 e^{-\zeta(2\pi i + \phi)}(1 + e^{-\zeta\pi})$

  $A_{i+1} = x_0 e^{-\zeta\{2\pi(i+1)+\phi\}} - x_0 e^{-\zeta(2\pi i + \pi + \phi)} \cdot (-1)$
  $= x_0 e^{-\zeta(2\pi i + \phi)} \cdot e^{-\zeta\pi} \cdot (e^{-\zeta\pi} + 1)$
  $= e^{-\zeta\pi} \cdot A_i$

  $\therefore A_i = e^{\zeta\pi} \cdot A_{i+1}$

[2] $\therefore e^{\zeta\pi} = \dfrac{A_i}{A_{i+1}}$

  $\therefore \zeta\pi = \ln\dfrac{A_i}{A_{i+1}}$

  $\therefore \zeta = \dfrac{1}{\pi}\ln\dfrac{A_i}{A_{i+1}}$

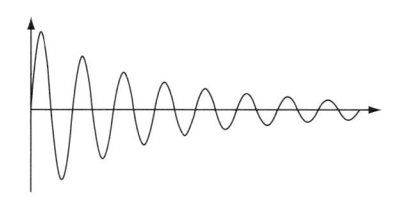

図解 **8-1**

● 機械力学　発展問題　解答・解説

第 9 章　強制振動

[1]
(1) $\dfrac{d}{d\alpha}\left[(1-\alpha^2)^2 + (2\zeta\alpha)^2\right] = 0$

$2(1-\alpha^2)(-2\alpha) + 4\zeta^2 \cdot 2\alpha = 0$

$\alpha(\alpha^2 - 1 + 2\zeta^2) = 0$

$\therefore \alpha = \sqrt{1-2\zeta^2},\ 0$

(2)
$$\alpha = \sqrt{1-2\zeta^2}$$

この式を振幅倍率の式に代入すると

$$M = \dfrac{1}{\sqrt{(1-\alpha^2)^2 + (2\zeta\alpha)^2}}$$

$$= \dfrac{1}{\sqrt{\left\{1-\left(\sqrt{1-2\zeta^2}\right)^2\right\}^2 + \left(2\zeta\sqrt{1-2\zeta^2}\right)^2}} = \dfrac{1}{\sqrt{(2\zeta^2)^2 + 4\zeta^2(1-2\zeta^2)}}$$

$$= \dfrac{1}{\sqrt{4\zeta^2 - 4\zeta^4}}$$

$$= \dfrac{1}{2\zeta\sqrt{1-\zeta^2}}$$

[2]
(1) $\alpha = \sqrt{1-2\zeta^2} \fallingdotseq 1$

$\therefore Q \fallingdotseq \dfrac{1}{\Delta\alpha}$

(2) 減衰比 $\zeta \ll 1.0$ のとき，振幅が最大になるのは，振動数比 $\alpha = 1.0$ のときだから

$$M_{\max} = \dfrac{1}{\sqrt{(1-\alpha^2)^2 + (2\zeta\alpha)^2}} = \dfrac{1}{\sqrt{(1-1^2)^2 + (2\zeta 1)^2}} = \dfrac{1}{2\zeta}$$

(3)
$$M = \dfrac{M_{\max}}{\sqrt{2}}$$

$$\dfrac{1}{\sqrt{(1-\alpha^2)^2 + (2\zeta\alpha)^2}} = \dfrac{1}{2\sqrt{2}\zeta}$$

$\therefore (1-\alpha^2)^2 + (2\zeta\alpha)^2 - 8\zeta^2 = 0$

$\therefore \alpha^4 - 2(1-2\zeta^2)\alpha^2 + (1-8\zeta^2) = 0$

$\alpha^2 = (1-2\zeta^2) \pm \sqrt{(1-2\zeta^2)^2 - (1-8\zeta^2)}$

$\quad = (1-2\zeta^2) \pm 2\zeta\sqrt{1+\zeta^2}$

$\quad \cong 1 \pm 2\zeta \quad (\because \zeta^2 \ll 1.0)$

$\therefore \alpha = \sqrt{1 \pm 2\zeta} = (1 \pm 2\zeta)^{\frac{1}{2}}$

$\quad \cong 1 \pm \dfrac{1}{2} \cdot 2\zeta$

$\quad = 1 \pm \zeta$

(4)
$$\therefore \Delta\alpha = 1 + \zeta - (1 - \zeta)$$
$$= 2\zeta$$

(5) $\alpha_r \cong 1$ だから
$$\therefore Q \equiv \frac{\alpha_r}{\Delta\alpha} \cong \frac{1}{2\zeta}$$

(6) $\zeta = \dfrac{1}{2Q}$

第 10 章　振動の危険速度，防振

[1] 使用時の力の伝達率
$$M_f = \sqrt{\frac{1 + (2\zeta\alpha)^2}{(1 - \alpha^2)^2 + (2\zeta\alpha)^2}} \le \frac{1}{8} \tag{A10-1}$$

共振時の力の伝達率
$$M_f = \sqrt{\frac{1 + (2\zeta)^2}{(2\zeta)^2}} \le 2 \tag{A10-2}$$

式 (A10-2) より ζ 求める
$$\frac{1 + (2\zeta)^2}{(2\zeta)^2} \le 4$$
$$1 + (2\zeta)^2 \le 4(2\zeta)^2$$
$$1 + 4\zeta^2 \le 16\zeta^2$$
$$12\zeta^2 \ge 1$$
$$\zeta^2 \ge \frac{1}{12}$$
$$\zeta \ge \sqrt{\frac{1}{12}}$$
$$\zeta \ge 0.289$$

求めた ζ を式 (A10-1) に代入し α を求める
$$\frac{1 + (2\zeta\alpha)^2}{(1 - \alpha^2)^2 + (2\zeta\alpha)^2} \le \frac{1}{64}$$
$$64\{1 + (2\zeta\alpha)^2\} \le (1 - \alpha^2)^2 + (2\zeta\alpha)^2$$
$$64 + 256\zeta^2\alpha^2 \le 1 - 2\alpha^2 + \alpha^4 + 4\zeta^2\alpha^2$$
$$\therefore \alpha^4 - 252\zeta^2\alpha^2 - 2\alpha^2 - 63 \ge 0$$
$$\alpha^4 - 2(126\zeta^2 + 1)\alpha^2 - 63 \ge 0$$

$$\therefore \alpha^2 = 126\zeta^2 + 1 \pm \sqrt{(126\zeta^2 + 1)^2 + 63}$$

$$= 25.52, \quad -2.47$$

$$\therefore \alpha = \pm \sqrt{25.52}$$

$$= \pm 5.05$$

$$\therefore \alpha = 5.05$$

$m = 1$ [ton] $= 1000$ [kg], $\quad \omega = 1500$ [rpm] $= 157.1$ [rad/s]

$$\frac{\omega}{\omega_n} = \alpha$$

$$\omega_n \left(\equiv \sqrt{\frac{k}{m}}\right) = \frac{\omega}{\alpha} \therefore k = \left(\frac{\omega}{\alpha}\right)^2 m = \left(\frac{157.1}{5.05}\right)^2 \times 1000 = 9.68 \times 10^5 \text{ [N/m]}$$

$$\zeta = \frac{c}{2\sqrt{mk}}$$

$$\therefore c = 2\sqrt{mk}\zeta = 2\sqrt{1000 \times 9.68 \times 10^5} \times 0.289 = 1.80 \times 10^4 \text{ [Ns/m]}$$

第 11 章　振動の防振

[1]

$$\frac{x}{x_0} = M\sin(\omega t - \phi) \quad \text{or} \quad x_0 \equiv x_0 M \sin(\omega t - \phi) \quad (3.36)$$

ここで，

$$x_0 \equiv \frac{F_0}{k}, M \equiv 1/\sqrt{(1 - \alpha^2)^2 + (2\zeta\alpha)^2} \quad (3.36)'$$

$$F_T = c\dot{x} + kx$$

ここで，$\zeta \equiv \dfrac{c}{2\sqrt{mk}} \quad \therefore c = 2\sqrt{mk} \cdot \zeta = 2k\sqrt{\dfrac{m}{k}}\zeta = \dfrac{2k\zeta}{\omega_n}$

$$F_T = \frac{2k\zeta}{\omega_n} x_0 M\omega \cos(\omega t - \phi) + kX_0 M \sin(\omega t - \phi)$$

$$= kx_0 M \left\{ 2\zeta \frac{\omega}{\omega_n} \cos(\omega t - \phi) + \sin(\omega t - \phi) \right\}$$

$$= F_0 M \sqrt{(2\zeta\alpha)^2 + 1} \left\{ \frac{2\zeta\alpha}{\sqrt{(2\zeta\alpha)^2 + 1}} \cos(\omega t - \phi) + \frac{1}{\sqrt{(2\zeta\alpha)^2 + 1}} \sin(\omega t - \phi) \right\}$$

$$\therefore \frac{F_T}{F_0} = \sqrt{\frac{1 + (2\zeta\alpha)^2}{(1 - \alpha^2)^2 + (2\zeta\alpha)^2}} \sin(\omega t - \phi + \psi)$$

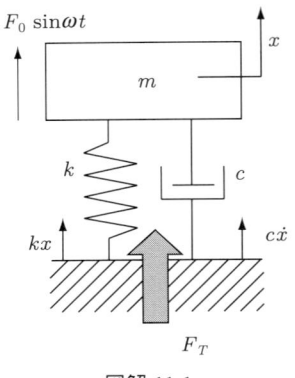

図解 **11-1**

[2]

$$-m\ddot{x} - c(\dot{x} - \dot{u}) - k(x - u) = 0$$

$$\therefore \ddot{x} + 2\zeta\omega_n(\dot{x} - \dot{u}) + \omega_n^2(x - u) = 0$$

$$\therefore \ddot{x} + 2\zeta\omega_n\dot{x} + \omega_n^2 x = 2\zeta\omega_n\dot{u} + \omega_n^2 u$$

$$= u_0\left(-2\zeta\omega_n\omega\cos\omega t + \omega_n^2\sin\omega t\right)$$

$$= u_0\omega_n^2(\sin\omega t - 2\zeta\alpha\cos\omega t)$$

$$= u_0\omega_n^2\sqrt{1 + (2\zeta\alpha)^2}\sin(\omega t - \psi_0)$$

$$= \frac{u_0 k\sqrt{1 + (2\zeta\alpha)^2}}{m}\sin(\omega t - \psi_0)$$

$$\therefore F_0 = u_0 k\sqrt{1 + (2\zeta\alpha)^2}$$

$$\therefore x_0 \equiv \frac{F_0}{k} = u_0\sqrt{1 + (2\zeta\alpha)^2}$$

$$\therefore x = x_0 M\sin(\omega t - \psi_0 - \phi)$$

$$\therefore x = \frac{u_0\sqrt{1 + (2\zeta\alpha)^2}}{\sqrt{(1 - \alpha^2) + (2\zeta\alpha)^2}}\sin(\omega t - \psi_0 - \phi)$$

$$\therefore \frac{x}{u_0} = \sqrt{\frac{1 + (2\zeta\alpha)^2}{(1 - \alpha^2)^2 + (2\zeta\alpha)^2}}\sin\{\omega t - (\psi_0 + \phi)\}$$

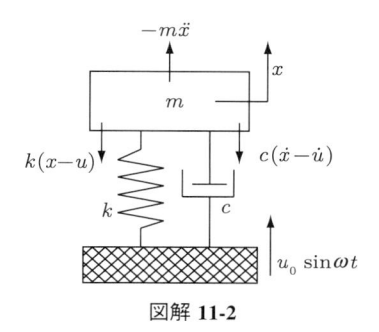

図解 11-2

著者紹介

西原　一嘉（にしはら　かずよし）工学博士
1973年　大阪大学大学院工学研究科機械工学専攻博士課程　修了
1975年　大阪電気通信大学工学部精密工学科　講師
2002年　大阪電気通信大学工学部機械工学科　教授
2013年　大阪電気通信大学名誉教授，現在に至る

石井　徳章（いしい　のりあき）工学博士
1975年　大阪大学大学院基礎工学研究科物理系専攻博士課程　修了
1986年　大阪電気通信大学教授（現　工学部機械工学科，大学院制御機械工学専攻），現在に至る
（2007年度～2008年度　大阪電気通信大学・工学部長）
（2009年度～　メカトロニクス基礎研究所・所長）

森　幸治（もり　こうじ）博士（工学）
1983年　大阪大学大学院工学研究科機械工学専攻修士課程　修了
1983年　新日本製鐵（株）入社
1988年　大阪大学工学部機械工学科　助手
1998年　大阪電気通信大学工学部機械工学科　助教授
2001年　大阪電気通信大学工学部機械工学科　教授，現在に至る

井口　學（いぐち　まなぶ）工学博士
1973年　大阪大学大学院工学研究科機械工学専攻修士課程　修了
1991年　大阪大学工学部材料開発工学科　助教授
1996年　北海道大学大学院工学研究科　教授
2010年　中国 東北大学名誉教授
2011年　北海道大学名誉教授
2011年　北海道大学大学院工学研究院　特任教授
2013年　大阪電気通信大学大学院工学研究科　教授
2016年　大阪市立大学（現：大阪公立大学）　客員教授，現在に至る

辻野　良二（つじの　りょうじ）工学博士
1975年　東京大学大学院工学系研究科金属工学専攻修士課程　修了
1976年　新日本製鐵（株）入社
1997年　大阪工業大学短期大学部　教授
2006年　摂南大学工学部（現理工学部）教授
2018年　同上退職，現在に至る

高岡　大造（たかおか　たいぞう）博士（工学）
1979年　大阪大学大学院工学研究科機械工学専攻修士課程　修了
1979年　三洋電機株式会社中央研究所入社
1984年　新エネルギー・産業技術総合開発機構太陽技術開発室　主査
1987年　三洋電機株式会社研究開発本部
2004年　東京都立大学博士課程　修了
2006年　大連三洋冷鏈有限公司大連研究センター　所長
2008年　三洋電機（中国）有限公司大連分公司　総経理
2010年　大阪電気通信大学工学部環境科学科　教授
2022年　大阪電気通信大学名誉教授，現在に至る

脇　裕之（わき　ひろゆき）博士（工学）
2000年　大阪大学大学院基礎工学研究科博士後期課程システム人間系専攻　単位修得退学
2000年　大阪大学大学院基礎工学研究科　助手
2004年　大阪電気通信大学工学部第1部機械工学科　講師
2007年　大阪電気通信大学工学部機械工学科　准教授
2011年　岩手大学工学部機械システム工学科　准教授
2016年　岩手大学理工学部　教授，現在に至る

中田　亮生（なかた　あきのり）博士（工学）
1996年　大阪電気通信大学大学院工学研究科制御機械工学専攻博士課程　修了
1996年　大阪電気通信大学工学部知能機械工学科　研究員
1998年　大阪電気通信大学工学部第2部知能機械工学科　講師
2005年　大阪電気通信大学工学部第2部知能機械工学科　助教授
2006年　大阪電気通信大学工学部環境技術学科　准教授
2011年　大阪電気通信大学工学部環境科学科　准教授
2016年　大阪電気通信大学工学部環境科学科　教授，現在に至る

添田　晴生（そえだ　はるお）博士（工学）
2003年　大阪大学大学院基礎工学研究科博士後期課程　修了
2003年　大阪電気通信大学工学部第2部機械工学科　講師
2006年　大阪電気通信大学工学部第1部環境技術学科　講師
2011年　大阪電気通信大学工学部環境科学科　講師
2014年　大阪電気通信大学工学部環境科学科　准教授
2015年　大阪電気通信大学工学部機械工学科　准教授
2018年　大阪電気通信大学工学部建築学科　准教授，現在に至る

植田　芳昭（うえだ　よしあき）博士（工学）
2003年　大阪府立大学大学院工学研究科機械系専攻博士後期課程　修了
2004年　日本学術振興会特別研究員（PD）（北海道大学大学院工学研究科）
2005年　École Polytechnique（フランス）客員研究員
2007年　北海道大学大学院工学研究院材料科学部門　学術研究員
2015年　摂南大学理工学部機械工学科　専任講師
2018年　摂南大学理工学部機械工学科　准教授，現在に至る

©Kazuyoshi Nishihara 2011

よくわかる機械工学4 力学の演習

2011年11月 1 日　第 1 版第 1 刷発行
2023年 8 月24日　第 1 版第 4 刷発行

編　著　西
にし
原
はら
一
かず
嘉
よし

発行者　田　中　　聡

発　行　所
株式会社 電 気 書 院
ホームページ　www.denkishoin.co.jp
（振替口座　00190-5-18837）
〒101-0051　東京都千代田区神田神保町1-3 ミヤタビル2F
電話(03)5259-9160／FAX(03)5259-9162

印刷　中西印刷株式会社
Printed in Japan／ISBN978-4-485-30059-6

・落丁・乱丁の際は，送料弊社負担にてお取り替えいたします．

JCOPY 〈出版者著作権管理機構 委託出版物〉

本書の無断複写（電子化含む）は著作権法上での例外を除き禁じられています．複写される場合は，そのつど事前に，出版者著作権管理機構（電話：03-5244-5088, FAX：03-5244-5089, e-mail：info@jcopy.or.jp）の許諾を得てください．また本書を代行業者等の第三者に依頼してスキャンやデジタル化することは，たとえ個人や家庭内での利用であっても一切認められません．